海洋资源开发技术专业教材

海藻化学与工艺学

主　编：许加超

副主编：（按姓氏笔画排序）

王联珠　　王静凤　　付晓婷　　杨贤庆　　张　青

张朝霞　　高　昕

编　委：（按姓氏笔画排序）

王　鹏　　王联珠　　王静凤　　卢伟丽　　田凤飞

付晓婷　　许加超　　李陶陶　　杨贤庆　　冷凯良

汪曙晖　　张　青　　张　莉　　张朝霞　　郑　迪

高　昕

中国海洋大学出版社

·青岛·

图书在版编目(CIP)数据

海藻化学与工艺学/许加超主编. —青岛：中国
海洋大学出版社，2014.9（2021.7重印）
海洋资源开发技术专业教材
ISBN 978-7-5670-0749-9

Ⅰ. ①海… Ⅱ. ①许… Ⅲ. 海藻加工－高等学校－
教材 Ⅳ. ①S985.4

中国版本图书馆 CIP 数据核字（2014）第 215280 号

出版发行	中国海洋大学出版社	
社　　址	青岛市香港东路 23 号	邮政编码 266071
出 版 人	杨立敏	
网　　址	http://pub.ouc.edu.cn	
电子信箱	flyleap@126.com	
订购电话	0532－82032573（传真）	
责任编辑	张跃飞	电　话 0532－85901984
印　　制	日照报业印刷有限公司	
版　　次	2014 年 9 月第 1 版	
印　　次	2021 年 7 月第 2 次印刷	
成品尺寸	185 mm × 260 mm	
印　　张	20.75	
字　　数	461 千	
印　　数	1 201～2 000	
定　　价	59.00 元	

发现印装质量问题，请致电 0633-8221365，由印刷厂负责调换。

海洋资源开发技术专业教材编写指导委员会

主　任　薛长湖（中国海洋大学）

副主任　徐　敏（南京师范大学）

　　　　王永学（大连理工大学）

　　　　章超桦（广东海洋大学）

委　员　（按姓氏笔画排序）

　　　　李八方（中国海洋大学）

　　　　李来好（中国水产科学研究院南海水产研究所）

　　　　李和生（宁波大学）

　　　　杨家新（南京师范大学）

　　　　汪东风（中国海洋大学）

　　　　汪秋宽（大连海洋大学）

　　　　陈舜胜（上海海洋大学）

　　　　林　洪（中国海洋大学）

　　　　周德庆（中国水产科学研究院黄海水产研究所）

　　　　夏文水（江南大学）

　　　　梁振林（山东大学威海校区）

　　　　曹敏杰（集美大学）

秘书长　汪东风（中国海洋大学）

前 言

大型海藻如褐藻、红藻、蓝藻和绿藻中的许多种类都具有很高的经济价值，受到全世界的充分重视，不仅能作为鲜美可口、营养价值高的食品，还能作为提供海藻胶的原料，同时也是改善海区环境的重要因素。提高海藻的利用率，充分实现其作为海洋作物的价值，是海藻开发利用的重要内容。21世纪是海洋的世纪，我国拥有丰富的海藻资源，不断加强对海藻资源的研究，合理开发和利用海藻资源是摆在我国藻类工作者面前的一项重要任务。

中国海洋大学自1980年起，着眼教育和科研人才的培养，开设海藻加工工艺学课程，至今已有34年，不仅积累了丰富的理论知识，而且极大地推动了相关产业的发展。为了满足我国海藻化学及加工业的发展和人才培养的需要，我们组织编写了《海藻化学与工艺学》。

本书共分为十章，由许加超主编和统稿。第一章作者为许加超、高昕、汪曙晖，第二章作者为许加超、付晓婷，第三章作者为许加超、付晓婷，第四章作者为许加超、张青，第五章作者为许加超、王联珠，第六章作者为许加超、王鹏，第七章作者为许加超、杨贤庆，第八章作者为许加超、张朝霞，第九章作者为许加超、王静凤，第十章作者为王联珠、许加超、王静凤。

本书得到"十二五"国家科技支撑计划海洋技术领域"大型海藻新型产品开发技术"（2013BAB01B01）、福建省海洋经济创新发展区域示范专项基金"红藻多糖精深加工集成技术及产业化"（2012FJ08）以及中国海洋大学教材出版基金的资助。

由于编者专业水平所限，书中难免存在疏漏和不足之处。殷切希望广大读者和专家批评指正。

许加超

2014 年 9 月 5 日

目 录 CONTENTS ▶

第一章

海藻资源与利用

海藻(Seaweeds)是生长于海洋中的低等隐花植物,是海洋中有机物的原始生产者和无机物的天然富集者,与人类生活及经济发展有着密切的关系。海藻是一类宝贵的海洋资源,在人类生活中发挥着越来越重要的作用,也越来越受到研究人员的重视。通过对不同海藻及其产品进行开发研究,发现海藻的应用价值不仅体现在食用价值,而且在生态环境保护、海洋药物、功能食品、动物饲料、生物活性物质开发应用、食品添加剂、化工业、有机肥料、食品包装材料、微生物培养基、化妆品以及生物能源等诸多领域发挥日益重要的作用,具有巨大的应用潜力和极高的经济价值。

海藻的营养素构成及本身所含有的人体及生物必需的微量元素,是吸引人们对其进行大规模研究开发利用的基础。经分析测定,海藻干物质中,粗蛋白含量多在 $10\% \sim 48\%$,高者(如螺旋藻)蛋白质含量可达 60% 以上;无 N 有机化合物含量为 $30\% \sim 60\%$,主要为海藻胶、淀粉、甘露醇、纤维素等多糖;还含有种类繁多的矿质元素如 Ca、K、Na、Mg、Fe、Cu、I、P、Zn、Mn、Se、Co、Sr 等,其中 I 的含量为 $0.4\% \sim 0.7\%$,是一类天然的人体补碘食品;同时海藻中还含有 V_A、V_B、V_C、V_E 等多种维生素,也含有多种色素和能促进生物生长的活性物质。

第一节 主要经济海藻

世界上可以利用的海藻主要为褐藻、红藻、绿藻和蓝藻。主要生产地区集中于亚洲,尤其是中国、菲律宾、日本、越南和朝鲜半岛,它们的海藻产量占世界总量的 72%,其余的海藻产区则分布于前苏联、美国、英国以及一部分非热带国家,如挪威、智利、法国、墨西哥、加拿大、葡萄牙、冰岛等。全世界在海藻研究开发及利用上,处于较高水平的国家主要有日本、美国、英国、加拿大、挪威等国,俄罗斯、法国在某些方面也取得了较为可喜的研究进展。日本海藻的加工利用率很高,除了国内生产的产品外,还要大量进口产品,加工的品种系列也非常丰富,能够为人们提供各种各样的海藻加工产品。挪威水产品的安全控制很出色,由国家成立的专门机构进行水产品的安全性监督与检测,从而保证其安全性。我国自1950年起,逐步开始全面系统地研究海藻的生产开发及加工利用。尽管起步相对较晚，但从事海藻研究工作的学者们充分发挥自己的主观能动性，使我国藻类研究与系列产品开发从无到有，至今在褐藻、红藻的人工养殖方面已达到世界先进水平，尤其在海带、紫菜、江蓠等的养殖上取得了举世瞩目的成就。

中国近岸水域，藻类的自然生长条件较好。自古以来，中国人就采捞和利用礁膜、浒苔、石莼、紫菜、小石花菜、江蓠、鹿角海萝、裙带菜、昆布和马尾藻等。在中国，食用藻类主要是人工养殖的海带。此外，还有小规模养殖的裙带菜和紫菜。根据《中国海藻志》记载，我国的经济海藻有 510 多种，其中蓝藻 66 种，红藻 226 种，褐藻 115 种，绿藻 103 种。日本有利用和养殖藻类的悠久历史，藻类约占海产品总量的 5%。所有藻类中，海带占总量的 33%，紫菜占总量的 30%，裙带菜占总量的 22%。

日本的海藻主要用来提炼琼胶和褐藻胶以及食用。日本大部分紫菜是人工养殖的，另外，还从中国、韩国、智利、阿根廷、南非和澳大利亚等国家进口海藻。菲律宾居民多将海藻作为食物。最常食用的海藻有江蓠、沙菜、凹顶藻、蕨藻和马尾藻。近年来，菲律宾大规模养殖麒麟菜，年产量达到 20 万吨（干品）。东南亚的印度尼西亚、马来西亚、越南等国家的居民也喜食海藻，如绿藻有蕨藻、硬毛藻和石莼，褐藻有网地藻、团扇藻、马尾藻和锥形喇叭藻，红藻有麒麟菜、石花菜、江蓠、杉藻和沙菜等。

全世界资源最丰富和广为利用的海藻：褐藻——巨藻属、海带属、翅藻属、裙带菜属、马尾藻属；红藻——江蓠属、石花菜属、麒麟菜属、沙菜属、角叉菜属、杉藻属、紫菜属、叉红藻属、育叶藻属和伊谷藻属；绿藻——石莼属、浒苔属和蕨藻属。

一、海带

海带（*Laminaria japonica*）属褐藻门褐藻纲海带目海带科海带属。海带是冷水性海藻，自然分布在高纬度地区，多附生在海底岩礁上。它生长快，个体大，是人工栽培最多的海藻。海带藻体明显的分为固着器、柄和叶片三部分。藻体的叶片成带状，成熟时呈橄榄褐色，干燥后变为黑褐色，一般长为 2~4 m，最长可达 6~8 m；宽为 20~30 cm，最宽可达 50 cm。在叶片中央有两条平行纵向的浅沟，浅沟中间较厚部分为中带部，其厚度为 2~5 cm。中带部的两缘渐薄，且有皱褶，叶片基部呈楔形或扁圆形，因品种不同而异。见图 1-1。

海带的生殖为无性和有性两种，生活史中有配子体世代和孢子体世代。我国人工养殖的海带主要分布在山东、福建、辽宁、江苏、浙江沿海，收割期一般在 5~7 月份。海带的经济价值很高，除可食用

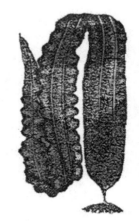

图 1-1　海带

外，在医药上对预防、治疗甲状腺肿大有特殊的功效。海带与其他中药配伍，还可以治疗颈淋巴肿大、慢性气管炎、咳喘、肝脾肿大、高血压等疾病。海带的另一个重要的用途，就是可以做化工生产的原料，提取碘、甘露醇、褐藻胶、氯化钾及岩藻聚糖硫酸酯等产品。

二、裙带菜

裙带菜（*Undaria pinnatifida*）属褐藻门褐藻纲海带目翅藻科裙带菜属。裙带菜是暖温性海藻，自然生长在海底岩礁上，叶片呈羽状裂片，宛似裙带。藻体一般长为 1~1.5 m，大的

可达 2 m 以上,宽为 50～100 cm。见图 1-2。

　　藻体明显地分为固着器、柄及叶片三部分。固着器为叉状分枝的假根组成,假根末端略粗大,柄稍长、扁压,中间略隆起。叶片的中部有柄部延伸而来的中肋,两侧形成羽状裂片,整个外形有如破裂的芭蕉叶。在成熟时,柄部两侧形成耳状重叠褶折的孢子叶。繁殖与生活史近似海带。裙带菜在中国、日本、朝鲜和韩国均有分布。我国的裙带菜分为两种类型:北海型种分布在北方沿海,其体形较细长,羽状裂片的缺口接近中肋,茎较长;南海型种分布于浙江以南沿海,形状与北海型种相反。裙带菜人工养殖主要在辽宁、山东沿海,产量仅次于海带,收割期一般在 3～4 月份。裙带菜的味道比海带好,因此几乎全部藻体都可食用,日本、朝鲜和韩国把裙带菜视为日常生活必不可少的菜肴。目前我国养殖的裙带菜大部分加工成盐渍品出口。

图 1-2　裙带菜

三、巨藻

　　巨藻(*Macrocystis pyrifera*)属褐藻门褐藻纲海带目巨藻科巨藻属。巨藻是海藻中个体最大的一个类群,是提取褐藻胶的重要原料。见图 1-3。

　　巨藻主要分布在南、北美洲及大洋洲,非洲也有零星分布。巨藻的形态特征是藻体多年生,固着器假根状,柄部圆柱形,近基部开始二叉分枝,形成分枝柄,每一分枝柄的顶端具有弯刀形叶片,该叶片由许多开裂叶片组成。叶面具有皱褶,叶片有一短柄及一近似球形或纺锤形的气囊。在分枝柄的基部,着生许多叶面光滑的叶片,称为孢子叶。孢子囊群即着生于孢子叶的表面。繁殖与生活史和海带近似。巨藻个体较大,在我国生长的巨藻长度可达 20 m,在国外可达 60 m 以上,喜着生于水深、流大的海区。我国每年大量进口巨藻,生产高黏度的褐藻胶。

图 1-3　墨角藻

四、马尾藻

　　马尾藻(*Sargassumk* sp.)属褐藻门鹿角菜目马尾藻科。马尾藻是温带性海藻,藻体大,高度一般超过 1 m。在我国南、北沿海都有分布,以广东、广西产量高,一般收割期在 3～5 月份。见图 1-4。

重缘叶马尾藻

鼠尾藻

图 1-4

马尾藻可提取褐藻胶、甘露醇和碘。我国早期的制碘工业即以马尾藻为原料。由于它含碘比海带少,褐藻胶的黏度比较低,色泽也深,逐步被海带所代替。马尾藻在医药上也有重要的用途,早在《本草纲目》中就记载有主治瘿瘤结气,治疗奔豚脚气、水气浮肿、宿食不消等功用。广东沿海一带,居民常将马尾藻煮成饮料,用于解暑。

五、紫菜

紫菜(Porphyra sp.)属红藻门红藻纲红毛菜目红毛菜科。在我国,北起辽宁省,南至海南省均有分布,自然品种有 10 种。藻体为紫红色或浅黄绿色,薄膜状,有椭圆形、长盾形、圆形、披针形或长卵形等形状;叶全缘或有皱褶;叶状体基部有丝状的假根,借以固着在基质上。由于生长的环境不同,藻体的大小、色泽会有一定的变化。见图 1-5。

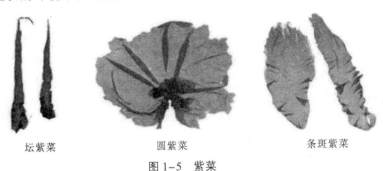

坛紫菜　　　　　　　圆紫菜　　　　　　　条斑紫菜

图 1-5　紫菜

紫菜的生殖分为无性和有性两种,在它的生活史中分为叶状体阶段和丝状体阶段。多生长于平静的中潮带岩石上,为阳生藻类,耐干性强。目前作为养殖对象的主要有坛紫菜和条斑紫菜两种,前者养殖地区以浙江、福建为主,后者以江苏为主。年产量约 150 万吨(干品),收割期一般在 11 月至次年 4 月。紫菜是味美而营养丰富的食用海藻,它最大的特点是蛋白质含量高,还含有去除血液中胆固醇的物质,因而紫菜作为食品和用于治病,在我国已有悠久的历史。

六、江蓠

江蓠(Gracilaria verucosa)属红藻门真红藻纲杉藻目江蓠科江蓠属。江蓠有热带性、亚热带性和温带性三种类型。常见的江蓠是温带性的,生长在较深的海水中,藻体呈紫红色、暗紫绿色或暗褐红色,软骨质,肥厚多汁,易折断。枝圆柱状、亚圆柱状、扁平和叶状。高一般为 5～45 cm,有的可达 1 m。基部有一盘状的固着器。分枝互生、偏生、叉状或不规则,有的分枝基部缢缩或渐细,藻体单轴型。见图 1-6。

图 1-6　江蓠

江蓠的生活史中有配偶世代、果孢子体世代和孢子体世代,它们可以在同一时期内出现。生殖方式为有性和无性两种。江蓠的生殖季节北方为 5～11 月份,福建沿海为 4～5 月份,华南沿海则为 3～5 月份。我国江蓠年产量约

5 000 t（干品）。江蓠藻体含有大量琼胶质，是目前我国制造琼胶的主要原料之一。

七、麒麟菜

麒麟菜（*Eucheuma* sp.）属红藻门，真红藻纲，杉藻目，红翎菜科。麒麟菜是一种热带和亚热带海藻，在我国，目前只见于海南岛、西沙群岛和台湾等地区。多生长在外海珊瑚礁上，以透明度大、水流湍急的海区生长最快。见图 1-7。

1 cm

图 1-7 耳突麒麟菜

麒麟菜属藻体直立，圆柱状或扁平，不规则互生、对生或叉状，藻体两侧或周围有刺状、疣状或圆锥状的突起。下部由髓部中央藻丝形成固着器。麒麟菜藻体再生力很强，可用劈枝进行繁殖，一般生长在大干潮线附近及以下 1～2 m 处的碎珊瑚上。它是多年生海藻，一般经过 18～20 个月的养殖即可收割。我国人工养殖的麒麟菜年产量 4 000 余吨（干品）。麒麟菜含有大量的卡拉胶。

八、石花菜

石花菜（*Gelidium amansii*）属红藻门，真红藻纲，石花菜目，石花菜科，石花菜属。石花菜是暖温带性和亚温带性海藻，生长于大干潮线以下水深 10 m 以内的海底岩石上，喜长于水清流急之处，在我国南、北沿海都有分布。它体内含有大量胶质，是提取琼胶的优良原料。见图 1-8。

图 1-8 石花菜

石花菜属藻体呈紫红色或橙色,分为直立、丛生或直立、匍匐两部分,软骨质。固着器假根状。枝亚圆柱状或扁压状,有整齐的分枝。小枝对生或互生,有的在同一节上生出2～3个小枝。各分枝的末端极尖,藻体单轴形。石花菜的生殖分有性与无性生殖两种。其生活史中有单倍体的配子体世代和双倍体的孢子体世代,还有附生在雌配子体上的果孢子世代,雌配子体和孢子体外形相似。

第二节　海藻工业

海藻工业已有 300 多年历史。褐藻用作工业原料始于 17 世纪末,由法国人首先把墨角藻烧成灰生产纯碱,用于玻璃制造业;后又从褐藻中发现了碘元素,由于碘在医药上的价值,促进了当时褐藻工业的发展。除法国外,挪威、荷兰、英国先后建起了海藻提碘加工厂,使海藻提碘成为 19 世纪中叶一项发达的化学工业。继褐藻提碘之后,很多国家又自褐藻灰中提取氯化钾或钾肥用于农作物生产,直到德国中部地区开采钾矿和南美的智利从制造硝石废液中提碘成功后,褐藻提碘生产逐渐萎缩。特别是 1928 年美国 Kelco 公司建立起第一家褐藻胶工厂,把产品应用到食品、医药行业后,褐藻的工业利用由提碘、钾、甘露醇转为提取褐藻胶为主,并迅速地得到发展。红藻作工业原料比褐藻要早几十年,也就是从 17 世纪中叶开始,但直到 20 世纪才大规模从红藻中提取琼胶和卡拉胶。

我国的海藻工业是新中国成立以后才发展起来的。新中国成立前,褐藻工业利用尚属空白;红藻工业只有北方几家工厂利用天然冷冻法生产琼胶,产量很少,不足以供应国内医药行业使用。新中国成立后,国家很重视海藻资源的开发利用,特别是进入 21 世纪以来,国家在政策、资金、人才培养、科研机构设置及产业方面都给予了大力扶持,使我国的海藻工业高速发展,成为水产资源利用中有较大发展的一个行业。

海藻除了作为褐藻酸钠、琼胶和卡拉胶三大胶的生产原料以外,还可利用海藻加工成食品、保健品、海藻药物、饲料及肥料,这些产业符合我国海洋发展战略。海藻中含有丰富的蛋白质、维生素、氨基酸、矿物质及海藻膳食纤维等,除了被民间直接食用的海藻外,大部分海藻用于提取海藻多糖,如褐藻胶、卡拉胶、琼脂、海藻膳食纤维及岩藻聚糖硫酸酯等;还有一部分用于提取海洋药物、海藻肥料及饲料;形成了比较完整的海藻工业体系。但是,世界上潜在的海藻资源仅仅一小部分被人类所利用,所谓海藻工业利用是指海藻胶、海藻食品、海藻动物饲料、海藻肥等的生产。但随着经济的发展,人类食品结构的不断改革,海藻加工产品将越来越受人们欢迎。

一、海藻饲料

用海藻作为畜禽动物饲料添加剂的研究和开发开始于 20 世纪 50 年代。由于海藻本身能提供丰富的碘、微量元素、矿物质和维生素等营养源,所以用它生产海藻粉是一项极有前途的工业,目前全世界海藻粉产量近 5 万吨,其中挪威就占 2 万吨左右。挪威是世界上最大的海藻饲料生产国,历史悠久。西欧和北美各国所用的原料主要是泡叶藻、翅藻、墨角藻、巨藻等,亚洲地区主要是用马尾藻、海带等。日本是使用海藻饲料最多的国家,但是日本生产海藻粉很少,几乎全靠从中国、印度、朝鲜进口。挪威、丹麦、英国、法国、美国、加拿大、冰岛、日本、新西兰等国家现在都在动物饲料中添加一定量的海藻粉,并且建有专门的海藻粉加工厂,这些国家每年能生产几十万吨海藻配合饲料。

二、海藻肥料

海藻肥料是指从某些海藻中提取的一种或多种有效成分的混合。利用海藻的特殊生化特性和各种有效组分来影响陆生植物的生长。海藻肥料进入国际市场的国家有中国、挪威、加拿大、英国、法国、新西兰等。海藻肥料含有丰富的营养物质,是由天然海藻经过物理破碎、生化及生物工程等先进技术加工而成的一类绿色环保肥料。所用海藻有海带、巨藻,马尾藻、泡叶藻、海囊藻、昆布等。海藻含有大量的海藻多糖、甘露醇、碘、非含氮有机物、维生素、高度不饱和脂肪酸、海藻酶、甜菜碱、氨基酸及多种天然植物生长调节剂(植物生长素、赤霉素、类细胞分裂素、多酚化合物及天然抗生素类物质)等,具有陆生植物无法比拟的 K、Ca、Mg、Fe、Zn、I 等 40 余种微量元素和很高的生物活性,可刺激植物体内非特异活性因子的产生和调节内源激素的平衡,具有诸多优点。特殊分子量海藻多糖结构中的活性羧基可与氮肥中氨基、铵基及硝基结合,并缓慢释放氮肥营养素,达到长期供养效果,提高氮肥的利用率,促进植物生长。

三、海藻食品

海藻食品味道鲜美,蛋白质含量高,含有人体必需的氨基酸、维生素、微量元素,具有较高的营养价值,易被人体消化吸收。长期以来,一直是人类摄取植物蛋白的最主要农副产品之一。研究表明,海藻食品中含有丰富的黏多糖、活性肽、EPA、DHA 等,具有显著的抑制肿瘤、提高免疫力、抗氧化、抗心脑血管疾病等生理功能,深受世界各国消费者的欢迎。

国家"十一五""十二五"中长期发展规划,使我国海藻食品及加工体系取得了长足的进步。但是,目前我国海藻食品加工仍以粗加工为主,技术含量低,产品附加值不高,缺乏市场竞争力。因此,迫切需要提高我国海藻食品精深加工技术。现在被人们广泛食用的海藻约有 60 多种。日本是全世界食用海藻最为普遍的国家,每年有上百种海藻食品应市,如海洋蔬菜、海藻茶、海藻糖、海藻饮料、海藻糕点、海藻丝、海藻饼、海藻卷等。被大量食用的海藻有海带、紫菜及裙带菜。据统计,全世界每年生产紫菜食品 2 万多吨。但海藻食品工业的特点是一般限于本国销售,未形成国际市场。

四、海藻药物

海洋是潜在的巨大药物宝库,但由于海洋药物采集不易,生物活性物质含量低等原因,长期以来制约了海洋药物的发展。由于癌症、艾滋病、心脑血管疾病及病毒性疾病等对人类健康构成了严重威胁,在现有药物效果不理想的情况下,人们另辟新药途径,把目光瞄向海洋生物活性物质及其药物开发。现代海洋药物的研究开发,始于 20 世纪 60 年代。随着海洋药物产业的发展,对海洋药源生物需求量的不断增大,人工增养殖海洋药源生物是发展的必然趋势。我国是最早开展海洋生物人工养殖的国家之一,牡蛎、花蛤、海带、紫菜等产量居世界首位。在药食兼用海洋生物的养殖方面有了新的发展,鲍鱼、海参、海胆、鲨、裙带菜、江蓠、石花菜、麒麟菜等相继养殖成功,改变了完全依赖自然界的被动局面。既满足了人们的生活需要,又为海洋保健品和药物开发提供了原材料。

我国已有多种海洋药物获准上市,如:藻酸双酯钠、甘糖酯、河鲀毒素、多烯康、烟酸甘露醇酯等。在海洋多糖及寡糖类药物研究方面形成了特色,如海藻多糖的藻酸双酯钠、甘糖酯等药物,已成功用于临床上心脑血管疾病的防治。目前国际上有约 20 种海洋天然产物或其结构类似物正在临床研究阶段,多为抗癌药物;国内进入临床研究的有国家一类新药"泼力沙滋"(抗艾滋病)、D-聚甘酯(抗脑缺血)和几丁糖酯(抗动脉粥样硬化),国家二类新药"肾海康"(治疗肾衰)、"海生素"(抗肿瘤)等。特殊的海洋环境也造就了海洋生物基因的特殊性。海洋生物活性代谢产物是由单个基因(如直链肽等)或基因簇(绝大多数次级代谢产物)编码、调控和表达的,获得这些基因即预示着可获得这些化合物。综合运用基因工程、细胞工程、发酵工程、蛋白质工程、生物反应器等技术研究海洋活性物质、诊断试剂、疫苗和药物取得了显著进展,并已成功克隆、重组、表达了某些海洋生物功能基因。但仅限于分子量适中、易于重组表达的酶等蛋白质类物质(初级代谢产物),如海葵毒素、芋螺毒素、海蛇毒素、凝集素、别藻蓝蛋白、鲨鱼软骨血管生成抑制因子等,而大量的次级代谢产物尚难通过基因重组表达。应当看到,以基因组学技术为代表的生物技术在海洋药用基因资源开发中将发挥重要作用。通过构建 cDNA 文库或基因组文库,利用大规模测序技术、功能表达克隆技术、差异显示技术、蛋白质组学技术、生物信息学技术等功能基因组研究技术,可从海洋药源生物中克隆活性物质的相关功能基因或基因簇,进而采用基因转移、基因改造及基因表达等技术大量获取活性物质。这些技术的运用将从根本上打破资源限制,从而开辟海洋药物研究新领域。

五、海藻化工

目前海藻工业已成为伴随着我国以海带、龙须菜、麒麟菜等经济藻类为代表的海洋养殖业发展起来的最具特色的海岸带植物产业,其产业规模虽然已占世界首位,但是存在产业整体水平偏低,产品单一,附加值低,能源消耗高,用水多,排放量大,废弃物中大量活性成分没有得到充分利用等问题,从而限制了行业可持续发展。因此,迫切需要对传统的海藻工业产业进行提升改造,通过调整产品结构,增加深加工延伸产品比例和高技术,转变生产方式,提高企业的竞争力,促进其健康持续发展,这是我国海藻化工产业面临的迫切任务。

褐藻胶是从海洋褐藻中提取的一类高活性多糖,具有其独特的增稠性、增稳性、乳化性、塑性、触变性、持水性、成膜性及黏结性,被广泛应用于食品、保健品、药物、化妆品、化工、印染、冶金及航天等领域。全球褐藻胶产量 5.8 万吨／年,加工企业主要分布在中国、美国、日本、挪威、丹麦、法国等国家,我国产量约 3.5 万吨,占世界总产量的 60%左右。褐藻胶被日本誉为"保健长寿食品",美国人称为"奇妙食品"。美国 FMC 公司、ISP 公司,日本喜美克株式会社生产的褐藻胶 75%用于高端食品、保健品及药品;丹麦丹尼斯克公司100%用于高端食品、保健品及药品;日本富士化学工业株式会社、日本纪文株式会社年产1 000 t,50%用于高端食品、保健品及药品;我国产 3.5 万吨,仅仅 20%用于高端食品、保健品及药品，50%左右用于印染等领域。国际国内销售价格也相差甚远，美国 FMC 和 ISP 公司产品售价为 2.2 万美元/吨左右，而据 2013 年出口统计数字显示，我国出口总量 2.47 万吨，出口单价 7 450 美元/吨，与国外产品相比差距很大。造成这种差距的主要原因是我国褐藻胶生产企业自主创新能力差，工艺及高端设备落后，产品质量低，其应用领域也受到限制，产品很难与国外同类企业竞争，在国际上基本没有话语权。目前我国褐藻胶产品粗分有固相胶和液相胶，固相胶主要用于印染，液相胶部分用于食品添加剂及药物；细分有高、中、低及超低黏度，产品质量体系与国外同类产品比还存在较大差距。

我国的红藻资源丰富，主要有龙须菜、麒麟菜和沙菜，主要用于生产琼胶和卡拉胶。琼胶是从龙须菜、石花菜等海产红藻类中提取出来的一种胶质体，具有形成半透明固体状凝胶的性能，广泛应用于食品、医药、化工、科研等方面。琼脂糖是琼胶中不带电荷的中性组成成分，比琼胶纯度高，电渗小，对一些蛋白质等不吸附，具有凝胶强度高、无色、透明度高等优点。琼脂糖广泛应用于电泳、凝胶扩散、固相酶、亲相层析和凝胶层析等领域，在临床检测、生化分析、蛋白质、酶、核酸、抗原、抗体、病毒和多糖的分离纯化以及高级药物的制备等方面都已应用，是当今临床化验、生化分析和生化研究使用很广的一种试剂。研究证明，长期食用琼胶有助于养心润肺、润肠通便、降糖降脂降压、提高人体免疫力。中国琼胶生产企业大多规模较小，生产工艺和技术落后，尤其是高端设备更加落后，琼胶的产量长期徘徊不上，质量波动较大，难与世界经济接轨。尤其是药用级琼胶和琼脂糖，我国每年需使用大量的外汇向国外购买，产品价格昂贵。

卡拉胶是国内外食品添加剂、保健食品、生物医药材料、化妆品市场广泛应用需求量很大的一种天然海藻提取多糖胶体，其市场销售量在世界三大海藻胶中排在褐藻胶之后，居第二位。目前，药用级卡拉胶的使用已经是全球医用材料市场发展的大趋势，开发药用级卡拉胶是国内外卡拉胶企业都在抢夺的前沿阵地，传统的高温稀碱处理的方法（90 ℃ ± 2 ℃，5% ～ 10% 氢氧化钠，5% KCl，4 h）无法获得硫酸基含量低于 18%，凝胶强度高于 1 200 g/cm^2，黏度低于 60 mPa·s，适用于生物医药材料和化妆品的卡拉胶，严重影响了其在药物、化妆及保健等高科技领域的应用。

世界三大胶的主要生产原料：琼胶——石花菜、江蓠、鸡毛菜、伊谷藻、海人草、紫菜等；褐藻胶——巨藻、海带、泡叶藻、鹅掌菜、爱森藻、马尾藻、墨角藻等；卡拉胶——角叉菜、麒麟菜、杉藻、海萝、叉枝藻、银杏藻、沙菜等。全世界现有的海藻胶工业国有中国、美国、英国、挪威、加拿大、法国、日本、阿根廷、澳大利亚、巴西、智利、丹麦、冰岛、印度、韩国、俄罗斯、墨西哥、摩洛哥、新西兰、秘鲁、菲律宾、葡萄牙、西班牙、新加坡、斯里兰卡、南非、坦桑尼亚。

参 考 文 献

[1] 纪明侯. 海藻化学 [M]. 北京：科学出版社，1997.

[2] 黄知清，严兴洪. 海藻研究开发的发展概述 [J]. 海洋技术，2002，21（3）：22-25.

[3] 姜桥，周德庆，孟宪军，等. 我国食用海藻加工利用现状及问题 [J]. 食品与发酵工业，2005，31（5）：68-72.

[4] 管华诗,兰进,田学琳,等. 褐藻酸钠在人体健康中的作用 [J]. 山东海洋学院学报, 1986, 16(4):99-106.

[5] 金振辉,刘岩,张静,等. 中国海带养殖现状与发展趋势 [J]. 海洋湖沼通报, 2009 (1):141-150.

[6] 李晓川. 我国鲜海带加工的综合利用 [J]. 中国水产, 2012(10):22-23.

[7] 吕惠敏,张侃. 海藻的利用与开发 [J]. 食品科技, 1998(6):29-30.

[8] 魏晓蕾,王长云,刘斌,等. 海藻海蒿子褐藻糖胶的分离与组成分析 [J]. 中草药, 2007, 38(1):11-14.

[9] 中国科学院海洋研究所海藻化学组. 海藻资源的综合利用 [J]. 海洋科学, 1979 (S1):79-82.

[10] 盛晓风,赵艳芳,尚德荣,等. 海带不同生长时期营养成分和主要元素差异比较 [J]. 食品科技, 2011, 36(12):66-68.

[11] 李妍佳,赵培城,丁玉庭,等. 利用发酵提高海带饲料的营养价值 [J]. 中国酿造, 2011(3):119-122.

[12] 赖晓芳,沈善瑞. 裙带菜褐藻糖胶的分离纯化及其结构分析 [J]. 生物学杂志, 2006, 23(4):44-49.

[13] 康琰琰,王一飞,熊盛,等. 裙带菜茎中褐藻糖胶的组成及生物活性研究 [J]. 中国药学杂志, 2006, 41(22):1748-1950.

[14] 吴元锋,李亚飞,刘士旺,等. 裙带菜中褐藻糖胶的提取纯化及其组成的研究 [J]. 农业工程学报, 2008, 24(6):273-276.

[15] 肖红波,许建平,刘进辉,等. 裙带菜膳食纤维的性能及毒理评价 [J]. 中国临床康复, 2006, 10(11):100-103.

[16] 王雪,邹向阳,郭莲英,等. 裙带菜多糖抗肿瘤作用的研究 [J]. 大连医科大学学报, 2006, 28(2):98-100.

[17] MARUYAMA H, TAMAUCHI H; HASHIMOTO M, et al. Suppression of Th2 Immune Responses by Mekabu Fucoidan from *Undaria pinnatifida* Sporophylls[J]. Int Arch Allergy Immunol, 2005, 137:289-294.

[18] 白木,周洁. 植物能——巨藻 [J]. 能源研究与信息, 2002, 18(1):58.

[19] 郭素英,赵玉华. 巨藻化学成分的研究 [J]. 海洋水产研究, 1986(7):95-100.

[20] 马卫东,顾国维,Qinming Yu. 海洋巨藻生物吸附剂对 Hg^{2+} 吸附性能的研究 [J]. 上海环境科学, 2001, 20(10):489-491.

[21] 蒋福康,李庆欣,林坚士. 大亚湾的马尾藻资源研究 [J]. 热带海洋, 1996, 15(1):85-90.

[22] 谌素华,王维民,刘辉,等. 亨氏马尾藻化学成分分析及其营养学评价 [J]. 食品研究与开发, 2010, 31(5):154-156.

[23] 罗先群,王新广,杨振斌. 马尾藻多糖的营养评价及多糖的提取 [J]. 中国食品添加剂, 2007(2):157-160.

[24] 何颖,陈忠伟,高建峰,等. 马尾藻多糖对南美白对虾免疫调节作用 [J]. 安徽农业科学,2008,36(31)13664-13665,13680.

[25] 侯振建,刘婉乔. 从马尾藻中提取高黏度海藻酸钠 [J]. 食品科学,1997,18(9):47-48.

[26] 张全斌,赵婷婷,綦慧敏,等. 紫菜的营养价值研究概况 [J]. 海洋科学,2005,29(2):69-72.

[27] 仲明,张锐. 条斑紫菜不同采收期主要营养成分变化情况 [J]. 中国饲料,2003(23):30-31.

[28] 张卫兵,徐加达,端木怡燕,等. 日韩两国紫菜产业分析及启示 [J]. 中国食物与营养,2005(10):9-12.

[29] 许忠能,林小涛. 江蓠的资源与利用 [J]. 中草药,2001,32(7):654-657.

[30] 赵谋明,刘通讯,吴晖,等. 江蓠藻的营养学评价 [J]. 营养学报,1997,19(1):64-69.

[31] 潘江球,李思东. 江蓠的资源开发利用新进展 [J]. 热带农业科学,2010,30(10):47-50.

[32] 戚勃,李来好,章超桦. 麒麟菜的营养成分分析及评价 [J]. 现代食品科技,2005,21(1):115-117,110.

[33] 陈培基,李来好,李刘冬,等. 高活性麒麟菜膳食纤维的提取 [J]. 食品科学,2007,28(2):114-117.

[34] 李来好,杨少玲,戚勃. 酶法提取麒麟菜膳食纤维工艺的研究 [J]. 食品科学,2006,27(10):292-296.

[35] 李刘冬,陈培基,杨贤庆,等. 即食麒麟菜的营养价值与食用安全性 [J]. 营养学报,2004,26(4):311-314.

[36] 孙静亚,田丽. 正交法优化小石花菜膳食纤维提取工艺 [J]. 食品研究与开发,2010,31(6):63-66.

[37] 李维德. 石花菜 [J]. 生物学通报,1992(12):6-7.

[38] 孙杰,王艳杰,朱路英等. 石花菜醇提物抑菌活性和抗氧化活性研究 [J]. 食品科学,2007,28(10):53-56.

第二章

褐藻活性物质及其生产工艺

　　褐藻绝大多数是生长在海水中的,其生长环境与陆生植物有明显的差异。由于其接触介质的特殊性,便决定了海藻机体特殊的化学组成与结构化学组成往往随着海藻的种类、生长海区、季节变化及环境因子(如生长基质、温度、光照、盐度、海流、潮汐及人为条件等)不同而有显著的变化。因此,各类海藻的化学组成既有共性,也有其特殊性。随着海藻工业的发展,人们对许多海藻中的有机和无机成分,尤其是褐藻和红藻中的碳水化合物进行了大量的研究。近十多年来,海藻化学的发展尤为迅速,所取得的研究成果,更进一步丰富了人们对海藻的了解,为海藻的利用提供了重要的依据。主要经济褐藻有海带(*Laminaria japonica*)、狭叶海带(*Laminaria angustata*)、裙带菜(*Undaria pinnatifida*)、瓦氏马尾藻(*Sargassum vachellianum*)、海蒿子(*Sargassum pallidum*)、鼠尾藻(*Sargassum thunbergii*)、羊栖菜(*Sargassum fusiforme*)、鹅掌藻(*Ecklonia kurome*)、巨藻(*Macrocystis pyrifera*)。

第一节　褐藻胶

一、褐藻胶化学结构

(一)褐藻胶概念

　　褐藻胶系 1881 年 Stanford 首次从狭叶海带中加碱提取出的一种胶质,称之为 Algin,加酸生成的凝胶称为 Alginic acid。褐藻胶(Algin)包括水溶性褐藻胶、钾等碱金属盐类和水不溶性褐藻酸(Alginic acid)及其与 2 价以上金属离子结合的褐藻酸盐类(Alginates)。褐藻胶在市场上一般主要指褐藻酸钠(Sodium alginate)。

(二)褐藻胶结构

1. 单糖的确定

　　Kyinn 等人在褐藻胶的组成糖做了许多工作。他们对碱滴定中和量,元素分析,酸水解后的 CO_2 生成量,生成的戊糖脎量和辛可宁盐衍生物的熔点、旋光值等数据进行分析,大多数工作都证实了褐藻胶组成单位为糖醛酸。Nelson 和 Cretcher(1929)首次证实褐藻酸组成单糖为 *D*-甘露糖醛酸。他们还将褐藻酸水解物的辛可宁盐以 Ba(OH)₂ 处理,得到纯的 *D*-甘露糖醛酸内酯结晶。Shoeffel、Link 及 Nieman 等人分别用不同褐藻的褐藻胶制

成 D-甘露糖醛酸内酯，由水解物制成辛可宁盐，其物理性质与 Nelson 等得到的结果相似，再次肯定了褐藻胶的组成单位是 D-甘露糖醛酸。

2. 连结方式的确定

D-甘露糖醛酸是如何连接成多糖聚合物的，Kringstad 等对褐藻酸纤维的 X 射线图与果胶、纤维素等进行了比较研究，提出了褐藻酸同纤维素相类似的 β- 糖苷分子连接（图 2-1）。

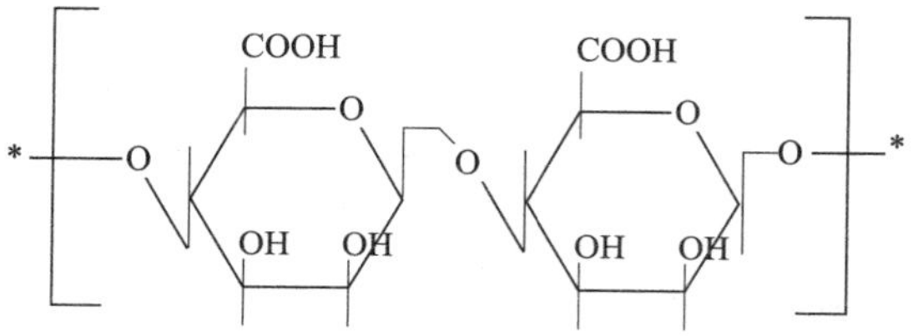

图 2-1　褐藻酸

Hirst 和 Jones 首次应用研究多糖结构的甲基化方法对褐藻酸的组分和连接形式进行了研究，正式确定了褐藻酸主要是通过 C_1 和 C_4 键合的 β-D-甘露糖醛酸单位所组成。

3. 古罗糖醛酸的发现

Fischer 和 Dörfel 提出分离各种糖醛酸以及其内酯的纸上层析系统：前者用吡啶-乙酸乙酯-醋酸-水（5：5：1：3）；后者用吡啶-乙酸乙酯-水（11：40：6），还用稀酸水解方法对褐藻胶进行水解，结合使用新提出的纸上层析液，从褐藻胶水解液中发现除 D-甘露糖醛酸外，首次证实有 L-古罗糖醛酸存在。从纸上层析后合并各收集液，通过减压浓缩至干，分别得到 D-甘露糖醛酸内酯结晶（熔点：191 ℃～192 ℃，$[\alpha]_D^{15} + 92.5°$，$C_6H_8O_6$）和 L-古罗糖醛酸内酯结晶（熔点：141 ℃～142 ℃，$[\alpha]_D^{22} + 80.9°$，$C_6H_8O_6$）。红外线吸收带表明，前者为 β-D-甘露糖醛酸-3，6-内酯，后者为 α-L-古罗糖醛酸-3，6-内酯。

4. 褐藻胶结构

经过长期研究，基本确定褐藻胶是一种嵌段共聚物，由古罗糖醛酸（G）和甘露糖醛酸（M）两种单体组成，其结构式如图 2-2 所示。

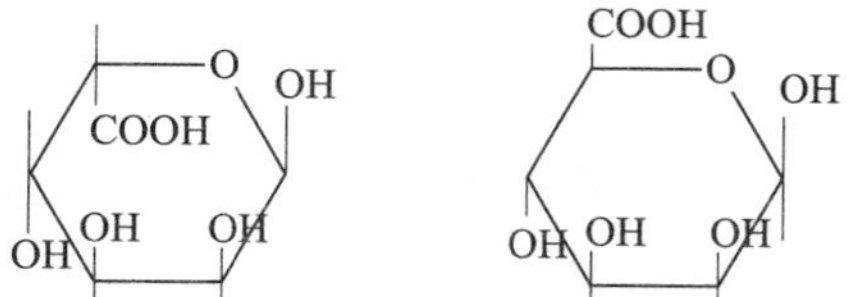

图 2-2　古罗糖醛酸和甘露糖醛酸结构

这两种糖醛酸的差别，仅在于 C_5 的烃基位置的不同，但当其成环后的构象，尤其是进一步聚合成链后的空间结构，则差别很大。

（G）n 的相邻两个单体间以 1a → 4a 两个直立键相键合，并在 O(2)H⋯O(6) 之间有一个键内氢键，整个链结构如"脊柱"状。

（G）n 的分子间（链间）氢键（图 2-3），都以 H_2O 分子作为"接力体"。每一个 G 单位都对应有一个 H_2O 分子，每一个 H_2O 分子与"四邻"以氢键相接，从而把三条分子链结合在一起。（G）n 仅为总糖醛酸的 20%～40%。

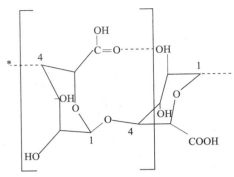

图 2-3　$(G)n$ 链内氢键

（M）n 的相邻的两个单体间以 1e → 4e 两个平状键相键合，其链内氢键存在于 O（3）H…O（5）之间，整个链结构如"带"状。

（M）n 整个结构为"片"状，每个 M 单位均连着三个氢键（图 2-4），除 O（3）…O（5）的分子内（链内）氢键外，并有 O（6）H…O（3）的片内氢键，以及 O（2）…O（5）的片间氢键，均匀聚合物长链没有分支，它的实验式为 $(C_6H_8O_6)_n$，分子量为 176，其结构与纤维素和果胶酸相似，C_6 的羧基和 C_2 和 C_3 上羟基可接其他活性基团。所以除褐藻胶外，还可生成钾、铵、二丙醇等衍生物。

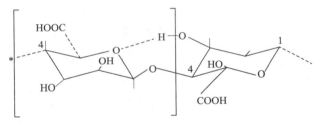

图 2-4　（M）n 链内氢键

5. 糖醛酸的排列方式

Fischer 等证明褐藻胶中有 D-甘露糖醛酸和 L-古罗糖醛酸两种糖醛酸存在以来，人们已认识到褐藻胶是非均匀的聚合物。这两种糖醛酸究竟是怎样排列的？

用褐藻酸裂解酶与化学方法证明了褐藻酸中既有邻近的甘露糖醛酸单位 M，也有甘露糖醛酸同古罗糖醛酸 G 相连接的寡糖，也证实了褐藻胶长链的不均匀性。Nisizawa 等用软体动物分离出的多聚甘露糖醛酸消化酶（PML）和从细菌分离出的多聚古罗糖醛酸消化酶（PGL）对于以 Haug 法分级出来的（M）n，（G）n 和（MG）n 各嵌段进行了降解。PML 能将（M）n 完全水解，而对（MG）n 不能水解。PGL 对（G）n 能完全水解，对（MG）n 水解后得到了两个三聚糖，证明都在非还原末端有一不饱和键，可能为 ΔU—G—G 和 ΔU—M—G。ΔU 为 4，5-己糖醛酸，可能是 M，因 M 比 G 更易被分解出双键。Min 等（1977）又进一步证明（MG）n 中有 1/3 以上由等量 MG 和 GG 顺序组成，其中多数与 M 相连接，即分别为 MMG 和 MGG 顺序。

已确定的嵌段：①（G）n 即多聚-L-古罗糖醛酸，1—4（G）1—4（G）—；②（M）n 即多聚-D-甘露糖醛酸，1—4（M）1—4（M）1—；③（GM）n 即 G 与 M 交替共聚的区段 1

—4（G）1—4（M）1—4（G）1—4（M）—…总之,褐藻酸为两种糖醛酸混合结合着的长链结构,除了有（M）n 外,还存在（G）n 和（GM）n,所以它是非均匀的聚合物。

6.差向异构

Fischer 等将甘露糖醛酸内酯在中性情况下 100 ℃ 加热 2 h,产物用 Dowex-1 乙酸型柱分离,得到 D-甘露糖醛酸和 L-古罗糖醛酸,比值为 27∶68,认为在 D-甘露糖醛酸 C_5 上发生了差向异构作用（epimerization）;Hirst 等（1965）将甘露糖醛酸内酯进行甲醇分解、甲酸水解、氢化铝还原、硫酸水解等处理,纸色谱法检查,并未显示出有古罗糖生成,这表明褐藻酸在碱提取时,以及酸催化都不能引起甘露糖醛酸和古罗糖醛酸的相互转化,在海藻活体内,由 D-甘露糖醛酸内酯向 L-古罗糖醛酸内酯转变,即在 C_6 和 C_1 上同时进行酶还原和氧化;Haug 等试验了不同海藻来源的褐藻胶并分离出 C_5-差向异构酶在不同浓度 Ca^{2+} 存在下的反应终点,由棕色固氮菌的培养液中加入 40%～50%饱和度的硫酸铵,制备了 5-差向异构酶。即在有 0.07～3.4 mol/L Ca^{2+} 存在下,5-差向异构酶能使甘露糖醛酸转变成高含量的古罗糖醛酸,高 G 极北海带褐藻胶则无此变化。经 5-差向异构酶处理后的褐藻胶用稀盐酸（0.3 mol/L）水解 2 h 后,溶解于稀酸中的部分假定为（MG）n,不溶解部分加碱溶解后调 pH 至 2.85,沉淀为（G）n,溶解部分为（M）n 说明酶处理后（MG）n 和（G）n 都有增加。结果如表 2-1。

表 2-1 C_5-差向异构酶

褐藻胶样品	Ca^{2+}/(mol/L)	甘露糖醛酸/%	
		处理前	处理后
高 M 泡叶藻褐藻胶	0	92	89
	0.07	92	28
	3.4	92	39
掌状海带褐藻胶	0	62	59
	0.07	62	29
	3.4	62	39
高 G 极北海带褐藻胶	0	27.5	27.5
	0.07	27.5	27.0
	3.4	27.5	25.5

二、褐藻胶理化性质

褐藻胶普遍存在于褐藻类中,为组成细胞膜的重要成分,褐藻胶的分子式为 $(C_6H_7O_8Na)n$,分子量为 32 000～250 000,一般为白色或淡黄色粉末,无臭,无味,不溶于乙醇、乙醚、三氯甲烷和酸（pH<5.4）,溶于水成黏稠状胶体。

（一）溶解性

褐藻胶在搅拌下能溶解在水中,形成黏稠状的水溶胶,但是由于褐藻胶的表面活性比较大,溶解比较困难,给使用造成不便,快速溶解方法如下。

（1）预先把胶粒分散在水中,放置 24 h 缓慢地溶解后,再搅拌为均匀的水溶胶。

（2）加入分散剂,加水之前,先把褐藻胶和一种可溶粉料（如糖）混合,或者和一种水溶性液体（如甘油）混合,将会促进其分散和防止结块,然后搅拌溶解。

对选用的表面活性物质和扩散剂,有严格的要求,加入的物质必须无毒、无异味,其亲水亲油平衡值(HLB 值)一般配比在 8.0～12.0 之间。要求表面活性剂不能和褐藻胶所用原料起反应,不能影响褐藻胶产品各项技术指标和使用要求。常用的表面活性剂和扩散剂有脂肪酸酯一类的物质,经过配比后使用,能取得较好的速溶效果。

(二)流变学特性

褐藻胶的碱金属盐类的水溶液具有较高的黏度,但受多种因素影响。褐藻胶的黏度通常是指其 1% 水溶液在 20 ℃的黏度,国际通用黏度单位常用 Pa·s 或 mPa·s 表示,1 Pa·s = 1 000 mPa·s。

1. 褐藻胶浓度对其黏度和剪切力的影响

图 2-5 和图 2-6 为剪切速率对不同质量分数褐藻胶溶液剪切力和表观黏度的影响,可以看出,在相同的剪切速率下,褐藻胶溶液的黏度和剪切力随着浓度的增加而增加。当溶液的浓度低于 0.2% 时,其黏度基本上不随剪切速率的变化而变,呈现出牛顿流体的流动特性。当溶液的浓度高于 0.2% 时,其黏度随着剪切速率的增加逐渐降低,表现出剪切变稀的假塑性。褐藻胶溶液的流动曲线可以用 power law 模型 $\tau = K\gamma^n$ 来描述。其中 K 是液体黏稠度的量度,K 越大,液体越黏稠。γ 是剪切速率。n 值是假塑性程度的量度。$n = 1$,为牛顿流体;$n < 1$,为剪切变稀的假塑性流体。n 与 1 的差值越大,则意味着剪切越易变稀,即假塑性程度越大;相反,如果 n 与 1 的差值越小,则意味着假塑性越小,越接近牛顿流体。$n > 1$ 为胀流性流体。由表 2-2 可见,随着浓度的增加,褐藻胶溶液的稠度逐渐增加,流动指数逐渐降低;说明褐藻胶溶液浓度越高,其黏稠性越大,假塑性也越大。0.2% 的褐藻胶溶液的稠度系数最小,流动指数最大,接近于牛顿流体。

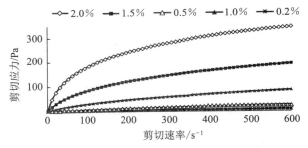

图 2-5 剪切速率对不同质量分数褐藻胶溶液剪切力的影响

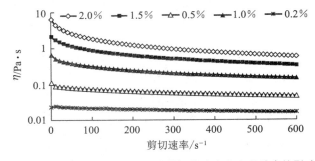

图 2-6 剪切速率对不同质量分数褐藻胶溶液表现黏度的影响

表 2-2　不同质量分数褐藻胶溶液的稠度指数和流动指数

浓度 / %	K	n	R^2
0.2	0.029 866	0.914 05	0.995 0
0.5	0.123 96	0.862 44	0.981 3
1.0	1.086 5	0.704 12	0.982 62
1.5	4.243 4	0.620 2	0.963 42
2.0	13.887	0.526 12	0.945 39

2. 温度对褐藻胶表观黏度的影响

图 2-7 为质量分数为 1% 褐藻胶表观黏度随着温度的变化,其他质量分数变化趋势相同(数据略)。随着温度的升高,褐藻胶溶液的表观黏度逐渐降低,这是由于温度升高,褐藻胶分子的运动加剧,分子间相互作用减弱,分子流动阻力降低,因而黏度下降。另外褐藻胶在低温下不成凝冻,其黏度随着温度的降低而升高,当褐藻胶溶液处于冷冻状态时褐藻胶分子结合大量的水分子,使水分子的运动受到大大的限制,水分子不能移动到晶核或结晶畅达的活性位置,因而抑制了冰晶长大。这一性质对于抑制冷冻食品在贮藏过程中冰晶的形成有很重要的作用。

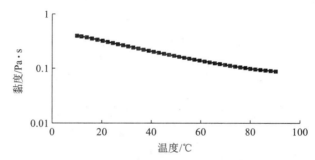

图 2-7　质量分数为 1% 褐藻胶表观黏度随着温度的变化(剪切速率为 100/s)

用 Arrhenius 模型拟合其相关系数 $R^2 = 987$,说明褐藻胶的表观黏度与温度关系较好的符合 Arrhenius 模型。其流动活化能为 16.794 kJ/mol。流体的流动活化能反映了高聚物流动所需克服的能量,一般来说,分子间相互作用大,或分子链刚性愈强,则流动所需的活化能愈高,这类高聚物的黏度对温度较敏感。另外流动活化能的大小与分子量的大小没有直接的关系,对于不同褐藻胶的流动活化能的不同主要是由于其 M/G 以及其的排列顺序的不同造成的。

3. 褐藻胶溶液的触变性

由图 2-8 可以看出,溶液的上升和下降并不重合,特别是在曲线下方,形成了明显的触变环,这表明体系属于触变体系。触变环的面积反映触变性的大小,若触变环的面积大,则表示此体系经外力作用后,其黏度变化大,外力撤出后,此体系恢复到未经力作用的体系状态所需的时间长,也就是说触变性反应物料经长时间剪切后在静止时是一个重新稠化的过程。在食品制作过程中,希望触变环面积越小越好,这样保型性就好,易于食品的加工制作。从图中可以看出,褐藻胶溶液的触变环面积较小,且很快恢复,这说明褐藻胶在食品工中具有较好的应用价值。此外,褐藻胶的触变环随着褐藻胶浓度的增加而增加,因此在食品中应用时可以根据情况使用不同的褐藻胶浓度。

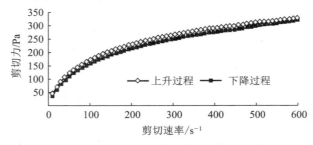

图 2-8　质量 2% 的褐藻胶溶液的触变性曲线

4. 褐藻胶的动态黏弹性

图 2-9 为褐藻胶溶液的动态黏弹性,贮能模量 G' 反映黏弹性物质的类固体的性质即弹性,损耗模量 G'' 反映黏弹物质的类液体的性质即黏性。可以看出,在低频率的情况下 G' 小于 G'',体系以黏性为主。在此区域分子间有较充足的时间形成缠绕并被打断,反映出非缠绕性稀溶液的性质。但是随着频率的逐渐增加 G' 和 G'' 都有所增加,G' 的增加幅度大于 G'',当频率增大到 10 Hz 时 G' 就超过 G'',此时体系以弹性为主,呈现一定的弱胶性。这主要是因为随着振荡频率的加大,使分子之间振动超过了它排序的过程,大分子之间互相缠绕形成凝胶状的连接区域,因而体系以弹性为主,呈现弱胶性。此外,褐藻胶的动力学黏度随着振荡频率的增加而逐渐减少,表现出剪切变稀的特性,与静态流变学测定的结果相符。

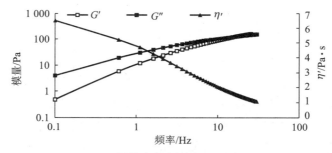

图 2-9　褐藻胶溶液的动态黏弹性

由图 2-10 看出,损耗角正切 $\tan \delta$(G'' 与 G' 的比值)的大小反映了体系的黏弹性的比例,$\tan \delta$ 值越大,体系中黏性所占的比例越大,体系表现为流体的特征;相反,$\tan \delta$ 值越小,

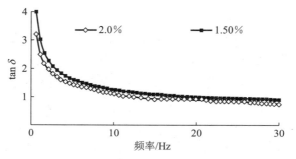

图 2-10　褐藻胶溶液的振荡频率与 $\tan \delta$ 关系

体系中弹性所占的比例越大,体系表现为固体的特征。由图 2-10 可以看出,质量分数为 2.0% 的 $\tan\delta$ 在任何频率下都比质量分数为 1.50% 的 $\tan\delta$ 小,这说明高质量分数的溶液弹性占优势,表现为固体特征。这主要是因为质量分数高的溶液聚合物较高的分子占的比例较高,而质量分数越低的溶液体系组分中高聚物的数量越少或聚合度越小。

总之褐藻胶溶液是剪切变稀假塑性流体,黏度随着剪切速率的增大而减少,其流动曲线与 power law 模型有较好的相关性;其黏度和剪切力随质量分数的增加而逐渐增加;质量为 2.0% 褐藻胶具有触变性,但不同质量分数的褐藻胶的流动曲线有所差异。褐藻胶溶液在 20 ℃ 下具有黏弹性,在低频率区域体系以黏性为主,高频率区域体系以弹性为主。

(三)褐藻胶凝胶特性

褐藻胶是由 $\beta\text{-}D\text{-}$ 甘露糖醛酸链段(M)和 $\alpha\text{-}L\text{-}$ 古罗糖醛酸链段(G)通过 $1\rightarrow 4$ 键合形成的线形大分子,其分子式为 $(C_6H_7O_6Na)_n$,$n = 80\sim 750$。褐藻胶含有游离的羧基和羟基,性质活泼,这些基团能与大多数二价或多价金属离子发生交联反应形成不溶于水的褐藻酸金属盐。利用此性质,可将褐藻胶加入二价或多价金属离子溶液,凝固而制备不同的褐藻酸盐凝胶。常用的二价金属盐为氯化钙。褐藻酸钙凝胶因具有生物降解性、吸湿成胶性、高透氧性、生物相容性、高离子吸附性等特点,可用作医用纱布或敷料。此外褐藻酸钙凝胶还可广泛应用于仿生食品中。因此研究褐藻酸钙凝胶的制备方法、制备工艺及其凝胶特性对于褐藻酸钙凝胶在食品和医学上的应用具有重要意义。

褐藻胶的重要特性是凝胶性,褐藻胶凝胶是由不溶性褐藻胶和包埋的大量液体所组成。褐藻胶聚合物和大多数二价和多价阳离子(镁除外)反应形成交联物,随着二价或多价阳离子的增加,褐藻酸盐溶液逐渐增稠,形成蛋盒式网状的凝胶体(图 2-11)。褐藻胶凝胶是通过交联区段长链分子形成三维网状结构结合在一起,在其空隙内包含水或其他液体。

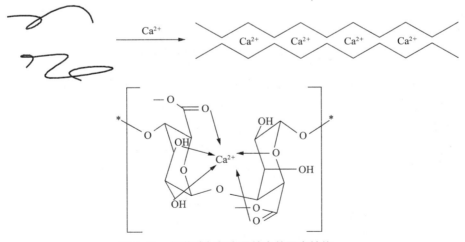

图 2-11 褐藻酸与钙离子结合的蛋盒结构

在褐藻胶溶液中,当钠逐渐被少量钙取代后,溶液增稠,黏度增加;另外,褐藻胶溶液中褐藻胶分子上的负电荷有阻止它们聚集的能力;所以少量钙产生的凝胶性质柔软,其结构易破裂,经搅拌后可以重新溶解。当增加钙量时,凝胶变硬,加入足够量的钙即能形成硬性的不可逆凝胶。褐藻胶的凝胶强度随褐藻胶溶液的浓度、与钙离子反应的时间和浓度、溶液的 pH、加入螯合剂的浓度和聚合度等的不同而变化。许加超、卢伟丽等对此做了大量的基础研究。

1.氯化钙体系褐藻胶凝胶特性

在反应器中加入定量去离子水，然后加入一定量褐藻胶粉末使褐藻胶的浓度为 1%，充分溶解，以一定速度挤入一定温度及浓度的氯化钙的水溶液中。5 min 后从氯化钙的水溶液中导出的凝胶，空气中干燥 12 h，即成为褐藻酸钙凝胶。

（1）氯化钙溶液浓度对凝胶性能的影响。从图 2-12 中可以看出，随着氯化钙溶液浓度的增加拉伸强度和吸水率呈先增加后降低的趋势。当氯化钙溶液浓度低于 2.0% 时，由于 Ca^{2+} 与 Na^+ 的交换速度缓慢导致 Ca^{2+} 与褐藻酸钠的交联程度较低、凝固能力过弱及皮层很薄，所以随着氯化钙溶液浓度的增加，凝胶的交联程度逐渐增大，因而凝胶的拉伸强度也逐渐增大；与此同时交联程度的增大导致凝胶的结构致密，其吸水率也逐渐增大。当氯化钙溶液浓度达到 2.0% 时，褐藻酸钙凝胶的拉伸强度和吸水率最大。当氯化钙溶液浓度高于 2.0% 时，由于氯化钙溶液浓度过高，在凝胶的表面迅速形成致密的交联结构，阻碍了 Ca^{2+} 向凝胶内部的扩散，使得内部不能形成完整的凝胶结构，凝胶变脆，这又直接影响了凝胶的拉伸强度；由于凝胶表面网状结构过于致密，凝胶内部未完全的褐藻酸钙持水力低，因而凝胶的吸水率降低。

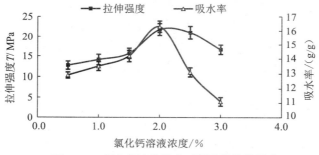

图 2-12　氯化钙溶液浓度对凝胶性能的影响

（2）氯化钙溶液温度对褐藻胶凝胶性能的影响。如图 2-13 所示，随着氯化钙溶液温度的不断升高，凝胶的拉伸强度和吸水率有先增大后减少的趋势，其原因与 Ca^{2+} 的交联程度和褐藻酸钠分子的热稳定有关。当温度低于 50 ℃ 时，随着温度的不断升高，凝胶的吸水膨胀度增加，使 Ca^{2+} 能充分渗透于凝胶的内部，交联度增大，从而使凝胶的拉伸强度就大。

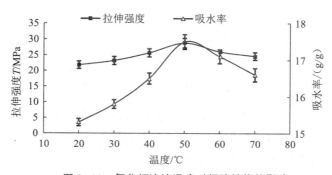

图 2-13　氯化钙溶液温度对凝胶性能的影响

这时凝胶大分子具有较好的致密网络结构,导致吸水率到达最大值。但是褐藻酸钠在温度高于 50 ℃时会迅速降解为小分子,这使凝胶中可溶部分增加,导致 Ca^{2+} 交联程度变小,结构变得疏松,从而导致凝胶的拉伸强度和吸水率下降。

（3）褐藻胶 M/G 对凝胶性能的影响。褐藻胶主要来源于海带、巨藻、马尾藻等几种褐藻,其来源不同,M/G 就不相同,而且 M/G 对褐藻酸钙凝胶的性能有着重大的影响。高 G 凝胶的拉伸强度比高 M 的大,但是吸水性能却不如高 M。图 2-14 中 4 种不同 M/G 比值的褐藻胶在黏度方面差别较小,造成这种现象的主要因素是 M/G 比例的不同。因为在与 Ca^{2+} 交联时,GG 链段在两个单体之间形成了一个很容易包含 Ca^{2+} 离子的空间,即蛋盒结构,所以含 G 高的褐藻胶可以跟 Ca^{2+} 形成强度比较大的凝胶。正因为 Ca^{2+} 和高 G 的褐藻酸钠结合的牢固,所以在吸水时水就不易渗透到凝胶内部,故吸水性能较差。但是由于 M 中的羧酸基团的活性较低,对 Ca^{2+} 的结合力较差,形成的凝胶虽然强度弱但是吸水性能好。

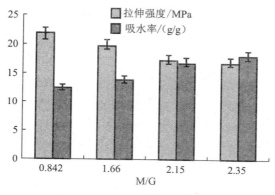

图 2-14　M/G 对凝胶性能的影响

（4）褐藻酸钠和褐藻酸钙凝胶的红外光谱分析。图 2-15 为褐藻酸钠和褐藻酸钙凝胶的红外光谱图,其中 $3\,370 \sim 3\,420\ cm^{-1}$ 归属为褐藻酸盐中 —OH 伸缩振动峰,$2\,930\ cm^{-1}$ 归属为 C—H 基团的伸缩振动峰,$1\,540 \sim 1\,650\ cm^{-1}$ 是褐藻酸羧基的反对称伸缩振动峰,$1\,488 \sim 1\,350\ cm^{-1}$ 是羧基的对称伸缩振动峰,$1\,000 \sim 1\,100\ cm^{-1}$ 是吡喃糖环 C—O 伸缩振动峰。褐藻酸钠在成凝胶前后发生的最明显的变化就是 —OH 峰的位置。成凝胶前 —OH 峰的波数为 $3\,395\ cm^{-1}$,而成凝胶后为 $3\,418\ cm^{-1}$,成凝胶后波数方向偏移了

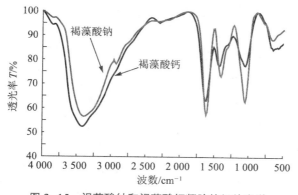

图 2-15　褐藻酸钠和褐藻酸钙凝胶的红外光谱

23 cm^{-1}。这些变化主要是因为褐藻酸钠成凝胶后，GG 段与 Ca^{2+} 形成了配位结构，两个羧基氧一个环间氧和一个羟基氧参与了配位，由于羟基氧参与了配位降低了氢键缔合程度使得 —OH 峰向高波数偏移。另外在 2 930 cm^{-1} 处，褐藻酸钠在成凝胶之前 C—H 伸缩振动吸收较强而成凝胶后 C—H 伸缩振动吸收较弱。其原因在于褐藻酸钠成凝胶后，Ca^{2+} 与 GG 交联形成的网格状结构限制了六元环上 C—H 键的伸缩振动，使得偶极矩变化较小，而吸收峰较弱，褐藻酸钠与 Ca^{2+} 之间发生交联形成了褐藻酸钙凝胶。此外，1 540～1 650 cm^{-1} 和 1 488～1 350 cm^{-1} 吸收强度减弱，这主要是由于钙交联形成的 C—O—Ca—O—CO— 基团结构，在 1 540～1 650 cm^{-1} 和 1 488～1 350 cm^{-1} 处明显地显示出来，这也充分表明褐藻酸钠中羧基与 Ca^{2+} 形成了螯合结构，进而证明了褐藻酸钙分子是由 Ca^{2+} 的交联形成的网状大分子，这些功能基团的变化为制备功能性褐藻酸钙凝胶提供理论依据。

总之，氯化钙溶液浓度和温度对褐藻胶外部凝胶的性能影响较大，并且温度 50 ℃、浓度为 2.0% 时凝胶的性能最佳；同样 M/G 对凝胶的影响也较大，高 G 的褐藻酸钙凝胶的拉伸强度优于高 M 的，但是吸水性能却不如高 M 的褐藻酸钙凝胶；通过红外光谱分析褐藻酸钠成凝胶前后结构变化主要是 —OH 峰位置向低波数方向偏移以及 C—H 伸缩振动变弱，证明了褐藻酸钙凝胶的成型主要是褐藻酸钠与 Ca^{2+} 之间发生了交联。

2. 葡萄糖醛酸内酯体系制备的褐藻胶凝胶特性

将褐藻胶加入一定量水，经搅拌至完全溶解，使褐藻胶最终的浓度为 1%。然后在褐藻胶溶液中加入等物质的量研磨成细粉的碳酸钙和葡萄糖酸内酯，充分搅拌均匀，常温下放置 8 h。褐藻胶凝胶过程中添加 Ca^{2+} 用量遵循 $n(Ca^{2+}) = 1/2n(NaAlg)DP$ 的关系，在理论上达到完全交联。$n(Ca^{2+})$ 为 Ca^{2+} 的物质的量，单位为 mol；$n(NaAlg)$ 为褐藻胶溶液的物质的量，单位为 mol；DP 为褐藻胶的分子聚合度。褐藻胶单糖的分子量为 198，葡萄酸内酯的用量（n）与碳酸钙的用量（n）相等

（1）Ca^{2+} 浓度对凝胶特性的影响。图 2-16 为褐藻酸钙凝胶在形成过程中 G' 和 G'' 的变化，可以看出不管 Ca^{2+}：Na^{+} 为多少，在凝胶初期 G' 都小于 G''，这表明此时体系主要以黏性为主。随着时间的延长，葡萄糖醛酸内酯不断水解产生酸，导致体系内的 pH 逐步下降。随着体系 pH 值的下降，不溶性碳酸钙转变成可溶性钙盐，不断释放出的 Ca^{2+} 与褐藻胶快速反应形成凝胶。因此，随着时间的延长，G' 增长速率大于 G'' 增长速率，到达一定

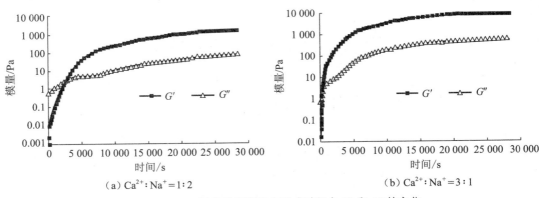

（a）Ca^{2+}：Na^{+}=1：2　　　　　　　（b）Ca^{2+}：Na^{+}=3：1

图 2-16　褐藻酸钙凝胶在形成过程中 G' 和 G'' 的变化

的时间时，G' 大于 G'' 表明此时体系以弹性为主。而且 8 h 后 G' 和 G'' 趋于稳定，此时表明形成凝胶的结构已经稳定。

表 2-3　Ca^{2+} 对凝胶性质的影响

$Na^+:Ca^{2+}$	G'/Pa	G''/Pa	$\tan\delta$	凝胶强度	凝胶时间	缩水率 /%
2:1	359	20.5	0.057	227.5	2.55	—
1:1	2 190	100.5	0.045 9	597.3	0.8	—
1:2	3 549	150.5	0.042 4	714.0	0.45	4%
1:3	8 096	315.7	0.039	858.3	0.116	15%

表 2-3 为 Ca^{2+} 对凝胶性质的影响，可以看出随着 Ca^{2+} 浓度的增加，$\tan\delta$ 和凝胶时间逐渐减少，但缩水率以及最后的 G'' 和 G' 都逐渐增大。$\tan\delta = G''/G'$ 是表示一种物质黏弹性的主要指标，其值越小说明体系中弹性的比例成分越大，就越趋于表现出类似固体的性质。当 $Na^+:Ca^{2+}$ 为 2:1 时，$\tan\delta$ 为 0.057；但是当 $Na^+:Ca^{2+}$ 为 1:3 时，却减少到 0.039。这说明随着钙离子浓度的增加，凝胶的性质趋向于固体的性质，与凝胶强度逐渐增加的结果相符合。其原因是褐藻酸钙凝胶的形成是由褐藻胶中 G 单元上的 Na^+ 与 Ca^{2+} 离子发生离子交换反应，Ca^{2+} 与褐藻胶中 GG 形成分子间配位键，生成伸展的交联网状结构，从而形成凝胶。随着 Ca^{2+} 添加量的增加，褐藻胶分子间形成的交联也增多，网状结构比较致密，形成的交联点增多，容纳自由水的空间相对减少即持水性下降，因而，凝胶强度增大，刚性增加，容易产生脱水收缩现象。

图 2-17 为 Ca^{2+} 对体系复合黏度的影响，复合黏度 $\eta^*(\omega) = \dfrac{\sqrt{G'(\omega)^2 + G''(\omega)^2}}{\omega}$ 与剪切频率、贮藏模量以及损耗模量有很大的关系。此图是在频率为 1 Hz 的条件下测量的，其他频率下趋势相同。复合黏度开始时变化趋势不明显，但是随着时间的延长，复合黏度迅速增大，而且随着 Ca^{2+} 离子浓度的增加复合黏度也逐渐增加，与 G''、G' 以及凝胶强度变化趋势相同。这主要是因为随着葡萄糖醛酸内酯的水解，体系 pH 逐渐降低，而且低于甘露糖醛酸和古洛糖醛酸的 pK_a，聚合电解质体系有向中性转化的趋势。当体系趋向中性时，离子基团之间的排斥力减少，褐藻酸钙分子链之间吸引力增加，有助于褐藻酸钙的聚集，同时使体系复合黏度的增加。随着 Ca^{2+} 浓度的增大，褐藻胶与 Ca^{2+} 之间反应概率增加，

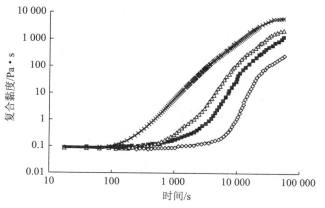

图 2-17　Ca^{2+} 对体系复合黏度的影响

形成的网络结构就致密,因而复合黏度随着 Ca^{2+} 浓度的增加而增加。

（2）褐藻胶 M/G 对凝胶性能的影响。图 2-18 为不同 M/G 的褐藻酸钙凝胶的动态黏弹性,可以看出,不管 M/G 为多少,G' 都大于 G'',这表明体系的弹性成分比较多,体系呈现凝胶状态,而且随着频率的增加 G' 和 G'' 都有一定的变化。在低频率下 G' 变化不大,但是在高频率下 G' 开始下降。G'' 随着频率的增加一直增加,这说明体系虽然呈现凝胶的状态,但是所形成的凝胶结构不稳定,与频率有很大的相关性。而且随着 M/G 的降低,凝胶与频率的相关性逐渐降低,这说明高 G 型的褐藻胶凝成的网状结构比较密,凝胶强度比较大。

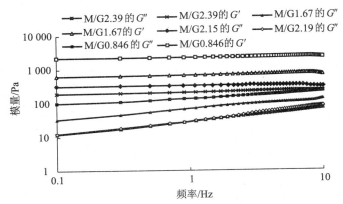

图 2-18　不同 M/G 的褐藻酸钙凝胶的动态黏弹性

表 2-4 为 M/G 对褐藻酸钙凝胶性质的影响（其中测量频率为 1 Hz）,可以看出,随着 M/G 比值的增加,G'、G'' 和凝胶强度都逐渐减少,而 $\tan\delta$ 和凝胶时间却增大。这是因为褐藻胶中 G 单元和 M 单元的构象不同,使得均聚的 G 嵌段、均聚的 M 嵌段和 GM 交替嵌段在褐藻胶与 Ca^{2+} 形成凝胶过程中所起的作用也不同。由于均聚的 G 嵌段的分子链为双折叠式螺旋构象,其分子链结构扣得很紧,形成了灵活性低的锯齿形构型,不易弯曲。两个均聚 G 嵌段经过协同作用相结合,中间形成了钻石形的亲水空间。当这些空间被 Ca^{2+} 占据时,Ca^{2+} 与 G 上的多个氧原子发生螯合作用,使得褐藻胶链间结合得更加紧密,协同作用更强,链链间的相互作用最终将会导致三维网络结构即凝胶的形成。在此三维网络结构中,Ca^{2+} 像鸡蛋一样位于蛋盒中,与 G 嵌段形成了“蛋盒”结构。而均聚的 M 嵌段韧性较大,易弯曲,不能与 Ca^{2+} 形成该结构,它只能在 Ca^{2+} 浓度非常高的情况下,才由羧基阴离子按一般聚电解质行为反应,生成伸展的交联结构。GM 交替嵌段在形成凝胶的过程中并不具有直接的作用,而是起将各嵌段连接起来的作用。因而高 G 的褐藻胶所形成的凝胶,速度快而且凝胶强度大。

表 2-4　M/G 对褐藻酸钙凝胶性质的影响（$f = 1$ Hz）

M/G	G'	G''	$\tan\delta$	凝胶强度	凝胶时间
0.846	138	2 252	0.06	597.3	0.8
1.67	71.3	676.7	0.105	510	1.1
2.15	40.5	336.4	0.12	255.5	1.3
2.39	29.5	210.4	0.14	200.7	1.6

（3）葡萄糖醛内酯对凝胶特性的影响。图2-19反映的是葡萄糖醛内酯对褐藻酸钙凝胶形成过程的影响。可以看出,在褐藻酸钙凝胶形成过程中,随着葡萄糖醛酸内酯的增加,凝胶点出现的时间逐渐缩短。在凝胶结构没有稳定之前,体系中葡萄糖醛酸内酯量越多,凝胶的G'和G''都就越大;但是在凝胶结构稳定后,体系中葡萄糖醛酸内酯量的多少对凝胶的G'、G''和凝胶强度影响不大。这主要是因为葡萄糖醛酸内酯添加得越多,体系的pH下降越快,pH低,释放出钙离子就多,褐藻胶与钙离子结合的机会就多,因而凝胶的G'和G''就大。此外体系的pH低,给形成凝胶提供的热力学条件就差,褐藻酸钙支链之间的聚合速度快,因而形成凝胶需要的时间就短;pH高,为形成凝胶提供了好的热力学条件,褐藻酸钙支链之间的聚合速度就慢,因而形成凝胶需要的时间就长。在低pH下有助于聚合电解质体系向中性体系转化,当体系变为中性时离子基团之间的排斥力减少,褐藻胶链之间的吸引力增加,这些都有助于凝胶的形成。但是,当Ca^{2+}完全释放后,由于褐藻酸钙凝胶的G'和G''与体系pH关系不大。

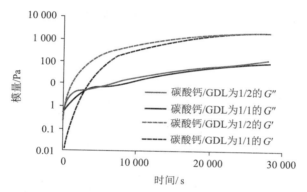

图2-19　葡萄糖醛内酯对褐藻酸钙凝胶形成过程的影响

褐藻酸钙凝胶形成过程中pH的变化如图2-20所示(其中碳酸钙:GDL为1:2,其他比例趋势相同)。随着时间的延长,体系的pH逐渐下降,并且在2 h左右pH达到稳定,但是体系的复合黏度、G'和G''却需要8 h才能稳定。这是因为褐藻酸钙凝胶重组结构需要一定的时间。G. Stefania等人研究发现,体系pH稳定后,浊度继续增加,这一结果同样证明了褐藻酸钙凝胶形成需要一段时间来重新组合结构。采用葡萄糖醛酸内酯体系制作的褐藻酸钙凝胶结构比较均匀,Ca^{2+}、M/G以及葡萄糖醛酸内酯对其有很大的影响。随

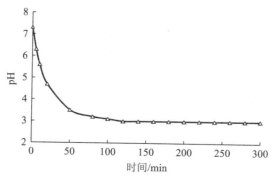

图2-20　褐藻酸钙凝胶形成过程中pH的变化

着 Ca^{2+} 浓度的增加,体系凝胶时间逐渐缩短,贮藏模量、损耗模量以及凝胶强度逐渐增大;随着 M/G 的增大,G'、G'' 和凝胶强度都逐渐减小,而 $\tan\delta$ 和凝胶时间逐渐增加;在褐藻酸钙凝胶形成过程中,随着葡萄糖醛酸内酯的增加,凝胶点出现的时间逐渐缩短,但对完全形成凝胶后的 G'、G'' 和凝胶强度影响不大。

(四)褐藻胶黏度稳定性

黏度是衡量褐藻胶产品质量的重要指标之一,因此了解各种因素对胶的黏度的影响是至关重要的。影响褐藻胶黏度因素除上所述外,还与其原料藻体的生长季节、贮藏条件、加工方法、光的照射、微生物和金属离子等有关。

人工养殖的海带收割后,为了防止腐烂,往往要用盐渍起来。经盐渍后的海带,特别在温度、气温都比较高的情况下,其中的褐藻胶遭到明显的破坏。即使是未经盐渍的海藻原料,在贮存过程中,由于贮存条件的限制和变化,褐藻胶黏度也有明显的下降。不仅原料海藻在贮存过程中所含褐藻胶逐渐降解,制成的褐藻胶产品在贮存过程中也有降解现象。而且,褐藻酸及其盐类的降解速度是不同的,褐藻酸的降解速度最快,其铵盐次之,其钠盐最稳定。主要影响因素有以下几个方面。

1. 褐藻胶存在形态的影响

影响黏度稳定性的各因素中,褐藻胶的存在形态是一项不容忽视的重要因素。当成品胶中混杂有转化不完全的褐藻酸和未起反应的游离碳酸钠时,成品褐藻胶在碱性介质或加温条件下,就极易降解。一般情况下,经转化后的褐藻胶,以近中性状态的稳定性为最好,偏酸性或偏碱性的稳定性较差。

2. 二价或多价金属离子的影响

二价或多价金属离子对褐藻胶溶液的黏度具有不同程度影响。大多数二价和三价金属离子对褐藻胶有强烈的催化降解作用,除铅以外,以铁最为显著,其次为铝、铜等,镍的影响较小。

3. 还原性杂质的影响

一些还原性物质,如亚硫酸盐、半胱氨酸、硫氢基乙酸、V_C 等能显著降低褐藻胶的黏度。他们认为,这些还原性物质在氧化过程中能够产生游离基团,对褐藻胶有氧化降解作用。岩藻聚糖硫酸酯也属于这类物质,当成品褐藻胶内混有大量岩藻聚糖硫酸酯时,黏度就下降。

4. 微生物的影响

某些细菌所含的酶有分解褐藻酸的能力。酶对褐藻酸的分解程度,表现在胶液中还原力的增加和黏度的降低。通常在气温较高的情况下,分解程度尤为严重,褐藻胶溶液往往在短时间内黏度急骤下降。

5. 成品胶含水量的影响

实验测定得出,成品胶含水量低于 15% 可保持黏度相对稳定。而水量超过 15% 时,保藏期间黏度将出现明显的下降趋势,往往随着含水量增加而急剧下降。

(五)褐藻胶渗透性

褐藻胶溶液具有较大的渗透性,即使是黏度较小的褐藻胶溶液同样具有较大的渗透性。一般褐藻胶的水合性不会因褐藻种类的不同而有大的差异,其黏度渗透性的大小仅与胶体粒子的分散度、大小、形状等有关。

（六）离子交换性质

不溶性金属的褐藻酸盐,其交换性能如同离子交换树脂,它能与某些离子很快地结合。二价金属离子亲和能力的大小往往与褐藻胶结构中两种糖醛酸的相对含量有关。如含有高含量 D-甘露糖醛酸的海带提纯的褐藻胶和含有高含量 L-古罗糖醛酸的海带的褐藻胶,其结合二价金属离子的能力就稍有不同。反应式为:

$$2NaAlg + MCl_2 \Longrightarrow M(Alg)_2 + 2NaCl$$

式中,M 代表二价金属离子,NaAlg 代表褐藻胶。如果褐藻胶溶液是一种完全的均相物质,当形成凝胶时,阳离子在两相中的浓度可由下式表示。

$$K = \frac{[M_p][Na_s]^2}{[Na_p]^2[M_s]}$$

式中,p 代表胶体,s 代表溶液,方格号项 [ ] 表示浓度,K 称为选择性系数。

含有不同 M/G 值的褐藻胶的选择性系数,按下列顺序排列。

（1）含甘露糖醛酸高的褐藻胶:

$$Pb>Cu>Cd>Ba>Sr>Ca>Co, Ni, Zn, Mn>Mg$$

（2）含古罗糖醛酸高的褐藻胶:

$$Pb>Cu>Ba>Sr>Cd>Ca>Co, Ni, Zn, Mn>Mg$$

（七）褐藻酸对放射性同位素的阻吸性

^{90}Sr 是核裂变的产物,半衰期 28 年,毒性很大。它广泛地分布在陆地和海洋中,因而陆地生物、海洋生物都受到一定程度的 ^{90}Sr 污染,尤其在当核爆炸时情况尤为严重。当受到污染的食物被吃入动物和人体内,^{90}Sr 则经由肠道被吸收,通过血液循环而积累于骨骼中,长时期放出射线,破坏机体,易引起骨肿瘤等疾病。

褐藻胶能阻止 ^{90}Sr 在生物胃肠内的吸收。它具有以下优点。

（1）^{90}Sr 在肠道不被吸收。

（2）无毒性。

（3）对 ^{90}Sr 有特殊的结合能力,而对 Ca 代谢无大影响。

（4）对胃酸、胃酶有抵抗作用。

（八）光学性质

褐藻胶溶液的比旋光度 $[\alpha]_D^{20}$ 随着褐藻胶纯度的不同和褐藻种类及其生长海域的不同而稍有不同,与黏度无关。

（九）电学性质

褐藻胶是典型的极性高分子电解质,在其胶体中插入两个电极,通以直流电,则可以发现胶体粒子向阳极移动。在 100 V 的直流电压下褐藻胶的电泳速率为 0.02～0.03 μm/s。其电泳速度比骨胶小,但比淀粉大。带电主要是由于高分子的电离而产生,其胶粒由许多可解离的褐藻胶小分子结合而成,其离解度随着胶液的稀释而增大,其电导率随着褐藻胶溶解量的增加而增大（表 2-5）。

表 2-5　褐藻胶溶解量和电导率的关系

溶解量 /%	0.05	0.125	0.25	0.50	0.75	1.00	1.25	1.50
电导率/(10^{-3} μs/m)	0.2	0.4	0.8	1.5	2.1	2.6	2.9	3.3

（十）配伍性

褐藻胶溶液可与多种物质混溶,其中包括与碳水化合物(淀粉、糊精、蔗糖、D-葡萄糖、转化糖等)、水溶性胶(金合欢胶、黄芪胶、槐豆胶、刺梧桐树胶、卡拉胶、果胶等)、多元醇(甘油、乙二醇、山梨醇、甘露醇等)、染料(活性染料、直接染料、颜料染料和钴合剂等)、蛋白质(明胶、鸡蛋白、酪朊、大豆蛋白、蛋白朊等)、树脂(酚醛树脂、脲醛树脂等)、盐(大多数的碱金属盐、铵盐、镁盐等)等物质互溶。褐藻胶溶液还可与一些物质部分互溶,其中包括与水互溶的溶剂(乙醇、丙醇等)、盐(10%～20%硫酸钠溶液、4%氯化钠溶液、氯化铵、大多数碱性盐等)等物质部分互溶。与褐藻胶溶液互不相溶的化合物,大致有以下一些物质:除镁以外的碱土金属盐、重金属盐、pH 小于 3.5 的强酸、pH 小于 2.5 的藻酸丙二醇酯、季铵盐和聚胺盐等。

褐藻胶溶液的互溶性,在实际应用中具有重要的意义,它可以帮助人们选用不同的方法来改进褐藻胶生产工艺,扩大褐藻胶在各领域中的应用。

第二节　褐藻胶工业

褐藻胶被日本誉为"保健长寿食品",美国人称为"奇妙食品"。全球褐藻胶加工企业主要分布在中国、美国、日本、挪威、丹麦、法国等国家(表 2-6)。

表 2-6　截止到 2008 年,世界各国褐藻胶生产及应用情况

名　称	总产量/t	食品保健品及医药/t	其他/t
中国	35 000	8 000	27 000
ISP(美国国际特品公司)	8 000	6 000	2 000
FMC(美国生物聚合物公司)	6 000	4 500	1 500
丹尼斯克(丹麦)	2 000	2 000	0
喜美克株式会社(日本)	2 000	1 500	500
富士化学工业株式会社(日本)	1 000	500	500
法国	1 000	500	500
其他	2 000	1 000	1 000
合　计	58 000	24 500	33 500

一、褐藻胶提取原理

褐藻胶提取原理主要是一种典型的离子交换过程。

（一）消化

将褐藻加碱、加热,使藻体中水不溶性褐藻酸盐转变为水溶性的碱金属盐,此过程称"消化",也称"提取"。

$$M(Alg)_n + mNa_2CO_3 \Longrightarrow nNaAlg + M(CO_3)_m \quad (n = 2m, M 为 Ca^{2+}、Fe^{3+}、Al^{3+} 等金属离子)$$

（二）酸析或钙析

在提取过滤液中加入无机酸或氯化钙溶液，使水溶性褐藻酸盐转化为水不溶性褐藻酸和盐。

$$NaAlg+HCl \Longrightarrow HAlg\downarrow+NaCl \text{ 或 } 2NaAlg+CaCl_2 \Longrightarrow Ca(Alg)_2\downarrow+2Na^++2Cl^-$$

这个过程也是精制和浓缩的过程，与大量水、无机盐、色素等水可溶性杂质分离。

（三）脱钙

将褐藻酸钙凝胶用盐酸脱钙，转变成褐藻酸。

$$Ca(Alg)_2+2HCl \Longrightarrow HAlg\downarrow+CaCl_2$$

（四）转化

将褐藻酸与碱性物质反应，转变成水溶性褐藻酸钠（褐藻胶）。

$$2HAlg+Na_2CO_3 \Longrightarrow 2NaAlg+H_2O+CO_2\uparrow（固相转化）\text{ 或 } HAlg+NaOH \Longrightarrow NaAlg+H_2O（液相转化）$$

二、褐藻胶生产工艺

（一）褐藻胶的工艺流程

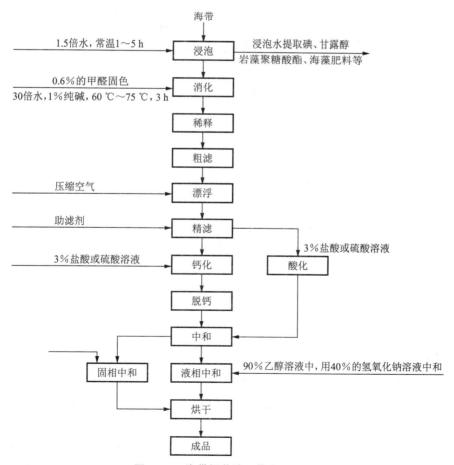

图 2-21　海带褐藻胶工艺流程

（二）工艺操作要点

以海带为例。海带经过用水浸泡，浸出碘、醇及一些无机盐类后，海带中还残存有岩藻聚糖硫酸酯、褐藻淀粉、褐色色素以及附着的泥沙等。这些成分如在提胶前不除去，将给褐藻胶生产带来很大麻烦，特别是碱不溶性褐藻黏质物、色素等给过滤造成困难，并影响产品质量。

1. 前处理

（1）水浸泡。水洗是将浸泡过的湿海带通过切菜机切成约 10 cm 的碎块，用清水逆流充分洗涤数次，直至洗净附着在藻体表面的黏质物，水质不再混浊为止。

（2）甲醛处理。用甲醛溶液处理海藻对褐藻胶成品的成色及黏度稳定性均起到良好作用。甲醛的作用如下：① 固定蛋白质。用甲醛处理时，藻体中蛋白质变性，大部分色素被固定，这些色素是一种蛋白质和非蛋白质有机化合物结合所构成的。② 抑制褐藻苯酚化合物。这种化合物在褐藻胶提取过程中容易引起大分子的褐藻胶解聚，破坏胶质的黏度，影响产率。甲醛与藻体内苯酚化合物起聚合反应，形成不溶性交联聚合物，从而抑制了对褐藻胶有氧化降解作用的还原性游离基团。③ 破坏和软化细胞壁纤维组织。甲醛对藻体有机组织有溶胀性能，并破坏和软化细胞壁纤维组织，从而在碱提取过程中有利于褐藻酸盐的置换与溶出。经甲醛处理后可得到色泽浅、黏度高的褐藻胶产品。

（3）稀酸处理。国外褐藻胶工业，大多采用稀酸前处理，目的是促使水溶性成分，如岩藻聚糖硫酸酯、褐藻淀粉、无机盐等进一步溶出，以利于褐藻胶的提取。一般认为，稀酸处理可使藻体内褐藻酸盐转变为游离的褐藻酸，同时使褐藻酸部分降解，便于提取过滤。但是，无论采用硫酸还是盐酸均对褐藻胶的黏度有不同程度的影响。一般以 0.1 mol/L 盐酸处理 1 h 为宜。硫酸对胶质的降解破坏较大。

（4）稀碱处理。海带中除含有水溶性和酸溶性成分外，还含有一些碱可溶性杂质和在碱性条件下溶于水的褐色素。用稀碱处理海带可除去这些杂质和色素，从而提高产品质量，使成品色泽和透明度都有明显的改善。但对处于游离状态的褐藻酸有同时被溶出的可能。

（5）甲醛、酸或碱组合处理。上述前处理的方法是单独采用甲醛或酸或碱进行的，各种方法都有其独特作用与效果。若采取甲醛进行处理，可使褐藻胶黏度高、色调浅；用稀碱或稀酸处理可促使酸溶性糖胶或碱溶性色素浸出，并有利褐藻胶的提取与过滤。如果两法并用，即先甲醛固定，后用酸浸或碱浸，效果更明显，可避免先用酸浸后再用甲醛处理或只用酸浸时黏度大幅度降解的弊病。

2. 消化

褐藻胶在藻体内主要是以褐藻酸钙、褐藻酸镁、褐藻酸铝、褐藻酸铁、褐藻酸铜等形式存在，加入碱性消化剂，可使藻体细胞壁膨胀破坏，同时，将不溶性的褐藻酸盐（包括钙、铁、铝等）转变为可溶性的褐藻胶酸钠，这一过程在生产上称"消化"。在消化过程中，消化剂的种类、浓度、消化温度和消化时间是这一反应的必要条件。无论是过高的浓度或过高的温度以及过长的消化时间都会使褐藻胶的胶质受到破坏。而且，对于不同的藻类，由于藻体组织坚韧程度不同，其消化条件也不尽相同。必须选择合适的消化条件才能获得高质量的褐藻胶产品。

（1）消化剂的选择。消化剂主要有 Na_2CO_3、$Na_2C_2O_4$、$NaOH$、KOH、NH_4OH、Na_3PO_4 和 Na_2SO_4。用 Na_2CO_3 提取褐藻胶和用 $NaOH$、KOH、NH_4OH 提取完全不同。前者褐藻胶较易提出，提取液色泽浅，成品色白、纯度高、黏度大，褐藻胶产率达 20% 以上；后者则几乎提不出褐藻胶。主要原因是：海藻（以海带为例）中的褐藻胶不是处于游离状态，而是结合为褐藻酸钙、褐藻酸铝、褐藻酸铁等形式存在。当用 Na_2CO_3、$Na_2C_2O_4$ 或 Na_3PO_4 进行消化时，转化成可溶性褐藻酸钠和难溶性 $CaCO_3$ 或 CaC_2O_4 沉淀，反应可以顺利进行。特别是用 $Na_2C_2O_4$ 或 Na_3PO_4 所提取的褐藻胶品质极为优良，然而，$Na_2C_2O_4$、Na_3PO_4 等化工原料价格昂贵，所以，迄今为止，世界褐藻胶工业一般均采用碳酸钠做消化剂。

（2）消化条件。一般褐藻胶工业所用的原料大多是藻体组织较为松弛、纤维较少的海藻，如我国人工养殖的海带、欧洲国家及美国东部的糖海带和掌状海带、美国西部的巨藻和日本的狭叶海带等。这些海藻在室温条件下，用 Na_2CO_3 可使褐藻胶溶解出来，全部制造工序都是在室温条件下进行，这是典型的冷提取方法。但工业上一般偏向于加温提取的方法，以缩短整个制造周期。碱的浓度、提取温度和提取时间对海带褐藻胶的量与质的影响较大。以 8%～15%（海藻）Na_2CO_3 浓度，在 60℃～75℃ 的条件下消化海带提取褐藻胶，提取时间一般为 3 h，所得产品质量比较理想。由于 Fe^{3+} 对褐藻胶的黏度有降解破坏作用，所以消化罐最好采用不锈钢板或复合钢板制造。我国南海产的马尾藻，藻体组织坚韧，纤维质多，与海带不同，就必须考虑采用较高温度和其他相应的提取条件。

3. 过滤

海带经消化后，得到黏稠的褐藻胶泥状物，其中含有大量不溶性残渣杂质等，必须将这些不溶物除去。为了便于过滤，生产上常采用稀释、沉降或漂浮等工序，然后再过滤。

（1）冲稀。海带消化液浓度高、黏度大，直接从中除去杂质是非常困难的，必须用大量水冲稀。生产上，冲稀过程中通过机械混气或加压溶气使胶液乳化，冲稀水的用量相当于干海带原料的 80～150 倍。

（2）漂浮。将冲稀的胶液，静止 2 h 后胶液中的小气泡附着在细小残渣表面，使它随着空气上浮到胶液表层。同时，密度较大的泥沙沉至池底，从而使绝大部分不溶物分离出来，即可得到 80%～90% 的清胶液。经过漂浮的清胶液，还含有少量细小的悬浮残渣，必须进一步过滤。

（3）精滤。目前国内采用尼龙细网逐次分级过滤的方法。即先将漂浮清胶液经过 100～150 目筛网过滤，再通过 250 目或 300 目筛网过滤，分别将胶液中的细小残渣除去，这种过滤方法简便易行。常见设备有"平板式"（图 2-22）、"绞笼式"和"鸟笼式"过滤器等。要获得高纯度的胶液，可采用真空抽滤或压滤（预涂料式真空转鼓过滤机）的方法处理。

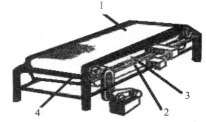

图 2-22　平板式过滤器示意图
1—滤网；2—废渣盘；3—清胶液盘；4—滤网轴

但由于滤液中的残渣是可塑性的，很快就会在滤布上形成一层密集的滤饼，使滤液难以通过。所以过滤时，必须使用助滤剂（如硅藻土、珍珠岩等），见图 2-23。

　　预涂料真空转鼓过滤机如图 2-23 所示。预涂料真空转鼓过滤机料液槽内真空抽滤转鼓。转鼓主轴中空,与真空系统相连,其上有许多真空支管,支撑并连接集液盘,集液盘上嵌满支撑格栅,支撑着滤布。过滤胶液前,首先要在真空转鼓外涂敷助滤剂层。助滤剂可采用硅藻土或珍珠岩粉。涂敷层厚度为 90～100 mm。将一定量的助滤剂与清胶液混合,置于料液槽中,料液槽的液面维持在转鼓中轴水平,开动搅拌器,保持固液均匀混合。先启动转鼓而后启动真空系统,在空气压力作用下清胶液透过滤布,由集液盘收集经真空支管及中轴真空管进入真空缓冲罐,用泵将清胶液抽出,返回集液槽。直至涂敷到预定厚度(此时料液槽中的助滤剂应恰恰用完),清胶液不再返回料液槽,而是转入下一工序。将待滤胶液注入料液精过滤,过滤后清胶液转入下工序,而待滤胶液则不断注入料液槽,维持一定液面。残渣被助滤剂层阻隔后,在助滤剂层表面形成一透水性很差的渣层,会影响过滤速度,所以在开始过滤时即应启动刮刀,将渣层刮下,由排渣器排除。在刮下渣层时也随之刮下一薄层助滤剂,使助滤剂表面保持良好的透水性,当转入下部料液中后,又可顺利过滤胶液。过滤过程中滤饼层逐渐被刮薄,当滤饼层厚度不足 20 mm 时,应停止过滤胶液,再行涂敷新的助滤剂层,以待继续过滤。

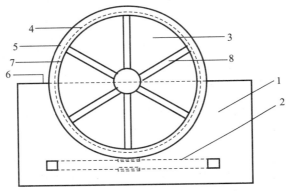

图 2-23　预涂真空转鼓过滤器示意图

1—胶液槽;2—搅拌器;3—集液盘;4—滤布;5—助滤剂;6—刀片;

7—格栅;8—真空支管

4. 凝聚

　　经过精过滤的胶液含有 0.2% 左右的褐藻胶,大部分是水,此时,加入适当的无机酸或氯化钙,可使褐藻胶转变为水不溶性的褐藻酸或褐藻酸钙凝胶而析出,从而与大量可溶性无机盐、色素及水等杂质分开,使褐藻酸进一步凝聚及提纯。凝聚方法有酸析法和钙析法两种。

　　(1) 酸析法。常用的酸有盐酸和硫酸。加入酸时,除与褐藻胶进行反应外,部分酸与胶液中多余的碳酸钠反应而产生二氧化碳气体,此时,形成的褐藻酸凝胶借助逸出的二氧化碳气体上浮,漂浮到液面与废酸分离。其反应式为:

$$NaAlg + H^+ \Longrightarrow HAlg + Na^+ \qquad Na_2CO_3 + 2H^+ \Longrightarrow 2Na^+ + H_2O + CO_2\uparrow$$

　　在酸析操作中,预先将浓酸稀释,浓度控制在 10% 左右。过浓的酸,容易与胶液剧烈反应形成“胶包水”的凝块,并导致褐藻胶降解,破坏黏度;反之,酸度不足,则凝聚不完全,容易随水流失,影响产率。因此酸量应控制最终反应的 pH 在 1.5~2.0 之间。酸析后的凝胶应放置一定时间,使其结构紧密积聚,便于凝胶脱水。生产上称这一过程为"老化"。老化时间一般为 0.5~1.0 h。由于褐藻酸是一种极不稳定的天然高聚物,在常温下容易降解,褐藻酸放置时间的长短与成品胶的品质有关,酸块去水后或在酸水中放置时间过长,则产品产率和黏度都受到不同程度影响,黏度下降尤为显著。因此,在工业生产中老化时间不宜过长。另外,酸析时,可将胶先行混气发泡,这有利于酸液与凝胶的接触,避免"胶包水"现象的发生,容易使凝胶块上浮。一般每吨成品胶耗工业硫酸(98%)2.0~2.5 t;工业盐酸(37%)4.5~5.0 t。

(2)钙析法。常用的钙析剂是氯化钙。褐藻胶溶液遇钙转变成不溶性褐藻酸钙,并从胶液中絮凝出来,达到浓缩和精制的目的,反应式为:

$$2NaAlg + CaCl_2 \Longrightarrow Ca(Alg)_2 + 2NaCl \qquad CaCl_2 + Na_2CO_2 \Longrightarrow CaCO_3 + 2NaCl$$

影响钙析的因素如下。

① pH。胶液中的褐藻胶被 Ca^{2+} 凝析时,受 pH 的影响颇大。即当胶液的 pH 低于 6 时,凝析不完全;pH 为 6~7 时,凝析近乎完全;pH 高于 7.5 时凝析完全,但产生较多的碳酸钙沉淀,这些沉淀随同褐藻酸钙凝胶一起析出,这就给"脱钙"工序增加了盐酸的耗用量,并对褐藻胶的品质和成本均有影响。钙析时应适当调整 pH,使钙析达到完全,又要避免伴随产生碳酸钙沉淀析出。在工业生产中,通常将盐酸加至氯化钙溶液中,配成酸性氯化钙溶液。

② 加钙量。钙析时,生成不溶性褐藻酸钙,含 Ca^{2+} 量可通过对钙化胶(经充分水洗)含钙量的分析而得知。钙析时,所需最低钙量(Ca^{2+}/褐藻胶)为 0.77 moL,即 1.54 g Ca^{2+} 相当于氯化钙 4.27 g,而每 390 g 褐藻酸钙耗纯氯化钙 111 g。但实际生产中,消耗量远比此数高得多。氯化钙用量达不到保持离子平衡的钙离子浓度时,褐藻胶就不能完全凝析出来,从而影响得率,且絮凝出来的褐藻酸钙凝胶纤维短,不结实,造成脱水困难。

③ 胶液浓度。褐藻胶提取液的稀释倍数对钙析程度有明显的影响,提高清胶液的浓度,可减少耗钙量;反之则耗钙量大。

(3)酸析法与钙析法的比较。自 1929 年最早开始商业化生产褐藻胶后的 80 多年里,世界各国生产褐藻胶的工艺基本相同,即用碳酸钠使褐藻中的不溶性褐藻酸盐转化成水溶性的褐藻酸钠(俗称褐藻胶),然后采用酸析法或钙析法从水溶液中絮凝提取褐藻胶。一般认为,酸析法工艺流程中,酸凝时沉降速度很慢,胶状沉淀的颗粒也很小,不好过滤,且生产的中间产物海藻酸不稳定,易降解,因此所得到的产品收率和黏度都比较低。而钙析法产率一般比酸析法要提高 10% 左右,且钙析法所生成的凝胶纤维组织坚韧、有弹性、脱水方便,因此,我国大部分褐藻胶生产厂家采用钙析法。但是,李陶陶、许加超等比较了钙析法和酸析法制得的褐藻胶,并以水分、黏度、灰分含量、透明度、水不溶物含量、凝胶强度、含钙量、纯度这 8 个主要质量为指标,客观地评价了两种方法所产褐藻胶的质量。结果表明:钙析法与酸析法所得褐藻胶的水分含量、灰分含量、透明度、含钙量和纯度指标上没有显著性差异。水不溶物含量、黏度及凝胶强度指标差异极显著,酸析法所得褐藻胶的水不溶物含量低于钙析法所得褐藻胶,黏度和凝胶强度这两个重要指标均优于钙析法所得样品。褐藻胶的得率无显著性差异,并且酸析法的操作较钙析法成本低,可节约成本 10% 左右。

5. 脱钙

生产褐藻酸钙以外的其他褐藻酸盐产品,必须将褐藻酸钙凝胶再转变成褐藻酸,才能进一步转化得到。生产上是用盐酸脱钙。

生产中褐藻酸钙凝胶经螺旋式沥水器沥水,然后以稀盐酸溶液脱钙。一般分两次脱钙,即褐藻酸钙凝胶经一次稀酸脱洗后,沥去废酸水,再以稀酸进行二次脱钙,沥去废酸水。最后用自来水洗一次,即可得纯褐藻酸。第一次脱钙后,废酸水的 pH 约为 3,第二次脱钙后,废酸水的 pH 为 $1.5 \sim 2.0$。为节约用酸,生产上将第二次脱钙后的废酸水在第一次脱钙中套用。

（1）盐酸的浓度与用量。脱钙时,理论上盐酸量与褐藻胶产品的质量比约为 0.82:1,而实际生产中达到脱钙要求的盐酸浓度大于 2%,一般为 3%,总耗酸量比达 1.5:1,高于理论计算值。

（2）脱钙方法。国内目前脱钙的方法分间歇式和连续式两种。

间歇式是先将内沥后的钙化胶投入罐中,加入二次脱钙废酸水搅拌 40 min,作为第一次脱钙。放掉废酸水,再加入 3% 盐酸溶液,搅拌 20 min,即二次脱钙,最后用自来水搅拌 10 min,即完成脱钙全过程。

连续式脱钙是用三组脱钙罐和螺旋沥水器按顺序位差安装组成。先将钙化胶经螺旋沥水器沥水后与二次脱钙废水一起由底部进入一次脱钙罐,经搅拌后,由脱钙罐顶部排出;进入螺旋沥水器沥去废酸水,再与 3% 的盐酸溶液一起由底部进入二次脱钙罐,经搅拌后,由脱钙罐顶部排出;最后一组按上述流程用自来水洗涤并沥去废水,即完成脱钙全过程。

6. 脱水

酸化或脱钙后的褐藻酸凝胶中含有 HCl 和 $CaCl_2$、NaCl 等无机盐,经脱水后,绝大部分被脱除,但褐藻酸凝胶具有极强的吸水性,完全脱水是比较困难的,工厂大多采用两次脱水法,即将褐藻酸凝胶先经螺旋压榨脱水机进行一次脱水,使其含水量降至 $75\% \sim 80\%$,然后经粉碎,装入涤纶布袋中,通过油压机二次脱水,使其含水量为 $65\% \sim 70\%$。

7. 中和转化

在中性介质和室温条件下,褐藻酸钠黏度可以保持相对稳定,生产上常采用有液相转化和固相转化两种方式。

（1）液相转化法。褐藻酸钠不溶于甲醇、乙醇、异丙醇等有机溶剂。工业上一般以酒精作为转化介质,用 NaOH 中和,在此反应过程中酒精还起脱水和精制的作用。其反应式为:

$$HAlg + NaOH \Longrightarrow NaAlg + H_2O$$

液相转化是将含水为 $75\% \sim 80\%$ 的褐藻酸凝胶,经粉碎后与 90% 以上乙醇(按 1:1 比例)混合,边搅拌边加入少量碱液(40% NaOH),使 pH 趋于中性或微酸性,加入漂白剂(NaClO),再缓慢添加碱液,使 pH 维持在 8 左右,不断搅拌,直至 pH 不变为止,大约需 40 min。所得絮状物连同废酒精液放入离心机甩干,一些色素和无机盐也随同废酒精被排除(废酒精应另行回收)。

液相转化的褐藻胶产品色调浅、纯度高,特别适用于对褐藻胶黏度和纯度要求较高的应用领域,如医药、食品、电焊条等工业。但要耗用大量酒精(每吨成品胶约耗用 0.5 t 左右的酒精)。

(2)固相转化法。固相转化是将含水量为 65%～70% 的褐藻酸凝胶与一定比例的碳酸钠,经捏合机充分捏合,完成中和转化。其反应式为:

$$2HAlg + Na_2CO_3 \Longrightarrow 2NaAlg + H_2O + CO_2\uparrow$$

固相转化产品的黏度有的稳定,有的不稳定,差别很大,真实 pH 值越接近中性其黏度越稳定。因此,褐藻胶转化完全与否是影响产品稳定性的关键。

① 褐藻酸的水分含量对捏合转化程度和产品呈色有明显影响。一般说来,褐藻酸含水量越低,产品呈色越浅,质地松脆,容易粉碎,但捏合转化难度大。褐藻酸含水量高,产品颜色加深,质地坚韧,粉碎较困难,但捏合转化容易。因此,生产中必须严格控制褐藻酸凝胶水分含量。褐藻酸含水量低于 62.5% 时捏合转化效果较差,含水量在 65% 左右则转化效果较好,且黏度基本稳定。为了兼顾产品色泽要求,褐藻酸水分含量应控制在 65%～70% 之间。每 100 kg 褐藻酸平均可加 8 kg 碳酸钠,在充分捏合条件下,褐藻胶的转化和黏度稳定性均可得到满意的效果。

② 碳酸钠粒度粗细不匀会影响转化速度和捏合次数、胶样的呈色反应混杂,主要是因为碳酸钠的颗粒较大,不易溶化,从而影响转化速度,虽经过 6 次捏合,仍未达到均一颜色。但经 100、120 和 200 目过筛的碳酸钠,捏合 3 次,表观 pH 与真实 pH 相当接近,黏度稳定性也好。

总之,生产操作应掌握如下几项要点:捏合转化应均匀,用广泛 pH 试液检查的胶样,呈色均一;表观 pH 介于 6.0～7.5 区间为最佳;碳酸钠应先通过 100 目过筛;褐藻酸水分含量应控制在 65%～70% 之间。

8. 干燥

中和转化好的褐藻胶(褐藻酸钠)含水量在 70% 左右,必须进行干燥,使其水分含量降至 15% 以下(特殊规格产品 13% 以下)以利于长期贮存。湿褐藻胶呈不规则的块状或絮状,大小很不均匀。在干燥前可通过造粒处理,将湿褐藻胶造型成均匀的颗粒,有利于干燥。

9. 粉碎

褐藻胶属韧性物质,使其大块固体物粉碎成细小粉末难度就较大。通常使用的粉碎方法有:滚压、撞击、研磨等。选择粉碎设备时,视粉碎细度而定。对细度要求不高的产品(不超过 40 目),可采用"爪式"粉碎机或"锤击式"粉碎机进行破碎。对细度要求较高(不超过 100 目)的,可采用"对辊磨"研磨。从效果看,"对辊磨"的作用较缓和,粉碎过程中物料发热程度较低,褐藻胶的黏度及水分损失较少,但处理量比"锤击式"要小。而"锤击式"粉碎机作用激烈,粉碎过程中物料发热严重,造成褐藻胶的黏度明显破坏。

目前国内各工厂选用较多的是"爪式"粉碎机和"锤击式"粉碎机,其原理不尽一致。"爪式"粉碎机是通过动齿与定齿的挤压、研磨剪切和撞击作用粉碎物料;而"锤击式"粉碎机则主要靠锤片和定盘的撞击和剪切作用粉碎物料。

10. 包装

褐藻胶产品的内包装为聚乙烯薄膜袋,外包装为牢固的铁桶或内衬聚乙烯塑料的牛皮纸复合包装袋中,封口必须严密,每桶(袋)净重 25 kg。每批出厂的产品应附有质量证明书,内容包括生产厂、各产品名称、批号、生产日期和检验日期及产品质量等。

褐藻胶产品在贮存和运输中,不得与有害物质混放,并应保持干燥,避免日晒、雨淋及受热,应存放在离地面 10 cm 以上的架子上,避免受潮。

第三节 褐藻胶低聚寡糖

褐藻胶(Algin)是由 β-D-甘露糖醛酸(M)和 α-L-古罗糖醛酸(G)两种糖醛酸单体聚合而成。甘露糖醛酸和古罗糖醛酸两种糖醛酸的成链结构非常相似,其差别仅在于 C_5 上的羟基位置不同。但是,当它们聚合成链后的空间构象结构差别却非常大,主要是甘露糖醛酸和古罗糖醛酸两种单元的构象不同,并且两种单元组成的不同分子量的低聚糖也就有不同的活性,如止血、抗电离辐射、降血脂、降血糖、抗肿瘤、抗病毒及增强机体免疫力等多项生理功能。褐藻胶是天然高分子中具有多分散性的聚合物,其分子量较大,在 $10^4 \sim 10^6$ 之间。如此高的分子量,使其应用受到限制。通过多种降解方法制备的褐藻酸钠寡糖,具有溶解性强、稳定性好、易被机体吸收等优点,在糖化学、糖工程以及糖类药物研究等领域具有重要的研究价值,特别是在抗肿瘤及抗老年痴呆等方面取得了显著进展。

一、降解方法

褐藻胶降解方法主要包括酶降解法、物理降解法和化学降解法。

(一)酶解法

酶降解有着催化效率高、专一性强等优点。目前为止已发现的褐藻胶裂解酶有 50 多种,降解机制为通过消除反应断裂 1,4 糖苷键导致非还原端 C_4、C_5 之间形成双键。多数褐藻胶裂解酶具有底物特异性,可分为 PM 裂解酶、PG 裂解酶和 PMG 裂解酶,分别用于制备不同的特异性片段,但该法成本较高,且反应最后还要去除裂解酶。褐藻酸裂解酶主要来源于海洋细菌、真菌、软体动物、藻类及土壤微生物等。根据酶的作用方式,可以分为 3 类。

1. α-L-甘露糖醛酸裂解酶

大多数的假单胞菌(*Pseudomonas* sp.)产生的酶具有此专一性裂解褐藻酸分子内的 MM 键及 MG 键,生成糖片段或寡糖或单糖。

Heyraud 等人用核磁共振和高效液相色谱对鲍鱼(*Haliotis tuberculata*)酶的降解作用进行了研究,表明该酶对(M)n 具有较高的亲和力可以降解褐藻胶糖链中的 MM 和 GM 键,而 GG 和 MG 不能够被裂解。Ertesvag 等人从维涅兰德固氮菌(*Azotobacter vinelandii*)中得到一种褐藻酸酶,经过克隆、定序,并在 *Escherichia coli* 中表达,成熟蛋白分子量为 3.9×10^4,等电点为 5.1,最适 pH 为 $8.1 \sim 8.4$,可以降解 MM 和 MG 键的多糖,也可以降解含有乙酰基的键,但不能降解 GM 和 GG 键的多糖,可以利用该酶产生(G)n 片段。Rehm 从绿脓假单胞菌(*Pseudomonas aeruginose*)中分离出一种褐藻酸酶,当用六聚物多糖作为底物时,此酶表现出最高生物活性。表明该酶的活性中心最适合容纳 6 个褐藻酸残基的链状物,能被接受的最短链长底物为五聚物,少于五聚物的甘露糖醛酸片段不能被作为底物。进一步研究发现裂解以后的产物中三聚物最丰富,推测该酶的作用位点位于糖链末端的第三个糖苷键。Heyraud 由假单胞菌得到的聚甘露糖醛酸裂解酶可用于制备聚合度为 30 的甘露糖醛酸盐片段,或者聚合度大于 20 的甘露糖醛酸和古罗糖醛酸交替片段。Kraiwattanapong 将假单胞菌的褐藻酸酶的基因在大肠杆菌内克隆、定序、表达。经研究其分子量为 79 000,等电点为 8.3,最适温度和 pH 分别为 30 ℃和 7.0。这种酶可以专一性地降解聚 β-1,4 甘露糖醛酸。Preston 等人将丁香假单胞菌(*Pseudomonas syingae*)的褐藻酸酶的基因在大肠杆菌内克隆、定序、表达,并对其性质进行了研究。在 0.2 mol/L NaCl 存在的条件下,反应的最适温度 42 ℃,pH 为 7.0。通过底物研究发现该酶对乙酰化的甘露糖活性最强。

2. β-D-古罗糖醛酸裂解酶

β-D-古罗糖醛酸裂解酶可以将褐藻酸大分子内的 GG 键,生成糖片段或寡糖。克里伯氏菌(*Klebsiella sp.*)产生的酶属于此类。

Hee 等从假单胞菌(*Pseudomora sp.*)中得到一种古罗糖醛酸裂解酶,经凝胶色谱分离可得 3 个级分。这些级分不耐热,但能降解两种褐藻酸盐链段,一种是聚古罗糖醛酸链段(G)n,另一种是含有甘露糖醛酸(M)和古罗糖醛酸(G)残基的(GM)n 嵌段链段,而对聚甘露糖醛酸链段(M)无活性,降解过程无规律,最终产物是不饱和的单糖醛苷和三糖醛苷混合物。在高浓度的底物条件下,会抑制这种酶的活性。Matsubara 等(1998)从棒状杆菌(*Corynebacterium sp.*)培养基的上层纯化得到一种聚古罗糖醛酸裂解酶,应用 SDS-PAGE 和凝胶色谱,得其分子量为 2.7×10^4,等电点为 7.3,最适温度和 pH 分别为 55 ℃和 7.0,金属化合物 MCl_2 和 $NiCl_2$ 可以增强酶的活性。Svanem 等(2001)研究发现,从维涅兰德固氮菌(*Azotobacter vinelandii*)基因组可以编码 7 种分泌型、依赖 Ca^{2+} 的差向异构酶,可以催化揭藻胶的甘露糖醛酸向古罗糖异构化。

3. 无选择性的褐藻酸酶

无选择性的褐藻酸酶,对底物没有特殊的要求,既可以裂解(M)n 嵌段也可以裂解(G)n 嵌段,还可以作用于 MG 或者 GM 键。环状芽孢杆菌(*Bacillus circulans*)、交替单胞菌(*Alteromonas sp.*)产生的酶具有该特性。

Shiraiwa 等研究发现从褐藻中提取的粗酶萃取物,将其与 ^{14}C 标记的褐藻酸盐、非放射性褐藻酸盐、短链聚甘露糖醛酸、短链聚古罗糖醛酸及混合的短链聚糖醛酸共同培养,发现从短链聚甘露糖醛酸中得到的主要是不饱和的单体和二聚体,而从短链聚古罗糖醛酸中得到的主要是单体、二聚体、三聚体。Larson 等用芽孢杆菌生产的胞外褐藻酸酶既可以降解聚甘露糖醛酸,也可以降解聚古罗糖醛酸,Ca^{2+} 可以提高该酶降解聚甘露糖醛酸的活性。Sawabe 等研究交替单胞菌产生的褐藻胶酶,发现其既可以降解褐藻胶,还可以降解(G)n、(M)n 和(GM)n,降解上述 4 种底物可以得到聚合度为 7～8、5～6、3～4 的 3 种主要产物,即该酶基本完全降解褐藻胶,并生成比较固定的产物。Iwamoto 等研究发现埃氏交替单胞菌(*Alteromonas espejiana*)可以产生一种褐藻酸胞内裂解酶,其分子量为

3.39×10^4，等电点为 3.8，在 pH 为 5~11 时，可以稳定的存在，在 pH 为 7.5~8.0 时，具有最高活性。

（二）物理降解法

物理降解法一般与其他降解方法一起使用，降解产物的极限分子量为 50 000 左右，不易制得寡糖。

1. 超声波降解

一般认为超声辐照将导致高分子降解，但是对其机制尚未得到完整的解释，还需要大量的研究予以证明。褐藻胶是由 β-1,4-D-甘露糖醛酸与 α-1,4-L-古罗糖醛酸组成的天然高分子，具有良好的亲水性和广泛的用途。

甘纯玑等研究表明：在超声辐照过程中，褐藻胶溶液的 pH 无明显变化，溶液温度随辐照时间延长而上升，溶液的表现黏度逐渐下降；当超声辐照停止后，溶液温度下降，溶液表现黏度逐渐回升，但是，表观特性黏度则继续下降，一段时间后才开始回升，表现为一种黏度变化的滞后现象。一般认为，超声波在媒质中传播时，其振动能量不断地被媒质吸收，而转变为热能，将使其自身温度升高。特性黏度与温度变化成正比，温度每上升 1 ℃，特性黏度值大约改变 0.4%。在超声辐照过程中，褐藻胶溶液的特性黏度仍然不是以恒定的速率下降。

2. 电离辐射降解

当辐照剂量为 10 kGy 时，褐藻胶溶胶粒径已经变为纳米量级（中心粒径为 100 nm），且粒径分布范围较宽。而当辐照剂量达到 100 kGy 时，褐藻胶溶胶中心粒径变为 50 nm，且粒径分布范围显著变窄，此时的海褐藻胶分子量为数千。

3. 脉冲辐射

付海英等，为了能用脉冲辐解研究褐藻胶被氧化降解机制，进行了一系列实验：在 10^{-3} mol/dm^3 未辐照的海藻酸钠，以一氧化氮饱和，经脉冲辐解后。水合电子被转换成羟基自由基。羟基自由基进攻褐藻胶多糖分子，生成多糖自由基。羟基自由基与 CO_3^{2-} 反应生成 $CO_3^{\cdot-}$ 自由基。该自由基在 600 nm 具有特征瞬态吸收，并且具有较强的氧化性。实验中观察到了 $CO_3^{\cdot-}$ 自由基在 600 nm 的瞬态吸收，同时伴随着该自由基的衰减，在 300 nm 观察到了一个新的瞬态吸收（在未加入海藻酸钠时，该瞬态吸收不会出现），可以判断该瞬态吸收为褐藻胶的多糖阳离子自由基（或脱质子中性自由基）。增加褐藻胶的浓度，在 600 nm 记录到的 $CO_3^{\cdot-}$ 自由基的衰减会加快，也就是说 $CO_3^{\cdot-}$ 自由基的衰减和海藻酸钠的浓度相关。

4. 激光光解

利用紫外分光光度仪测定其在 265 nm 时的吸光度值，黏均分子量 M_v 测定采用黏度法，其反应机理是在一定的温度下，以 $K_2S_2O_8$ 作为引发剂，$K_2S_2O_8$ 水溶液在紫外光辐照下可分解产生 $SO_4^{\cdot-}$ 进攻 C_4 上的碳，使其转变成自由基，最终导致 C_1—O—C_4 键的断裂。

5. γ射线

将分子量为 4.25×10^6，浓度为 2% 的海藻酸钠水溶液装入试管中，在空气条件下进行 γ 射线辐照，剂量率为 3.34 Gy/s，并以黏度法测定辐照后褐藻胶分子量。辐照后分子量随着辐照总剂量的增加呈指数下降,当辐照总剂量超过 100 kGy 时其分子量已降至 1 000 以下,此时的褐藻胶水溶液几乎已成真溶液。通常水在 γ 射线作用下会产生水合电子和羟基自由基及少量的过氧化氢和氢原子,其中羟基自由基和氢原子会进攻褐藻胶的糖链导致糖链断裂,使海藻酸钠分子量减小。

(三)化学降解

化学降解是利用化学试剂使糖苷键发生断裂从而生成低分子量的寡糖。主要包括酸降解、碱降解和氧化降解。

1. 酸降解

使用的酸包括草酸、盐酸、硫酸和甲酸等。稀酸常压条件下只能将褐藻胶初步降解,并且是在 MG 杂合段降解,所以是一种降解分离 M 段和 G 段的方法。在加压的条件下褐藻胶将被降解成为寡糖,酸降解法存在的缺点是降解不易控制,分子量不均匀,且三废污染严重,产品外观色泽差。

2. 碱降解

碱降解的机理是 β-消除法,在碱性条件下 C_5 上的质子容易被夺走,由于羧基的诱导效应,C_4 位上的电子向 C_5 为转移,使 1,4 糖苷键断裂,达到降解的目的。同时降解产物 C_4、C_5 位上形成了一个与羧基共轭的双键。

3. 氧化降解

氧化降解是指在高温或催化剂存在下,褐藻胶能够被过氧化氢等氧化剂降解成寡糖,该方法反应过程简单,成本较低,当多糖溶液中含有过氧化氢溶液的黏度迅速下降,且下降的速度比酸水解快,可以获得外观洁白的降解产物。

杨钊等将来源于褐藻胶的聚甘露糖醛酸(PM)在不同浓度的过氧化氢、不同温度和不同反应时间下进行降。以包含 3～11 糖单体的寡糖混合物为目标产物,以相应的降解产物的平均分子量为 1 500 为选择标准,获得氧化降解法的最佳条件:过氧化氢浓度 5%,反应温度 90 ℃,降解时间 2 h。以该条件降解 PM 获得的降解产物经圆二色谱、紫外光谱及红外光谱测定表明:制备的寡糖保持了甘露糖醛酸的结构特点。赵珊、许加超研究了以含水量约为 70% 的褐藻酸用过氧化氢降解,以 100×10^3～300×10^3、50×10^3～100×10^3、10×10^3～50×10^3、5×10^3～10×10^3 以及 5×10^3 以下为目标分子量,在 121 ℃下采用氧化降解的方法制备不同分子量的褐藻胶低聚糖,并对降解温度、降解时间以及褐藻胶质量与过氧化氢用量比等制备条件进行了研究。在 121 ℃条件下,向褐藻酸中添加不同量的过氧化氢进行降解,所制得的褐藻胶,经 HPLC 分析后得到 M_w,结果如图 2-24 所示。从其中任意一条线可以看出,随着降解时间的延长,褐藻胶不断降解,开始的 0.5 h,褐藻胶快速降解,分子量下降幅度显著,反应到了最后 1.5 h,分子量下降幅度则不明显。这是因为随着反应进行,过氧化氢不断消耗,使反应速度降低,消耗到一定量之后,褐藻胶降解幅度趋于稳定。从 6 条线来看,随着褐藻酸质量与过氧化氢体积比的降低,过氧化氢所占比例不断提高,褐藻胶的降解程度在不断加剧,褐藻酸质量与过氧化氢体积比则与褐藻酸降解程度呈负相关。当比例降低到 0.8 倍之后,褐藻酸的降解程度变化不明显。这是因为,过氧化氢已与褐藻胶充分发生反应,过氧化氢的浓度已经不再影响褐藻胶的降解程度。

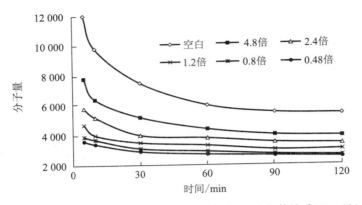

图 2-24　褐藻酸质量与过氧化氢体积比与褐藻胶 M_w 之间的关系（$T = 121\ ℃$）

二、褐藻胶低聚糖的抗氧化活性

关于活性氧的生理研究越来越引起人们的关注,活性氧包括超氧阴离子、过氧化氢、羟自由基等。它们有很强的生物活性,在生物体内的代谢活动中起着很重要的作用,可以对机体的新陈代谢起到积极的作用,不过,当其含量过量时就会引起不良的影响。抗氧化剂的产生就是为了能清除这些多余的活性氧自由基。目前已合成的人工抗氧化剂有很多种,对自由基的清除效果也很好,但是这些合成的抗氧化剂在长期使用后会对机体产生不良的作用。因此,天然高效无副作用的抗氧化剂,一直都是人们争相研究的对象。近年来,植物来源的活性氧清除剂以其天然高效的特点成为研究的热点。这些活性氧自由基清除剂主要是一类黄酮类化合物。最近的很多研究报道了生物活性多糖较强的抗氧化能力。例如,有研究发现,鼠尾藻多糖、褐藻多糖、褐藻胶及岩藻聚糖硫酸酯等都具有较好的清除活性氧自由基或体内抗氧化的活性。说明,海藻多糖在抗氧化活性方面有很好的研究价值。

孙丽萍、许加超等采用化学发光法和大肠杆菌法进行研究,得出了褐藻胶寡糖对羟基自由基、超氧阴离子自由基具有较好的清除效果的结论。许小娟、付晓婷、许加超等研究了褐藻胶低聚糖的保水性和抗氧化功能,研究表明褐藻胶低聚糖对 DPPH 自由基具有较强的清除能力,低聚合度的褐藻胶低聚糖与儿茶素具有相似的活性。许加超、王浩贤等利用酸降解并通过超滤膜将其降解产物分为四种分子量范围的低聚糖:$M_w < 1\ 000$, $1\ 000 < M_w < 3\ 000$, $3\ 000 < M_w < 5\ 000$ 及 $M_w > 5\ 000$,并对其进行了抗氧化活性研究。

（一）褐藻胶低聚糖对羟自由基的清除作用

羟自由基是目前所知毒性最强、危害最大的一种活性氧自由基,是仅次于氟的强氧化剂。它可以以多种方式与生物机体的多种分子作用,产生分子转移、脱氢,从而使细胞发生突变或者坏死。实验结果见图 2-25。

由图 2-25 可以看出,在试验浓度范围内（$0 \sim 0.4$ mg/mL）,褐藻胶系列寡糖和儿茶素对羟自由基都有较好的抑制能力,且抑制能力与其各自的浓度均呈正相关关系。褐藻胶系列低聚糖中 M1、M2、M3、M4 和 G1、G2、G3、G4 对羟自由基清除作用的 IC_{50} 分别为

0.015 mg/mL、0.023 mg/mL、0.144 mg/mL、0.363 mg/mL 和 0.016 mg/mL、0.037 mg/mL、0.141 mg/mL、0.438 mg/mL，对照儿茶素的 IC_{50} 为 0.038 mg/mL。对羟自由基的抑制活性由大到小依次为 M1、G1、M2、G2、儿茶素、M3、G3、M4、G4。所以，褐藻胶系列低聚糖对羟自由基的抑制能力随着分子量的降低而提高，分子量 $M_W < 1\,000$ 的 M1 和 G1 最高，随着分子量的升高，活性逐渐降低，且相同分子量范围的 M 和 G 对羟自由基的清除活性大致相同。

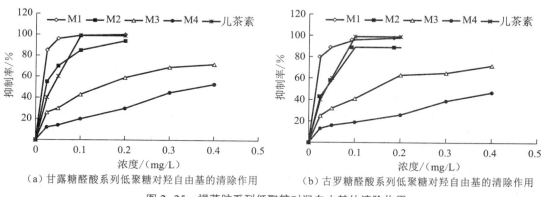

(a) 甘露糖醛酸系列低聚糖对羟自由基的清除作用　　　(b) 古罗糖醛酸系列低聚糖对羟自由基的清除作用

图 2-25　褐藻胶系列低聚糖对羟自由基的清除作用

（二）褐藻胶低聚糖对超氧阴离子自由基的清除作用

超氧阴离子自由基（O_2^{-}）是基态氧接受一个电子后形成的氧自由基，是生物体生命活动代谢活动过程中产生的一种活性氧自由基。它有很强的氧化能力，且超氧阴离子自由基是氧毒性的主要原因，其可以使细胞的膜相系统发生脂质过氧化反应，可能引起突变，并与生物衰老有密切的关系。因此在检验抗氧化物质的活性时经常把清除超氧阴离子自由基的能力作为其中一个重要的指标。褐藻胶系列低聚糖对超氧阴离子自由基的清除作用结果见图 2-26。

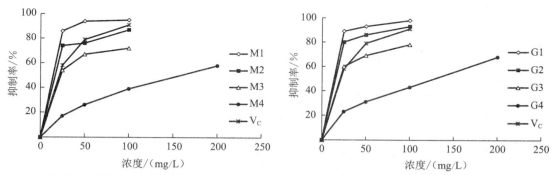

(a) 甘露糖醛酸系列低聚糖对超氧阴离子自由基的清除作用　(b) 古罗糖醛酸系列低聚糖对超氧阴离子自由基的清除作用

图 2-26　褐藻胶系列低聚糖对超氧阴离子的清除作用

由图 2-26 可以看出，在试验浓度范围内（0～0.2 mg/mL），褐藻胶系列寡糖和 V_C 对超氧阴离子自由基有较好的抑制能力，且抑制能力与其各自的浓度均呈正相关关系。比较可知，褐藻胶系列低聚糖中 M1、M2、M3、M4 和 G1、G2、G3、G4 对超氧阴离子自由基抑

制作用的 IC_{50} 分别为 14.535 μg/mL、16.892 μg/mL、23.148 μg/mL、157.895 μg/mL 和 14.045 μg/mL、15.625 μg/mL、20.833 μg/mL、128 μg/mL，对照 V_C 的 IC_{50} 值为 21.551 μg/mL。由上面得出的各物质 IC_{50} 值的大小，对超氧阴离子自由基的清除活性由大到小依次为 G1、M1、G2、M2、G3、V_C、M3、G4、M4。所以，褐藻胶系列低聚糖对超氧阴离子自由基的清除能力随着分子量的降低而提高，分子量 $M_w < 1\,000$ 的 M1 和 G1 最高，随着分子量的升高，活性逐渐降低，且低分子量范围的 M 和 G 对超氧阴离子自由基的清除活性大致相同，随着分子量的增加，G 显示出比 M 更强的清除活性。

（三）褐藻胶低聚糖抑制脂质过氧化效果

生物机体内，有很多含有多不饱和脂肪酸的脂类，特别是生物膜中的磷脂，多不饱和脂肪酸（LH）的含量极高。又由于不饱和脂肪酸化学性质很不稳定，易受过氧化作用而造成损伤，进而产生具有细胞毒性的脂质过氧化物。并且这些过氧化物，会使机体细胞正常的生理功能遭到破坏，损伤生物细胞。越来越多的研究也表明，人体很多疾病和衰老现象与脂质过氧化作用有关。褐藻胶系列低聚糖抑制脂质过氧化效果结果见图 2-27。

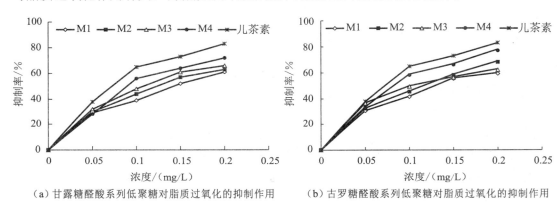

（a）甘露糖醛酸系列低聚糖对脂质过氧化的抑制作用　（b）古罗糖醛酸系列低聚糖对脂质过氧化的抑制作用

图 2-27　褐藻胶系列低聚糖对脂质过氧化的抑制作用

由图 2-27 可以看出，在试验浓度范围内（0～0.2 mg/mL），褐藻胶系列寡糖和儿茶素对脂质过氧化有较好的抑制能力，且抑制能力与其各自的浓度均呈正相关关系。比较可知，褐藻胶系列低聚糖中 M1、M2、M3、M4 和 G1、G2、G3、G4 对脂质过氧化抑制作用的 IC_{50} 分别为 0.142 mg/mL、0.123 mg/mL、0.108 mg/mL、0.089 mg/mL 和 0.129 mg/mL、0.115 mg/mL、0.100 mg/mL、0.082 mg/mL，对照儿茶素的 IC_{50} 值为 0.072 mg/mL。由上面得出的各物质 IC_{50} 值的大小，对脂质过氧化抑制作用由大到小依次为儿茶素、G4、M4、G3、M3、G2、M2、G1、M1。可见，儿茶素的抗脂质过氧化能力最大，略高于 M4 和 G4，且其抑制能力随着分子量的提高而逐渐增强。

三、褐藻胶低聚糖的其他活性

褐藻胶是褐藻细胞壁的填充物质，主要来源于海带、巨藻、马尾藻等褐藻，是由 D-甘露糖醛酸（M）和 L-古罗糖醛酸（G）通过 1-4 糖苷键连接而成的直链酸性多糖，是非均匀的嵌段共聚物。目前，褐藻胶已广泛应用于食品工业、纺织工业和医药卫生、日用化工等部门。其分子量较大，在 $10^4 \sim 10^6$ 之间，黏度大，溶解度低，从而使其进一步的应用受到限制。通常，人们采用酶降解法和化学降解法来制备褐藻胶寡糖，但两种方法获得的寡糖结构明显不同。前者得到的是不饱和糖醛酸寡糖，即在非还原端糖环 C_4 与 C_5 之间形成一个双键，后者得到的是饱和糖醛酸寡糖，这可能导致它们活性的差异。近年来，人们发现褐藻胶寡糖除了具有溶解性强、稳定性高及安全无毒等理化特性外，其生物活性及应用研究也取得了重要进展，特别是在促进生长、抗肿瘤、诱导子活性及神经保护等方面取得很多研究成果。

（一）抗肿瘤

褐藻胶寡糖对非特异性免疫或特异性免疫系统具有良好的激活和促进作用，能激活巨噬细胞，激活后具有细胞毒作用，可抑制肿瘤细胞增殖从而杀死肿瘤。

（二）抗凝血

抗凝与肝素密切相关。肝素是一种硫酸化黏多糖，作为一种有效的抗凝剂在过去的50 年里得到广泛应用。然而，随着研究的深入，其在临床上的副作用逐渐显示出来，如分子结构有很大的差异性、非剂量依赖性、很低的生物利用度以及最重要的出血和血小板减少症等。这些问题很大程度上限制了肝素在临床上的应用。研究发现，新型抗脑缺血海洋药物 989（一种低分子量硫酸寡糖类药物）静脉注射，可明显抑制胶原和花生四烯酸诱导的大鼠血小板聚集，对动脉和静脉血栓的形成均有抑制作用；并能延迟激光致小鼠肠系膜微血栓出现时间及降低花生四烯酸导致小鼠肺栓塞的死亡率。褐藻胶寡糖保持了良好的抗凝活性，又有较小的副作用，而且有合成的可能性，符合当今药物开发的大趋势。

（三）降血糖、血脂

寡糖在细胞间的识别和黏接、激素细胞的识别以及病毒或细菌对主体细胞的黏接等许多生物过程中是重要的协调物质。寡糖为药物分子的介入提供了重要的靶分子，多种疾病的形态和感染都可能通过施用内源寡糖的类似物分子而得到控制，或能够阻断识别或黏接过程，因而对寡糖的降血糖、血脂作用也在不断地研究中。褐藻多糖及其寡糖，在药理实验中发现对小鼠的高血糖症有作用，并且对人的遗传性高血糖也有明显疗效。

（四）增强免疫力

褐藻胶寡糖能刺激各种免疫活性细胞（如巨噬细胞、T 淋巴细胞、B 淋巴细胞等）的分化、成熟、繁殖，使机体的免疫系统得到恢复和加强，并能通过免疫调节作用发挥多种生理活性。

胡晓珂等对褐藻胶经酶解获得的两种分子量范围的寡糖及其硫酸化衍生物的抗肿瘤活性进行了研究，结果表明抗肿瘤活性最强的是分子量 3798 的寡糖，褐藻胶寡糖及硫酸化衍生物是通过调节宿主的免疫防御系统而达到间接的抗肿瘤活性。

（五）神经保护作用

褐藻寡糖对神经元损伤具有保护作用，实验证明能营养神经细胞，促进神经细胞修复，著提高培养神经细胞的仔活率。陈骐、耿美玉等研究了褐藻多糖 GS201 对体外培育的脑神经细胞生存的影响。结果证明，分子量 5000 的藻多糖 GS201 对神经细胞有明显的营养作用，并呈一定的量效关系。董晓丽、耿美玉等研究了褐藻酸性寡糖对帕金森病导致的神经细胞损伤的修复作用进行了研究,结果表明,海藻寡糖对 DA 能神经细胞损伤后修复具有重要意义。

(六)促生长

褐藻胶寡糖对植物的促生长作用近年报道较多,尤其是促进植物根系的生长。Guyen 等报道,利用 γ 射线照射褐藻胶得到降解物,分子量小于 10^4 的褐藻胶降解混合产物显示出对水稻和花生的促生长作用,适当控制混合物浓度可提高作用强度。Lwasaki 等酶解褐藻胶寡糖促莴苣根生长活性研究表明,二至八糖的混合物在浓度 $200\sim3\ 000\ \mu g/mL$ 的范围内莴苣根生长长度为空白组的 2 倍。利用凝胶色谱等方法分离各种聚合度的寡糖,发现三糖、四糖、五糖及六糖(M 或 G)具有较高的促根生长活性。褐藻胶寡糖对植物的促生长作用研究为其在植物培育方面的应用奠定了理论基础。

第四节　褐藻胶测定方法

一、脱羧法

褐藻胶在强酸高温下水解,产生二氧化碳和糖醛,如控制反应条件可定量进行。由氢氧化钠溶液吸收释放出来的二氧化碳并转化成碳酸钡沉淀。用标准酸滴定剩余的碱溶液,即可算出褐藻胶的含量,装置如图 2-28 所示。

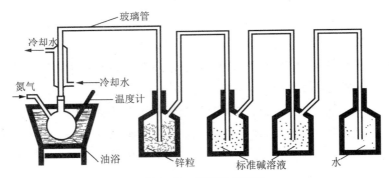

图 2-28　脱羧法装置图

(一)步骤

(1)精确称取 0.25 g 褐藻胶样品小心加入分解瓶中,加 100 mL 的酸。

(2)连接好整个实验装置,然后向分解瓶中通入氮气,使其保证一定的流量,再用肥皂水检查整个系统的密闭性,直至密闭性完好。

(3)检查密闭性后通氮气 15 min,然后向两个吸收瓶中分别加 10 滴正丁醇,25 mL 0.25 mol/L 的氢氧化钠溶液,再各加 40 mL 蒸馏水。

(4)先冷凝管通水,后用加热套加热至分解瓶中的酸液沸腾,使酸液保持沸腾 2.5 h。

(5)停止加热,再向装置中通氮气 10 min,先卸下两个吸收瓶,再关氮气。合并两洗瓶中的溶液,并用蒸馏水冲洗干净,后加 10%氢氧化钡溶液 10 mL 并轻轻搅拌 1 min,然后密闭放置 5 min,过滤至锥形瓶中。

(6)向锥形瓶中加入 3 滴 1%酚酞指示剂,用标准盐酸溶液滴定至红色消失,即为终点,记下标准盐酸溶液的耗量。

（7）按上述步骤做空白实验,记录所消耗的标准盐酸溶液的体积。

（二）计算

糖醛酸加酸脱羧反应是相当缓慢的,二氧化碳的产生与反应温度和时间有关。为了校正装置的操作误差,可以用纯净的糖醛酸(本实验用标准 D-糖醛酸)进行同样程序的分析测定,求出校正系数,进行分析值的校正。

$$褐藻酸钠含量(\%) = \frac{C_{HCl空白} V_{HCl空白} - C_{HCl} V_{HCl}}{W_{样品} \times \gamma} \times 198 \times 100\%$$

式中,C_{HCl}——盐酸标准溶液的摩尔浓度（mol/L）；

　　V_{HCl}——盐酸标准溶液的体积（mL）；

　　$W_{样品}$——样品的重量（g）；

　　γ——校正系数；

　　198——褐藻酸钠的分子量。

（三）线性相关性

分别取不同质量的褐藻胶样品,使用脱羧法测定含量,以褐藻胶样品质量－脱羧法得纯褐藻胶质量作回归曲线。

二、重量法

（一）原理

褐藻胶加酸使褐藻酸钠转变为水不溶性的褐藻酸。加碱后又转化为褐藻酸钠,脱水干燥后称重。主要反应有:

$$Ca(Alg)_2 + 2Na^+ === 2NaAlg + Ca^{2+}$$

$$NaAlg + H^+ === HAlg + Na^+$$

$$HAlg + Na^+ === NaAlg + H^+$$

（二）步骤

本方法是将所有褐藻酸盐转化为褐藻酸钠计量。

（1）称取海藻酸钠样品加入适量水并不断搅拌使其溶解完全。

（2）溶液加 1:1 盐酸调 pH=2,放置 30 min,让成胶的褐藻酸老化,用 100 目筛绢过滤,待大部分酸液自然流出后,加 1 mol/L 氢氧化钠溶液中和,不断搅拌,尽量中和完全。加入两倍(褐藻酸钠溶液)体积 95% 乙醇脱水,用尼龙筛绢过滤挤干,于 105 ℃烘干 3 h,称重。

（三）计算

$$褐藻酸钠(\%) = (G/W) \times 100\%$$

式中,G——褐藻酸钠干重（g）；

　　W——褐藻酸钠样品干重（g）。

（四）线性相关性

分别取不同质量的褐藻胶样品,使用重量法测定含量,以褐藻胶样品质量－重量法得纯褐藻胶质量作回归曲线。

三、咔唑比色法

（一）原理

褐藻胶在浓硫酸和加热条件下,脱水产生二氧化碳和糖醛酸。咔唑与糖醛有显色反应,在 530 nm 处的吸收值最大,可进行比色。

（二）步骤

（1）试样溶液的制备:准确称取 0.1 g 褐藻酸钠,用 100 mL 水溶解。

（2）精制褐藻酸及其定量:取褐藻酸水洗至无氯离子为止,以乙醇脱水,70 ℃烘干。准确称取精制的褐藻酸 0.1 g,加 25 mL 0.02 mol/L 标准氢氧化钠溶液溶解(转化),以酚酞做指示剂,用 0.02 mol/L 标准盐酸溶液回滴过量的游离碱,并稀释至 100 mL。

$$标准褐藻酸钠浓度（mg/mL）= \frac{C_{OH} \times V_{OH} - C_H \times V_H}{100} \times 198$$

式中,C_{OH}——氢氧化钠的摩尔浓度（mol/L）;

$\quad V_{OH}$——氢氧化钠的体积（mL）;

$\quad C_H$——回滴盐酸用摩尔浓度（mol/L）;

$\quad V_H$——回滴用盐酸的体积（mL）;

$\quad$198——褐藻酸钠的分子量。

（3）标准比色曲线的绘制:取 7 只试管,各加 9 mL 4∶1 浓硫酸溶液,于冷水浴中冷却。吸取标准褐藻酸钠溶液 0.05 mL、0.10 mL、0.20 mL、0.30 mL、0.40 mL、0.5 mL、0.6 mL 依次沿试管壁徐徐注入 7 只试管中硫酸的上部,并用水补充至总体积为 1 mL。混匀后,在沸水浴中水解 30 min,然后加入 0.3 mL 0.5％咔唑溶液,混匀后,再于沸水浴中加热 10 min,然后取出,于室温中放置 40 min,进行比色。

（三）计算

由试样的吸光度从标准曲线上查得相应的褐藻酸钠浓度（mg/mL）,计算出样品中所含的褐藻酸钠的含量:

$$褐藻酸钠（\%）= \frac{C_y \times 0.001 \times V}{W} \times 100\%$$

式中,C_y——标准曲线上查得的褐藻酸钠的浓度（mg/mL）;

$\quad V$——稀释总体积（mL）;

$\quad W$——为褐藻胶样品的质量（g）。

（四）线性相关性

分别吸取不同体积的褐藻胶样品溶液,使用咔唑比色法测定含量,以褐藻胶样品质量－咔唑比色法得纯褐藻胶质量作回归曲线。

四、醋酸钙法

（一）机理

（1）氯化钙钙化：褐藻胶溶解后用氯化钙将其转化为褐藻酸钙。

$$2NaAlg + Ca^{2+} =\!=\!= Ca(Alg)_2 + 2H^+$$

（2）盐酸脱钙：用盐酸将钙置换出，使褐藻酸钙转化为褐藻酸。

$$Ca(Alg)_2 + 2H^+ =\!=\!= 2HAlg + Ca^{2+}$$

（3）醋酸钙钙化：将其中的盐酸洗净后，用醋酸钙进行转化，生产的醋酸以氢氧化钠滴定，涉及的主要反应：

$$2HAlg + Ca^{2+} =\!=\!= Ca(Alg)_2 + 2H^+$$

$$H^+ + OH^- =\!=\!= H_2O$$

（二）步骤

（1）钙化：将 0.1 g 褐藻酸钠溶于 50 mL 水中，加入 30 mL 10%氯化钙，放置 2 h，过滤。

（2）酸化：向沉淀中加 20 mL 1 mol/L 盐酸，放置数分钟进行酸化，将沉淀过滤，先用盐酸–乙醇洗，后用乙醇洗至无氯离子。

（3）钙化：向沉淀中加入 50 mL 蒸馏水及 30 mL 1 mol/L 醋酸钙溶液，摇动 1 h，用酚酞作指示剂，用标准氢氧化钠溶液滴定。

（三）计算

$$褐藻酸钠(\%) = \frac{V \times C \times M}{W \times 1\,000} \times 100\%$$

式中，V——标准氢氧化钠滴定体积（mL）；

C——标准氢氧化钠浓度（mol/L）；

M——褐藻胶分子量，198；

W——测定样品质量（g）。

（四）线性相关性

分别取不同质量的褐藻胶样品，使用醋酸钙法测定含量，以褐藻胶样品质量为 x 轴，以醋酸钙法得纯褐藻胶质量为 y 轴作回归曲线。

第五节　岩藻聚糖硫酸酯

岩藻聚糖硫酸酯（fucoidan）也称为褐藻糖胶，是一种水溶性的硫酸杂多糖，普遍存在于褐藻和一些棘皮动物中，其含量随海藻种类、产地、季节和藻体的不同部位而变化，是褐藻中特有的一类水溶性硫酸多糖。它的组成以岩藻糖和有机硫酸酯为主，还含有葡萄糖、半乳糖、甘露糖、木糖、鼠李糖、阿拉伯糖及少量的糖醛酸和蛋白质等。而不同来源的岩藻聚糖硫酸酯的组成和结构各不相同。岩藻聚糖硫酸酯由于其独特结构，因此具有独特的生理活性，成为近年来海洋药物研究和开发的热点之一。

一、岩藻聚糖的化学组成与结构

Conchie 和 Perciral 等将从墨角藻（*Fucus vesiculosus*）制备的岩藻聚糖硫酸酯进行甲基化和水解，对结构进行分析，认为多糖的主要组成单位是 1,2-α-岩藻糖，C_4 上带有硫酸基。

近年来随着分离和检测水平的提高，Patankar 等对 SIGMA 公司生产的商品岩藻聚糖硫酸酯进行了甲基化分析和 GC-MS 分析，根据分析结果对这一结构进行了修正。主要有两个方面：第一，碳链的骨架不是以前所提的 α-1，2 连接，而是 α-1，3 连接，部分岩藻糖残基 C_2 被硫酸基取代；第二，在碳链上的分支不是随机的，而是每 2～3 个岩藻糖残基就有一个岩藻糖分支。他们提出的平均结构模型如图 2-29。

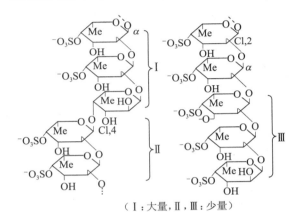

（Ⅰ：大量，Ⅱ，Ⅲ：少量）

图 2-29　岩藻聚糖硫酸酯结构

Chizhov 等研究了从绳藻（*Chorda filum*）提取的岩藻聚糖硫酸酯结构，通过 NMR 发现，其碳链骨架也是 α-1，3 连接的岩藻糖，有高度的分支，分支主要是 α-1，2 连接的单一单元。硫酸酯主要在 O-4 位上，部分在 O-2 位上，部分 α-1，3 连接的岩藻糖残基 O-2 位已被乙酰化。Patankar 等和 Chizhov 等得出的结构还是比较接近的，而 Chevolot 等提出的结构与他们的差别较大。Chevolot 等从泡叶藻中提取岩藻聚糖硫酸酯，通过酸水解得到低分子量的岩藻聚糖，用 NMR 分析，发现硫酸基主要在 O-2 位上，其次在 O-3、O-4 位上也有发现，第一次提出了 O-2、O-3 双硫取代的结构。正是由于硫酸基的取代模式，使得 α-1，2 连接变得不可能，而 α-1，4 连接的比例却很高。Nishino 等从昆布（*Ecklonia kurome*）中提取的岩藻聚糖硫酸酯，结构分析显示它们的主链为 α-1，3 连接的 L-岩藻糖组成，并具有部分 α-1，2 连接的岩藻糖支链，硫酸基主要连接在岩藻糖 C_4 位置。刘晓惠和张翼伸对中国渤海湾海带中获得的水溶性岩藻聚糖硫酸酯采取多种化学手段确定其中一个组分支链由 α-1，2 连接的 L-岩藻糖-4 硫酸酯组成，并具有较少的支链。

岩藻聚糖硫酸酯的组成和结构十分复杂，单糖组分以 L-岩藻糖为主，还含有少量的半乳糖、木糖、甘露糖和糖醛酸等成分。L-岩藻糖通过 α-1，2、α-1，3 或 α-1，4 连接构成主链，在 C_2 或 C_4 位上结合有复杂的硫酸基团，平均每两个岩藻糖基带有 1 个硫酸基。

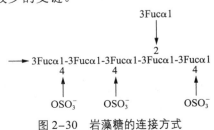

图 2-30　岩藻糖的连接方式

二、物理性质

岩藻聚糖硫酸酯是一种乳白色粉末，溶于水，不溶于乙醇、丙酮、氯仿等有机溶剂。

三、岩藻聚糖的药理活性

岩藻聚糖硫酸酯的药理活性非常广泛，不仅具有抗血栓、降血脂等防治心血管疾病的功效，以及抗肿瘤、抗病毒的效应，而且还能清除自由基、抑制补体和抗辐射从而起到保护机体免受各种损伤的作用。岩藻聚糖硫酸酯在日本、美国作为预防和治疗癌症及血栓疾病的药物已进入市场。我国学者对岩藻聚糖硫酸酯也进行了大量的研究，目前已利用其开发出防治心、脑、肾血管疾病的药物，并在临床上取得了满意的效果。但岩藻聚糖硫酸酯的医用价值还远远没有得到充分挖掘。我国海岸线长，褐藻资源十分丰富，如能简化提纯工艺，明确结构和功效的关系，进一步阐明作用机制，岩藻聚糖硫酸酯必将在临床新药和保健品开发上具有广阔的前景。

（一）抗氧化

薛长湖等研究了海带岩藻聚糖硫酸酯抗氧化特性，采用化学发光分析法研究岩藻聚糖硫酸酯清除超氧阴离子自由基（$O_2 \cdot^-$）及羟基自由基（$\cdot OH$）的作用，并以高效液相色谱法研究对卵磷脂（PC）过氧化的抑制能力。结果表明，三种岩藻聚糖硫酸酯组分均有清除活性氧自由基的能力，但清除超氧阴离子自由基的能力高于清除羟基自由基的能力。其中糖醛酸含量高和硫酸酯含量低的组分清除自由基的能力最强，它对超氧阴离子自由基的 IC_{50} 为 0.044 mg/mL，对羟基自由基的 IC_{50} 为 0.062 mg/mL；岩藻聚糖硫酯具有抑制 PC 过氧化的能力，岩藻聚糖硫酸酯组分受活性氧损伤后，它们的抗氧化能力均降低，岩藻聚糖硫酸酯具有较强的体外抗氧化的功能。海带岩藻聚糖硫酯还能够抑制 $V_C/FeSO_4$ 体系造成的大鼠肝匀浆液脂质过氧化，浓度达到 1.0 g/L 时，抑制率可达 90% 以上。李兆杰等用化学发光法研究了 3 种低分子量海带岩藻聚糖硫酸酯，体外清除超氧阴离子自由基及羟基自由基的作用，并观察了对高脂血症大鼠的抗氧化作用。结果表明，低分子量海带岩藻聚糖硫酸酯组分均有清除活性自由基的能力，并能显著降低高脂血症大鼠血清和组织中 LPO（$P < 0.01$）的含量，增强 SOD 活力。赵雪、薛长湖等研究了海带岩藻聚糖硫酸酯低聚糖（LMFO）的抗氧化活性及对肝损伤的保护作用。结果发现，在 CCl_4 和 D-GalN+LPS 两种肝损伤模型中，LMFO 均可以非常显著地抑制肝损伤小鼠的血清 GPT 的活性和 MDA 值的升高，并能提高其血清 SOD 和 GSH-Px 的活性；在 CCl_4 和 D-GalN+LPS 肝损伤模型中，分别以中浓度和高浓度的 LMFO 的抗氧化和肝脏保护作用最好，说明 LMFO 可以保护机体和肝细胞内的内源抗氧化系统，抑制 CCl_4 产生的自由基造成的脂质过氧化，抑制过多的自由基和脂质过氧化物对肝细胞的破坏作用，从而达到保护肝脏的作用。董平、薛长湖等探讨了 H_2O_2 降解岩藻聚糖硫酸酯的条件，发现反应时间越长，得到的高分子量的低聚糖越少，而低分子量的低聚糖产量增加；H_2O_2 浓度增高，水解所得的低聚糖的分子量明显减小；温度升高，水解反应速度明显加快；在反应温度较低、H_2O_2 浓度较低时，产物低聚糖的硫酸根含量较高；用 Pyrogallol-Luminol 系统对水解产物的抗氧化活性进行了研究，结果发现，分子量 <5 000 的水解产物的抗氧化活性较好，IC_{50} 为 0.17 mg/mL。

（二）免疫调节功能

杨晓林等报道皮下注射岩藻聚糖硫酸酯可增强小鼠T淋巴细胞、B淋巴细胞及NK细胞功能。詹林盛等给小鼠腹腔注射岩藻聚糖硫酸酯,发现每天注射100 mg/kg,连续29 d能显著提高免疫低下小鼠胸腺、脾指数及外周血白细胞数,还能提高正常小鼠胸腺、脾指数,明显促进正常及免疫低下小鼠脾的T淋巴细胞、B淋巴细胞增殖能力和脾细胞产生IL-2能力,以及血清和脾细胞溶血素的含量。薛静波研究了岩藻聚糖硫酸酯对C57BL/6小鼠腹腔巨噬细胞的激活作用。结果表明,腹腔注射岩藻糖胶能明显激活小鼠腹腔巨噬细胞,增强其细胞溶解作用,并且在第23天达到高峰,其活性随效应细胞/靶细胞比值的增大而增强。因此,岩藻聚糖硫酸酯是机体免疫功能的调节剂,对于改善和增强机体免疫功能具有重要意义。

（三）抗肿瘤作用

施志仪等发现,岩藻聚糖硫酸酯能够有效杀伤肿瘤细胞,而这种作用是通过直接或间接途径起作用的,在海带岩藻聚糖硫酸酯对体外QGY7703肝癌细胞的抑制实验中发现,岩藻聚糖硫酸酯抑制了癌细胞进入对数生长期,从而遏制肿瘤的增长;同一实验中,岩藻聚糖硫酸酯的不同浓度对肝癌细胞的杀伤效果不同,呈剂量依赖性,即剂量增大,杀伤效果更明显。宋秋剑等发现,由体外培养的细胞系基本上排除了免疫作用,说明岩藻聚糖硫酸酯抗肿瘤效应包括直接杀伤肿瘤细胞的途径。此外,实验还发现,小鼠腹腔注射从海带中提取的岩藻聚糖硫酸酯后,提高了腹腔巨噬细胞中的过氧化物酶活性及细胞的吞噬功能,使细胞毒作用增强,同时腹腔巨噬细胞的数量亦有明显增加,且这些作用呈剂量依赖性。王琪琳等对巨噬细胞和小鼠S180肿瘤细胞的影响实验中,发现岩藻聚糖硫酸酯能明显促进小鼠腹腔巨噬细胞的细胞毒活性,并有效杀伤S180肿瘤细胞,最佳剂量为40 mg/(kg·d),这说明,岩藻聚糖硫酸酯还能够通过促进巨噬细胞的功能,增强细胞毒活性,从而破坏和清除肿瘤细胞。

（四）降血脂

李德远等对岩藻聚糖硫酸酯调节血脂进行了试验,对大鼠饮食性高脂血症的影响实验中发现,给予岩藻聚糖硫酸酯的实验组的胆固醇(TC)、三酰甘油(TG),低密度脂蛋白胆固醇(LDL-C)、LDL-C/高密度脂蛋白胆固醇(HDL-C)及TC/HDL-C均显著降低,而HDL-C显著升高。李兆杰等研究发现,提取海带中的岩藻聚糖硫酸酯,经降解成为低分子量岩藻聚糖硫酸酯后,也能显著降低高脂血症大鼠血清中TG($P<0.05$)和TC($P<0.01$)含量,并提高HDL-C含量($P<0.05$)。血液中TC增加,沉积在血管壁上,可导致血管张力反射的异常以及血管内膜损伤最终引发动脉粥样硬化、冠心病等心血管疾病;相反,HDL能限制动脉TC的沉积,是有效的抗动脉粥样硬化的脂蛋白,HDL-C水平与冠心病发病率成负相关。而岩藻聚糖硫酸酯已经被证明不仅能够降低血液中TC的水平,还能提高HDL-C含量,因此在预防动脉粥样硬化和冠心病方面具有积极的临床意义。

（五）抗病毒作用

Malhotrad等预先以岩藻聚糖硫酸酯喂小鼠,肺部病毒量下降了95％。岑颖洲等发现从羊栖菜提取的岩藻聚糖硫酸酯对单纯疱疹病毒1型(HSV-1)和柯萨奇病毒(CVB₃)所致的细胞病变具有明显抑制作用。另外,常温下从小腺囊藻中提取的岩藻聚糖硫酸酯显示出抗 HSV-1、单纯疱疹病毒 2 型(HSV-2)的作用,且无细胞毒性。Zhu W 等发现了从展叶马尾藻中提取的岩藻聚糖硫酸酯能抑制 HSV-2 的复制;实验还显示,岩藻聚糖硫酸酯在很低浓度时即能抑制病毒与宿主细胞的吸附,在高浓度 [$\geqslant$ 12.5 mg/L(12.5 μg/mL)] 还表现出直接的杀病毒作用。以上这些实验表明,岩藻聚糖硫酸酯有很强的抗病毒作用。

(六)抗辐射作用

李德远等对岩藻聚糖硫酸酯的抗辐射效应进行了研究,岩藻聚糖硫酸酯能够通过调节脾淋巴细胞的凋亡抑制基因 Bc1-2 和 Bax 蛋白表达,抑制脾淋巴细胞凋亡,从而对照射所引起的组织损伤有保护作用。从海带中提取的岩藻聚糖硫酸酯,按 10 mg/kg 及 40 mg/kg 剂量预先经口给予小鼠,γ 线辐射后,与辐射对照组相比,存活率分别提高 9.1% 及 7.1%,肝及脾中过氧化脂质均有所下降,白细胞和淋巴细胞数有所上升;骨髓嗜多染红细胞微核率分别降低 55.4% 及 53.6%,精子畸变率分别降低 34.9% 及 30.2%。吴晓照研究表明,岩藻聚糖硫酸酯显著提高照射后大鼠 T 淋巴细胞和 B 淋巴细胞增殖能力、巨噬细胞吞噬功能、血清溶血素含量,同时增强大鼠迟发性超敏反应,抑制照射后脾淋巴细胞凋亡及 Bc1-2/Bax 蛋白比值下降,实验组与阳性对照组比较有显著差异,这些作用具明显的量效关系。此外,在对小鼠白细胞减少症的影响实验中,用酶解法提取的海带岩藻聚糖硫酸酯对环磷酰胺引起的小鼠外周血白细胞减少以及骨髓有核细胞 DNA 含量降低有明显的抑制作用,最佳剂量为 25 mg/(kg·d),这为化疗后提升白细胞含量的药物开发提供了一定的实验依据。

(七)抗血栓

Kuznetsova 等研究从枯墨角藻中提取的岩藻聚糖硫酸酯,在体内外实验中均显著延长了血凝时间,并表现剂量依赖性;同时,实验还显示岩藻聚糖硫酸酯的抗血凝作用与血浆抗凝血酶Ⅲ介导的凝血酶抑制有关。另有研究表明,岩藻聚糖硫酸酯与肝素一样能以 1:1 的比例和抗凝血酶相结合,不过这种结合并不牢固。岩藻聚糖硫酸酯可能通过与抗凝血酶的相互作用来抑制凝血酶的活性。岩藻聚糖硫酸酯能有效抑制内源途径中凝血因子 Xa 产生,浓度为 5 mg/L 时抑制率达 50%,表明岩藻聚糖硫酸酯能有效抑制凝血酶原酶的形成。同一研究还发现岩藻聚糖硫酸酯在内源和外源凝血途径中,均能明显抑制凝血酶的产生,最高抑制率分别达 95% 和 60%。因此,岩藻聚糖硫酸酯在内、外源途径中均可能通过阻止凝血酶原酶的形成而抑制凝血酶的生成。岩藻聚糖硫酸酯抗血栓作用与抑制血小板聚集有关。血小板活化因子在血栓形成的病理变化中起着关键作用,可引起血小板黏附、聚集从而导致微血栓形成。从海带中提取的岩藻聚糖硫酸酯能够延长小鼠实验性出血时间并增加出血量,对体外诱导的血小板聚集具有抑制作用,并显著抑制大鼠实验性动、静脉血栓的形成,呈剂量依赖性。进一步研究表明,岩藻聚糖硫酸酯对血小板活化因子引起的血小板聚集具有浓度依赖性的抑制作用,最大抑制率达 93.04%。彭波等研究发现岩藻聚糖硫酸酯对纤溶系统有明显的作用,能促进纤溶酶原向纤溶酶转化,从而具有溶栓作用;岩藻聚糖硫酸酯明显缩短血浆凝块溶解时间,并能显著提高组织型纤溶酶原活化剂的活性,但对纤溶酶原激活物抑制剂不起作用。Nishnot 等试验了从昆布中提纯的岩藻聚糖硫酸酯,能有效促进高分子量尿激酶型纤溶酶原活化剂对纤溶酶原的激活,也能在一定程度上促进组织型纤溶酶原活化剂对纤溶酶原的激活。

岩藻聚糖硫酸酯的生物活性与硫酸基的含量之间存在密切的联系。岩藻聚糖硫酸酯的抗凝血活性随着硫酸化程度增加而增加,脱硫处理则活性降低,硫酸根含量减少 20% 就完全失去抗凝活性。

(八)降血压

付雪艳、薛长湖等采用两肾一夹型建立肾血管性高血压大鼠模型探讨岩藻聚糖硫酸酯低聚糖对肾血管性高血压大鼠的血压、呼吸及血浆中血管紧张素 Ⅱ(Aug Ⅱ)含量的影响。实验表明,12.5 mg/kg、25 mg/kg、50 mg/kg 的岩藻聚糖硫酸酯低聚糖均能显著地降低肾血管性高血压大鼠的动脉血压,其中,高剂量(50 mg/kg)的降压效果与 14 mg/kg 的卡托普利相当,给药大鼠的呼吸频率随血压的变化呈正相关变化;12.5 mg/kg、25 mg/kg、50 mg/kg 剂量的岩藻聚糖硫酸酯低聚糖均能降低高血压大鼠血浆中 Aug Ⅱ 的含量,其中,高剂量(25 mg/kg、50 mg/kg)组的 Aug Ⅱ 水平同卡托普利组(14 mg/kg)相当。岩藻聚糖硫酸酯低聚糖对肾血管性高血压大鼠有显著的降压作用,抑制 Aug Ⅱ 生成可能是其降压机制之一。

(九)降血糖作用

山东大学的研究结果表明,岩藻聚糖硫酸酯具有显著降血糖作用,可在 24 h 内维持降糖效果。当胰岛细胞受损伤时,岩藻聚糖硫酸酯可能对其有保护作用。给经四氧嘧啶诱导生成糖尿病的小鼠注射一定量的岩藻聚糖硫酸酯后,能缓解其糖尿病症状,减少饮水量,糖耐量明显改善。

(十)对重金属及其他毒素的阻吸作用

大量研究表明岩藻聚糖硫酸酯是一种优质的膳食纤维。在人体内具有较重要的生理功能,如促进胃肠蠕动,吸附有毒物质并加速排出,尤其是吸附多种有毒重金属如铅、锡、镉等,减轻这些物质对人体的毒害,从而在胃肠道内担任着"清道夫"的角色。由于其与金属离子的交换作用,可用来作有毒金属的去除剂,例如它可以使铅的吸收减少 70%,而对 Ca^{2+} 的结合能力很小,不至于使人体脱钙,而且对肝和肾不会引起任何病变。

四、岩藻聚糖硫酸酯的分布

Schweiger 发现从巨藻得到很纯的岩藻聚糖中,岩藻糖:半乳糖 =18:1,通过各种纯化处理,这比例保持恒定;他还发现木糖含量为 0.5%～2.5%,它的变化取决于纯化方法和产品纯度。他推测从巨藻得到的岩藻聚糖主要成分是带有 L-岩藻糖和 D-半乳糖的杂聚物,其比例是 18:1,同时可能存在少量的木糖、半乳糖的聚合物。此外,用自由界面电泳、色谱和分级沉淀三种方法证明,得到的岩藻聚糖的分子不止一种,从墨角藻提取的岩藻聚糖至少包含三种多糖,并且这三种组分中糖的比例不同,不能简单解释是硫酸盐化作用的不同。从墨角藻提取的岩藻聚糖的分子量不是固定的,渗透压法测定值是 133 000±20 000,而离心法测定值是 78 000。Bernardi 和 Springer 认为,岩藻聚糖在盐溶液里好像是非常无规则的线团,支链更紧密。海带目的海带属和解曼藻属以及绳藻目的海藻硫酸多糖主要为简单的岩藻聚糖硫酸酯;而海带目的爱森藻、裙带菜和翅藻以及墨角藻目的硫酸多糖的组分更为复杂。岩藻聚糖存在于褐藻细胞间组织中或在黏液基质中,已证明是以小滴状存在,能从叶片表面分泌出来,分泌出来的胶质中还掺杂有褐藻胶。在幼藻体中,褐藻胶在内壁层,岩藻聚糖在外壁层占优势,并且这些多糖在成熟期比在幼体时可溶性较大。

五、岩藻聚糖硫酸酯的分离技术

岩藻聚糖硫酸酯是一种水溶性多糖,存在于各种褐藻中,可用水、稀酸或氯化钙溶液提取,然后向提取液中加入乙醇、氢氧化铅、氢氧化铝或季铵盐类阳离子表面活性剂,使岩藻聚糖硫酸酯沉淀出来。近年来也尝试用其他方法提取岩藻聚糖硫酸酯的。为了减少脂类、色素、甘露醇、蛋白质等的溶出,在提取岩藻聚糖硫酸酯之前可先用高浓度醇或甲醛溶液处理藻体。另外,岩藻聚糖硫酸酯也可以从生产褐藻胶、碘、甘露醇后的污水中得到,实现废物利用。

(一)酸提取法

徐杰等采用了稀酸提取和乙醇沉淀的方法得到羊栖菜岩藻聚糖硫酸酯粗品。主要步骤如下。将干燥的羊栖菜全藻体用粉碎机粉碎后,过80目筛。取100 g粉碎过筛后的藻体,加入400 mL甲醇,70 ℃缓慢回流2 h,以除去大部分色素、脂质、甘露醇和无机盐等。冷却后过滤弃去滤液,重复操作三次。滤渣干燥后,加入1 L 0.1 mol/L盐酸溶液提取,室温搅拌1 h后过滤,同样重复操作三次后,将滤液减压浓缩至总体积的1/5左右。再加入95%乙醇至乙醇浓度30%,产生沉淀,离心(4 000 r/min, 10 min)除去沉淀。然后,继续向上清液中加入乙醇至乙醇浓度70%,室温放置过夜使沉淀完全。离心(4 000 r/min, 10 min),再用少量85%乙醇将沉淀洗三次。干燥,用乙醇重沉淀一次。干燥研细后即可得到羊栖菜岩藻聚糖硫酸酯粗品。

(二)水提取法

具体方法是先将海带去泥沙、烘干,粉碎制成海带干粉,过80~100目筛。然后将海带干粉按1∶10的比例加入到蒸馏水中,可以在室温下冷提,也可以在水浴中热提,还可以先冷提再热提,但一般热提温度不应超过70 ℃,温度过高易引起多糖部分降解。基本流程如下。海带藻粉→热水浸提→离心→取上清液,滤渣在同样条件再提取1次→合并2次滤液→调节滤液pH至中性→减压浓缩→乙醇沉淀→无水乙醚、丙酮洗涤2次→真空干燥。岩藻聚糖硫酸酯粗品在提取过程中,需要将溶液不时加以搅拌。

(三)氢氧化铅络合物沉淀法

Percival等称取100 g磨细的干褐藻,加300 mL水,放沸水浴上提取24 h。用布过滤,滤液加乙酸铅使褐藻胶完全沉出。然后加入氢氧化钡,至溶液呈碱性,则岩藻聚糖硫酸酯-氢氧化铅络合物沉出,过滤。络合物加硫酸(100 mL水中加30 mL 8 mol/L硫酸)摇动分解一夜,通过Filter-Cel过滤。滤液经过透析、浓缩,加乙醇使粗岩藻聚糖硫酸酯沉淀。

(四)氢氧化铝络合物沉淀法

笠原文雄提出一个比较适于工业生产的岩藻聚糖硫酸酯制造方法。即将岩藻聚糖硫酸酯先与三价铁、铝结合形成沉淀,然后以柠檬酸钠将铁和铝置换,生成钠盐。钠盐与岩藻聚糖硫酸酯在自然界的存在形式(钙盐)不一样,故性质也不同,因此最后再以氯化钙处理转变成钙盐。制造方法分三步。① 取 1 kg 关枝藻(Atthrothamnzts sp.),切细,放 10 L 水中搅拌浸泡 3 h,再加 5 L 水同样处理 3 h,合并,过滤。滤液稀释 2 倍,加 450 mL 10%氯化铝溶液,搅拌,徐徐加入 300 mL 10%氢氧化钠溶液,生成沉淀,离心脱水。② 沉淀经水洗后,于 500 mL 60%甲醇中浸泡,加入 80 mL 40%柠檬酸钠,充分搅拌,5 h 后过滤。③ 沉淀物以 500 mL 60%甲醇洗三次,泡于 500 mL 60%甲醇中,边搅边加入 60 mL 30%氯化钙溶液,3 h 后过滤,以 60%甲醇洗,40 ℃干燥,得 27.5 g。

(五)超声波提取法

超声波法提取多糖是一种很有前景的多糖提取新方法。将超声波应用于对中药苷类成分的提取中可以提高苷类的提出率并缩短提取时间。取适量干海带粉,加入蒸馏水适量,然后用超声波发生器处理一定的时间。提取液经过滤、浓缩、去蛋白、乙醇沉淀等处理后可得粗品多糖。超声波法提取海带多糖时,超声时间不宜过长。超声处理 45 min 时提取率达到最大,随着处理时间的延长,可能是由于超声波具有较强的机械剪切作用,长时间的作用会使大分子的多糖断裂,从而在后处理的过程中的损失增大而影响多糖的提出率。实验过程中还应注意控制 pH 和海带与水的质量比,以保证提取率最高。

(六)沉淀法

海带用水浸泡后的水提取液中除含有甘露醇、氯化钾和碘外,尚含有各种有机物。加氢氧化钠至 pH 为 10,可产生大量碱凝沉物。经沉降澄清后,上清液用于制取产品甘露醇、氯化钾和碘,而碱凝沉物中有包括岩藻聚糖硫酸酯在内的各种有机物。用乙醇沉淀法和十六烷基氯化吡啶(CPC)沉淀法可以从碱凝沉物中分离提取岩藻聚糖硫酸酯。

(七)溶剂萃取法

乙醇沉淀法对多糖的分离选择性较差,要提高多糖的纯度需经反复多次沉淀,从而导致多糖损失大,降低了多糖的回收率。采用溶剂萃取法制备的固体褐藻糖的纯度优于乙醇分步法制备的固体褐藻糖的纯度。取一定体积的海带浸提液和试剂于离心杯中,通过电动振荡或电磁搅拌使两相混合,混合时间一般 10 min。离心分相后,取平衡水相分析岩藻聚糖硫酸酯。超声强化浸提的多糖比常规热酸水浸提的多糖更容易萃取。用季铵盐萃取剂从海藻浸提液中萃取岩藻聚糖硫酸酯,萃取时间的影响不大,可在 5～10 min 迅速达到平衡。而溶剂加入量对萃取的影响很大,溶剂加入越多,萃取率越低。

(八)氯化钙法

此方法是利用褐藻酸钙不溶于水的性质,用氯化钙溶液进行提取。将褐藻酸转化为褐藻酸钙,避免了褐藻酸的溶出。将 500 g 藻粉用 2.5 L 80%乙醇抽提,过滤,滤渣浸在 4.5 L 3.5%甲醛中。过夜后倒出甲醛,风干,加入 2%氯化钙,室温提取 4 h,离心,沉淀再于 70 ℃提取 2 h。合并两次上清液,减压浓缩,透析,冷冻干燥,得岩藻聚糖硫酸酯粗品 8.9 g。经酸化后得到的滤液可用乙醇沉淀法和十六烷基氯化吡啶沉淀法分离得岩藻聚糖硫酸酯,乙醇沉淀法简单易行,可考虑用于海带综合利用工业中。

六、岩藻聚糖硫酸酯的纯化技术

经上述方法提取得到的岩藻聚糖硫酸酯粗品通常还含有部分水溶性褐藻酸、海带淀粉、蛋白质、色素等杂质,需要进一步纯化,纯化方法主要有以下几种。

(一)乙醇分步沉淀法

利用褐藻酸在低浓度乙醇(20%～30%)中发生沉淀,而褐藻淀粉可溶于较高浓度乙醇(>60%)的性质,将岩藻聚糖硫酸酯粗品用乙醇进行分步沉淀,从而除去杂质。

乙醇分级沉淀法:粗多糖→配成 5% 水溶液→加乙醇至 20%→离心→上清液加乙醇至 75%→抽滤→沉淀用乙醇和丙酮浸洗→ 40 ℃干燥→岩藻聚糖硫酸酯。

Kimiko 将水提法和酸提法得到的岩藻聚糖硫酸酯粗品溶于水后,加乙醇至 20% 乙醇浓度,则大部分的褐藻酸和色素被除去。除去沉淀,清液中加乙醇至 50% 乙醇浓度,岩藻聚糖硫酸酯即被沉淀出来,岩藻糖含量约为 42%。当乙醇浓度超过 65% 时,有少量的海带淀粉被沉淀出来。薛长湖等将岩藻聚糖硫酸酯粗品溶解后,调节 pH 至 12,用钙离子除去褐藻酸,再加乙醇至 60% 乙醇浓度,使岩藻聚糖硫酸酯沉淀出来,然后对 60% 乙醇沉淀物进行乙醇重沉淀,进一步脱盐,得纯岩藻聚糖硫酸酯。

(二)季铵盐沉淀法

利用季铵盐如十六烷基氯化吡啶(CPC)或十六烷基三甲基溴化铵(CTAB)能与岩藻聚糖硫酸酯形成沉淀的性质,使岩藻聚糖硫酸酯沉淀出来,而这一沉淀又可溶于高浓度的氯化钙或氯化钠溶液。对于酸提取法可采用 CTAB 法:粗多糖→配成 2% 水溶液→离心去除不溶物→上清液中加 5% CTAB →离心收集沉淀→将沉淀溶于 3 mol/L 氯化钙中→加乙醇至 60%→离心→沉淀用乙醇和丙酮浸洗→ 40 ℃干燥→岩藻聚糖硫酸酯。

Takashi 将热水提取物配成 1% 水溶液→用 3% CPC 沉淀→ 3 000 r/min 离心→沉淀溶于 4 mol/L 氯化钙,在 37 ℃静置 20 h →加 3 倍乙醇→ 10 000 r/min 离心→沉淀溶于水→透析→冷冻干燥。Kimiko 将酸提法得到的岩藻聚糖硫酸酯粗品溶于 0.15 mol/L 氯化钙中→加入 5% CPC →离心→沉淀溶于 2 mol/L 氯化钙中→加乙醇,使岩藻聚糖硫酸酯沉淀出来,产品的岩藻糖含量为 53%。由季铵盐法纯化制备的岩藻聚糖硫酸酯纯度较高,但操作步骤较多,岩藻聚糖硫酸酯的回收率较低。而乙醇分步沉淀法较为简单,但选择性较差。

(三)透析法和酶消化法

透析法和酶消化法,在提取和纯化过程中,还可以用透析法除去溶液中的离子和小分子物质,用酶消化法除去混杂在提取液中的蛋白质。

(四)离子交换法

徐杰等将粗品通过 Q-Sepharose F. F. 阴离子交换树脂进行分级纯化,得到硫酸基含量不同的三个组分(F-1、F-2 和 F-3),并对这三个组分的总糖、硫酸基、糖醛酸、氨基糖的含量及中性单糖组成和得率等进行了全面的分析。结果表明,羊栖菜岩藻聚糖硫酸酯主要由岩藻糖、半乳糖、甘露糖、葡萄糖及少量的鼠李糖、木糖和阿拉伯糖组成。三个组分中 F-3 的硫酸基含量最高(40.2%),但得率太低(0.8%);F-1 的总糖(68.4%)和糖醛酸

（17.9％）含量最高；三者氨基糖的含量均很低（≤ 1.0％）；F-1，F-2和F-3分子量分别约为210 000，160 000和140 000，F-2和F-3的纯度较高。

七、岩藻聚糖硫酸酯的测定方法

测定岩藻聚糖硫酸酯含量的主要方法，主要有半胱氨酸硫酸法、Cameron法、气相色谱法和液相色谱法，这些方法需要将待分析的样品先水解，再分离或衍生化，间接测定岩藻聚糖硫酸酯的含量，因操作繁琐，对常规定量分析不方便

Few等首次发现次甲基蓝能与海洋生物硫酸多糖卡拉胶产生不溶性沉淀，在此基础上，Graham将其完善，用从多余的未反应的染料测定卡拉胶；Soedjak用这种方法成功地测定了不同样品中卡拉胶的含量。次甲基蓝是一种异染性染料（metachromatic dye），它与卡拉胶或其他负离子亲水胶体相作用，在浓度低时形成可溶于水的异染变色配合物。这种配合物导致染料颜色的变化，从蓝色（最大吸收波长610～664 nm）到紫色（最大吸收波长520～560 nm）。次甲基蓝和聚阴离子间的相互作用是可逆的，且二者之间结合比率为1：1，因此可作为聚阴离子简单的定量测定方法。海带岩藻聚糖硫酸酯是岩藻糖和有机硫酸酯组成的线性聚阴离子高分子，并含有少量的糖醛酸和氨基糖，所以岩藻聚糖硫酸酯与次甲基蓝有相似的异染现象。

刘红英等，建立了一种直接测定溶液中岩藻聚糖硫酸酯含量的新方法。以次甲基蓝为显色剂，用分光光度法直接测定溶液中岩藻聚糖硫酸酯含量的方法。这种方法准确、快速、灵敏度高，操作简单，可作为海带岩藻聚糖硫酯提取、分离与制备中检测的有效方法。

第六节　海藻制碘

一、碘的性质

（一）碘的物理性质

碘属卤族元素，是在常温下呈固态的非金属元素，原子量126.904 77，是人类生活和动植物生存所必不可少的元素之一。碘为紫黑色并显金属光泽的晶体。当碘的聚结状态由气态向液态和固态转变时，由于分子间距离的不断接近，显示的颜色不断加深，所以固态的碘呈紫黑色。碘晶体有高的蒸气压，逐渐加热时碘晶体可不经熔化成液体而直接变成深紫色的蒸气，这种现象称为升华。碘蒸气冷却又可直接凝聚成晶体，这种现象称为凝华。

碘微溶于水，水溶液为棕色，其溶解度随温度升高而增加。难溶于硫酸，易溶于醇、醚等有机溶剂，所得液体也呈棕色，这是由于碘与溶剂分子结合（溶剂化）的结果。在三氯甲烷、二硫化碳、苯等溶剂中，碘形成紫红色溶液，因为在这些溶液中碘以碘分子状态存在。碘也易溶于氯化物、溴化物及其他盐溶液，更易溶于碘化物溶液，形成多碘离子（$I^- + I_2 \rightleftharpoons I_3^-$）。当溶液中的$I^-$离子接近全部转化为$I_2$分子时，它易极化而产生诱导偶极，进一步形成络碘离子。

表2-7 单质碘的物理性质

项 目	性 质	项 目	性 质
聚集状态(常态下)	固态	临界压力/kPa	11 753.7
常态下的颜色	紫黑	黏度/Pa·s, 116 ℃～185 ℃	$(2.268～1.414)×10^{-3}$
熔点/℃	113.60	熔融热/(J/g), 113.6 ℃	62.07
沸点/℃	185.24	在水中的溶解度/(g/L), 25 ℃	0.340
临界温度/℃	546	在无水乙醇中的溶解度/(g/kg), 25 ℃	21.0

(二)碘的化学性质

1. 氧化性

碘可氧化硫离子：

$$S^{2-} + I_2 =\!=\!= S + 2I^-$$

将水逐滴加在磷和碘的混合物上，即可连续地产生碘化氢：

$$2P + 3I_2 + 6H_2O =\!=\!= 2H_3PO_3 + 6HI \uparrow$$

当碘遇到强还原剂时，可使碘还原：

$$I_2 + 2S_2O_3^{2-} =\!=\!= 2I^- + S_4O_6^{2-}$$

用硫代硫酸钠还原碘，在分析上用作游离碘的测定：

$$I_2 + SO_3^{2-} + H_2O =\!=\!= SO_4^{2-} + 2I^- + 2H^+$$

2. 还原性

在含碘离子的溶液中通入氯气，可转变成碘分子，如通入过量的氯气，可使碘进一步氧化生成为碘酸。

$$2I^- + Cl_2 =\!=\!= I_2 + 2Cl^-$$

$$I_2 + 5Cl_2 + 6H_2O =\!=\!= 2IO_3^- + 10Cl^- + 12H^+$$

次氯酸钠将碘离子氧化为碘的，加入过量的次氯酸钠，同样可使碘进一步氧化成碘酸盐。

$$2I^- + ClO^- + H_2O =\!=\!= I_2 + Cl^- + 2OH^-$$

$$I^- + 3ClO^- =\!=\!= IO_3^- + 3Cl^-$$

二、海带制碘

碘是一种人体必需的微量元素，也是人体的生命素。海藻中普遍含有碘，以海带中含量最高，含量为0.3～0.6%，因此海带是一种含碘丰富的海藻资源。研究发现，海带碘有不同于无机碘的独特的补碘特性，如食用海带年摄碘量高达30 000 mg，不患有高碘甲肿；碘过敏的缺碘甲肿患者，食用海带便可治愈。因此，海带中含有一种特殊形式的碘，它与一般意义上的无机碘不一样，甚至其在体内的吸收代谢的形式、作用机制也不一样，它更易于为人体吸收，更易为人体同化而不过敏，更为安全有效，是一种高效的补碘活性成分。

海带中的碘约90%以有机状态存在，大部分结合成大分子量的链状不饱和化合物，也有部分以无机状态的碘化物存在。这些碘的有机和无机化合物绝大部分是水溶性的。

(一)海藻制碘工艺

1. 净化

海带浸泡水中除含有碘、甘露醇、氯化钾和氯化钠等外，还含有不少有机胶体杂质(如糖胶)以及泥沙等杂物。这些杂质的存在会造成吸附树脂的堵塞和黏附成团,从而影响碘的吸附效果,并且会给甘露醇生产带来很大的麻烦。因此,要对浸泡水预先进行净化处理,去除这些杂质,获得透明澄清的浸泡水。生产上可用烧碱(NaOH)或熟石灰[$Ca(OH)_2$]来凝聚。熟石灰的凝聚效果比烧碱好,而且价格便宜;但缺点是增加了浸泡水中钙离子的含量,使甘露醇提取时的电渗析脱盐和蒸发过程的沉积和结垢现象加剧,从而降低效率。因此,通过浸泡的方法即可将海带中的碘化物溶解在水中。碘的浸出率与水质、水温、浸出时间、浸取次数和浸取方式有关。

2. 酸化与氧化

将净化后的浸出液加硫酸或者盐酸酸化至 pH 为 1.5～2,然后加入次氯酸钠、亚硝酸钠或通入氯气,使溶液中的离子碘氧化为分子碘,但氧化率取决于 pH 的变化。

(1)氧化剂。

① 次氯酸钠。

$$2I^- + ClO^- + 2H^+ = I_2 + Cl^- + H_2O$$

当次氯酸钠过量时,碘离子被过氧化为碘酸盐:

$$I^- + 3ClO^- = IO_3^- + 3Cl^-$$

为防止次氯酸钠过量,可采用同亚硝酸钠配合使用的混合氧化法。即先控制次氯酸钠加入量,使之达到未完全氧化的程度,然后用亚硝酸钠作补充氧化:

$$2I^- + 4H^+ + 2NO_2^- = I_2 + 2NO\uparrow + 2H_2O$$

$$2NO + O_2 = 2NO_2$$

亚硝酸钠不会将碘氧化为碘酸盐。

② 氯气。

$$2I^- + Cl_2 = I_2 + 2Cl^-$$

当氯气过量时,同样能把碘氧化为碘酸盐:

$$I^- + 3Cl_2 + 3H_2O = IO_3^- + 6Cl^- + 6H^+$$

③ 电解氧化。

$$2I^- - 2e = I_2$$

(2)氧化率与 pH 关系:碘的氧化必须在酸性条件下才能进行,浸泡水 pH 在 1～2 时,碘的氧化率较高。尤其在 pH=1.5 时,氧化率达 90%。因此,工艺上要求在氧化之前加入盐酸或硫酸,使浸泡水 pH 在 1.5～2。

(3)氧化方法。

① 次氯酸钠、亚硝酸钠混合氧化法。在 pH 为 1.5～2 的浸泡水中加入接近氧化反应平衡时所需浓度的次氯酸钠溶液,均匀搅拌使浸泡水呈红棕色,次氯酸钠的加入量务必严格控制。在接近完全氧化时停止加入次氯酸钠,再补充加入 5% 亚硝酸钠,使之达到完全氧化的程度。亚硝酸钠的作用除可补充氧化不足之外,还可防止氧化液的还原。因为氧化水中可能存在的少量褐藻酸盐以及所含甘露醇都会与次氯酸钠产生作用而干扰氧化的进行。

② 氯气氧化。酸化浸泡水由高位压力调节槽通过管道流入填充有磁环的氧化反应柱

中。由于高位罐的液位保持稳定,因此浸泡水的压力和流量可保持稳定。氯气则由液氯钢瓶经过压力调节阀和缓冲罐进入管道与浸泡水混合,然后一道进入氧化反应柱,充分接触反应后经氧化水管道流入树脂吸附柱。在此管道中装有自动清洗式氧化电位测定电极,把信号取出,分别联结到酸度计和电子控制装置上;然后用气动或电动调节阀调整氯气压力和流量,直至氧化完全。

③ 电解氧化。酸化后的浸泡水电解槽时,在两电极附近均有氧化或还原反应。在阳极,浸泡水中的 I^- 被氧化成 I_2。

阳极:

$$2I^- - 2e \Longrightarrow I_2$$

$$3I^- - 2e \Longrightarrow I_3^-$$

$$2Cl^- - 2e \Longrightarrow Cl_2$$

$$I^- + 3H_2O - 6e \Longrightarrow IO_3^- + 6H^+$$

阴极:

$$2H_2O + 2e \Longrightarrow H_2\uparrow + 2OH^-$$

浸泡水的电解氧化有三个要素,即电解槽工作电压 $V_{工作}$、分解电压 $V_{分解}$ 和电流密度 E_A。工作电压 $V_{工作} = V_{分解} +$ 电解槽电压降 $V_{阻} +$ 过电压 $V_{过}$。分解电压可以通过理论计算求得。因为分解电压是由两电极在通电后分别吸附 H^+ 而形成的一组原电池所产生的反电动势,其数值等于组成电对的电极电位的代数和。因此,我们可以根据能斯特方程从理论上近似地计算分解电压。当外加电压大于 $V_{理论分解}$ 时,电解反应应该进行,在阳极应有被氧化的游离碘产生。

碘电解氧化时的实际分解电压为 2.2 V。由于常温下海带浸泡水的导电率较低,小于 60 ℃ 的导电率为 0.406 9 s/cm,所以电解液的电压降较大,致使整个槽电压较高于分解电压。

电流效率可按下式计算

$$\omega = \frac{V \cdot I \cdot 10^6}{Q \cdot C \cdot a} \quad (kw \cdot h/t)$$

式中,V——电解槽槽电压(V);

I——工作电流(A);

Q——浸泡水流量(t/h);

C——浸泡水含碘量($\mu g/g$);

a——氧化率(%)。

提高电解槽的槽电压,增大电流密度会使碘的氧化电位提高,从而提高氧化率;但电压过高,工作电流加大,会使电解槽的电压降加大,对电流效率有影响。

(4)氧化过程控制。氧化程度是用比色法或电位法测定。

① 比色法。氧化海带浸泡水置于两个大小相同的试管中 A 和 B,在 A 试管里滴入几滴 0.5% 亚硝酸钠试液,在 B 试管里滴入几滴 5% 碘化钾溶液,摇混以后目测两试管中的颜色,若 A 的颜色比 B 深,则氧化不完全,需继续加氧化剂;若 A 比 B 浅,则发生过氧化,应该加入料液;若 A 和 B 的颜色相同,则氧化完全。

② 电位测定法。用电位仪测其氧化电位,介于 $550 \sim 650$ mV 为氧化合适。

不同含碘量和不同 pH 的海带浸泡水都存在着一个与较高氧化率相对应的氧化电位范围,当氧化电位偏离这个范围时,I^- 的氧化率随着降低。

3. 离子交换吸附

常规采用的制碘方法有沉淀法、活性炭吸附法、空气吹出法等。但海带提碘所采用的方法是离子交换吸附法,当含有游离碘的溶液通过 717 型强碱性阴离子交换树脂时,其中的游离碘即被树脂吸附。反应如下:

$$R \equiv N^+(CH_3)_3Cl^- + 3I_2 \Longrightarrow R \equiv N^+(CH_3)_3Cl^- \cdot 3I_2$$

除了吸附,树脂还会产生如下交换:

$$R \equiv N^+(CH_3)_3Cl^- + I^- \Longrightarrow R \equiv N^+(CH_3)_3I^- + Cl^-$$

交换吸附也会同时进行:

$$R \equiv N^+(CH_3)_3Cl^- + 7I^- \Longrightarrow R \equiv N^+(CH_3)_3I^- \cdot 3I_2 + Cl^-$$

4. 解吸

利用亚硫酸钠可以将树脂上的碘分子还原为离子碘,从而将碘从树脂上洗脱下来,

$$I_2 + SO_3^{2-} + H_2O \Longrightarrow 2I^- + 2H^+ + SO_4^{2-}$$

5. 碘析

用氯酸钾作氧化剂配成解吸液,可使碘离子氧化为分子碘。解吸液中的分子碘由于浓度较大($16\% \sim 20\%$),便从解吸液中结晶析出:

$$6I^- + ClO_3^- + 6H^+ \Longrightarrow 3I_2 + Cl^- + 3H_2O$$

6. 精制

粗碘结晶和浓硫酸共融可使其中残留的有机物炭化,少量水分脱去,并且氧化其中微量的碘化物,从而使产品达到要求的纯度。

(二)树脂再生

1. 氧化浸泡水回流法

$$[R \equiv N^+(CH_3)_3]_2SO_3^{2-} + 2Cl^- \Longrightarrow 2R \equiv N^+(CH_3)_3Cl^- + 2SO_3^{2-}$$
$$SO_3^{2-} + I_2 + H_2O \Longrightarrow 2I^- + SO_4^{2-} + 2H^+$$

树脂网状结构中的 SO_3^{2-} 被氧化浸泡水中的 Cl^- 交换下来,然后这些 SO_3^{2-} 将氧化浸泡水中的 I_2 还原为 I^-,并一起流回氧化浸泡水罐。这样,树脂中的 SO_3^{2-} 即被除去,而氧化浸泡水罐中的 I^- 可通入添加部分氧化剂恢复为游离碘。

氧化浸泡水回流法的优点是简便易行,缺点是再生时间太长,影响树脂的利用率,且有约 20% 的碘又重新被送回到氧化浸泡水中,造成氧化剂和解吸剂的浪费。

2. 氧化浸泡水中添加次氯酸钠的回流法

在回流过程中逐渐把次氯酸钠溶液加入,控制其加入量处于适当的过量状态,此时在柱中进行如下反应:

$$I_2 + SO_3^{2-} + H_2O \Longrightarrow 2I^- + SO_4^{2-} + 2H^+$$
$$[R \equiv N^+(CH_3)_3]_2SO_3^{2-} + 2ClO^- + 2H^+ \Longrightarrow 2R \equiv N^+(CH_3)_3Cl^- + SO_4^{2-} + H_2O$$
$$2I^- + ClO^- + 2H^+ \Longrightarrow H_2O + I_2 + Cl^-$$

它的优点是速度快,缺点是控制次氯酸钠加入量的难度较大。

3. 次氯酸钠处理后再用氧化浸泡水回流法

$$[R\equiv N^+(CH_3)_3]_2SO_3^{2-}+2ClO^-+2H^+ \Longrightarrow 2R\equiv N^+(CH_3)_3Cl^-+SO_4^{2-}+H_2O$$

树脂网状结构中的 SO_3^{2-} 被 ClO^- 处理掉。同时,由于 $NaClO$ 溶液中余碱很大,可将树脂上尚未被解吸下来的碘几乎全部洗下来,树脂恢复到吸附前的构型,外观呈金黄色,处理液呈橘黄色和碱性。

$$R\equiv N^+(CH_3)_3Cl^-\cdot 3I_2+6NaOH \Longrightarrow R\equiv N^+(CH_3)_3Cl^-+NaIO_3+5NaI+3H_2O$$

用次氯酸钠再生处理树脂是一种比较好的方法,它具有下列优点。① 对树脂的再生效果较好。② 树脂上的碘几乎能全部洗下来。③ 再生处理周期较短,尤其回流只需要 2 h。④ $NaClO$ 能排除有机杂质对树脂的污染,从而使树脂对碘的吸附交换能力不因循环次数的增加而降低。

第七节　海藻制甘露醇

甘露醇(*D*-mannitol)学名己六醇,又称 *D*-甘露糖醇,分子式 $C_6H_{14}O_6$。甘露醇广泛存在于自然界中,植物的叶、茎和根,如海藻、食用菌类、地衣类、胡萝卜中都含有甘露醇。具有多元醇的化学性质,可以被酯化、醚化、氧化、脱水,是多元醇中唯一一种不吸湿性的晶体,因此在医药、食品、纺织、化工等方面大量应用。甘露醇由于能部分吸收并发生代谢,是一种较强的自由基消除剂,以及其渗透性脱水和利尿作用,在医药临床上大量使用。

一、甘露醇的理化性质

甘露醇是一种六元醇,是褐藻类中普遍存在的一种光合作用产物,其中以海带类含量最高,个别含量高达 30% 以上。其结构式见图 2-31。

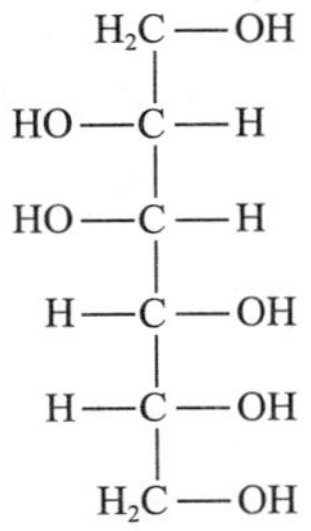

图 2-31　甘露醇的结构式

(一)物理性质

甘露醇为白色针状结晶,味甜,熔点为 165 ℃ ～ 169 ℃,分子量为 182.17。甘露醇的溶解度,在一定范围内,随温度的升高而增大。易溶于水和热的甲醇、乙醇中,但难溶于冷甲醇、乙醇,不溶于醚,在水和乙醇中溶解度有明显差异。

(二)化学性质

1. 甘露醇复盐

甘露醇及其化合物几乎大部分易溶于水,它与钙、锶、钡、铋等的氢氧化物生成的复盐极易溶于水,但在碱性条件下与铜、铅、镍、钴等生成难溶的复盐,特别与铜盐所产生的沉淀较稳定。甘露醇与碱性铜盐之间呈怎样的结合状态,尚不明确,但据 Smit 研究,碱性甘露醇铜沉淀物,分子式见图 2-32。

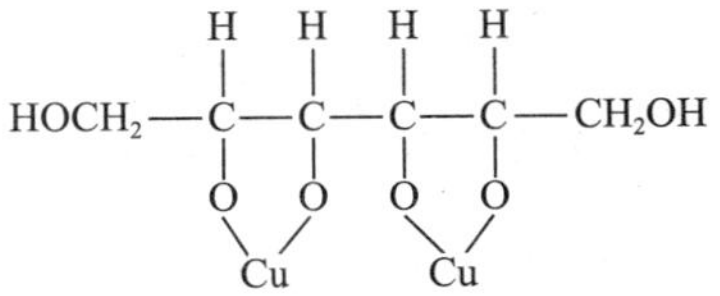

图 2-32　甘露醇铜

甘露醇分子中含有多个羟基,它与硼酸根反应形成一种带负电荷的酸性配位化合物。甘露醇与硼的配位比为1:1形成配位化合物。为此可利用强碱性阴离子交换树脂吸附硼酸-甘露醇配位化合物,从海带浸泡水中富集、提取甘露醇。

2.甘露醇衍生物

甘露醇经缩水成环,由于反应失水位置不同,生成各种异构体甘露醇酐。在催化剂和加温条件下进行酯化反应,其生成物除单酯外,尚可在加压条件下聚合成各种衍生物。

(1)烟酸甘露醇糖。先使烟酸与三氯氧磷氧化剂在吡啶溶剂中生成烟酰氯,再与甘露醇于110 ℃~115 ℃下经酯化制得。

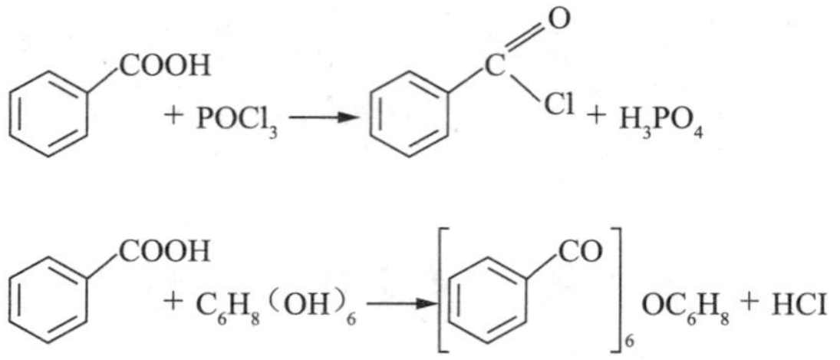

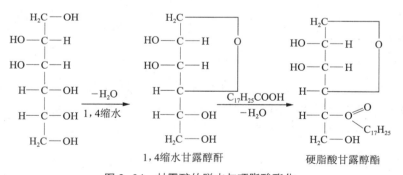

图2-33　烟酸甘露醇糖的合成

(2)甘露醇油酸酯。甘露醇缩水生成甘露醇酐,然后通过与油酸酯化生成甘露醇油酸酯。甘露醇酐油酸酯为中间产品,在碱性催化剂的催化下,在130 ℃~140 ℃通入环氧乙烷进行聚合,生成聚乙基甘露醇酐油酸酯。它属于多元醇型的非离子型表面活性剂,无毒,具有乳化、分散、渗透特性。

(3)硬脂酸甘露醇酯。甘露醇带有六个羟基,与硬脂酸反应时,在适当条件下,先从分子内脱掉一分子水,继而与硬脂酸酯化,见图2-34。硬脂酸甘露醇酯是非离子型表面活性剂,是一种优良的亲油性乳化剂。

图2-34　甘露醇的脱水与硬脂酸酯化

二、甘露醇提取方法

海带浸泡液中除含有甘露醇,还含大量无机盐,其中多数为NaCl、NaSO$_4$、KCl、K$_2$SO$_4$以及少量蛋白质、糖胶黏质物、色素等成分。从海带浸泡液中提取甘露醇,是将提碘后的甘露醇的分离过程,主要采取物理或物理化学处理方法,如离子交换、膜渗析、膜过滤及水重结晶等。

（一）有机溶剂萃取法

甘露醇在甲醇、乙醇等溶剂中溶解度随温度的升高而增加。因此，将甘露醇在热溶剂中大量溶解，经过滤，与杂质分开，含甘露的滤液放冷后再结晶，从而达到分离提纯的目的。但因甘露醇在甲醇、乙醇中溶解度偏低，即使温度上升至沸点，在甲醇中最大溶解度仅 1.3%（W/W），在乙醇中为 0.76%（W/W）。所以，生产时需要庞大的抽提设备，且溶剂耗量大，成本高。

（二）硫酸铜沉淀法

甘露醇在碱性条件下与硫酸铜反应可生成难溶性配位化合物。当甘露醇∶硫酸铜∶氢氧化钠的物质的量之比为 1∶3∶8 时，能形成沉淀的甘露醇配位化合物以 0.5 mol/L 硫酸分级分解，通过电解法或通入硫化氢除去铜离子后，溶液以碳酸钙中和。过滤，除去硫酸钙沉淀。最后，溶液蒸发浓缩，冷却，析出甘露醇。

（三）硼醇配位 – 离子交换法

甘露醇的多羟基与硼酸根形成的配位化合物，通过阴离子树脂交换柱吸附、解吸、分离等操作后，即加入硼砂配位（甘露醇与硼配位比为 1∶1），通过强碱型离子交换柱进行吸附，用 1 mol/L 盐酸溶液将配位化合物从树脂柱上洗脱下来，洗脱液中甘露醇含量较原液可提高 15 倍左右。硼的分离采取以下三个步骤。

（1）利用浓缩结晶先分离出部分硼。

（2）混合结晶物中用甲醇酯化（甲醇和硼酸形成挥发性的硼酸三甲酯）分离出大部分硼。

（3）甘露醇结晶配制成一定浓度，通过混合床离子交换柱除去残留的微量硼和其他无机盐。最后溶液蒸发浓缩、冷却结晶，得到精制的甘露醇。

此法最大特点是省去因原料液蒸发浓缩需耗用大量能源，且甘露醇得率较高。

（四）水重结晶法

由于甘露醇和无机盐分的溶解度受温度影响相差很大，因此，在浓缩过程中，各种盐分达到过饱和，以结晶形式不断析出，而甘露醇在高温下溶解度较大，留在溶液中，其含量不断提高。控制适当浓缩比，趁热过滤，除去滤渣盐分，滤液放冷，甘露醇即结晶出来。通过离心机去除母液中残留盐分及可溶性杂质，以此达到甘露醇与盐分分离的目的。

（五）电渗析脱盐法

电渗析是利用半透膜使溶液中溶质和溶剂获得分离。电渗析器在外电场的作用下，利用离子交换膜对离子具有不同的选择透过性而使溶液中的阴、阳离子分离。而甘露醇在水溶液中是一种中性化合物，既不导电，也不被迁移。当甘露醇溶液中含有的盐类离子被电渗析除去后，溶液中只有水和甘露醇被分离出来。

（六）反渗透浓缩法

反渗透是通过多孔介质以分离溶液中所含无机盐的一种操作。膜孔的大小要能阻止溶液中大分子溶质的通过。这样，溶液中盐被除去，甘露醇被留下而分离出来。在反渗透过程中，必须增加被浓缩溶液液面上的压力。当压力大于渗透压时，溶液中溶剂透过半透膜,溶质被截留,从而达到浓缩目的。甘露醇溶液通过反渗透装置,将甘露醇稀溶液中水和部分低分子量物质(如盐分)透过半透膜,从而获得比原液浓度提高3～5倍的甘露醇浓缩液。

三、甘露醇的提取工艺

(一)工艺流程

目前国内以海带为原料生产甘露醇的工厂,主要采用水重结晶法和电渗析脱盐法。两种方法的主要问题是蒸发浓缩原液需耗费大量的能源,每产1 t甘露醇所耗蒸汽量达80～100 t,皆属高耗能产品,工艺流程图2-35。反渗透法可以减少1/3的能耗。

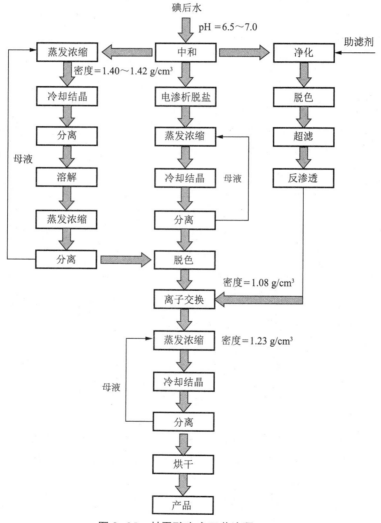

图2-35　甘露醇生产工艺流程

(二)主要操作节点

1. 水重结晶

(1)中和。经提碘后的海带浸泡液,甘露醇料液中(即碘后水)存在 KCl、K_2SO_4、

NaCl、Na$_2$SO$_4$ 等多物质的相平衡,呈酸性(pH=2 左右),需先用碱中和,即加入适量工业液碱(40% NaOH 溶液),用压缩空气或循环泵混合均匀调至 pH=6.5～7.0。

（2）蒸发浓缩。溶液浓缩时,去除大量水分。当浓缩液密度达到 1.2 g/cm^3 时,即有沉淀析出。开始主要是 NaCl 和 Na$_2$SO$_4$,当浓缩液密度至 1.4 g/cm^3 时,各种盐类均大部分被析出,而甘露醇仍保留在溶液中,从而基本上达到盐和甘露醇分离的目的。一般采用双效或多效真空蒸发装置。

在浓缩过程中,一般采取二次出盐操作,即蒸发浓缩至比重为 1.28～1.30 g/cm^3(夏季)或 1.26～1.28 g/cm^3(冬季),将料液放出,通过离心机除去低温盐。随后,将料液继续蒸发浓缩至 1.38～1.40 g/cm^3(夏季)或 1.36～1.38 g/cm^3(冬季)时出料,除去高温盐及部分低分子糖胶有机物等。高温盐用少量热的原料液洗涤、分离,使盐中醇含量低于2%以下,洗涤液回收。

（3）冷却结晶。浓缩液注入冷却盘,甘露醇在冷却过程中因溶解度明显下降被结晶析出成块状,生产上称为"干涸物",其中含甘露醇在 60%以上。这些"干涸物"尚含有一些糖胶有机物及饱和盐溶液等,须用离心机分离,离心液回收。

（4）水重结晶。水重结晶是指"干涸物"通过加水溶化、冷却、重结晶,以提高"粗醇"半成品的含醇量。当"干涸物"含醇量在 60%左右时,加水量为"干涸物"重量的 0.6 倍,加热溶解。然后放冷结晶、离心分离,离心液回收。此时,"干涸物"中含醇量由 60%提高到 70%～80%。再进行二次重结晶,即加入"干涸物"重量 0.7 倍的水,加热溶解、冷却结晶、离心分离。经过二次水重结晶的"粗醇",一般醇含量可达 90%以上。

2.电渗析脱盐

（1）电渗析脱盐基本原理,见图 2-36。当料液用电渗析器进行脱盐对,电渗析器接通直流电源,料液即导电。溶液中 Na$^+$、K$^+$、Cl$^-$、SO$_4^{2-}$ 等离子,在电场作用下发生迁移,阳离子向阴极迁移,阴离子向阳极迁移。电渗器两极间交替排列多组的阴、阳离子交换膜,阳

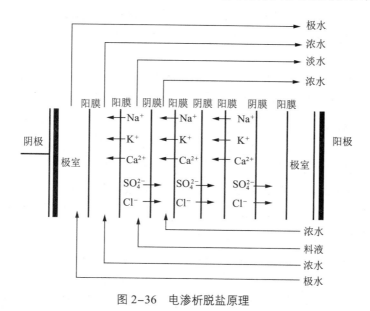

图 2-36　电渗析脱盐原理

离子交换膜显示了强烈的负电场,溶液中阴离子受排斥,而阳离子向阴极方向传递交换,并透过阳离子交换膜。相反,阴离子交换膜显示了强烈的正电场,溶液中阳离子受排斥,而阴离子向阳极方向传递交换,并透过阴离子交换膜。这样就形成了称为淡水室(以下称淡室)的去除离子区间和称为浓水室(以下称浓室)的浓聚离子的区间。在靠近电极附近则称为极(水)室。在电渗析器内淡室和浓室多组交替排列。当含盐的甘露醇溶液流经淡室时,盐分逐渐减少,直至极大限度迁移到浓室,而浓室的盐分逐渐增大,此时甘露醇不导电,也不发生迁移,仍留在淡室,即可得到脱盐的甘露醇溶液。

(2)电渗析器的构造和主要部件。电渗析器主要由阴、阳离子交换膜,电极室,隔板与隔网(起支撑膜和布水作用)三者组成。通过阴、阳离子交换膜与隔板交替排列,形成数以百计的浓室和淡室,用隔板和膜把电极隔开,形成阴、阳极室组装而成。

离子交换膜是电渗析装置的关键部件,膜的性能好坏,直接影响电渗析器的质量。对声子交换膜的要求如下。

① 应具有高度离子选择透过性。一般要求阳膜迁移数 $t_+ > 0.9$,$t_- < 0.1$;阴膜迁移数 $t_- > 0.9$,$t_+ < 0.1$。

② 应具有较低的膜电阻。膜本身所引起的电压降太大,不利于最佳电流条件,致使电渗析器效率下降。

③ 离子的反扩散速度要小。电渗折的运行导致浓室与淡室之间浓度增大,离子就会由浓室向淡室扩散,这与正常电渗析过程相反,所以称为反扩散。反扩散速度往往随着浓度差的增大而上升,膜的选择透过越高,反扩散速度就越小。

④ 具有低的渗水性。电渗析过程要求离子迁移速度高,这样才能达到浓缩与淡化的目的,所以膜的渗水性要尽量的小。

⑤ 应具有较高的机械强度。否则会给设备添加种种限制,在装配或使用过程中容易引起膜的破损。

⑥ 应具有化学稳定性。在实际应用中,电解质溶液中常常会有酸、碱及其他化学侵蚀性物质,所阻要求膜具有良好的化学稳定性,能抗水解、氧化及其他形式的降解,同时膜还必须能耐高温。

隔板的主要作用是支撑膜,使膜之间保持一定距离,同时起着均匀布水的作用。水在电渗析槽中能保持在高的电流效率下的淡化或浓缩,并靠水流的搅拌作用来避免和减少极化现象。因此,隔板必须具有良好的水力学特性,保证液流的紊流状态。目前生产上较普遍使用一种用鱼鳞状塑料网作填充网的隔板。隔板上有进水孔、出水孔、布水槽、流水槽及过水槽。按布水槽位置的不同,可将隔板分为脱盐室隔板和浓缩室隔板。目前国内多采用 2 mm 厚的聚氯乙烯硬隔板或用橡胶板为隔板。隔板的布水沟槽必须合理。太窄,水流条件不好,水的压头损失大又容易堵塞;过宽,则会形成膜的下陷,使膜两侧的淡水和浓水混合,达不到浓缩或淡化目的。隔板有两种:长流程式(多回路式)和短流程式(无回路式)。长流程式隔板脱盐效果好,适用于一次脱盐。使用鱼鳞状隔网,布水均匀,具有良好的水力学特性。虽然长流程式隔板有种种优点,但正由于液体在隔板内的流程长,就使液体在流动时受到较大的阻力。为使液体畅流,外加的水压就要相应增大,这样容易引起膜和电渗析器的变形。这种隔板内部的水槽是串联回路的,因一隔板的进水部分与出水部分的电流密度不一致,是逐渐降低的,这样就容易引起隔板内部分区域的极化,产生水垢,使电流效率下降。短流程式隔板就是针对上述种种问题而设计的。这种隔板的特点是流程短,无回路,水流阻力小,电流密度比较均匀,膜的遮盖面积小,容易控制极限电流,防止极化。其缺点是单位时间内脱盐效果差,所以短流程式隔板一般均用于循环脱盐系统。

电极与极框。电渗析工作时,电极的化学反应(进料液中以 NaCl 为例)如下。

阳极:

$$H_2O \rightleftharpoons OH^- + H^+$$
$$2Cl^- - 2e = Cl_2\uparrow$$
$$4OH^- - 4e = O_2\uparrow + 2H_2O$$

阴极:

$$H_2O \rightleftharpoons OH^- + H^+$$
$$2H^+ + 2e = H_2\uparrow$$

在阴极水中呈碱性反应。当水中含有 Mg^{2+}、Ca^{2+} 和 CO_3^{2-} 等离子时,生成 $Mg(OH)_2$ 和 $CaCO_3$ 沉淀。因此采用加酸或加盐(Na_2SO_4、NaCl)循环,可有效地防止沉淀产生。

在阳极产生新生态氧和氯气,其腐蚀性很强,所以阳极材料采用石墨、铅、银等,阴极用石墨或不锈钢。但这些材料在长期运行中均会腐蚀,产生沉淀物以致造成极室堵塞。为了防止电渗析器生垢和电极腐蚀,采取定期倒换电极,最理想的是一种耐腐蚀的钛-钌电极材料。

(3)电渗析脱盐方式。连续式脱盐如图 2-37 所示,包括一级一段(或多段)一次脱盐或多级多段一次脱盐。一级一段是指原液经过一对电极之间装置水流同向(并联)的膜,直接流出。因并联组装,流程短,脱盐效率低。一级多段水流经过一对电极之间,利用换向隔板改变水流方向构成多段串联以延长流程长度,脱盐效率高。但在电渗析过程中,随着原液中含盐量逐渐下降,导致各段电流密度分配不匀,且随串联的段数增加,水流阻力相应提高,所以不宜采用过多的段数。多级多段指原液依次通过多台一级一段电渗析器串

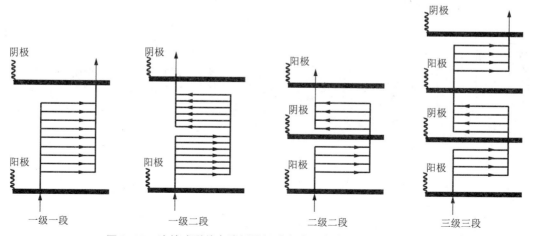

图 2-37　连续式脱盐电渗析器组成方式及液体流动方式示意图

联脱盐或设有共电极的一台电渗析器进行多级多段串联。串联级数一般为 2～3 级,每级脱盐率为 25%～60%。该运行可达到一次脱盐的要求,耗电少。但当原液含盐浓度变化时,必须相应调整运行条件,严格控制流量,一旦电阻增高,其工作性能迅速恶化。

循环式脱盐是指浓水和淡水分别通过各自的循环槽进行循环,一直达到要求的脱盐指标为止。然后再开始另一批处理。该运行方式的特点,可达到任意的脱盐率,特别适用于盐量大和脱盐要求高,产量不大的场合,且料液浓度发生变化对电渗析器工作影响不大。但在电渗析过程中,电流随着脱盐由大变小,故要配备大容量的整流器,耗电量也相应增大。

3. 反渗透脱盐

反渗透浓缩法是把膜分离技术综合地应用到甘露醇的浓缩和脱盐的一种新技术。它是利用电渗析来脱盐,利用反渗透来浓缩,以获得分离和浓缩的目的。由于它既不受热升温,又不蒸发、气化,不存在相变过程,故具有独特的优点。

(1)脱盐原理。反渗透浓缩是用足够的压力使甘露醇溶液中的水通过反渗透膜(或称半透膜)而渗析出来,从而达到浓缩的目的,减少了蒸发量,起到大量节约热能、降低成本的作用。

(2)膜的选用。常见的反渗透膜有醋酸纤维素膜、芳香聚酰胺中空纤维膜和复合膜等。用于浓缩甘露醇的反渗透膜以醋酸纤维素膜(简称 CA 膜)为普遍。CA 膜透水速度快,浓缩率高,价格便宜,适合于浓缩甘露醇。

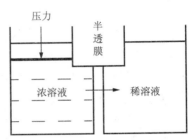

图 2-38 反渗透脱盐原理

(3)反渗透装置。常用的反渗透装置有板框式、管式、卷式、中空纤维式等结构。目前用于浓缩甘露醇的装置主要是卷式(螺旋卷式)反渗透器。卷式反渗透组件是在两层反渗透膜(以涤纶布支撑)中间夹入一层透过水导流网布,并用黏胶密封三面边缘,再在膜的下面铺一层进料液隔网,然后沿着钻有孔眼的中心管卷绕,就形成(膜/透过水导流网布/膜/进料液隔网)的多层结构。将单个或若干个组件装入圆筒形耐压容器中,把它们串联起来,就组成各种规格的螺旋卷式反渗透器。脱盐流程见图 2-39。

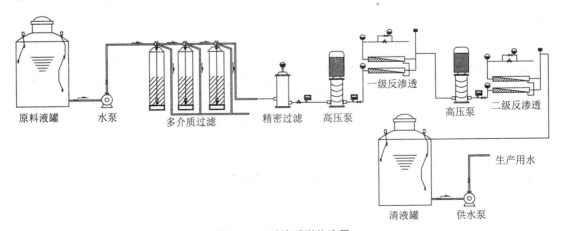

图 2-39 反渗透脱盐流程

无论是水重结晶或是膜分离的方法，所得到"粗醇"含醇量都在 90%～95% 之间；精制的方法是采用活性炭脱色和离子交换树脂进行交换以除去残留的杂质。

（1）脱色。采用多孔性活性炭，使甘露醇溶液中的色素、有机胶体等被活性炭表面吸附。按投料量加入 5% 的活性炭和 2 倍的水，搅拌混合均匀，煮沸保温 30～60 min，再过滤，滤液稀释至密度为 1.08 g/cm³（夏季）或 1.07 g/cm³（冬季），进入离子交换工序。

（2）离子交换。离子交换剂是一种多孔网状疏松的小圆粒树脂，具有游离的活性基团，能从溶液中吸取离子而进行离子交换。一般常用硫酸基（R·SO₃H）酸性基团的阳离子交换树脂（732 型）和季胺基（R·N（CH₃）₃OH）碱性基团的阴离子交换树脂（717 型）。常温下阳离子交换树脂对于溶液中金属离子的选择性是 $Fe^{3+}>Al^{3+}>Ca^{2+}>Mg^{2+}>K^+>Na^+>Li^+$；阴离子交换树脂的选择性是 $PO_4^{3-}>SO_4^{2-}>NO_3^->Cl^->HCO_3^->HSiO_3^-$。

4. 蒸发浓缩、冷却结晶

浓缩、结晶的目的是蒸发水分，然后冷却结晶。经过离子交换后甘露醇溶液注入标准式蒸发器内，蒸发浓缩至密度为 1.23 g/cm³ 时，将浓缩液注入冷却结晶搅拌器内，待完全结晶后，取出离心分离。

5. 干燥

甘露醇结晶经离心机甩干，其中约含 5% 的水分。烘干之前，须将物料预粉碎成疏松、均匀的针状粉末结晶，置于料盘内。采用微波干燥器干燥。微波是一种高频电磁波，频率在 300～300 000 MHz，波长范围为 1 mm～1 m。用于微波加热的专用波段见表 2-8。

表 2-8　微波加热干燥专用波段

频率范围 /MHz	中心频率 /MHz	中心波长 /cm	波段代号
915±25	915	33	L
2 450±50	2 450	12. 2	S
5 800±75	5 800	5. 2	C
22 125±125	22 125	1. 4	K

我国用于微波加热干燥的频率主要是 915 MHz 和 2 450 MHz，目前用于甘露醇干燥的频率为 2 450 MHz。微波加热的原理基于微波被物质分子吸收而产生热效应。水分子是一种极性分子，在微波的影响下，水分子的排列和运动发生两个变化：① 在电场作用下形成整齐排列；② 在微波电场中以极高的效率变换着极性，由极性变换而引起分子的迅速摆动，造成摩擦效应，由摩擦转换为热，从而使水的温度升高。

第八节　藻酸丙二醇酯

藻酸丙二醇酯又称褐藻酸丙二酯，英文缩写 PGA（Propylene Glycol Alginate）。它是天然海藻的主要成分——褐藻胶的衍生物之一。1929 年，美国凯尔柯（Kelco）公司开始工业生产褐藻胶。1950 年，该公司又率先研制成功藻酸丙二醇酯。十年后，藻酸丙二醇酯作为商品出现在美、日等国的市场。1985 年，青岛海洋化工厂建成了国内唯一的工业规模的藻酸丙二醇酯生产线。1989 年，该产品正式列入我国食品添加剂行列。

褐藻酸具有活泼的羧基,能与两价金属离子形成水不溶性盐类,羧基还可与某些有机溶剂在一定反应条件下生成酯。藻酸丙二醇酯的主要用途为食品添加剂。由于它无毒,易溶于水,且具有一定黏度,对酸、盐及金属离子均较稳定,可阻止因钙或其他金属离子引起的沉淀作用,是一种良好的增稠稳定剂,它的分子结构中既有亲水的羧基,又有亲油的丙二醇基,所以也是一种性能优良的乳化剂,特别是它对酸的稳定性,使它在酸性条件下得到广泛的应用。藻酸丙二醇酯在美国、日本和欧洲一些国家广泛应用在食品、医药、日用化工等方面。

一、藻酸丙二醇酯的性质

褐藻酸丙二酯,密度 1.46 g/cm³,表观密度 3.371×10⁻² g/cm³,炭化温度 220 ℃,褐变温度 155 ℃,灰化温度 400 ℃,燃烧热 4.35 kJ/mol。1%水溶液,pH4.3,折光率 $[\alpha]_D^{22}$ 1.334 3,表面张力 0.058 N/m。易溶于冷水和热水中,低浓度就显示高黏度。在 pH＝3～4 范围的酸性介质中不生成沉淀。一般与浓度不高的两价金属离子不生成凝胶,但在较高 pH 下与 Ca^{2+} 形成松软凝胶。在酸性介质中有明显的乳化性能,并具有泡沫稳定性质。M/G 比值高的褐藻酸酯化速度较高,一般酯化度可达 90%以上,M/G 比值低的褐藻酸酯化速度相对较低可达 75%左右。其结构图 2-40。

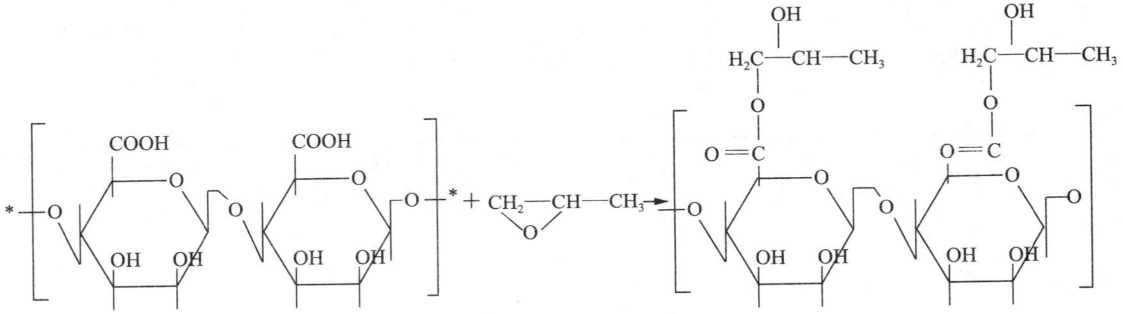

图 2-40 PGA 的结构示意图

二、藻酸丙二醇酯的制备

(一)制备方法

1. 高压反应

将褐藻酸钠放置在不锈钢高压釜中,反应前除去空气后放入环氧丙烷,浸在 89 ℃ 热水中。反应温度提高到 79 ℃,压力为 3.52 kPa,反应 30 min。浸在流动的冷水中冷却,2 min 后,压力消失,温度降低,真空过滤,用丙酮洗涤。

2. 真空反应

将褐藻酸与氨水混合,放入树脂锅中,加热到 40 ℃时,除气后通环氧丙烷气体,用热水调节反应温度至 60 ℃,搅拌反应 1.25 h 后停止反应。抽真空后,继续反应 0.5 h,反应温度平均为 59 ℃,压力为 111.457 5 kPa 的环氧丙烷通入。

3. 吹扫法

将褐藻酸钠,用磷酸钠进行离子化反应。温度升到 40 ℃时,环氧丙烷气体以

131.722 5 kPa 吹扫,反应温度升到 68 ℃,反应 2.5 h,用冷水控制冷却。

（二）工艺路线

藻酸丙二醇酯的生产工艺,在前处理与后处理工段,国内外采用的路线基本一致,只是在溶剂选择上不一样,有采用甲醇的也有采用乙醇的。关键工序是酯化工和催化剂的选择,采用常压和加压方法。

取褐藻酸钠粉末加 10% 盐酸浸泡,加水稀释至浓度 1%～2%。过夜,水洗至无氯反应。用甲醇或乙醇脱水成湿褐藻酸。以此做原料,同上法操作制成藻酸丙二醇酯,所得产品的酯化度达 90% 以上。

值得注意的是:在反应前应加入适量的碱性溶液(氢氧化钾、磷酸盐等),以催化其反应。

1. 工艺流程

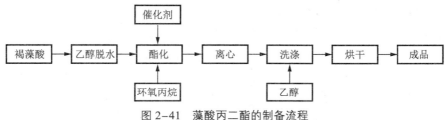

图 2-41　藻酸丙二酯的制备流程

2. 酯化条件的选择

酯化反应工艺条件的选择,是保证产品质量的关键,影响酯化反应的主要因素有反应温度(压力)、反应时间、褐藻酸含水量、催化剂的品种及用量等。

（1）反应温度。藻酸丙二醇酯的酯化反应是液固相反应。环氧丙烷性质活泼,在催化剂存在下,常温下即可与褐藻酸反应,但反应速度缓慢,提高温度,反应速度明显提高。由于环氧丙烷沸点是 36 ℃,所以,反应温度在 40 ℃ 时,处于常压回流状态;反应温度在 60 ℃时,反应压力约为 15 MPa,反应温度达 80 ℃时,反应压力约为 25 MPa,反应温度对产品的黏度有着重要的影响,而产品黏度则关系到产品的增稠性能,随温的上升,产品的颜色也加深,溶解性能下降。

（2）反应时间。褐藻酸是一种天然高分子化合物,与环氧丙烷酯化的反应速度较慢,反应时间较长。采用催化剂和提高反应温度均可缩短反应时间。常温回流条件下,约 20 h 以上酯化度才能达到 75%。而反应温度 60 ℃时,5～6 h 便可达到 90% 的酯化度。但是反应时间过长,易引起产品黏度下降

（3）褐藻酸含水量。酯化反应速度取决于环氧丙烷进入褐藻酸分子内部的速度。为了使环氧丙烷能顺利地渗入海藻酸纤维内部,与羧基酯化,保持褐藻酸的蓬松度是非常重要的,合适的水分可保持其充分的膨润度。但是,水分过多,环氧丙烷水解生成丙二醇副反应加剧,增加了消耗,提高了成本。

（4）催化剂。酯化反应对催化剂的品种要求不严,采用常用酯化反应催化剂即可,如氢氧化钾、氨水、磷酸盐皆可,但量不宜过多,否则酯化度、耐酸和对金属离子的稳定性都将下降。

三、藻酸丙二醇酯的应用

藻酸丙二醇酯由于在酸性中不易产生沉淀，并具有明显的乳化效果，因此，在食品工业中得到广泛的应用。

（1）油/水系列食品的稳定剂。如蛋黄酱、调味品、人造黄油等食品中加入藻酸丙二醇酯有明显的稳定效果。

（2）酸性饮料的稳定剂。如用于乳酸饮料、活性乳酸菌饮料、酸奶、果汁饮料等的稳定。

（3）乳化香料（即含有香料的乳化体系）的稳定剂。

（4）泡沫稳定剂。如大量用作啤酒泡沫稳定剂。

藻酸丙二醇酯外观为微黄色颗粒粉状，水溶液呈黏稠状胶体。因为藻酸丙二醇酯分子结构中有疏水基团和亲水基团，所以它具有乳化性、耐酸性和对胶体溶液稳定性。在国内外被广泛用于日用化工生产防晒剂、乳化香精、食品，中药汤剂、果酱、乳白鱼油、果汁鱼肝油，生物提取制品等等。特别在啤酒中适量添加藻酸丙二醇酯，可以增加啤酒泡沫的稳定性和泡持力，即使遇到油脂或杀菌洗涤残留物也能抗破裂。

表 2-9　PGA 在食品中的应用

应用领域	PGA 作用	使用量/%
乳酸饮料	耐酸性、稳定乳蛋白	$0.2 \sim 0.7$
果汁	耐酸性、分散性	$0.05 \sim 0.1$
啤酒	泡沫稳定性	$0.01 \sim 0.035$
沙司酱油	耐酸、耐盐、增稠	$0.5 \sim 1.0$
番茄酱	耐酸、增稠	$0.2 \sim 0.5$
干酪	黏结性	$0.1 \sim 0.3$
奶油	乳化性	$0.1 \sim 0.3$
高级挂面	水合性、组织改良	$0.2 \sim 0.3$
方便食品	水合性、组织改良	$0.2 \sim 0.5$
鱼肝油	增稠、乳化、稳定性	$0.01 \sim 0.2$

参 考 文 献

[1]　纪明侯. 海藻化学 [M]. 北京：科学出版社，1997.

[2]　金骏，林美娇. 海藻利用与加工 [M]. 北京：科学出版社，1993.

[3]　陈正霖，高金诚，王学良. 褐藻胶 [M]. 青岛：青岛海洋大学出版社，1989.

[4]　秦益民. 海藻酸 [M]. 北京：中国轻工业出版社，2008.

[5]　汪之和. 水产品加工与利用 [M]. 北京：化学工业出版社，2003.

[6]　许加超，卢伟丽，高昕，等. 氯化钙体系制备的褐藻酸钙凝胶特性的研究 [J]. 渔业科学进展，2010，31（1）：100-103.

[7]　李陶陶，许加超，付晓婷，等. 壳聚糖在褐藻酸钠生产中的应用 [J]. 食品工业科技，2011，32（6）：257-259.

[8]　刘晓琳，许加超，付晓婷. 海带的功能因子、开发利用的现状及展望 [J]. 肉类研究，

2010（11）：79-82.

［9］　赵珊，许加超，付晓婷，等. 褐藻寡糖分子量测定方法的研究［J］. 食品工业科技，2011，32（12）486-488.

［10］　赵珊，许加超，付晓婷，等. 褐藻酸钠降解产物的制备及其分子量检测方法的研究［J］. 中国海洋药物，2011，29（6）：34-41.

［11］　李陶陶，许加超，付晓婷，等. 钙析法和酸析法所产褐藻胶质量比较的研究［J］. 食品工业科技，2011，32（10）：314-315.

［12］　王浩贤，许加超，付晓婷，等. 聚甘露糖醛酸和聚古罗糖醛酸的制备与鉴定［J］. 农产品加工：学刊，2012（8）：9-11.

［13］　高昕，贺庆梅，张朝辉，等. 两种海藻中 MAAs 抗氧化活性的研究［J］. 海洋环境科学，2010，29（1）：76-79.

［14］　刘晓琳，许加超，高昕，等. 海带中主要活性成分的浸提条件［J］. 渔业科学进展，2011，32（6）：85-91.

［15］　孙丽萍，薛长湖，许家超，等. 褐藻胶寡糖体外清除自由基活性的研究［J］. 中国海洋大学学报：自然科学版，2005，35（5）：811-814.

［16］　许小娟，付晓婷，林洪，等. 萱藻褐藻胶的提取及流变学特性的研究［J］. 食品工业科技，2012，33（13）：88-91.

［17］　孙丽萍，薛长湖，许家超，等. 锈凹螺褐藻胶裂解酶的分离纯化及性质研究［J］. 中国水产科学，2004，11（3）：266-271

［18］　付晓婷，秦子涵，许加超，等. 带形蜈蚣藻营养品质的分析和评价［J］. 营养学报，2011，33（2）：199-200，203.

［19］　张宇，付晓婷，林洪，等. 萱藻营养品质的分析和评价［J］. 营养学报，2012，33（6）：619-620.

［20］　杨秀丽，汪东风，许加超，等. 马尾藻中几种金属元素含量及存在形态测定［J］. 微量元素与健康研究，2010，27（2）：41-43.

［21］　卢伟丽，许加超，高昕，等. 荧光分光光度法测定褐藻酸钠中微量铅［J］. 中国海洋药物，2007，26（5）：34-37.

［22］　卢伟丽，许加超，高昕，等. 褐藻酸钙纤维制备条件的研究［J］. 中国海洋大学学报：自然科学版，2007，37（S2）：73-76.

［23］　许加超，卢伟丽，高昕，等. 葡萄糖醛酸内酯体系制备的褐藻胶凝胶特性的研究［J］. 中国海洋药物，2010，29（1）：50-55.

［24］　孙丽萍，薛长湖，许家超，等. 褐藻胶寡糖体外清除自由基活性的研究［J］. 中国海洋大学学报：自然科学版，2005，35（5）：811-814.

［25］　张东，高昕，许加超，等. 褐藻胶植物肠溶硬胶囊的制备技术［J］. 食品工业科技，2011，32（3）：321-323.

［26］　张青，许加超，付晓婷，等. 钙化条件对海藻酸钙空心硬胶囊成型性的影响［J］. 中国海洋药物，2012，31（5）：11-16.

[27] 张青,许加超,付晓婷,等. 钙化条件对海藻酸钙膜钙含量和拉伸强度的影响 [J]. 农产品加工:学刊, 2012(10):21-22, 25.

[28] 薛德明,于品早,张国防,等. 膜技术处理褐藻酸钠废水 [J]. 膜科学与技术, 2003, 23(4):47-50.

[29] 张青,许加超,高昕,等. Optimized water vapor permeability of sodium alginate films using response surface methodology[J]. 中国海洋湖沼学报:英文版, 2013, 31(6): 1196-1203.

[30] 吴信,王志朋,付晓婷,等. 利用海带渣制备乙醇的可行性分析及高效水解技术的研究 [J]. 农产品加工:学刊, 2013(4 中):4-6.

[31] 薛长湖,陈磊. 岩藻聚糖硫酸酯体外抗氧化特性的研究 [J]. 青岛海洋大学学报:自然科学版, 2000, 30(4):583-588.

[32] 李兆杰,薛长湖,陈磊,等. 低分子量海带岩藻聚硫酸酯的清除活性氧自由基和体内抗氧化作用 [J]. 水产学报, 2001, 25(1):64-68.

[33] 董平,薛长湖,李兆杰,等. 岩藻聚糖硫酸酯低聚糖的制备及其抗氧化活性研究 [J]. 中国海洋大学学报:自然科学版, 2006, 36(S1):59-62.

[34] HU X, JIANG X, HWANG H, et al. Promotive effects of alginate-derived oligosaccharide on maize seed germination[J]. Journal of Applied Phycology, 2004, 16(1):73-76.

[35] 许小娟,付晓婷,段德麟,等. 褐藻胶低聚糖的保水性和抗氧化功能研究 [J]. 农产品加工:学刊, 2013(4 下):1-4, 21.

[36] 付雪艳,薛长湖,宁岩,等. 岩藻聚糖硫酸酯低聚糖降压作用的初步研究 [J]. 中国海洋大学学报:自然科学版, 2004, 34(4):560-564.

[37] 徐杰,李八方,薛长湖,等. 羊栖菜岩藻聚糖硫酸酯的提取纯化和化学组成研究 [J]. 中国海洋大学学报:自然科学版, 2006, 36(2):269-272.

[38] PERCIVAL E G V, ROSS A G. Fucoidin. Part I. The isolation and purification of fucoidin from brown seaweeds[J]. Journal of the Chemical Society:Resumed, 1950, 145:717-720.

[39] 刘红英,薛长湖,李兆杰,等. 海带岩藻聚糖硫酸酯测定方法的研究 [J]. 青岛海洋大学学报:自然科学版, 2002, 32(2):236-240.

[40] 李兆杰,薛长湖,林洪,等. 岩藻聚糖硫酸酯降血脂及抗氧化作用的研究 [J]. 营养学报, 1999, 21(3):280-283.

[41] 陈骢,辛现良,耿美玉,等. 海洋硫酸多糖类药物聚甘古酯单克隆抗体的制备及其特性研究 [J]. 药学学报, 2003, 38(1):23-26.

[42] 董晓莉,耿美玉,管华诗,等. 褐藻酸性寡糖对帕金森病大鼠纹状体、杏仁核多巴胺释放的影响 [J]. 中国海洋药物, 2003, 22(5):9-12.

[43] SATO R, KATAYAMA S, SAWABE T, et al. Stability and emulsion-forming ability of water-soluble fish myofibrillar protein prepared by conjugation with alginate oligosaccharide[J]. Journal of agricultural and food chemistry, 2003, 51(15):4376-

4381.

[44] 李兆龙. 褐藻酸钠 [J]. 今日科技，1988（2）：36.

[45] 熊海燕，叶汉英. 褐藻酸钠的生产及应用 [J]. 食品研究与开发，2008（2）：178-181.

[46] 刘斌，王长云，张洪荣，等. 海藻多糖褐藻胶生物活性及其应用研究新进展 [J]. 中国海洋药物，2004，23（6）：36-41.

[47] 纪明侯，张燕霞，等. 我国经济褐藻的化学成分研究—— I. 各种经济褐藻的主要化学成分 [J]. 海洋与湖沼，1962，4（3-4）：161-168.

[48] 王斌，蒋疆，曾竞华，等. 运用酶法降解褐藻胶研究糖链序列结构的展望 [J]. 海洋科学，2003，27（10）：35-37.

[49] 王筝. 褐藻酸钠在食品工业中的应用 [J]. 中国食品信息，1989（1）：2-5.

[50] 张互助，易齐，李厚忠. 褐藻胶在植保上的应用研究简报 [J]. 植物保护，1988（4）：27-28.

[51] STANFORD E C C. Improvements in the manufacture of useful products from seaweeds[J]. British Patent，1881，142.

[52] CHAPMAN V J, CHAPMAN D J. Algin and alginates[M] // Seaweeds and Their Uses. Springer Netherlands，1980：194-225.

[53] SCHOEFFEL E, LINK K P. Isolation of $\alpha-$ and β, d-mannuronic acid[J]. The Journal of Biological Chemistry，1933，100（2）：397-405.

[54] HEYRAUD A, GEY C, LEONARD C, et al. NMR spectroscopy analysis of oligoguluronates and oligomannuronates prepared by acid or enzymatic hydrolysis of homopolymeric blocks of alginic acid. Application to the determination of the substrate specificity of *Haliotis tuberculata* alginate lyase[J]. Carbohydrate Research，1996，289：11-23.

[55] HEYRAUD A, COLIN-MOREL P, GIROND S, et al. HPLC analysis of saturated or unsaturated oligoguluronates and oligomannuronates. Application to the determination of the action pattern of *Haliotis tuberculata* alginate lyase[J]. Carbohydrate Research，1996，291：115-126.

[56] KRAIWATTANAPONG J, TSURUGA H, OOI T, et al. Cloning and sequencing of a *Deleya marina* gene encoding for alginate lyase[J]. Biotechnology Letters，1999，21（2）：169-174.

[57] SAWABE T, OHTSUKA M, EZURA Y. Novel alginate lyases from marine bacterium *Alteromonas* sp. strain H-4[J]. Carbohydrate Research，1997，304（1）：69-76.

[58] SHIRAIWA Y, ABE K, SASAKI S F, et al. Alginate Lyase Activities in the Extracts from Several Brown Algae[J]. Botanica Marina，1975，18（2）：97-104.

[59] 郭亚贞，王愔. 海带中褐藻糖胶的提取与纯化 [J]. 上海水产大学学报，2000，9（3）：276-279.

[60] IWAMOTO Y, NISHIMURA F, NAKAGAWA M, et al. The effect of antimicrobial

periodontal treatment on circulating tumor necrosis factor-alpha and glycated hemoglobin level in patients with type 2 diabetes[J]. Journal of Periodontology, 2001, 72(6):774-778.

[61] REHM B H A, KRÜGER N, STEINBÜCHEL A. A New Metabolic Link Between Fatty Acid *de Novo* Synthesis and Polyhydroxyalkanoic Acid Synthesis The *PHAG GENE* FROM PSEUDOMONAS PUTIDA KT2440 ENCODES A 3-HYDROXYACYL-ACYL CARRIER PROTEIN-CONENZYME A TEANSFERASE[J]. The Journal of Biological Chemistry, 1998, 273(37):24044-24051.

[62] ERTESVÅG H, ERLIEN F, SKJÅK-BRAEK G, et al. Biochemical Properties and Substrate Specificities of a Recombinantly Produced *Azotobacter vinelandii* Alginate Lyase[J]. Journal of Bacteriology, 1998, 180(15):3779-3784.

[63] 甘纯玑. 褐藻酸钠溶液的超声辐照效应及其对分子量参数的影响 [J]. 高等学校化学学报, 1995, 16(12):1956-1959.

[64] 付海英,姚思德,吴国忠. 海藻酸钠的电离辐射降解研究 [J]. 辐射研究与辐射工艺学报. 21(3):169-173.

[65] 杨晓林,孙菊云,许汉年,等. 褐藻糖胶的免疫调节作用 [J]. 中国海洋药物, 1995, 14(3):9-13.

[66] 施志仪,郭亚贞,王慨. 海带褐藻糖胶的药理活性 [J]. 上海水产大学学报, 2000, 9(3):268-271.

[67] 李德远,徐战,黄利民,等. 海带岩藻糖胶对大鼠饮食性高血脂症的影响 [J]. 食品科学, 2001, 22(2):92-95.

[68] 李德远,许如意,周韫珍,等. 褐藻岩藻糖胶对小鼠脂质过氧化的影响 [J]. 营养学报, 2002, 24(4):389-392.

[69] KUZNETSOVA T A, BESEDNOVA N N, MAMAEV A N, et al. Anticoagulant activity of fucoidan from brown algae fucus evanescens of the Okhotsk Sea[J]. Bulletin of Experimental Biology and Medicine, 2003, 136(5):471-473.

[70] 黄雪松,杜秉海. 海藻酸丙二酯性质及其在食品工业中的应用研究 [J]. 食品研究与开发, 1996, 17(2):13-16.

[71] 甘纯玑,林根文. 乙酰褐藻酸丙二酯的制备与表征 [J]. 海洋科学, 1992(3):59-63.

[72] 纪明侯,史昇耀,曾呈奎,等. 我国几种经济褐藻的含碘量测定 [J]. 海洋与湖沼, 1960, 3(3):205-213.

[73] 岑颖洲,马夏军,王凌云,等. 羊栖菜多糖的制备及其对人肝癌细胞 HepG$_2$ 的抑制作用 [J]. 有机化学, 2004, 24(S1):131-132.

第三章

琼胶、琼胶糖及生产工艺

琼胶(agar 或 agar-agar)的俗名有琼脂、冻粉、洋菜、大菜、洋粉、凉粉、燕菜等。琼胶最早起源于我国,据传 1 000 多年前我国已开始用石花菜来煮胶,做成凝胶食用。后来传至日本,也是做成凝胶食用。日本人发现,夜间将凝胶冻成冰,白天太阳出来后冰开始熔化,水流走,凝胶变成了多孔、疏松、有些透明的干物质。这是一种天然冷冻制造琼胶的方法,正因如此,日本人将琼胶称为"寒天"。

1882 年以前,做细菌培养基用的凝胶都是用明胶做的。由于细菌能分解明胶使明胶腐败变质,德国医生 Hesse 想找一种能培养细菌而又无明胶那些缺点的物质以代替明胶,便用琼胶做培养基试验,取得了良好的结果。细菌学家 Koch 首次将琼胶用于培养结核病菌试验获得成功,并于1882年发表论文,正式宣布琼胶为一种最理想的细菌培养基。从此,琼胶除作食品外,又成为医药及生物科学不可缺少的一种重要物质。

我国在晚清时每年由日本进口琼胶,最多时曾达到 500 多吨。琼胶在新中国成立前已有小量生产,新中国成立后,青岛和大连均有生产,但规模很小,年产为 30～50 t,远远不能满足国内需要。直到进入 20 世纪 80 年代,我国的紫菜养殖业蓬勃发展,养殖后期不能食用的老紫菜大量增加。因此,国内开始研究用后期紫菜制造琼胶的生产工艺。有的能制出一般食用的琼胶,有的则还制出细菌培养基用的产品。1985 年前后,先后建立起了一些用紫菜制造琼胶的工厂,琼胶年产量增加到 200～300 t。后来由于突破了江蓠制备琼胶技术,江蓠琼胶工业获得了快速发展。至 2012 年,我国的琼胶产量达到 10 000 t 以上。由于琼脂具有很好的胶凝性和凝胶稳定性,广泛用于食品、医药、日用化工、生物工程等许多方面。特别在食品中,作为胶凝剂、稳定剂、增稠剂、分散悬浮剂,起着增加食品黏度、赋予食品以黏滑而富有弹韧性的口感等作用,从而改善食品的品质,提高食品的档次。

第一节　琼胶

一、含琼胶海藻

含琼胶海藻种类,如表 3-1 所示。

表 3-1　含琼胶海藻

属	种
伊谷藻属（*Ahnfeltia*）	伊谷藻（*A. plicata*）
凝花菜属（*Gelidiella*）	凝花菜（*G. acerosa*）
石花菜属（*Gelidium*）	石花菜（*G. amansii*）
	软骨石花菜（*G. cartilagineum*）
	角质石花菜（*G. corneum*）
	细毛石花菜（*G. crinale*）
	小石花菜（*G. divaricatum*）
	中肋石花菜（*G. japonicum*）
	平滑石花菜（*G. liatulum*）
	舌状石花菜（*G. lingulatum*）
	大石花菜（*G. pacificum*）
	锯状石花菜（*G. pristoides*）
	不等枝石花菜（*G. sesquipedale*）
	刀枝石花菜（*G. subfastigiatum*）
	变形石花菜（*G. vagum*）
江蓠属（*Gracilaria*）	真江蓠（*G. asiatica*）
	芋根江蓠（*G. blodgettii*）
	角质江蓠（*G. cornea*）
	伞房江蓠（*G. coronopifolia*）
	厚江蓠（*G. crassa*）
	圆柱江蓠（*G. cylindrica*）
	小角江蓠（*G. damaecornis*）
	柔弱江蓠（*G. debilis*）
	可食江蓠（*G. edulis*）
	凤尾菜（*G. eucheumoides*）
	多刺江蓠（*G. ferox*）
	佛罗江蓠（*G. floridiana*）
	叶江蓠（*G. foliifera*）
	条裂江蓠（*G. lacinulata*）
	菜江蓠（*G. licheneides*）
	龙须菜（*G. sjoestedtii*）
	细基江蓠（*G. tenuistipitata*）
	圆扁江蓠（*G. tikvahiae*）
	江蓠（*G. verrucosa* 曾为 *G. confervoides*）
鸡毛菜属（*Pterocladia*）	羽状鸡毛菜（*P. capillacea*）
	密集鸡毛菜（*P. densa*）
	光泽鸡毛菜（*P. lucida*）
	鸡毛菜（*P. tenuis*）
紫菜属（*Porphyra*）	坛紫菜（*P. haitanensis*）

二、琼胶的组成成分与化学结构

（一）琼胶的组成成分

1. D-半乳糖

琼胶以酸水解，生成 D-半乳糖，含量为 $35\% \sim 40\%$，是琼胶中主要的组分。

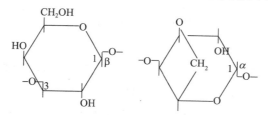

图 3-1　D-半乳糖和 3，6-内醚-L 半乳糖结构图

2. 3，6-内醚-L 半乳糖

将琼胶甲基化处理，分离出甲基化产物 2，4，6-三-O-甲基-D-半乳糖甲苷和 2-O-甲基-3，6 内醚-L-半乳糖甲苷。琼胶分子是重复单位连接起来的长链，每个重复单位约含 9 个 D-半乳糖，并以 1，3 连接。链的末端为 L-半乳糖，是 1，4 连接。并且 L-半乳糖的 C_6 位有一个硫酸基，通过水解或者酶的作用，硫酸基被去掉，形成 3-6-内醚-L-半乳糖。

3. 硫酸基

琼胶溶于盐酸，加入硝酸和氯化钡后有硫酸钡沉淀出现，证明琼胶中有硫。不经酸水解的琼胶溶液加氯化钡时无硫酸钡沉淀，表明琼胶溶液中无游离的硫酸根离子，故琼胶中的硫是以硫酸酯的形式存在。琼胶的灰分中含有钙，但琼胶溶液用草酸检验时不出现的草酸钙沉淀，认为酸性硫酸酯的钙盐是琼胶中的一个组分。硫酸基被证明主要是连在 L-半乳糖的 C_6 上，当用碱处理时，C_6 位上的硫酸基被除去并转变成 3，6-内醚-L-半乳糖。硫酸基主对琼胶的凝胶强度影响极大。

4. 丙酮酸

从琼胶的水解液中发现了丙酮酸，并且证明了丙酮酸是连接在半乳糖的 C_4 和 C_6 位上。

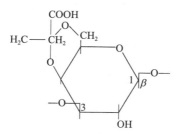

图 3-2　丙酮酸与琼胶的连接

5. 其他成分

纪明侯等用 C-NMR 法测定了我国海萝、扁江蓠琼胶，证明了 6-硫酸基-D 半乳糖与 3，6-内醚-L-半乳糖以 β-1，4 和 α-1，3 糖苷键交替连接；有一些红藻如真江蓠、龙须菜、坛紫菜、脐紫菜提取的多糖，明显含有 6-硫酸基-L-半乳糖，以 β-1，4 和 α-1，3 糖苷键交替连接。根据对琼胶研究的结果显示，在琼胶中除含有 D-半乳糖和 3，6-内醚-L-半乳糖外，还有硫酸基、丙酮酸、葡萄糖醛酸、6-甲基-半乳糖和木糖等成分。

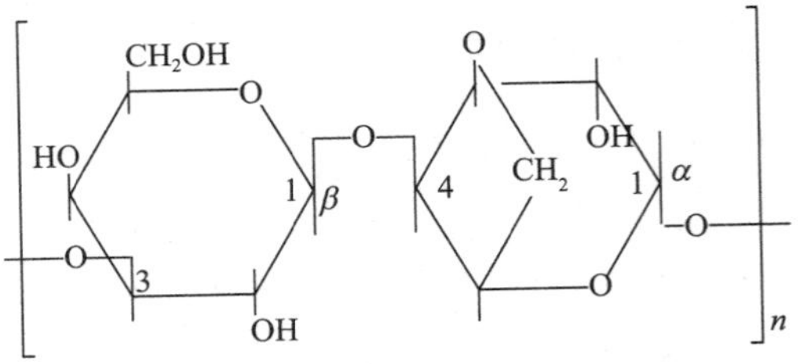

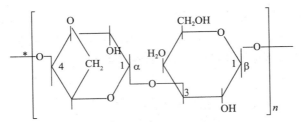

图 3-3　琼二糖的连接结构

（二）琼胶的化学结构

经过近百年的研究，基本弄清楚了琼胶主要是由琼脂糖分子构成，琼胶二糖（agarobiose）是琼胶中最主要的构成二糖，它的分离，证明了琼胶中 D-半乳糖与 3，6-内醚 L-半乳糖（可简写为 3，6-AG）是以 C_1 和 C_4 连接，新琼胶二糖的分离证明了琼胶中 3，6-AG 与 D-半乳糖是以 C_1 和 C_3 连接。经酸水解可得到琼二糖和琼四糖寡糖，酶水解可得到新琼二糖和新琼四糖寡糖。

图 3-4　新琼二糖的连接结构

琼胶主要是由琼二糖骨架组成的中性糖（含不同量的甲基）经一系列含低电荷的硫酸基及丙酮酸等过渡到具有高电荷、呈酸性的取代基的琼脂糖衍生物的混合体。而琼脂糖分子无支链，是一种无分支的直链结构，目前普遍都以琼脂糖的结构作为琼胶结构。这一结构式还需要进一步研究确认，因为在琼胶分子中还有许多如 6-O-甲基-D-半乳糖、2-O-甲基-D-半乳糖、葡萄糖醛酸及木糖等成分，它们在分子结构中的排列需要进一步证明。

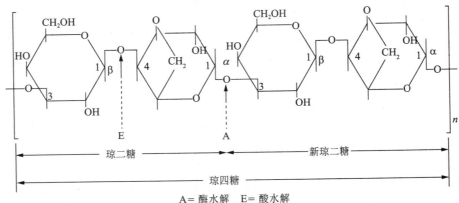

A= 酶水解　E= 酸水解
图 3-5　琼脂糖的化学结构

三、琼胶的理化性质

琼胶本身无臭无味，难以被人体消化吸收，人体对它的利用率很低，故属低热量食物。干琼胶稳定性很好。

1. 溶解性

琼胶不溶于冷水和无机、有机溶剂,但在适当加热条件下可溶于水和某些溶剂中。

表 3-2　琼胶的溶解性

溶　剂	溶解状况	凝固状况
热　水	溶　解	30 ℃凝固
热:乙二醇(含水)	溶解	30 ℃不凝固
甘油(含水)	溶解	30 ℃不凝固
4 mol/L 尿素	溶解	30 ℃不凝固
热:50%二肟水溶液	溶解	30 ℃凝固
50%吡啶水溶液	溶解	30 ℃凝固
80%水合肼水溶液	溶解	30 ℃凝固
热:DMSO(二甲基亚砜)	琼胶糖溶解	
甲酰胺	硫琼胶溶解	
热:甘油	硫琼胶溶解	
乙二醇	硫琼胶溶解	
热:苯、苯酚、硝基苯、二硫化碳、二甲苯、二乙二醇、四氯乙烷	膨胀	
热:四氯化碳、苯胺、二氯苯、二甲基甲酰胺	琼胶糖膨胀	
热:丙醇、丁醇、己烷、煤油、苯醛、环己烷	不溶解	

琼胶基本溶解于 30%～50%乙醇溶液;含硫酸基高没有凝固能力的琼胶,能溶于 70%乙醇。琼胶溶液中加入电解质时,加入 3～4 倍的乙醇、异丙醇或丙酮,可使其脱水。加入近饱和的硫酸钠、硫酸镁或硫酸铵溶液,也可使其析出。许多季铵盐类化合物可使硫琼胶沉淀,如单宁酸季铵盐、磷钨酸季铵盐、磷镭酸季铵盐在 pH=1.5～2.5 时,可使琼胶沉淀。

2. 滞后现象

琼胶具有溶液与凝胶的可逆反应特性,因此表现出两种形态。石花菜琼胶的凝固温度为 29 ℃～31 ℃,熔化温度为 80 ℃～98 ℃,温度差达 50 ℃,这种现象称为滞后现象(hysteresis)。琼胶中硫酸基含量越高,熔化和凝固温度越低。

3. 泌水现象

琼胶凝胶随着放置时间的延长,表面能分泌出水珠,此现象称为泌水现象(syneresis)。这种现象与琼胶的凝胶浓度、硫酸基含量、生产的原料有关。浓度低于 1%时,泌水性更明显,分泌出的水中,无机盐比较多。当琼胶用作细菌培养基时,要注意不要使用质量比较低的琼胶,避免在培养板上有较多的水珠出现,影响菌落质量。

4. 乳光现象

透明无色的琼胶溶液在冷却后形成凝胶时会呈现轻微的乳白色,这种现象称"乳光现象"。当加入砂糖、甘油或葡萄糖等物质后,其折射率增加,外观明亮。

5. 凝胶性

琼胶的水溶液在室温下能形成凝胶,琼胶形成凝胶时,其水溶液不需加入任何其他物质,这与明胶类似(卡拉胶需加入 K^+ 等离子,褐藻胶需加入 Ca^{2+} 等二价或三价阳离子,果胶需要加入糖、酸或钙离子等才能形成凝胶)。琼胶的凝胶强度是评价琼胶质量的主要指标。

(1)凝胶机理。琼胶的凝胶程度取决于琼胶糖的含量,其凝胶机理如图 3-6 所示。

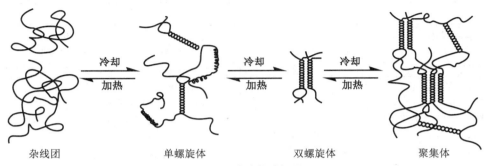

图 3-6　琼胶凝胶机理

琼胶在热的水溶液中,成不规则的卷曲状;随温度的下降,琼胶逐渐形成单个的螺旋状;温度再下降,分子间形成双螺旋体,构成立体的网状结构,出现微弱的凝固现象;最后形成聚集体,形成良好的凝胶。

(2)影响琼胶凝胶强度的因素。琼胶的凝胶性与所用原料的种类、生长环境、采集的季节和制造方法等有关,而且与其化学组成和结构有密切关系。石花菜属海藻一般不需特殊处理便能制成凝固性很好的琼胶,而江蓠属和紫菜属海藻琼胶结构中含有大量硫酸基,严重影响其凝胶强度,必须经碱处理才可提高其凝胶强度。影响琼胶凝胶强度的主要因素如下。

① 硫酸基和羧基的含量。硫酸基和羧基含量越多,凝胶强度就越小,反之越大。

② 单糖的组成和含量。3,6-AG 越多,凝胶强度就越大。

③ 分子量的大小。分子量越大,凝胶强度就越大。

四、碱处理

琼脂糖在 1,4- 连接半乳糖 C_6 位置上的硫酸基,妨碍双螺旋体的形成,因而也就妨碍凝胶的形成,可通过碱处理和酶处理方法除去,使半乳糖转变成 3,6-内醚-L-半乳糖(见图 3-7),使分子链变得规整,易形成双螺旋,减少了静电排斥力,提高了琼胶中琼胶糖的含量和凝胶强度,凝固点和熔点也上升,黏度下降。如果硫酸基是联结在半乳糖的 C_2 或 C_4 位置上时,它们对碱稳定,碱处理时便不能将它们除去。

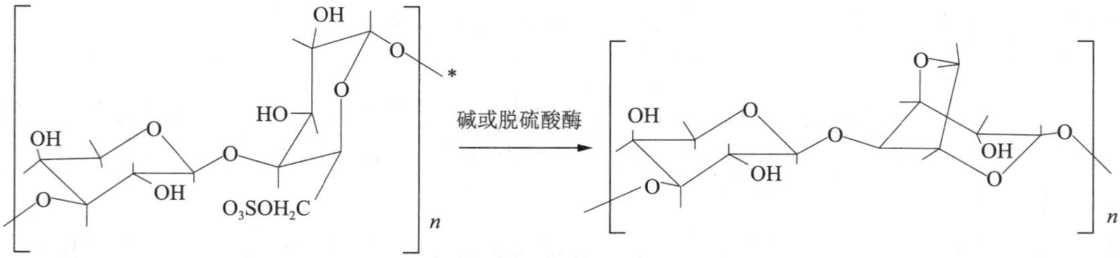

图 3-7　含硫酸基琼脂糖在碱或脱硫酸酶的作用下转变为琼脂糖

第二节　琼胶工业

生产琼胶的原料以前一直是以石花菜为主,后发现碱处理可大大改善江蓠琼胶和紫菜琼胶的性能,尤其是石花菜资源被过度开采以及江蓠大面积养殖获得成功之后,江蓠已成为世界范围内生产琼胶的主要原料,在智利、阿根廷、墨西哥、菲律宾、马来西亚、印度尼西亚、泰国、印度、中国大陆、日本、越南、中国台湾等国家和地区都有大面积的养殖场。其他国家如新西兰等用鸡毛菜,俄罗斯等用伊谷藻,日本用刺盾藻来生产琼胶。我国除了用石花菜和江蓠做主要原料生产琼胶外,还有后期坛紫菜。琼胶产品主要有粉末状和条状两种形态,其生产方法不同。

一、琼胶生产工艺流程

原料→预处理→水洗→提胶→过滤→凝固→脱水→干燥→成品。

二、石花菜琼胶生产工艺

（一）原料预处理

从海中采集的石花菜,常含有大量杂藻、贝壳、沙砾及石灰藻等杂质,在使用之前必须除去。我国北方的石花菜,常摊在沙滩上用阳光进行漂白,每天泼洒淡水 3～4 次,借助阳光的作用破坏其色素,进行漂白,经过 10～20 d,海藻由紫红色转变为淡黄色。干燥后,将漂白的石花菜再浸于清水中,由人工进行精选,除去杂草,然后放于石碾上,将贝壳、砂砾和石灰藻等压碎,放于水中洗净,捞出晒干,贮存备用。

以石花菜为原料制造琼胶时,不需经过化学预处理,而是在加热提取时加入少量硫酸,使 pH 为 6.6 左右,以利于破坏细胞壁,使琼胶易于溶出。国外对石花菜,鸡毛菜和凝花菜有时用碳酸钠、生石灰、氢氧化铝或盐类溶液在 80 ℃～90 ℃进行预处理。

（二）提胶

提胶方式主要有常压和加压两种,主要设备是不锈钢锅或搪瓷锅。在锅内加水,煮沸后投入原料。原料与水的重量比根据原料的情况决定,加水量以能使提取液中琼胶浓度为 1% 左右为准。

常见的提取锅(图 3-8)为圆柱状夹层锅。内壁为不锈钢板焊接而成的容器;夹套用普

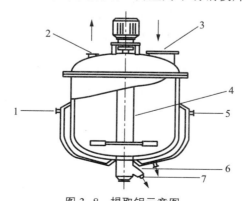

图 3-8　提取锅示意图

1—进汽管;2—放空管;3—进料口;4—搅拌器;5—放空管;6—冷凝水出口;7—出料口

通钢板制成。加热室(夹层)应能承受 405.3 kPa 的压力。搅拌器为桨式叶片,转速一般为 30～40 r/min。提取琼胶所用水的水质对产品的质量影响甚大,水中微量铁或锰的存在,会使产品带有褐色。因此,除了使用不锈钢或带搪瓷涂层的提取锅外,要使用优质水,或经过处理的水,也有的在水中添加各种聚磷酸盐,以封闭铁离子。所用漂白剂若为氧化性的次氯酸钠时,聚磷酸盐应在漂白之前加入;若为还原性漂白剂,则在漂白前后加入均可。加入量为琼胶溶液的 0.06%。

(三)过滤

由提取锅流出的琼胶溶液经过振动筛机(图 3-9)粗滤之后,进入过滤机或离心机精滤以除去细小的杂物。常用的精滤机为板框压滤机(图 3-10)。板框压滤机的原理是利用滤板支撑过滤介质(滤布与助滤剂),将滤浆加压强制进入滤板之间的空间内,形成滤饼而进行过滤。与胶液接触的部件用聚丙烯硬质塑料或不锈钢制成。它是由支脚、墙板、压紧板、压紧装置和许多交替排列的支承在一对横梁上的滤板和滤框所组成。滤板表面有沟槽,滤框与滤板间用滤布隔开,交替排列。操作时,胶液导入框内,胶液经过过滤介质进入滤板,而滤渣则沉积于滤布上,在滤框内形成滤饼,进入滤板的滤液经滤板下方排出口处的旋塞流出。

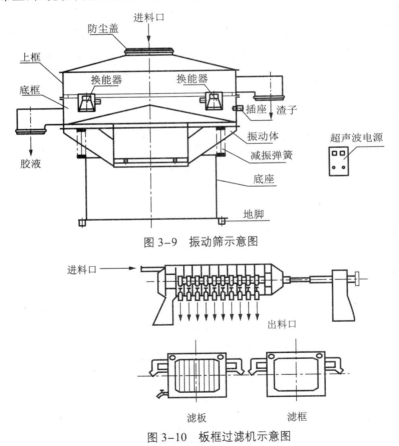

图 3-9　振动筛示意图

图 3-10　板框过滤机示意图

(四)冷凝

过滤后的琼胶提取液,传统原始方法(寒天)一般是分装于镀锌薄铁板制成的凝固盘中,盘的大小为 54 cm×38 cm×16 cm,在盘中自然放冷凝固,而后切成大条,再通过推条器切成细条。为了加快冷凝速度并减少污染,目前采用带式冷凝器或管式冷凝器。带式冷凝器如图 3-11 所示,由宽 1.5 m,长 10 m 传送带构成,带下设有自来水管,由喷射孔喷射冷水使胶液冷凝。传送带以大约 2 m/min 的速度回转。

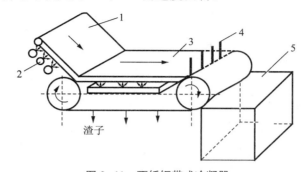

图 3-11　不锈钢带式冷凝器
1—倾斜板;2—冷凝水喷射孔;3—不锈钢传送带;4—刀片;5—接收器;

(五)凝胶的脱水

1. 冻结熔化脱水法

本法适用于条状琼胶产品。将切成条的琼胶凝胶放在 0 ℃～7 ℃温度下进行预冷 6～7 h,再送入冻结室,温度保持 -15 ℃左右,经过 10～20 h,使凝胶中所含水分结成冰。冻结后的凝胶条可置于尼龙网架上,放在室外向阳处,在日光下解冻脱水并晒干。也可用淋水的方式使冰融化而后晒干,或利用琼胶液体冷却时所交换的温水进行熔化。

2. 压榨脱水法

本法适合于粉末状琼胶的生产。将已切碎的凝胶分装于尼龙布袋中,在油压机的框内排放整齐,开动油压机,逐步增加压力,达到 49 Pa 左右,凝胶内的水分受压排出,最后成为含水量为 80%～90% 的薄片。

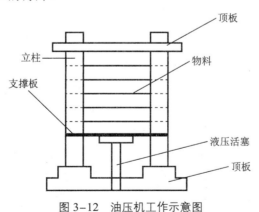

图 3-12　油压机工作示意图

压榨脱水机按外形分有立式和卧式两种;按自动化程度分有手动、半自动和全自动三种。

(六)干燥

1. 低温干燥

适合于温度较低的地方,将脱水后的凝胶放在干燥盘上,并移于多层式干燥室,用风速为 25 m/s 的干风吹干。因未加热,故所得琼胶的质量较好。

2. 热风干燥

用温度为 50 ℃~55 ℃的热风进行干燥,热风由蒸气管加热。琼胶薄片经初步经初步粉碎后干燥,需 3~4 h。温度不可太高,不宜超过 70 ℃。干燥设备主要有流化床和振动筛。

3. 红外线干燥法

红外线的辐射性强,浸透性大,对产品质量有不利影响。使用此设备时,干燥初期用强力红外线,而后应逐渐减弱强度。

4. 喷雾干燥法

琼胶溶液首先要在真空蒸发器中浓缩,而后进入喷雾干燥室,干燥成粉末状产品。

(七)粉碎

干燥后的琼胶如要制成粉末状产品,则要进行粉碎。琼胶富有韧性,在粉碎前应尽量降低其含水率。风干状态的琼胶,其含水率为 15%~18%,在南方潮湿地区含水率更高。在粉碎机内,由于摩擦发热使产品发黏,或着色而产生焦臭,从而使琼胶质量下降。故干燥后的琼胶,应在其含水率达 6%~8%,然后粉碎,以避免发生上述情况。

常用的粉碎机有锤击式粉碎机和盘击式粉碎机两种。锤击式粉碎机应用于中等硬,脆、韧适中的物料,其粉碎作用主要靠撞击力。锤击式粉碎机(图 3-13)的主轴上装有几个钢质圆盘,盘上又装有硬钢锤头,当锤头以 40~100 m/s 的圆周速度旋转时,就产生很大撞击力将物料粉碎。经粉碎后的物料从装在机壳上的格栅缝隙间出来,格栅缝隙大小视要求而定。

盘击式粉碎机也称万能粉碎机,是由互相靠近的两个圆盘所组成。其中一个圆盘转动,另一个固定。每个圆盘上装有很多依同心排列的棒状或齿状的指爪,而且一个圆盘上的每层指爪伸入到另一个圆盘的两层指爪之间。这样,当两个圆盘作相对转动时除了指爪对物料的撞击粉碎外,还产生分割或撕碎的作用。物料经粉碎后通过机壳周边的筛子出来。其侧视图见图 3-13。

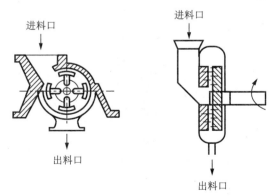

图 3-13 锤式粉碎机(左),盘击式粉碎机(右)

(八)包装

条状产品一般每 100 g 为一束,扎紧两端,密封。粉状产品一般装于 23 cm×23 cm×

35 cm 的马口铁桶中,每 10 kg 为 1 桶。大型包装系采用圆柱形带有铁边的硬纸板大桶,每桶装 50 kg,最大者可装 100 kg。粉状食用琼胶的细菌含量每克不应超过 1 000 个,并不得检出大肠杆菌和沙门氏菌等致病菌。

三、江蓠(紫菜)琼胶生产工艺

江蓠(或紫菜)与石花菜最大的区别是硫酸基含量比较高,以前是制造琼胶的辅助原料,现通过碱处理后可以去除大部分硫酸基,提高江蓠琼胶的凝胶强度,所以目前江蓠已成为主要的琼胶原料。目前国内外在江蓠琼胶的生产中,所采用的处理条件大多为氢氧化钠处理,氢氧化钠碱处理的目的就是使琼胶分子链上的硫酸基在碱性条件下被脱除转变成为 3,6-内醚 -L-半乳糖,以提高琼胶的凝胶强度。通常采用高温稀碱的方法,将温度控制在 70 ℃ ~ 90 ℃ 之间,但是在这种高温条件下,小分子的卡拉胶很容易溶出,造成流失。而用氢氧化钾替代氢氧化钠处理,可以获得高得率、高凝胶强度、低黏度和低硫酸基含量的琼胶。碱处理和漂白是生产工艺中两个重要环节。生产工艺流程如下。

江蓠(或紫菜)→预处理→碱处理(碱液回收)→水洗→漂白→提胶→过滤→冷凝→脱水→干燥→成品。

(一)碱处理

预处理重要的程序是碱处理,江蓠(或紫菜)提琼胶前,必须经过碱的预处理,常用的碱为氢氧化钠或氢氧化钾,其浓度和处理条件差异很大。一般常用的方法有以下 3 种。

(1)高温稀碱法:90 ℃ ±2 ℃,5% ~ 10% 氢氧化钠,4 h。

(2)中温浓碱法:60 ℃ ±2 ℃,28% ~ 30% 氢氧化钠,12 h。

(3)常温浓碱法:25 ℃ ±2 ℃,38% ~ 40% 氢氧化钠,72 h。

(二)漂白

漂白时使用氧化性漂白剂,如漂白粉、次氯酸钠、亚氯酸钠及还原性漂白剂亚硫酸钠等。碱处理愈完善漂白效果愈好。漂白处理的方法,有的是将已洗涤好的碱处理藻体,在常温下浸于 0.025% ~ 0.05% 漂白粉液(漂白粉含有效氯 60%)中,30 min 后取出,再浸于 0.000 1% ~ 0.001% 硫酸溶液中 15 ~ 30 min,充分水洗之。漂白操作中如果酸的用量不足,不但会影响漂白效果,而且在用开口锅提取时海藻煮不透,会降低出胶率。若酸的用量过多,则海藻在提取之前的洗涤过程中就会有部分胶质流失,而且所得产品的凝胶强度低。所以,不论海藻的碱处理或是浸酸漂白过程,均对产品的产量和质量有很大的影响。

第三节　琼脂糖

琼脂糖(agarose),又名琼胶糖,是一种具有高凝胶特性的天然多糖,是高级生物化学、分子生物学、免疫学、现代生物工程技术的基础物质和重要材料。广泛用于核酸、蛋白质等生物大分子的凝胶电泳、对流免疫电泳,分离提纯相对高分子量物质如蛋白质、酶、核酸、肽类以及研究病毒、细菌和其他细胞等。并且其应用范围在不断延伸,经过化学修饰的特殊功能琼脂糖凝胶产品不断面市,在生物学、医学研究领域起着越来越重要的作用。

琼脂糖广泛存在于琼脂中,为一种不含硫酸基的非离子型多糖,以 1,3 连接的 D-半乳糖和1，4连接的 α-3，6-内醚 $-L$-半乳糖交替连接起来的长链结构，是琼脂中能够形成凝胶的成分。所形成的凝胶无色透明，具有低凝固温度、高熔化温度及高凝胶强度。在琼脂糖的应用中，特别是现代生物技术研究中，都需要低凝固温度琼脂糖。从天然原藻中提取的琼脂和琼脂糖的凝固温度在 35 ℃～36 ℃左右，许多生物热敏物质在 35 ℃～36 ℃的环境中会失去生物活性，因而，低凝固温度而又具有一定凝胶强度的琼脂糖对于推进生物技术研究的发展十分重要。

国内报道的琼脂糖提取技术，主要有碘化钠法、聚乙二醇法、硫酸铵法、EDTA-Na$_2$法、DEAE 纤维素法等。目前常用的是 DEAE 纤维素法，比较工艺成熟，但 DEAE 纤维素价格昂贵，限制了其制备琼胶糖的量。由于琼胶中的琼胶酯是带负电荷的多糖，因此可以被带相反电荷的高分子物质电中和而沉降，也可以被带有阳电荷的阴离子交换树脂吸附而去除。

一、琼脂糖的性质

（一）外观

琼脂糖为白色至微黄色的无臭、无味粉末。

（二）溶解性

热水是琼脂糖最好的溶剂，并且琼脂糖能溶于二甲亚砜、甲酰胺，含水的乙二醇、甘油及 4 mol/L 尿素中。

（三）凝固性

琼脂糖加水加热溶解，放冷后能形成半固体状透明的凝胶。形成凝胶的机理与琼胶相同，但凝胶强度比琼胶高，机械性能也比琼胶好。

（四）电渗性

电渗的大小是琼胶与琼脂糖的主要差别之一，也是衡量琼脂糖的质量优劣的一项主要指标。电渗的大小主要与琼脂糖分子中带有硫酸基和羧基的多少有关。琼脂糖分离得越好、越纯，带有的硫酸基和羧基便越少，电渗也就越小，反之越多。

（五）孔隙度

由琼脂糖制成的珠状琼脂糖凝胶可用于凝胶层析、分子筛层析等方面。其孔隙度主要取决于琼脂糖的浓度。琼脂糖浓度大，琼脂糖浓度小，孔隙便大，能进入凝胶中的粒子也就大。

二、琼脂糖的制备

（一）制备方法

1. 乙酰化法

在 500 mL 锥形瓶中放入 80 mL 吡啶、20 mL 水，加入 15 g 琼胶，塞好，摇动几分钟后放置 24 h。用玻璃棒将膨胀的琼胶捣碎，再加 90 mL 吡啶，用分液漏斗将 150 mL 醋酸酐一滴滴地加入，同时搅拌，反应生热，使琼胶溶解，温度不宜超过 70 ℃，必要时应冷却。然后将烧瓶放入 70 ℃ 温箱中 10 h。次日，将形成的黏液用分液漏斗滴入 5 L 的冰水中，同时激烈搅拌,生成沉淀,用布氏漏斗抽滤。将沉淀物研碎,放烧杯中用水洗数次,加水浸洗 24 h,布氏漏斗抽滤,冷水洗,再用约 40 ℃水洗至无醋酸止。再用乙醇洗,乙醚洗,室温干燥,得乙酰化琼胶。将它放入分液漏斗中,加 600 mL 三氯甲烷,摇动 2～3 h,放置 20～24 h,分出氯仿。再分别用 400 mL、300 mL、300 mL 三氯甲烷同样抽提三次,抽提液合并,过滤,加入相同体积的石油醚,激烈搅拌,产生沉淀,烧结玻璃漏斗过滤。先用石油醚洗,再用无水乙醇洗。在抽滤过程中沉淀不能抽干,以免变硬。立即去乙酸化。将沉淀放锥形瓶中,加 80 mL 1 mol/L 氢氧化钾(在无水乙醇中),盖好,室温下,放暗处。断续摇动,21 h 后用稀醋酸中和,过滤,乙醇洗,乙醚洗,干燥,约能得 10 g 琼脂糖。

2. 碘化钠法

琼胶粉末加水,每 6 g 琼胶加 100 mL 水,加入 2/3 量的 7 mol/L 碘化钠,在 70 ℃处理 7 h,用烧结玻璃漏斗过滤分离,溶解的为琼脂糖,加乙醇使琼脂糖沉淀下来。使琼脂糖再溶于水,再用乙醇沉淀,重复沉淀两次,以除去碘化钠,干燥。产率为 73.5%～93.9%。

3. 聚乙二醇法

琼胶 80 g,加水 2 000 mL,放沸水浴中,搅拌至溶解。在 80 ℃时加入 2 000 mL 80 ℃的 40%的聚乙二醇(分子量为 6 000)溶液,搅拌混合,在 5 min 内便产生沉淀。用 110 目的尼龙筛布过滤。用 40 ℃温水洗 2～3 min,洗去硫琼胶,或用篮式离心机分离,将沉淀物转移到 15 ℃的水中充分洗涤。浸洗过夜,以除去大部分的聚乙二醇,然后再用丙酮洗,干燥。所得琼脂糖再溶于水,使浓度为 4%,再加聚乙二醇进行沉淀,操作同上。再重复两次,尽量将硫琼胶除去,然后丙酮洗,乙醚洗,干燥,得琼脂糖,产率为 30%～45%。用比浊法作产品分析,未测出有硫酸基。

另一方法是琼胶 60 g 加 1 000 mL 盐水,放压力锅中 105 ℃加热 30 min 使之溶解。然后凉至 56 ℃时,加入 1 000 mL 50%聚乙二醇,加时搅拌,产生沉淀,离心分离。将沉淀再溶于 1 000 mL 盐水中,再同前一样重复沉淀一次。为了除去沉淀中的聚乙二醇,可将沉淀放在氯仿中搅拌,沉淀干燥,得琼脂糖。

4. 十六烷氯化吡啶(CPC)法

在锥形瓶里放 800 mL 0.02 mol/L 柠檬酸钠,加热至沸。搅拌加入 32 g 琼胶,加热至全溶。取 12 g 十六烷氯化吡啶于 400 mL 0.02 mol/L 柠檬酸钠中,煮沸。将此溶液搅拌着慢慢地加入到热的琼胶溶液中,立刻产生沉淀。用离心机离心,此时上清液与沉淀明显分开。将上层凝胶取出,将凝胶打碎,放在 6 L 的盛满水的烧杯中搅拌 0.5 h,然后静置,使凝胶下沉。再加净水同样再洗三次,最后一次搅拌过夜。次日用玻璃滤器过滤,水洗几次。洗后将凝胶放烧杯中加热,使凝胶熔化,加入一些漂白土,然后离心分离。将凝胶加热溶解,放冷成凝胶,放入低温冰箱中冷冻。冻透取出,熔化,在大孔的玻璃过滤器上过滤,洗 4～5 次。凝胶熔化,加 5 倍体积的乙醇,使琼脂糖沉淀出来,干燥。由 32 g 琼胶可得 15 g 琼脂糖。用本法处理 Difco Bacto 琼胶后,所得琼脂糖含硫量为 0.14%,质量很好。

5. 螯合剂法

用乙二胺四乙酸(EDTA)及其钠盐或磷酸盐溶液处理琼胶能除去琼胶中的硫琼胶。

方法 1:用 454 g 琼胶加 8 000 mL 水,室温加 1 000 g 连二磷酸钠,加热至 44 ℃,维持

12 h,过滤。用纯水洗去磷酸盐和硫琼胶,得琼脂糖。

方法 2:在 8 000 mL 水中加 50 g EDTA-Na$_4$,放入 454 g 琼胶,加热至 60 ℃,维持 4 h。这时 EDTA 使硫琼胶成水溶性而琼脂糖不溶。用水洗去 EDTA 和硫琼胶,干燥,得琼脂糖。

方法 3:取 20 g 粉末琼胶,加到 1 000 mL 0.03 mol/L 磷酸钠溶液中,煮沸使之溶解,放冷凝固成凝胶。将凝胶压过 60 目筛子,使凝胶呈碎小的颗粒状,加 3 000 mL 0.03 mol/L 磷酸钠到凝胶中,在室温下搅拌过夜。再换 3 000 mL 同样浓度的磷酸钠溶液,搅拌过夜。布氏漏斗抽滤,水洗。加水,加热溶解后,用 3～4 倍体积的乙醇沉淀。布氏漏斗过滤,乙醇洗,乙醚洗,室温干燥。可得约 15 g 琼脂糖,含硫量为 0.17%。

6. 离子交换剂法

琼胶溶液在热时用 DEAE-纤维素或 DEAE-葡聚糖凝胶(DEAE-Sephadex)等处理,硫琼胶被吸附而与琼胶糖分开。DEAE-葡聚糖凝胶 A-50 用 0.5 mol/L 盐酸洗,再用 0.5 mol/L 氢氧化钠溶液洗,再用 0.5 mol/L 盐酸洗成氯型,最后水洗。将此葡聚糖凝胶放入带恒温水套的层析柱中(50 cm×10 cm),用热水维持 50 ℃～60 ℃。将琼胶 60 g,溶于 2 000 mL 水中,加到柱上,进行层析,用水洗。处理过的琼胶溶液用 4 倍体积的乙醇沉淀,乙醇洗,真空 50 ℃干燥,可得高质量的琼脂糖。

7. 硫酸铵法

将琼胶加水加热溶化,配 2%浓度的溶液 2 000 mL,取 1 000 mL 热的饱和的硫酸铵加到热的琼胶溶液中,同时搅拌。在热水浴中放置 30 分钟,然后用预热的离心管在 2 500 r/min 转速下离心 15 min。分离去上清液,将沉淀取出,放在布氏漏斗上,用冷水洗,再将沉淀放烧杯中加 1 L 水,加热使之溶解。加入 2 倍体积的丙酮,产生沉淀,在 4 ℃放置过夜。用水洗去沉淀中的硫酸铵,再用丙酮脱水,室温干燥,得琼脂糖。

8. 尿素法

加有柠檬酸缓冲液的尿素溶液(10 mol/L, pH=6.2)能溶解淀粉,再用乙醇分部沉淀,能使淀粉中的直链淀粉和支链淀粉分离。这一方法也能用于琼脂糖与硫琼胶的分离。

琼胶能溶于不同浓度热的尿素(pH=6.2)中。尿素浓度低时,溶液放冷后能形成凝胶,尿素浓度在 6 mol/L 及其以上时冷却后仍是溶液状态。

取 40 g 粉末琼胶加入 1 000 mL 10 mol/L 尿素溶液(加有柠檬酸,使 pH=6.2),放在 5 L 的圆底烧瓶中,加热溶解,在 40 ℃时平衡。加入乙醇 10 mL/min,成细流状加入,同时搅拌。加至乙醇的浓度达到 55%(V/V)时停止,此时溶液混浊。在 40 ℃,温和的搅拌下平衡 15～20 h。用高速离心机分离琼脂糖沉淀。将此沉淀再溶于 500 ml 缓冲的尿素溶液中,在水浴上加热溶解,冷至 40 ℃,再加乙醇至 53%,这样沉淀 4 次,得到纯的琼脂糖。其硫含量为 0.11%,由 40 g 琼胶可得 13 g 琼脂糖。

上述八种方法除目前常用的 DEAE-纤维素法外,其他方法都存在收率低,产品色泽差,或者凝胶强度低,生产成本高等问题。DEAE-纤维素法虽然是比较成熟的工艺,但 DEAE-纤维素价格昂贵,限制了其制备琼胶糖的量。

(二)低电内渗琼脂糖

琼脂糖在理论上不含硫酸基,但从红藻中分离不出纯琼脂糖,因为红藻细胞壁中的琼脂糖分子中的半乳糖羟基上或多或少地取代有硫酸基、丙酮酸等。这些负电荷能与某些蛋白质特别是脂蛋白相互结合,过多的电荷使凝胶在直流电场下产生对流,使电内渗(Electroendosmosis)增高,影响被测物质的迁移和分离。

以琼脂为原料,用阴离子交换树脂 DEAE-纤维素(乙酸型或柠檬酸型)或 DEAE-葡聚糖胶 A-50 吸附高硫酸基酸性组分,可以分级制备出高纯度的琼脂糖产品。国外对琼脂糖系列产品制备的研究起步远远早于我国,其中以美国 Sigma 公司和瑞典 Pharmacia 公司的产品最为著名。

(三)低凝固温度琼脂糖

在琼脂糖的应用,特别是现代生物技术研究中,需要低凝固温度琼脂糖。因为从天然原藻中提取的琼胶和琼脂糖的凝固温度虽然在 35 ℃～36 ℃,但琼脂胶液和琼脂糖胶液在 40 ℃或稍高些温度下长时间放置会变黏稠。在许多生物热敏物质在 35 ℃～36 ℃的环境中会失去生物活性。而且琼脂糖凝胶达到一定的凝胶强度才有实际应用价值。制备低凝固温度而又具有一定凝胶强度的琼脂糖对于推进生物技术研究的发展十分必要。

经烷基化、链烯基化及酰基化作用制备低凝固温度琼脂糖的方法如下。取低电内渗琼脂糖蒸馏水,室温下溶胀 1.5 h,在压力锅中加热至 0.05 kPa 恒压 30 min,配成琼脂糖热溶液。冷却至 80 ℃,加入硼氢化钠,80 ℃下恒温 10～15 min。然后加入 13%氢氧化钠溶液调节反应体系的 pH 值。滴加甲基化试剂硫酸二甲酯,恒温下进行甲基化反应。反应后,冷却至 60 ℃,边搅拌边逐滴加入醋酸调节 pH=7。用四倍体积的 95%乙醇沉淀,放置过夜,过滤,烘干,得到低凝固温度琼脂糖(图 3-14)。

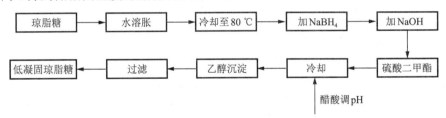

图 3-14 低凝固温度琼脂糖制备流程

三、龙须菜琼脂糖的制备

龙须菜琼脂糖是以江蓠属龙须菜为原料生产的琼胶中分离出的多糖。国内文献报道的琼胶糖提取技术,主要有碘化钠法、聚乙二醇法、硫酸铵法、乙酰化法、EDTA-Na$_2$ 法、DEAE-纤维素法等。目前常用的是 DEAE-纤维素法,但是由于 DEAE-纤维素价格昂贵,造成成本过高,而其他方法都存在收率低,产品色泽差或凝胶强度低等问题。以龙须菜琼胶为原料,采用 EDTA-Na$_2$ 结合稀酸稀碱方法提取琼脂糖,可以克服上述缺点,得到色泽好、透明度高、凝胶强度高、生产成本低的琼脂糖。

(一)EDTA-Na$_2$ 法提取琼脂糖

将龙须菜琼脂糖加入到氢氧化钠浓度 8%的溶液中,温度为 80 ℃,处理时间为 2 h。再用 0.1 mol/L 的盐酸处理 20 min,然后用 60%的乙醇处理 8 h。过滤,用蒸馏水充分洗至中性,干燥。称取 1.25 g EDTA-Na$_2$ 于烧杯中,加入 200 ml 蒸馏水,搅拌使之溶解。再加入 11.35 g 龙须菜琼胶,加热至 60 ℃,然后在 60 ℃下恒温 4 h,并不断搅拌,EDTA 使硫琼胶成水溶性而琼脂糖不溶。过滤,用水充分洗涤,浸泡过夜,冷冻干燥即得龙须菜琼脂糖。

(二)龙须菜琼脂糖技术指标分析

表 3-3 为提纯后龙须菜琼脂糖的灰分、硫酸根、3,6-内醚-L-半乳糖含量的测定结果。结果表明,经提纯后的龙须菜琼脂糖的透明度、灰分、硫酸根及 3,6-内醚-L-半乳糖含量含量均达到琼脂糖生化试剂的要求。

表 3-3　提纯后龙须菜琼脂糖测定结果

样品	提纯后龙须菜琼脂糖
1%凝胶吸光值	0.401
灰分/%	0.543
硫酸根含量/%	0.229
3,6-AG 含量/%	54.96

1. 龙须菜琼脂糖凝胶特性

图 3-15 为提纯后的龙须菜琼脂糖在冷却和加热过程中 G'(储能模量)和 G''(损耗模量)的变化(其中 a 为降温过程,b 为加热过程)。从图 3-15(a)可以看出当溶解温度为 100 ℃时,G'' 大于 G',体系以黏性为主,龙须菜琼脂糖呈溶液状态;冷却过程中,随着温度的降低,G' 和 G'' 逐渐增大,但 G' 增加的幅度比 G'' 大;当温度降至 37 ℃时,G' 开始超过 G'',出现交汇点,这意味着体系中的弹性成分增加,体系开始胶凝;随着温度的继续降低,G' 始终大于 G'',体系呈现弱凝胶的特性。表明龙须菜琼脂糖溶液在加热到足够高的温度后,进行冷却时会发生胶凝,属于冷致胶凝。冷却过程中 G' 和 G'' 的交汇点的温度定义为胶凝点。

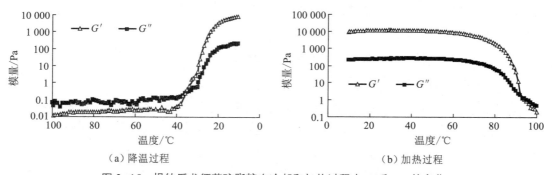

图 3-15　提纯后龙须菜琼脂糖在冷却和加热过程中 G' 和 G'' 的变化

从图 3-15(b)可以看出,在加热过程中,随着温度的升高,龙须菜琼脂糖凝胶的 G' 和 G'' 逐渐降低,但 G' 降低的程度比 G'' 大;当温度升高至 92 ℃左右时,G'' 超过 G' 出现交汇点,这意味着体系中的黏性成分增加,体系开始熔化;随着温度的继续升高,G'' 始终大于 G',表现出典型的粘弹流体的特性。上述结果表明龙须菜琼脂糖凝胶在加热到足够高的温度时,会发生熔化,属于热可逆凝胶。加热过程中 G'' 和 G' 的交汇点的温度定义为熔化点。

2. 龙须菜琼脂糖常规技术指标

表 3-4 为提纯后龙须菜琼脂糖的凝胶强度、凝固温度、熔化温度和结晶紫电泳的测定结果。结果表明，提纯后的龙须菜琼脂糖凝胶强度为 1 789.92 g/cm²，凝固温度为 36.03 ℃，熔化温度为 91.52 ℃，结晶紫电泳距离测定结果为跑完全程（全程为 5.75 cm），已经完全达到标准琼脂糖的要求。

表 3-4 提纯后龙须菜琼脂糖的凝胶强度、凝固温度、熔化温度和结晶紫电泳的测定结果

样品	凝胶强度 /（g/cm²）	凝固温度 /℃	熔化温度 /℃	结晶紫电泳移动距离 /cm
提纯后龙须菜琼脂糖	1 689.92	36.03	91.52	跑完全程 >5.75

3. DNA 电泳测定

图 3-16 为龙须菜琼脂糖凝胶电泳图像。结果表明，提纯后的龙须菜琼脂糖凝胶的条带清晰，与进口琼脂糖（BBI）凝胶几乎没有差别；RNA 电泳对凝胶的性质要求比 DNA 更高，图 3-16（b）表明提纯后的龙须菜琼脂糖凝胶与 BBI 琼脂糖凝胶几乎无差别，可用做琼脂糖凝胶电泳。

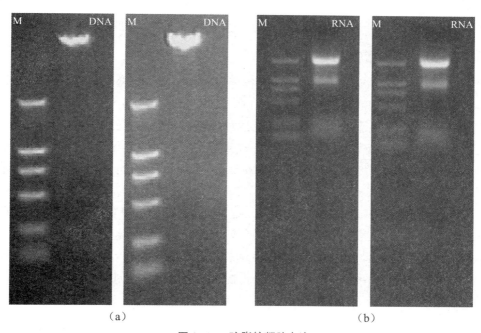

（a） （b）

图 3-16 琼脂糖凝胶电泳

（a）图为基因组 DNA，DNA Maker-DL2000 凝胶电泳图像，左为 BBI 琼脂糖试剂，右为龙须菜琼脂糖

（b）图为 RNA，DNA Maker-DL2000 凝胶电泳图像，左为 BBI 琼脂糖试剂，右为龙须菜琼脂糖

（c）M 为 DNA Maker-DL2000

4. 红外光谱

图 3-17 为 BBI 琼脂糖与提纯后龙须菜琼脂糖的红外光谱图谱。从图中可以看出两者的图谱几乎重合。两者在 3 424 cm⁻¹、2 923 cm⁻¹、1 400～1 200 cm⁻¹、1 200～1 000 cm⁻¹ 处有多糖特征性的吸收峰存在。在 1 073 cm⁻¹ 和 930 cm⁻¹ 有代表 3，6-AG 的强峰；在 1 250 cm⁻¹ 有微弱的吸收峰，这是由于 $O = S = O$ 不对称伸展运动所引起，表明有少量

硫酸基存在。

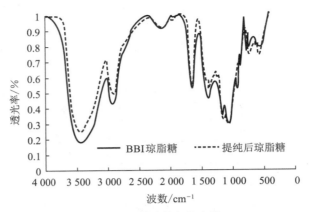

图 3-17　琼脂糖红外光谱

所以龙须菜琼脂糖样品与 BBI 琼胶糖标准品试剂进行的比较的结果表明,在色泽、透明度、灰分、硫酸根含量、3,6-内醚-L-半乳糖的含量、凝胶强度、凝胶点、熔化点都能达到标准品指标,甚至超过 BBI 琼脂糖标准品试剂,并且龙须菜琼脂糖的结晶紫电泳、DNA 的琼胶糖凝胶电泳性能良好,可以满足高级生物化学研究中的凝胶电泳要求。

四、伊谷藻琼脂糖的制备

伊谷藻(*Ahnfeltia plicata*),属红藻门伊谷藻目伊谷藻科伊谷藻属,主要分布在日本半岛、朝鲜半岛及俄罗斯滨海边疆区之间的海域。藻体呈紫红色,高 5～8 cm,质地坚韧,革质,多丛生,固着器盘状;藻体为圆柱形或亚圆柱形,多次叉状或叉状分枝,分枝表面常常附着有石灰虫的钙壳;主枝的基部较细,上部较粗。

新井等用 0.5% 甲醇-盐酸溶液对伊谷藻琼胶进行部分甲醇分解,经过活性炭硅藻土柱层析后,分离出 42.8% 的琼二糖甲基缩醛,33.7% 的寡糖,6.0% 的 3,6-内醚-L-半乳糖二甲基缩醛,3.0% 的 D-半乳糖甲苷和 2.4% 的 L-阿拉伯糖甲苷,丙酮酸没有被测出。新井经过进一步研究,对伊谷藻提取多糖进行乙酰化,然后甲基化,得到的衍生物的化学性质与石花菜相似。因此,他们认为伊谷藻琼胶的分子结构与石花菜琼胶的分子结构相同。Whyte 等对加拿大不列颠哥伦比亚省沿海的大部分红藻胶体进行了研究,并指出伊谷藻琼胶中半乳糖、α-3,6-内醚-L-半乳糖和硫酸根的物质的量比为 1:0.35:0.1,其中还含有 6-O-甲基半乳糖,0.4% 的 2-O-甲基半乳糖,1.8% 的葡萄糖,0.5% 的木糖和 0.7% 的甘露糖成分,而新井等人所报道的伊谷藻胶体中含有较高含量的 L-阿拉伯糖成分没有被检测出来。Watase 和 Nishinari 从伊谷藻中提取出胶体,并研究了碱处理对其流变学特性的影响。研究表明,碱处理后,胶体的硫酸根含量降低,凝胶结构的稳定性增加,同时因为碱处理移去了小分子量物质而使分子量增大,从而增加了胶体的凝胶强度。

(一)伊谷藻琼脂糖的制备方法

1.双水相萃取法

9 g 伊谷藻琼胶溶于 300 mL 0.05 mol/L 的氯化钠溶液,在 70 ℃条件下,缓慢加入 60 g 聚乙二醇 6 000 的固体颗粒。搅拌 10 min 后,离心去除上清液,用含 25% 的聚乙二醇的

0.1 mol/L 氯化钠溶液洗沉淀 2 次,再用 0.1 mol/L 氯化钠溶液洗洗沉淀,至 I-KI 溶液无沉淀反应,即聚乙二醇被去除;最后用无水乙醇洗沉淀,60 ℃烘干。所得琼脂糖简称为 PA。

2. DEAE-Cellulose 阴离子交换树脂纯化

取 DEAE-Cellulose 阴离子交换树脂 100 mL,水洗去除漂浮物质。用 300 mL 的 1.0 mol/L 盐酸溶液处理树脂 4 h,蒸馏水冲洗至中性,再用 300 mL 的 1.0 mol/L 氢氧化钠溶液处理树脂 4 h,蒸馏水洗至中性,在 70 ℃条件下的水浴锅中预热。

配置 1%胶浓度的伊谷藻琼胶溶液 300 mL,加入已预热的 DEAE-Cellulose 阴离子交换树脂,在 70 ℃条件下搅拌 2 h,400 目纱绢过滤的琼脂糖胶液。室温冷凝,−20 ℃冷冻 15 h,室温解冻,滤除水分,60 ℃烘干。所得琼脂糖简称为 DA。

3. 双水相萃取与 DEAE-Cellulose 阴离子交换树脂纯化结合法

在双水相萃取法所得琼脂糖 PA 的基础上,再经过 DEAE-Cellulose 阴离子交换树脂纯化,具体方法如 2 所述,所得琼脂糖简称为 PDA。

(二)伊谷藻琼脂糖技术指标分析

1. 伊谷藻琼脂糖得率

通过双水相萃取,DEAE-Cellulose 阴离子交换树脂纯化和两者结合这三种方法所得到的琼脂糖得率如图 3-18 所示,柱形图上的不同字母表示显著性差异($P<0.05$)。

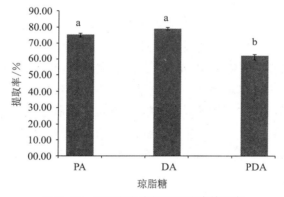

图 3-18 不同制备方法所得琼脂糖得率

双水相萃取法,是通过聚乙二醇(PEG)6 000 和无机盐在水中以适宜的浓度构成互不相溶的两相。其中硫琼胶会溶解在聚乙二醇溶液中,而琼脂糖不溶,从而达到了分离出琼脂糖的目的。双水相萃取法制备琼脂糖中,反应时间迅速,产品直接以固体颗粒沉淀的状态呈现;与传统制备工艺相比,不需要再经过冷冻—解冻的过程,可直接干燥得到产品,降低了能耗,且得率相对较高,可达到 76.57%±1.33%。其中,DEAE-Cellulose 阴离子交换树脂纯化所得琼脂糖 DA 的得率最大,为 80.00%±1.37%。同时,DEAE-Cellulose 阴离子交换树脂纯化不仅操作简单,而且在制备琼脂糖的过程中不会引入其他的成分,得到产品的纯度较高。

在琼脂糖 PA 的基础上进一步经阴离子交换树脂纯化的琼脂糖 PDA 的得率最小,为 63.20%±1.35%。刘力等人曾用 DEAE-纤维素对石花菜琼胶进行分级,蒸馏水洗脱得到的是琼脂糖成分,得率为 56.5%,均小于以伊谷藻为原料所制备的三种琼脂糖的得率。

2. 琼脂糖的硫酸根和灰分含量

理论上的琼脂糖没有硫酸基组分,但实际上,琼脂糖组成结构中的半乳糖的羟基上总会取代有硫酸基组分,因此经纯化后的琼脂糖中的硫酸根含量只能无限地接近零。实际的应用中,琼脂糖的硫酸根和灰分含量达到 0.2% 以下时,才能满足凝胶电泳等实验的要求。伊谷藻琼胶的硫酸根和灰分含量分别为 $0.55\% \pm 0.08\%$ 和 $1.19\% \pm 0.14\%$,琼脂糖的硫酸根和灰分含量如表 3-5 所示。由表可知,经双水相萃取法所制备的琼脂糖 PA 与伊谷藻琼胶相比,虽然其硫酸根和灰分含量均有所降低,但是没有达到琼脂糖的产品使用标准。经 DEAE-Cellulose 阴离子交换树脂纯化和双水相萃取与其结合所制备的伊谷藻琼脂糖 DA 和 PDA 的硫酸根和灰分含量均在 0.2% 以下,符合琼脂糖产品的使用标准。

表 3-5 琼脂糖硫酸根和灰分含量测定结果

伊谷藻琼脂糖	硫酸根/%	灰分/%	商品化琼脂糖	硫酸根/%	灰分/%
PA	0.28 ± 0.02^a	0.80 ± 0.09^a	BWA	0.15 ± 0.03^b	0.25 ± 0.01^c
DA	0.15 ± 0.02^b	0.16 ± 0.01^c	A-6877	0.14 ± 0.07^{bc}	0.41 ± 0.02^b
PDA	0.07 ± 0.02^d	0.11 ± 0.07^c	A-0576	0.11 ± 0.06^c	0.18 ± 0.03^c

注:表中的不同字母表示显著性差异($P < 0.05$)

在商品化琼脂糖中,BIO-WEST 公司所生产的琼脂糖,简称 BWA,品质优良,价格相对便宜,是实验室经常使用一种琼脂糖。Sigma 公司所生产的琼脂糖 A-6877 属于中电内渗琼脂糖,琼脂糖 A-0576 属于低电内渗琼脂糖。如表 3-5 所示,伊谷藻琼脂糖 DA 与琼脂糖 BWA 和琼脂糖 A-6877 的硫酸根含量相当,灰分含量优于两种商品化琼脂糖。伊谷藻琼脂糖 PDA 与低电渗琼脂糖 A-0576 相比,其硫酸根和灰分含量更低,说明在硫酸根和灰分含量的指标上,琼脂糖 PDA 达到了低电渗琼脂糖的标准。

戚勃等人曾以龙须菜琼胶为原料,经 DEAE-纤维素法制备龙须菜琼脂糖,其硫酸根和灰分含量为 0.24% 和 0.25%。刘力等人以石花菜为原料所制备的琼脂糖的硫酸根和灰分含量为 0.16% 和 0.34%。可能是由于伊谷藻琼胶的硫酸根和灰分含量低,从而使伊谷藻琼脂糖在硫酸根和灰分含量上具有明显的优势。

3. 琼脂糖的 3,6-内醚半乳糖(3,6-AG)含量

琼脂糖的纯化就是尽可能的去除硫酸根等带电组分,分离出中性糖组分。在纯化过程中,琼脂糖组分半乳糖 C_6 位上的硫酸根去除后,半乳糖转变为 3,6-AG,即在某种程度上说明 3,6-AG 含量的越高,琼脂糖的品质越好。如表 3-6 所示,琼脂糖 PA 的 3,6-AG 含量最低;琼脂糖 DA 的 3,6-AG 含量略高于琼脂糖 BWA,低于中等电内渗琼脂糖 A-6877;琼脂糖 PDA 的 3,6-AG 含量略高于低电内渗琼脂糖 A-0576。

表 3-6 琼脂糖 3,6-AG 含量的测定结果

伊谷藻琼脂糖	3,6-AG/%	商品化琼脂糖	3,6-AG/%
PA	40.85 ± 1.63^c	BWA	42.46 ± 2.35^{bc}
DA	42.77 ± 2.90^{bc}	A-6877	44.41 ± 1.34^{ab}
PDA	46.20 ± 5.90^a	A-0576	45.03 ± 1.69^{ab}

注:表中的不同字母表示显著性差异($P < 0.05$)

4. 琼脂糖的凝胶强度

由图 3-19 可知,与伊谷藻琼胶相比,我们制备的伊谷藻琼脂糖的凝胶强度均显著性提高($P < 0.05$)。琼脂糖 PA 和 DA 的凝胶强度低于商品化琼脂糖,琼脂糖 PDA 的凝胶强度高于商品化琼脂糖 BWA,略低于 Sigma 公司生产的琼脂糖 A-6687 和琼脂糖 A-0576,所制备的三种伊谷藻琼脂糖的凝胶强度分别为 1 061.50 g/cm²±23.33 g/cm²,1 417.65 g/cm²±23.82 g/cm² 和 1 498.67 g/cm²±14.53 g/cm²,优于其他海藻原料所制备的琼脂糖,柱形图上的不同字母表示显著性差异($P < 0.05$)。

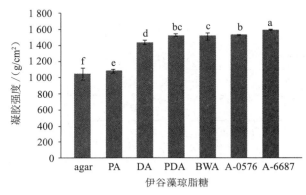

图 3-19 不同琼脂糖的凝胶强度

5. 琼脂糖的凝固温度和熔化温度

影响琼脂糖的凝固温度和熔化温度变化的因素很多,比如凝胶形成的机制,取代基的位置,种类及多数,还有分子量的大小都会对其产生影响。在凝胶形成的机制方面,琼脂糖的纯化过程中,硫酸根等取代基减少,去掉了单螺旋体上的纽带,促进了双螺旋结构的形成,有利于凝胶形成,使琼脂糖的凝固温度增加;同样也降低了凝胶熔化的难度,使熔化温度降低。所以从琼胶分离出的琼脂糖,会出现凝固温度上升,熔化温度下降的趋势。

所制备的三种伊谷藻琼脂糖 PA、DA 和 PDA 的凝固和熔化温度如表 3-7 所示。与伊谷藻琼胶相比,琼脂糖的熔化温度均降低,与上述理论研究相符;而凝固温度方面,琼脂糖 DA 升高的较明显,琼脂糖 PA 和 PDA 并未升高,这可能受到了其他因素影响的原因。另一方面,琼脂糖 DA 的凝固和熔化温度与琼脂糖 BWA 相近,而琼脂糖 PDA 的凝固温度低于商品化琼脂糖 BWA、A-6877 和 A-0576。相关研究表明,在 35 ℃～36 ℃ 的条件下,热敏型物质会失去其生物活性,所以低凝固温度的琼脂糖更利于生物大分子的研究工作。

表 3-7 不同琼脂糖的凝固温度和熔化温度

琼脂糖	PA	DA	PDA	BWA	A-6877	A-0576
凝固温度/℃	32.90	36.70	33.90	36.90	36.90	36.90
熔化温度/℃	88.80	93.40	92.50	92.20	N/A	86.80

6. 琼脂糖的电内渗

琼脂糖的电内渗(EEO)是以琼脂糖为基质进行电泳时,其中的硫酸根等负电基团会具有向阳极迁移的趋向,这种现象会使样品在电泳过程向阴极移动,从而影响电泳的分辨率。所以电内渗的高低是衡量琼脂糖品质的一个重要的综合指标,电内渗值低的琼脂糖可抵抗直流电场的对流作用,而且与生物物质不会发生化学反应,因此被广泛应用在电泳,等电聚焦等领域。

表 3-8　不同琼脂糖的电内渗

琼脂糖	EEO 测定值	EEO 质量标准
伊谷藻琼脂糖 PA	0.380 ± 0.05^{a}	
伊谷藻琼脂糖 DA	0.120 ± 0.01^{c}	
伊谷藻琼脂糖 PDA	0.113 ± 0.02^{c}	
BIO WEST 公司琼脂糖 BWA	0.157 ± 0.02^{b}	0.15
中电内渗琼脂糖 A-6877	0.134 ± 0.02^{c}	$0.16 \sim 0.19$
低电内渗琼脂糖 A-0576	0.115 ± 0.02^{c}	< 0.12

注:表中的不同字母表示显著性差异($P < 0.05$)

如表 3-8 所示,琼脂糖 DA 的 EEO 值均低于商品化琼脂糖 BWA 和中电内渗琼脂糖 A-6877 的 EEO 值,琼脂糖 PDA 的 EEO 值与低电内渗琼脂糖 A-0576 的 EEO 值相当。由此可见,我们所制备的琼脂糖 DA 和 PDA 达到了 Sigma 公司生产的中电内渗琼脂糖和低电内渗琼脂糖的质量标准。

7. 琼脂糖凝胶电泳

以琼脂糖 PA 作为电泳介质,对 2 000 bp DNA Ladder 可以实现其中不同分子量的 DNA 片段的分离,但电泳条带模糊。同时,对 15 000 bp DNA Ladder,在分子量为 15 000 bp ~ 7 500 bp 区间的 DNA 片段没有进行较好的分离开,说明单纯的通过双水相萃取得到的琼脂糖 PA 还需要进一步的纯化,进而达到电泳实验的要求。对于琼脂糖 DA 和 PDA,对不同分子量的 DNA 片段的分离效果与 Sigma 公司的琼脂糖 A-6877 相当,条带清晰,可以满足电泳实验的要求。结果如图 3-20 所示。

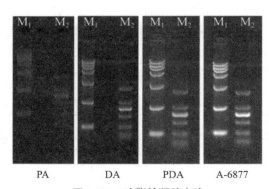

图 3-20　琼脂糖凝胶电泳

M1: DNA marker BM15000　　M2: DNA marker BM2000

参 考 文 献

[1] 纪明侯. 海藻化学 [M]. 北京:科学出版社，1997.

[2] 金骏,林美娇. 海藻利用与加工 [M]. 北京:科学出版社，1993.

[3] 周林林,付晓婷,许加超,等. 真空包装即食龙须菜食品加工工艺的研究 [J]. 农产品加工:学刊，2011(9):15-17，20.

[4] 张莉,许加超,薛长湖,等. 琼胶流变学性质和胶凝性质的研究 [J]. 中国海洋药物，2009，28（2）:11-17.

[5] 高昕,贺庆梅,张朝辉,等. 两种海藻中 MAAs 抗氧化活性的研究 [J]. 海洋环境与科学，2010，29(1):76-79.

[6] 张宇,付晓婷,林洪,等. 伊谷藻琼胶的提取工艺及其品质研究 [J]. 中国食品添加剂，2012(1):173-180.

[7] 贺庆梅,张朝辉,高昕,等. 海藻中 Mycosporine-likeaminoacicds 抗氧化活性的研究 [C]//2007 年中国水产学会学术年会暨水产微生态调控技术论坛论文摘要汇编,北京:中国水产学会，2007.

[8] 贺庆梅,张朝晖,高昕,等. 两种海藻中紫外吸收物质性质的研究 [J]. 2007 年中国水产学会学术年会暨水产微生态调控技术论坛论文摘要汇编，2007.

[9] 贺庆梅,高昕,张朝辉,等. 几种海藻中紫外吸收物质性质的研究 [J]. 食品工业科技，2008，29(1):63-65.

[10] 付晓婷,秦子涵,许加超,等. 带形蜈蚣藻营养品质的分析和评价 [J]. 营养学报，2011，33（2）:199-200，203.

[11] 王璐,李智恩等. 琼胶的研究及进展 [J]. 海洋科学，1999(4):34-37.

[12] KOCH R. The etiology of tuberculosis[J]. Review of Infectious Diseases，1982，4(6):1270-1274.

[13] 纪明侯,LAHAYE M，YAPHE W. 中国江蓠属红藻所含琼胶的结构特征 [J]. 海洋与湖沼，1986，17(1):72-83.

[14] 刘力,李智恩,徐祖洪. 石花菜硫琼胶的提取及抗凝血活性的研究 [C]// 第 7 届中国海洋湖沼药物学术研讨会论文集，2002:196-202.

[15] 赵谋明,刘通讯,吴晖,等. 碱处理对江蓠琼胶出胶率、性质和化学组成影响的研究 [J]. 食品与发酵工业，1996(6):1-7.

[16] 贺丽虹,吴汪黑今生,沈颂东,等. 盐度对细基江蓠繁枝变型的生长、琼胶产量和组成的影响 [J]. 海洋通报，2002，21(3):39-43.

[17] 李智恩,史升耀,黄家刚,等. 红藻多糖的化学 I. 五种琼胶海藻的研究 [J]. 海洋与湖沼，1993，24(1):13

[18] 杨贤庆,刘刚,戚勃,等. 响应曲面法优化琼胶的酸水解条件 [J]. 食品科学，2010，31(20):173-177.

[19] 李智恩,刘万庆,史升耀. 不同碱处理法制造江蓠琼胶的比较 [J]. 海洋科学，1984

（5）：32-34.

[20] 邓志峰，纪明侯. 龙须菜和扁江蓠多糖的组成及其抗肿瘤效果［J］. 海洋与湖沼，1995，26（6）：575-581.

[21] 纪明侯，LAHAYE M，YAPHE W. 对三种红藻琼胶的化学与 ^{13}C-NMR 分析［J］. 海洋与湖沼，1986，17（3）：186-195.

[22] 余杰，王欣，陈美珍，等. 潮汕沿海龙须菜的营养成分和多糖组成分析［J］. 食品科学，2006，27（1）：93-97.

[23] 陈美珍，余杰，龙梓洁，等. 龙须菜多糖抗突变和清除自由基作用的研究［J］. 食品科学，2005，26（7）：219-222

[24] 薛志欣，杨桂朋，王广策. 龙须菜琼胶的提取方法研究［J］. 海洋科学，2006，30（8）：71-77.

[25] 李龙，苏永昌，吴刚，等. 几种琼脂糖提取及改性方法概述［J］. 福建水产，2013，35（1）：73-77.

[26] 张莉. 龙须菜琼胶多糖的制备技术及流变学特性的研究［D］. 青岛：中国海洋大学食品科学与工程学院，2009.

[27] 戚勃，杨贤庆，赵永强，等. 改良 DEAE- 纤维素法制备龙须菜琼胶糖研究［J］. 食品科学，2009，30（24）：118-121.

[28] 刘秋凤. 龙须菜中硫琼脂的提取、纯化及部分生物活性的研究［D］. 福建农林大学食品科学与工程学院，2013.

[29] 刘秋凤，吴成业，苏永昌. 龙须菜中硫琼脂的体外抗氧化评价及降血糖、降血脂活性的动物试验［J］. 南方水产科学，2013，9（3）：57-66.

[30] 刘秋凤，苏永昌，吴成业. 龙须菜中硫琼脂的分离纯化及其成分分析［J］. 食品科学，2013，34（23）：160-164.

[31] 吴乃虎. 琼脂糖凝胶电泳［J］. 遗传工程，1983（1）：54-59.

第四章

卡拉胶及生产工艺

20世纪50年代，美国化学学会将卡拉胶命名为"Carrageenan"。商业性生产卡拉胶是20世纪才开始的。1935年在美国的东海岸有几家小厂开始生产卡拉胶提取物，但发展缓慢。直到1942年，卡拉胶工业才真正在美国发展起来。卡拉胶是红藻多糖中产量最大的，美国年产4 500 t，丹麦年产3 000 t，法国年产2 800 t。我国是世界上卡拉胶生产量最大的国家，平均年产1.8万吨，仅国内销售就达6 000吨/年，主要用于食品及化妆品。由于科研和医药上的需要，国内外市场对药用级卡拉胶的需求迅速增加。

第一节　卡拉胶化学结构与性质

一、含卡拉胶海藻

含卡拉胶海藻主要有红藻门中的角叉菜属、麒麟菜属、杉藻属、沙菜属、银杏藻属、叉枝藻属和蜈蚣藻属等的海藻。主要种类见表4-1。

表4-1　含卡拉胶海藻

茎藻属（*Aeodes*）	圆形脐叶藻（*A. orbitosa*）
亚格藻属（*Agardhiella*）	亚格藻（*A. tenera*）
伊谷藻属（*Ahnfeltia*）	伊谷藻（*A. durvillaei*）
角叉菜属（*Chondrus*）	具淘角叉菜（*C. canaliculatus*）
	皱波角叉菜（*C. crispus*）
	角叉菜（*C. ocellatus*）
麒麟菜属（*Eucheuma*）	鹿角麒麟菜（*E. cervicorne*）
	耳突麒麟菜（*E. cottonii*）
	食用麒麟菜（*E. edule*）
	琼枝（*E. gelatinae*）
	粗麒麟菜（*E. isiforme*）
	麒麟菜（*E. muricatum*）
	珍珠麒麟菜（*E. okamuria*）
	刺麒麟菜（*E. spinosum*）
	异枝麒麟菜（*E. striatum*）

续表

帚叉藻属（*Furcetllaria*）	帚叉藻（*F. fastigiata*）
杉藻属（*Gigartina*）	针状杉藻（*G. acicularis*）
	有棱杉藻（*G. angulata*）
	具沟杉藻（*G. canaliculata*）
	迷惑杉藻（*G. decipiens*）
	矛形杉藻（*G. lanceata*）
	星芒杉藻（*G. stellaca*）
蜈蚣藻属（*Grateloupia*）	带形蜈蚣藻（*G. turuturu*）
叉枝藻属（*Gymnogongrus*）	叉状叉枝藻（*G. furcellatus*）
海膜属（*Halymenia*）	锡兰海膜（*H. durrilleai*）
沙菜属（*Hypena*）	鹿角沙菜（*H. cervicornis*）
	长枝沙菜（*H. charoides*）
	冻沙菜（*H. japonica*）
	钩沙菜（*H. musciformis*）
	穗序沙菜（*H. spicifera*）
银杏藻属（*Iridaea*）	南非银杏藻（*I. capensis*）
	心形银杏藻（*I. cordata*）
	萎软银杏藻（*I. flaccida*）
厚膜藻属（*Pachylnenia*）	厚膜藻（*P. hymantophora*）
育时藻属（*Phyllophora*）	具脉育卧藻（*P. nervsa*）

最早用作制造卡拉胶原料的是皱波角叉藻，但近年来已被麒麟菜属海藻所取代。特别是菲律宾生产的耳突麒麟菜和刺麒麟菜在世界卡拉胶原料市场上占有特别重要的地位，能供应世界卡拉胶所需原料的一半。我国的卡拉胶海藻，在北方主要有角叉菜属海藻，在南方主要有麒麟菜属和沙菜属海藻。我国的海南岛、东沙群岛和西沙群岛，麒麟菜属海藻资源相当丰富。

二、卡拉胶的化学组成与结构

卡拉胶是一类线性、含有硫酸酯基团的高分子多糖。理想的卡拉胶具有重复的 α-1，4-D-半乳吡喃糖-β-1，3-D-半乳吡喃糖（或 3，6 内醚-D-半乳吡喃糖）二糖单元骨架结构。通常卡拉胶采用希腊字母来命名，这种命名方法已被普遍接受。商业上使用最多的是 κ、ι、λ 三种类型，另外还有 α、β、γ、δ、μ、ν、ξ、π、θ、ω 等类型。但是天然产的卡拉胶往往不是均一的多糖，而是多种组分的混合物或者是结合型结构。

Stanford 将从皱波角叉菜提取的物质称为卡拉胶。Fluckiger 开始研究卡拉胶的化学组成，至今多位学者采用水解、氧化、甲基化、硫醇分解、层析、电泳分离及红外光谱分析等方法进行研究。其结果是提取物中存在 D-半乳糖；卡拉胶中除含有 1，3-连接的半乳糖单位外，也有 1，4-连接的半乳糖单位；提取物中存在酯型硫酸基，硫酸基是连在半乳糖的 C_4 上；卡拉胶以钾、钠和钙盐的混合物存在于藻体中；卡拉胶中有 3，6-内醚 D-半乳糖存在；卡拉胶中除 3，6-内醚 D-半乳糖和半乳糖-4-硫酸酯外，还有半乳糖-6-硫酸酯存在。

表 4-2 不同类型卡拉胶的结构

1，3 链接	1，4 链接	卡拉胶
D-半乳糖-4-硫酸酯	*D*-半乳糖-6-硫酸酯	μ
	D-半乳糖 -2，6-二硫酸酯	ν
	3，6-内醚 -*D*-半乳糖	κ
	3，6-内醚 -*D*-半乳糖-2-硫酸酯	ι
D-半乳糖-2-硫酸酯	*D*-半乳糖-2-硫酸酯	ξ
	D-半乳糖-2，6-二硫酸酯	λ
	3，6-内醚 *D*-半乳糖-2-硫酸酯	θ

根据其组成结构，将卡拉胶分为μ-卡拉胶、κ-卡拉胶、ν-卡拉胶、ι-卡拉胶、λ-卡拉胶、θ-卡拉胶和ξ-卡拉胶等 7 种类型。其中的μ-卡拉胶和κ-卡拉胶，ν-卡拉胶和ι-卡拉胶，λ-卡拉胶和θ-卡拉胶三对有密切关系。μ-卡拉胶 ν-卡拉胶和λ-卡拉胶经碱或酶处理后可以分别转变成κ-卡拉胶、ι-卡拉胶和θ-卡拉胶。故μ-卡拉胶，ν-卡拉胶和λ-卡拉胶是κ-卡拉胶、ι-卡拉胶和θ-卡拉胶的前体，见图 4-1。

利用 ^{13}C-核磁共振和红外光谱等方法证明除上述 7 种类型的卡拉胶外还发现有：

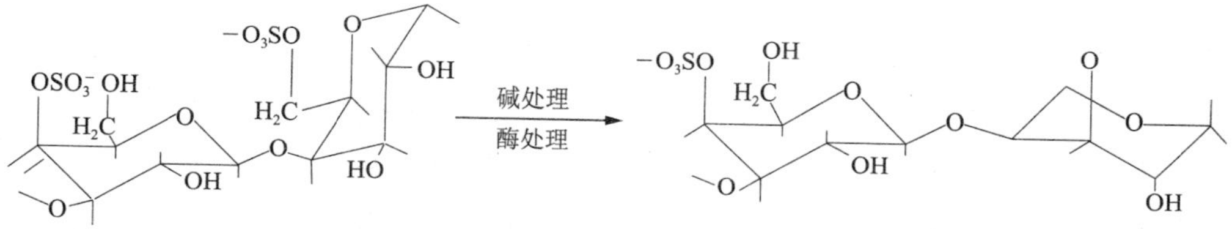

μ-卡拉胶　　κ-卡拉胶

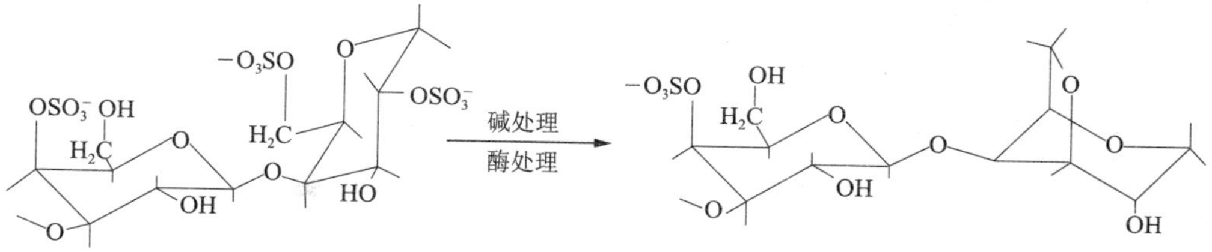

ν-卡拉胶　　ι-卡拉胶

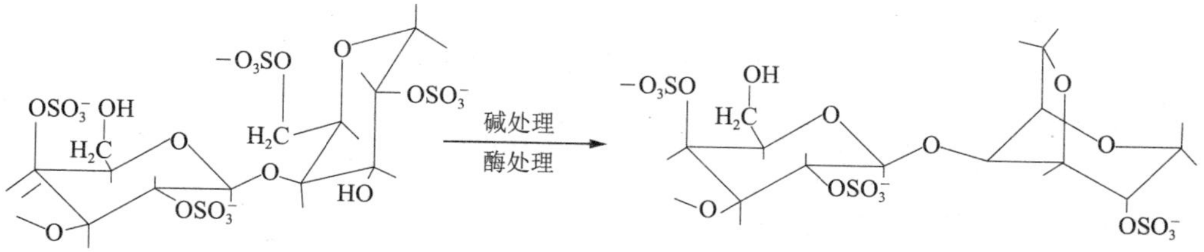

λ-卡拉胶　　θ-卡拉胶

图 4-1 卡拉胶的结构及转化

α-卡拉胶：[*D*-半乳糖 -1，4-3，6-内醚-*α*-*D*-半乳糖-2-硫酸酯]

β-卡拉胶：[*β*-*D*-半乳糖 -1，4-3，6-内醚-*α*-*D*-半乳糖]

γ-卡拉胶：[*β*-*D*-半乳糖 -1，4-*α*-*D*-半乳糖 -6-硫酸酯]

δ- 卡拉胶：[β-D- 半乳糖 -1，4-α-D- 半乳糖 -2，6- 二硫酸酯]

π- 卡拉胶：[4，6-O-1- 羧亚乙基 -β-D- 半乳糖 -2- 硫酸酯 -1，4-α-D- 半乳糖 -2- 硫酸酯]

ω- 卡拉胶：[β-D- 半乳糖 -6- 硫酸酯 -1，4-3，6- 内醚 -α-D- 半乳糖]。

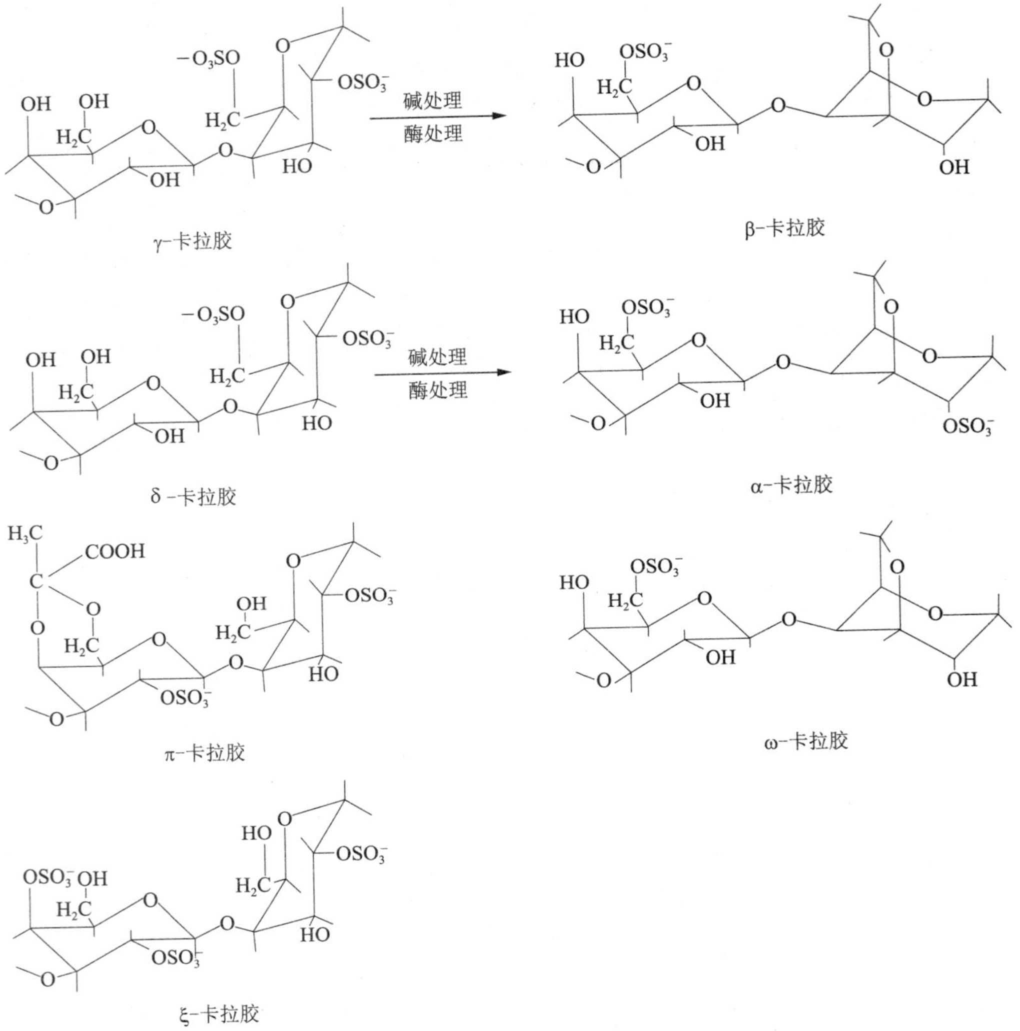

图 4-2　其他类型卡拉胶的结构

随着研究的渗入和采用更新和更有效的方法有可能还会发现新型的卡拉胶。

三、卡拉胶的结构特征

（一）硫酸酯基团

含有硫酸酯基团（—O—SO$_3^-$）是卡拉胶的重要特征。—O—SO$_3^-$ 以共价键与半乳吡喃糖基团上 C_2、C_4 或 C_6 相连接，在卡拉胶中含量为 20%～40%（W/W），导致卡拉胶带有较强的负电性。卡拉胶重要的三种类型中硫酸酯基分布分别为 κ 型、ι 型和 λ 型。理想的 κ- 卡拉胶、ι- 卡拉胶、λ- 卡拉胶重复二糖结构中分别含有 1、2、3 个硫酸酯基团，可推算出它们在卡拉胶中分别占 20%，33% 和 41%（W/W）。不同藻种红藻提取的卡拉胶含硫酸酯量都有所不同，硫酸酯的位置、含量与理想结构存在一定的差异。

（二）3，6-内醚

卡拉胶在结构中含有 3，6 内醚键，是卡拉胶具有独特性能基团。κ 型、ι 型卡拉胶在 β-1，4 连接的 D-半乳吡喃糖基上含有 3，6-内醚桥键，λ-卡拉胶不含有内醚键。κ、ι 型的前体物质，μ 型、ν 型卡拉胶中 β-1，4-D 半乳吡喃糖基 C_6 位上含有硫酸酯基，3，6 内醚即为硫酸酯基脱除 C_6 与 C_3 位羟基作用形成的。形成机理分成两步。第一步，β 连接的半乳吡喃糖基上含有的 6 位硫酸酯基团随温度升高，由 C1 构象变为 1C 构象，使得 $6—O—SO_3^-$ 半乳糖基与 $C_3—OH$ 处于轴向位置。强碱作用下，β-1，4-D 半乳吡喃糖基上 C_3 位的羟基被激发而离子化，产生 $O \cdot^-$。第二步是 $C_6—OSO_3^-$ 在 $O \cdot^-$ 离子攻击下发生亲核取代反应，导致同一个半乳糖基释放出 C_6 硫酸酯基团，从而形成 3，6-内醚桥键。

四、卡拉胶的性质

（一）凝胶性

1.凝胶机理

卡拉胶的凝固性能与其化学组成、结构及分子大小有关。Rees 等认为，卡拉胶在形成凝胶的过程中可分成四个阶段。第一阶段，卡拉胶溶解在热水中，其分子成不规则的卷曲状；第二阶段，当温度降到某一程度时，其分子向螺旋状转化，形成单螺旋体；第三阶段，温度再下降，分子间形成双螺旋体，为立体的网状结构，这时开始有凝固现象；第四阶段，温度再下降，双螺旋体聚集形成凝胶。见图 4-3。

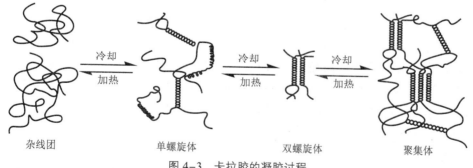

冷却 加热　　冷却 加热　　冷却 加热

杂线团　　　　　　单螺旋体　　　　　　双螺旋体　　　　　　聚集体

图 4-3　卡拉胶的凝胶过程

由 X 射线衍射分析的结果证明，交替连接的 C1 和 1C 构象半乳糖单位，趋向采取螺旋状结构，它所有的亲水性基向外，两个多糖分子就像两股棉纱拧成一条绳一样，形成双螺旋体，彼此通过羟基所形成的氢键与另一股相连。

2.卡拉胶的凝胶性

在水中，κ-卡拉胶和 ι-卡拉胶有凝固性。当将它们加水加热溶解后，放冷时能形成透明的半固体状凝胶（λ-卡拉胶无凝胶性）。κ-卡拉胶和 ι-卡拉胶形成凝胶时必须有阳离子存在，阳离子对其凝固性的影响极大，完全成钠盐的 κ-卡拉胶和 ι-卡拉胶在纯水中不凝固，加入少量的 K^+、Ca^{2+}、NH_4^+、Rb^+、Cs^+ 等阳离子能很大地提高卡拉胶的凝固性。在一定范围内，凝胶强度随这些外加离子的浓度的增加而增强。κ-卡拉胶的凝固性能比 ι-卡拉胶强。

　　卡拉胶分子中 3，6-AG 的含量、硫酸基的含量和连接的位置对卡拉胶的凝固性影响很大。λ-卡拉胶、μ-卡拉胶、ν-卡拉胶、γ-卡拉胶和 δ-卡拉胶的 1,4-连接单位不是 3,6-AG，而是在 C_6 上带有硫酸基的半乳糖，它成 C1 椅式构象，这就使分子在形成单螺旋时改变了方向，形成一个扭曲，妨碍双螺旋体的形成，因而妨碍形成凝胶。λ-卡拉胶 1，3-连接的半乳糖 C_2 位和 1，4- 连接单位在 C_2 位上的硫酸基，堵塞在两股螺旋之间，妨碍双螺旋的形成，因此不能形成凝胶；μ-卡拉胶和 ν-卡拉胶用碱处理（或酶处理）时，其 1，4- 连接单位在 C_6 上连有硫酸基成 C1 椅式构象的半乳糖便转变成 1C 椅式构象的 3，6-内醚 - 半乳糖，原来的"扭曲"便被去掉，3，6-内醚-半乳糖链变直，使聚合物更规则化（图 4-4）。这样，μ-卡拉胶和 ν-卡拉胶便被分别转变成有凝固性的 κ-卡拉胶和 ι-卡拉胶。

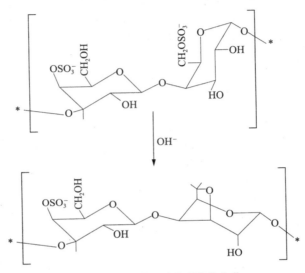

图 4-4　半乳糖经碱处理构象变化

　　κ-卡拉胶加 KCl 形成的凝胶硬而且脆，弹性小，有泌水性；ι-卡拉胶与 KCl 形成的凝胶便较软，弹性好，无泌水性；β-卡拉胶是唯一不带有硫酸基，它与琼胶糖的组成和结构很相似，不同的只是琼胶糖中的 3，6-AG 为 L 型，而 β-卡拉胶中的为 D 型，所以其凝胶强度应比 β-卡拉胶更高。λ-卡拉胶碱处理后转变成 θ-卡拉胶，由于其 1，3-连接-半乳糖的 C_2 位置上连有硫酸基，故仍妨碍凝胶的形成。

　　（1）卡拉胶在加热和冷却过程中 G'（储能模量）和 G''（损耗模量）的变化。由图 4-5（a）可以看出在降温过程中，随着温度的降低，G' 和 G'' 逐渐增大，但是 G' 的增大程度大于 G''。当降至 30 ℃时，G' 大于 G'' 这说明体系的弹性成分开始增加，体系开始向凝胶转化，此时的温度为凝胶温度。这是因为卡拉胶在降温过程中随着温度的降低，卡拉胶分子先由无规则杂线团结构形成单螺旋体结构。后随温度进一步降低，形成双螺旋体，温度再下降，双螺旋体进一步缔合聚集体，最后形成完整有序网状结构。在升温时，G' 和 G'' 随着温度的升高逐渐降低。当到 50 ℃时 G' 小于 G''，这说明体系有凝胶向溶液开始转化，此时的温度为熔化温度。在升温加热过程中，卡拉胶有序网状结构先解体为双螺旋体，随着温度的进一步升高双螺旋体解为单螺旋体，温度再升，单螺旋体解体成无规则杂线团结构，因此

在升温降温过程中 G' 和 G'' 会有突变。

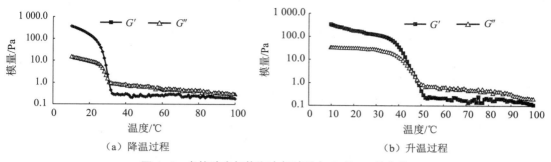

（a）降温过程　　　　　　　　　　　（b）升温过程

图 4-5　卡拉胶在加热和冷却过程中 G' 和 G'' 的变化

（2）凝胶时间对卡拉胶凝胶强度的影响。由图 4-6 可以看出凝胶强度随时间的延长逐渐增大，当凝胶时间为 8 h 凝胶强度达到最大，但是当凝胶时间 12 h 后开始下降。这是因为卡拉胶开始形成凝胶至完全凝胶，需要一定时间；当凝胶网状结构稳定后，由于释出游离水分，脱水收缩，强度下降。

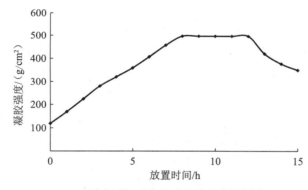

图 4-6　胶凝时间对卡拉胶凝胶强度的影响

（3）KCl 浓度对卡拉胶凝胶强度的影响。卡拉胶的凝胶性受电解质的影响极大。阳离子主要有 K^+、Ca^{2+}、NH_4^+、Rb^+、Cs^+ 等（Na^+ 和 Li^+ 等不形成凝胶），其影响大小的顺序为：$Cs^+ > Rb^+ > K^+ > NH_4^+ > Na^+$。当阳离子都是 K^+ 而阴离子不同时，其影响大小的顺序为：$OAc^- > Cl^- > SO_4^{2-} > Br^- > HPO_4^{2-} > NO_3^-$。阴离子的作用比阳离子小。

当卡拉胶浓度为 0.5%，KCl 浓度在 0～1.5% 范围内，凝胶强度随 KCl 浓度的变化趋势如图 4-7 所示。KCl 浓度在 0～0.8% 之间，凝胶强度随着 KCl 浓度的增加而增加；当 KCl 浓度大于 0.8% 时，凝胶强度开始迅速下降，这一现象是由于在凝胶体系中 K^+ 参与了 κ-卡拉胶的胶凝过程，在一定质量分数范围内，增加 KCl 的浓度就增加了凝胶中形成双螺旋结构的机会，即导致双螺旋含量的增加从而使凝胶强度提高；同时，凝胶又是一个多分散体系，过量的 K^+ 会中和 κ-卡拉胶分子所带的负电荷，使 κ-卡拉胶之间的斥力减弱，胶粒质点自动聚集的机会增多，造成一部分分散介质析出，从而加速凝胶的老化过程，释放出游离水，产生收缩脱液现象，使凝胶强度下降。所以在实际应用中，应控制 K^+ 的浓度，以避免其负面影响。

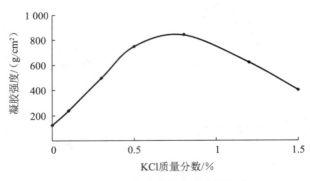

图 4-7　KCl 浓度对凝胶强度的影响

（4）电解质对凝胶的影响。不加电解质的卡拉胶凝胶强度很低，但加入少量 KCl 后，凝胶强度便有很大提高，KCl 加入量达 1.0% ～ 2.0% 时凝胶强度达到最高点。琼枝卡拉胶 RbCl 的作用最大，其次是 KCl、Rb_2SO_4、CsCl、NH_4Cl。对耳突麒麟菜卡拉胶，KCl 的作用最大，其次是 $CaCl_2$、NH_4Cl、CsCl、Rb_2SO_4。说明卡拉胶的来源不同，受电解质的影响也各异。

（5）多糖的影响。刺槐豆胶对卡拉胶的凝固性影响颇大，它能提高 κ-卡拉胶的凝胶强度和弹性。刺槐豆胶是一种半乳甘露聚糖，由甘露糖构成主链，主链上带有单个的半乳糖分支。甘露糖与半乳糖之比大约为 4∶1。半乳糖在主链上的排列不是均匀的；在有的区域半乳糖的支链是一个挨着一个地连在甘露糖上，形成"毛状区"而在有的甘露糖区域不带半乳糖支链，成为"平滑区"。此平滑区与卡拉胶形成的螺旋相结合，增强了交联程度，这就能增加凝胶强度。而毛状区不与螺旋相结合，使交联具有柔顺性，这使凝胶的柔顺性增加，也就增加了弹性。瓜尔豆胶是另一种半乳甘露聚糖，它的甘露糖与半乳糖之比为 2∶1，没有平滑区，故与 κ-卡拉胶无此反应。ι-卡拉胶与上述两种半乳甘露聚糖均无此反应。玉米和小麦的淀粉对卡拉胶的凝胶强度也有些提高作用，但羧甲基纤维素则降低其凝胶强度，而土豆淀粉和木薯淀粉则无作用。

（6）其他。一些醇类有提高卡拉胶凝固性的作用，卡拉胶还能溶于热的甘油和乙二醇中，冷却后能形成硬的凝胶。在水中，卡拉胶的浓度需 1% 左右，而在牛奶中只需 0.2% 左右便可，在牛奶中形成凝胶的机制与在水中不同，这是由于卡拉胶能与蛋白质起反应所致。

（二）卡拉胶的流变学特性

卡拉胶是一种常用食品添加剂，常被用作胶凝剂、增稠剂或稳定剂等，以改变食品的质构、状态和外观。利用其胶凝性可制作果冻、果酱、软糖和糕点雕花等。但是卡拉胶的流变特性及其凝胶性质与食品的加工工艺有着密切的关系，如加工的便利性、贮藏的稳定性等。

1.卡拉胶溶液的静态流变学性质

（1）浓度对卡拉胶黏度和剪切力的影响。由图 4-8 和图 4-9 可以看出，在相同的剪切速率下，卡拉胶溶液的黏度随着浓度的增加而增加。当卡拉胶溶液的浓度低于 0.5% 时，其黏度基本上不随剪切速率的变化而变化,呈现出牛顿流体的流动特性。当卡拉胶溶液的浓度高于 0.5% 时,其黏度随着剪切的增加逐渐降低,表现出剪切变稀的假塑性。卡拉胶的流动曲线可以用 power law 模型 $\tau = K\gamma^n$ 来描述,其中 K 是液体黏稠度的量度,K 越大,液体越黏稠。γ 是剪切速率。n 值是假塑性程度的量度,$n = 1$ 为牛顿流体;$n < 1$,为假塑性流体,n 与 1 的差值越大,则意味着剪切越易变稀,即假塑性程度越大,相反,如果 n 与 1 的差值越小,则意味着假塑性越小,越接近牛顿流体;$n > 1$ 为胀塑流性流体。其增稠指数和流动指数见表 4-4,随着浓度的增加,卡拉胶溶液的增稠指数逐渐增加而流动指数逐渐降低,说明卡拉胶溶液浓度越高,其黏稠性越大,假塑性也越大。卡拉胶浓度低于 0.5% 时 K 很小,而且 n 接近于 1,表现出牛顿流体的性质。卡拉胶剪切稀化的现象对食品加工过程有重要影响。在物料体系中通过添加卡拉胶,改善其流变性能,适宜于高剪切速率下加工,可以改进物料输送和灌注工艺,使能量消耗减少,易于加工成型。

(2)温度对卡拉胶溶液黏度的影响。

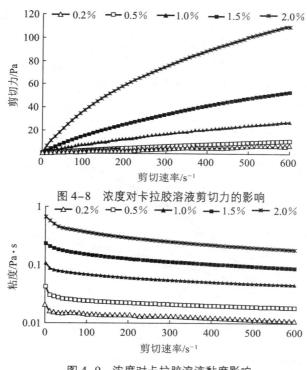

图 4-8 浓度对卡拉胶溶液剪切力的影响

图 4-9 浓度对卡拉胶溶液黏度影响

图 4-10 为温度对卡拉胶溶液黏度的影响。随着温度的降低,卡拉胶黏度逐渐升高。这是由于温度降低,卡拉胶分子的运动减弱,分子间相互作用力增强,分子流动阻力增加,因而黏度升高。但是在 30 ℃ 左右时,黏度突然升高,其原因是卡拉胶溶液在 30 ℃ 形成凝胶。

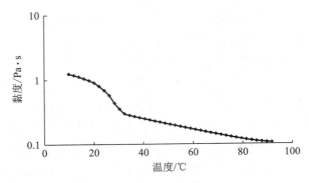

图 4-10　温度对卡拉胶溶液黏度的影响(剪切速率 $100\ s^{-1}$)

（3）卡拉胶溶液的触变性。图 4-11 为卡拉胶溶液的触变性曲线。浓度为 2% 时,卡拉胶溶液剪切速率上升过程与下降过程不重合,在曲线下方,形成了明显的触变环,这表明体系属于触变体系。但是浓度为 1.5% 时,卡拉胶溶液的触变曲线几乎重合,而且触变环面积明显小于浓度为 2.0%。触变环的面积反映触变性的大小,若触变环的面积大,则表示此体系经外力作用后,其黏度变化大,外力撤出后,此体系恢复到未经力作用的体系状态所需的时间长,也就是说触变性反应物料经长时间剪切后在静止时是一个重新稠化的过程。在食品制作过程中,希望触变环面积越小越好,这样有助于食品的保型,易于食品的加工制作。因此,在食品中应用时,可以根据不同情况使用不同浓度的卡拉胶。

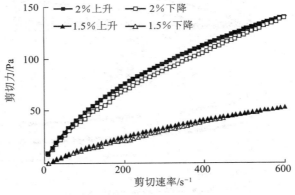

图 4-11　卡拉胶溶液的触变性曲线

2. 卡拉胶溶液的动态黏弹性

图 4-12 为质量分数为 1.5% 卡拉胶溶液的动态黏弹性,在质量分数 0.5%～2% 之间趋势相同。小幅震荡实验是测定物体黏弹性的方法之一,其评价指标为 G'、G'' 和 δ,其中 G' 代表弹性部分,G'' 代表黏性部分,δ 为损耗角,其正切 $\tan\delta = G''/G'$ 表征体系的黏弹性的程度。在低频率的情况下 G' 小于 G'',体系以黏性为主。但是随着频率的逐渐增加,G' 和 G'' 都有所增加,G' 的增加幅度大于 G''。当频率增大到 10 Hz 时,G' 就超过 G'',此时体系以弹性为主,呈现一定的弱胶性。这是因为当频率低时,松弛时间足够长,形变缓慢发生,大部分能量通过黏性流动而损耗,分子处于能量较低的状态中。松弛是通过分子链间的缠结点滑移而进行的。当频率升高时,有效松弛时间减少,分子链间没有足够的时间发

生滑移,这些缠结点越来越类似于固定的网络点。这种临时网络结构储存能量的能力不断升高,溶液趋向于弹性体。此外卡拉胶的动力学黏度随着振荡频率的增加而逐渐减少,表现出剪切变稀的特性,这与静态流变学测定的结果相符。

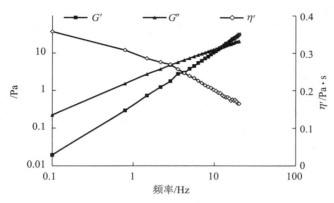

图4-12　卡拉胶溶液的动态黏弹性

　　总之,卡拉胶溶液在75 ℃下是假塑性流体,黏度随着剪切速率的增大而减少,其流动曲线与power law模型具有较好相关性;质量分数为2.0%时卡拉胶溶液具有触变性,随着浓度减少,触变程度逐渐减少。卡拉胶溶液具有黏弹性,在低频率区域体系以黏性为主,高频率区域体系以弹性为主,表现出弱胶性。卡拉胶形成的凝胶是一种热可逆凝胶,而且在升降温的过程中有明显的热滞后现象。其凝胶强度随着KCl质量分数的增加呈先增加后减少的趋势,而且质量分数为0.8%时凝胶强度最大。

（三）溶解性

1. 水溶解

卡拉胶的主要溶剂是水。在热水中所有类型的卡拉胶都溶解。在冷水中,λ-卡拉胶不论成何种盐都溶解。钠盐的κ-卡拉胶和ι-卡拉胶也溶解,而钾盐和钙盐的κ-卡拉胶只膨胀不溶解。卡拉胶在热水中的溶解度只受溶液黏度的限制。商品卡拉胶溶液的浓度可以达到约10%。

2. 盐溶解

水中加入盐类时卡拉胶的溶解情况与加入盐的种类和数量有关。ι-卡拉胶和λ-卡拉胶的溶液可以承受高浓度的电解质,如加入20%～25%的NaCl也不会发生什么问题,而κ-卡拉胶在此情况下便被盐析出来。

3. 糖溶解

κ-卡拉胶和λ-卡拉胶能溶于热的蔗糖中,糖的浓度可以高到65%,而ι-卡拉胶则很难溶于糖浓度这样高的溶液中。

4. 乳类溶解

所有卡拉胶都溶于热的乳中。在冷的乳中,λ-卡拉胶能分散,并使乳的黏稠性增加,因为λ-卡拉胶对乳中的钾和钙不敏感,故易分散,其分子量越大,增稠所需卡拉胶的浓度越小。κ-卡拉胶和ι-卡拉胶的3,6-AG含量越多,硫酸基越少,在冷的乳中越难溶。此外,

κ-卡拉胶和 ι-卡拉胶对钾和钙敏感,乳中的钾和钙对其溶解也起了部分阻止作用。

5. 有机溶剂溶解

卡拉胶能溶于无水的肼中。在甲醇、乙醇、丙醇、异丙醇、丙酮等能与水混溶的有机溶剂中,有机溶剂的浓度低时,卡拉胶能溶解。当有机溶剂的浓度增加到一定程度时,卡拉胶便被沉淀出来。故工业上生产卡拉胶就有一个方法利用醇沉淀法来制造的。

(四)泌水性

卡拉胶的凝胶放置时有的会分泌出一些水来,这是凝胶收缩造成的。开始时分泌出来的水呈小水珠状,时间一长水珠便增多增大而连成一片,这种现象称为泌水性。κ-卡拉胶形成的凝胶泌水性较大。ι-卡拉胶的水凝胶无泌水性,但它在乳中形成的凝胶也有泌水性。卡拉胶泌水性的大小除与卡拉胶本身的类型有关外,还与凝胶的浓度、系统中含有的电解质与非电解质的种类与浓度、压力的大小等有关。为了防止泌水,可在 κ-卡拉胶中加入适量的刺槐豆胶。

(五)与蛋白质的反应性

卡拉胶是带负电荷的高分子多糖,其反应性主要来自其分子上所带的半硫酸酯基团 $—R—O—SO_3^-$,它具有很强的阴离子性。它与 H^+ 结合成卡拉胶酸时,稳定性最差,它与 K^+、Na^+、Ca^{2+} 等结合而成卡拉胶的钾盐、钠盐和钙盐,稳定性好。构成卡拉胶的单糖单位在高分子链上的构象,以及结合的阳离子,决定了卡拉胶的物理性质。如 κ-卡拉胶和 ι-卡拉胶与 K^+ 或 Ca^{2+} 形成凝胶。

不论 κ-卡拉胶和 ι-卡拉胶,还是 λ-卡拉胶或 θ-卡拉胶,都能与蛋白质起反应。在绝大多数情况下是卡拉胶的硫酸基与蛋白质的带电荷的基团发生离子与离子之间的反应。反应决定于蛋白质与卡拉胶的净电荷比,所以与蛋白质的等电点、系统的 pH 和卡拉胶对蛋白质的重量比有关。

图 4-13 中 A 为 pH> 等电点,这时蛋白质和卡拉胶都带负电荷,不能直接进行反应,可通过钙或其他多价的阳离子搭桥,便能起反应。B 为 pH 等于等电点,蛋白质与卡拉胶的净电荷比为 0,这时反应最小。C 为 pH 小于等电点,蛋白质与卡拉胶净电荷比小于 1,此时发生部分反应,无沉淀。D 为 pH 小于等电点,蛋白质与卡拉胶净电荷比为 1,发生完全反应,形成沉淀。

但在某些条件下仍有些反应。例如,假若蛋白质分子中具有连续带正电荷的氨基酸基团的暴露区域,则此区域便能直接与带负电荷的卡拉胶起反应,此反应能在等电点时发生,也能在高于等电点时发生。牛奶蛋白质中的 κ-酪蛋白便是以此方式与 κ-卡拉胶或 λ-卡拉胶起反应的。对 Ca^{2+} 敏感的乳蛋白 α_s 和 β-酪蛋白,不能直接与卡拉胶起反应,但在 Ca^{2+} 存在下能形成弱的配位化合物。在卡拉胶与牛乳形成凝胶,或用卡拉胶作为稳定剂使可可粉悬浮在巧克力牛奶中时,很可能这两种类型的反应都有。在乳中,κ-酪蛋白能使对 Ca^{2+} 敏感的 α_s 和 β-酪蛋白呈稳定的胶粒状态,不发生凝沉,κ-卡拉胶在这方面所起的稳定作用与 κ-酪蛋白的一样。ι-卡拉胶和 κ-卡拉胶是至今已知的对 α-酪蛋白的最好稳定剂。被广泛应用于乳制品、炼乳和婴儿食品等的制作。

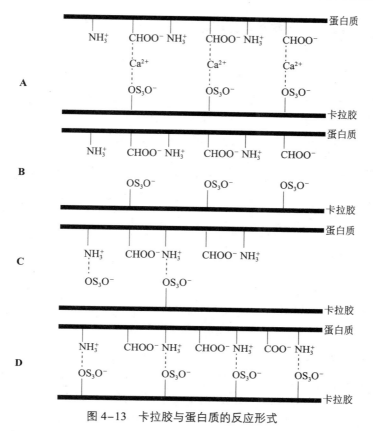

图4-13 卡拉胶与蛋白质的反应形式

（六）稳定性

干的卡拉胶粉末很稳定，长期放置不会很快降解。卡拉胶的溶液在微碱性和中性时很稳定。pH为9时，卡拉胶溶液最稳定。但在酸性情况下便不稳定，容易发生水解，水解的程度主要决定于pH、温度、时间和卡拉胶本身的组成和结构。酸水解时分子中的1，3-糖苷键容易断裂，3，6-内醚-半乳糖的存在能加速其裂解。1，4-连接单位的C_2上连有硫酸基时能减轻酸水解的作用，故ι-卡拉胶的降解速度大约是κ-卡拉胶的一半。凝胶状态的卡拉胶对酸的稳定性比溶液状态的好，这是因为凝固成凝胶时形成的二级和三级结构可能对糖苷键起保护作用，这一作用使卡拉胶可用于酸性环境。

五、卡拉胶与魔芋胶的协同作用

卡拉胶是由D-半乳糖和3，6-脱水-D-半乳糖残基组成的线性多糖化合物，是一种凝胶多糖。卡拉胶单独形成的凝胶不仅脆度大、弹性小，且析水现象严重。魔芋胶是由D-葡萄糖和D-甘露糖按1∶1.6的比例以β-1,4-糖苷键聚合的大分子多糖，是一种非凝胶多糖。它与卡拉胶在一定的条件下共混可以得到1+1>2的协同增效作用，并能形成脆度小、弹性大、析水小的凝胶，这就是多糖之间相互作用的结果。这种相互作用被广泛应用于果冻、布丁等凝胶食品。

（一）共混比对胶凝点和熔化点的影响

图 4-14 为卡拉胶∶魔芋胶为 3∶7、pH 为 7 时体系在冷却和加热过程中 G' 和 G'' 的变化。卡拉胶与魔芋胶其他配比在不同 pH 下的变化趋势相同，它们最大的不同就是胶凝点和熔化点的不同。表 4-5 为不同配比样品在溶胶 - 凝胶与凝胶 - 溶胶的转化过程中胶凝点和熔化点的变化。

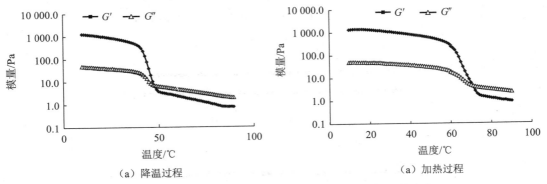

（a）降温过程   （a）加热过程

图 4-14　卡拉胶与魔芋胶在冷却和加热过程中 G' 和 G'' 的变化

图 4-14（a）可以看出，在降温过程中 G' 和 G'' 随着温度的降低逐渐增大，但 G' 增大速率大于 G''；当温度高于 45.33 ℃时，损耗模量 G'' 大于贮能模量 G'，说明体系以黏性为主，并呈溶液状态；在 45.33 ℃时，G'' 和 G' 都出现了突增，G' 开始超过 G''，并出现交汇点，这说明体系由溶胶开始转变凝胶，并且体系中弹性成分增加。此后随着温度继续降低，G' 和 G'' 都增大并且 G' 始终大于 G''，体系呈现凝胶的特性，这与单独卡拉胶胶凝过程相似（卡拉胶凝胶过程由以下几步完成：随着温度的降低，卡拉胶分子先由无规则线团结构形成单螺旋体结构，后随温度进一步降低，形成双螺旋体；温度再下降，双螺旋体进一步缔合，最后形成完整有序网络结构）。由图 4-14（b）可以看出，在加热过程中 G' 和 G'' 随着温度的升高逐渐降低，但 G' 降低程度比 G'' 大；当温度高于 68.17 ℃时，G'' 和 G' 都出现了突降，G'' 超过 G'。这表明体系中的黏性成分增加，体系由凝胶 - 溶胶开始转化，随着温度的继续升高，G'' 始终大于 G'，表现出典型黏弹性流体的特性。以上结果表明混合凝胶与单独卡拉胶凝胶过程相似，这说明卡拉胶在混合凝胶中起主要作用，而魔芋胶对凝胶起强化作用。

表 4-3　复配比对卡拉胶 - 魔芋胶混和体系中胶凝点和熔化点的影响

卡拉胶∶魔芋胶	pH=7		pH=5		pH=3	
	T_{gel}/℃	T_{melt}/℃	T_{gel}/℃	T_{melt}/℃	T_{gel}/℃	T_{melt}/℃
10:0	46.86	67.18	42.21	58.21	38.21.	51.12
9:1	47.34	68.30	43.13	60.12	39.12	52.31
4:1	48.73	69.20	44.24	61.26	40.04	53.21
7:3	50.65	71.12	45.96	63.01	41.23	55.02
3:2	49.59	70.34	45.04	62.54	40.35	54.12
1:1	47.20	69.24	43.09	61.28	39.03	53.25
2:3	46.76	68.83	42.26	60.12	38.21	52.13
3:7	45.33	68.17	41.01	59.01	37.30	51.23
1:4	43.72	66.57	39.21	58.31	36.14	50.16
1:9	42.42	65.28	38.02	57.23	34.98	49.34

表 4-3 为不同配比样品在溶胶-凝胶与凝胶-溶胶的转化过程中胶凝点和熔化点的变化。在相同 pH 下,体系的胶凝点和熔化点温度随着魔芋胶含量的增加呈先升高后降低的趋势,其中当卡拉胶∶魔芋胶为 7∶3 时,胶凝点和熔化点最高,胶凝点和熔化点比单独的卡拉胶都高接近 4 ℃,这表明卡拉胶和魔芋胶之间明显有协同作用。同一复配比的样品在不同 pH 下,胶凝点和熔化点温度随着 pH 的降低逐渐降低。这主要是因为卡拉胶在酸性环境中会降解,使其分子量减少,分子量的减少造成卡拉胶与魔芋胶的交联机率降低,因此凝胶点和熔化点在低 pH 下会降低。体系的溶胶-凝胶的转变具有温度上的滞后现象,这是由于在亲水胶体的胶凝和熔化的过程中遵循热力学第二定律:$\Delta G = \Delta H - T \cdot \Delta S$,胶凝是一个自发放热的过程,降低温度有利于胶凝,相反熔化是一个吸热的非自发过程,温度回升至胶凝温度时热动能不足以克服分子间形成凝胶网络的相互作用力,因而需要增加更多能量克服分子链间的相互作用,最终使熔化点高于胶凝点。

（二）不同共混比对动态黏弹性的影响

图 4-15 为卡拉胶与魔芋胶体系在 pH 为 7、温度为 10 ℃的条件下,G' 和 G'' 与频率的相关性,在其他 pH 下变化趋势相同。可以看出不管卡拉胶和魔芋胶配比如何,在 10 ℃条件下总是 G' 大于 G'',说明体系的弹性成分比较多,体系呈现凝胶状态;另外体系的 G' 和 G'' 基本不依赖振荡频率的变换而变化,这说明 10 ℃条件下体系形成凝胶的结构比较牢固,分子在凝胶网络内的活动性比较小,形成的凝胶强度比较大。

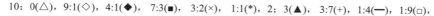

10∶0(△)，9∶1(◇)，4∶1(◆)，7∶3(■)，3∶2(×)，1∶1(＊)，2∶3(▲)，3∶7(+)，1∶4(—)，1∶9(□)，

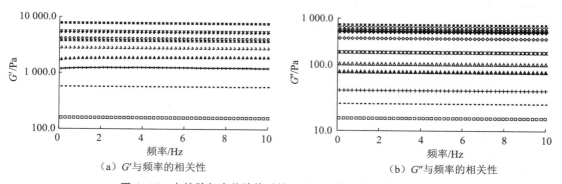

（a）G' 与频率的相关性　　　　（b）G'' 与频率的相关性

图 4-15　卡拉胶与魔芋胶体系的 G' 和 G'' 与频率的相关性

体系在 10 ℃条件下,随着魔芋胶含量的增加,G' 和 G'' 都是先增加后减少,其中当卡拉胶∶魔芋胶为 7∶3 时 G' 和 G'' 最大,这同样说明卡拉胶与魔芋胶之间有协同增效作用,而且当卡拉胶∶魔芋胶为 7∶3 时协同作用最大。其原因是两者的混合凝胶形成主要有两个结晶区,一个是卡拉胶自身形成,另一个为卡拉胶与魔芋胶之间形成。魔芋胶是一种由葡萄糖和甘露糖组成的聚糖,其中以甘露糖为主链,主链上带有单个葡萄糖分支。由于葡萄糖在主链上排列不均匀,即在甘露糖主链上形成了平滑区和毛状区。在体系冷却的过程中,卡拉胶能与甘露聚糖分子链上平滑区相结合,所以比单独卡拉胶形成凝胶网络结构增加、凝胶强度强,但是卡拉胶与魔芋胶之间的交联程度相对于卡拉胶自身形成的交联程度还是比较弱的。因此随着魔芋胶的比例增大 G' 和 G'' 先增大后减少,7∶3 时二者的协同作用达到最大。

（三）瞬时性

图 4-16 为卡拉胶∶魔芋胶 ＝1∶1、pH＝7 时的蠕变恢复图，J_0 为蠕变柔量，其他配比及在其他 pH 下的图变化趋势相似。瞬间柔量在 1 s 内就施加，并且在蠕变阶段随着时间的延长，柔量逐渐增大；在恢复阶段，恢复曲线呈平趋势，这说明凝胶恢复到没有施加力时的状态，没有发生永久的变形，表现出弹性凝胶的性质。

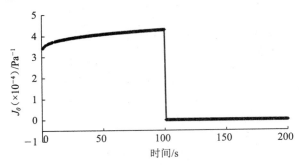

图 4-16　混合体系的蠕变恢复图

表 4-4　不同配比样品在不同 pH 下瞬间柔量的变化

卡拉胶∶魔芋胶		10∶0	9∶1	4∶1	7∶3	3∶2	1∶1	2∶3	3∶7	1∶4	1∶9
$J_0 \times 10^{-4}$ /Pa^{-1}	pH＝7	3.45	1.82	1.42	1.26	1.60	3.43	5.65	8.45	17.11	40.01
	pH＝5	5.98	3.12	2.10	1.74	2.89	5.89	8.96	12.86	24.89	48.23
	pH＝3	9.34	4.96	2.84	2.01	3.82	8.92	13.21	17.92	30.21	52.10

表 4-4 为不同配比样品在不同 pH 下瞬间柔量的变化。J_0 随着魔芋胶量的增加先减少后增大，而且当卡拉胶与魔芋胶比为 7∶3 时最小，与 G' 的变化趋势相反。这是因为 J_0 为 G' 的倒数，J_0 越小，G' 就越大，同时凝胶强度就越大，这一结果同样证明了卡拉胶与魔芋胶之间有增效的协同作用。随着 pH 的降低 J_0 逐渐增大，正如前面所提到这主要是卡拉胶在酸性的环境中会降解引起的。

（四）凝胶强度

1. pH 对凝胶强度的影响

图 4-17 为 pH 对体系凝胶强度的影响，凝胶强度随着魔芋胶量的增加凝胶强度先增加后减少，而且在 7∶3 时凝胶强度最大。同一配比在不同 pH 下，凝胶强度随着 pH 的降低而降低。这与 G' 和 G'' 的变化趋势相同。凝胶强度先增大后减少，是因为卡拉胶与魔

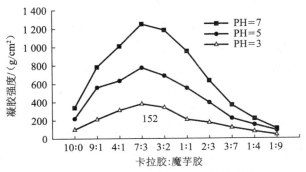

图 4-17　pH 对混合体系凝胶强度的影响

芋胶之间的协同作用先增强后减弱。而在低 pH 下凝胶强度的降低是因为在酸性条件下,酸能使多糖类的糖苷类水解,使相互作用的作用力减弱而导致凝胶强度的下降。

2. 蔗糖对凝胶强度的影响

图 4-18 为在 pH=3 下添加不同浓度的蔗糖对凝胶强度的影响,在其他 pH 下变化趋势相同。随着蔗糖浓度的增加凝胶强度逐渐增加,这主要是因为蔗糖分子是亲水分子,其水化作用很强,蔗糖能使凝胶内部的自由水含量减少,使凝胶内部网络结合更紧密,因而凝胶强度随着蔗糖浓度的增加而增大。

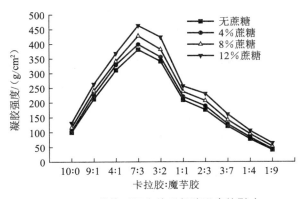

图 4-18　蔗糖对混合体系凝胶强度的影响

3. KCl 浓度对凝胶强度的影响

图 4-19 为卡拉胶与魔芋胶比为 7:3 时 KCl 浓度对凝胶强度的影响,随着 KCl 浓度的增加凝胶强度先增加后减少,当 KCl 浓度达到 0.5% 时凝胶强度达到最大。可见 KCl 浓度对混合体系影响比较大,这与卡拉胶凝胶结果相似。这说明在卡拉胶和魔芋胶协同形成凝胶的过程中,卡拉胶起主要作用。

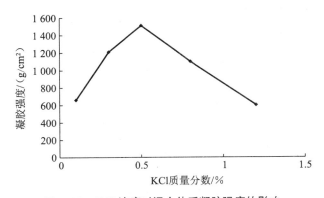

图 4-19　KCl 浓度对混合体系凝胶强度的影响

(五)卡拉胶和卡拉胶与魔芋胶混合凝胶红外光谱

FT-IR 是探讨分子结构的有力手段,振动谱带的强度、宽度和峰的位置都对分子水平的高聚物构象及分子环境的改变很灵敏。当两种高聚物相容时,两种高分子间便存在明显的相互作用,这一相互作用在 FT-IR 谱图上能明显表现出来。这样我们就可以利用差谱等手段来确定共混分子间相互作用的强弱,即体系的相容程度。若两种高聚物共混后,羟基伸缩振动峰增强并向低波数方向位移,那么分子间的氢键必定增强,即分子间相互作用一定增大。对纯卡拉胶和卡拉胶与魔芋胶混合比为7:3凝胶进行FT-IR谱图分析,如图4-20所示。纯卡拉胶的羟基伸缩振动峰为3 380 cm^{-1},而卡拉胶与魔芋胶比为7:3羟基伸缩振动峰为3 350 cm^{-1},向低波数方向发生偏移了30 cm^{-1}。这是卡拉胶与魔芋胶分子间相互作用的结果,是卡拉胶上—OSO_3^-能与魔芋胶之间形成分子间的氢键所致。

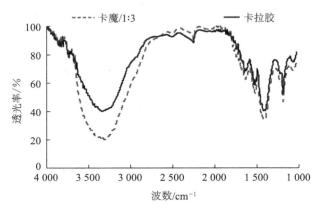

图4-20 卡拉胶和卡拉胶与魔芋胶混合凝胶红外光谱

卡拉胶与魔芋胶之间有增效的协同作用,形成的凝胶是一种热可逆凝胶,并且胶凝点低于其凝胶的熔化点。随着魔芋胶量的增加,混合凝胶的G'、G''、凝胶强度、胶凝点和熔化点都有先增大后减少的趋势,当卡拉胶与魔芋胶比为7:3时最大。而瞬间柔量趋势与其相反。pH、蔗糖以及KCl浓度对混合凝胶的凝胶强度有一定影响。在酸性条件下蔗糖对体系的凝胶强度保护作用,KCl浓度低于0.5%时随着浓度的增加凝胶强度最增大,高于0.5%时凝胶强度随着浓度的增加会降低。通过红外光谱进行分析发现,卡拉胶与魔芋胶混合形成凝胶后,羟基峰向低波数方向偏移,这一结果充分证明了卡拉胶与魔芋胶之间发生了交联。

第二节 卡拉胶工业

卡拉胶最早从角叉菜中提取得到,是从红藻细胞壁中提取的可溶性多糖。生产原料主要是红藻,其中有角叉菜属($Chondrus$)、麒麟菜属($Eucheuma$)、叉枝藻属($Amphiroa$)、沙菜属($Hypnea$)、杉藻属($Gigarlina$)、银杏藻属($Iridaea$)及海萝属($Gloiopeltis$)等属的种类。

耳突麒麟菜和刺麒麟菜是目前生产卡拉胶的主要原料,其中耳突麒麟菜在菲律宾产量最多,其产量占世界总产量的一半以上。印度尼西亚海域则是刺麒麟菜的主要分布地区。我国的某些地区麒麟菜的产量也很丰富。从不同的海藻原料中提取出的卡拉胶的类型也不相同。如从耳突麒麟菜中可以提取出较为均一的κ-型卡拉胶;刺麒麟菜经过处理后,可以得到ι-卡拉胶;杉藻属或角叉菜属等其他海藻中,提取出的则是其他不同类型的卡拉胶。麒麟菜为热带和亚热带海藻,藻体成圆柱状或者扁平状,有分支呈二叉式或不规则形,分支上一般都有乳状头或者疣状突起。根据种类的不同,其排列也有的紧密有的疏散,又由于分支繁多,互相重叠或者愈合交织在一起构成团块状藻体。种类不同,藻体的大小也不相同,一般为 20～40 cm。藻体的颜色非常鲜艳,有浅绿、浅黄、黄绿、暗红等各种不同的颜色。新鲜的麒麟菜藻体脆软,肥满多汁,待晒干后,藻体则变为坚硬的软骨质。

目前商业化生产的卡拉胶主要有 λ、κ、ι 型。粗制卡拉胶的生产方法是直接将水洗后的原料粉碎,然后脱水干燥即得到卡拉胶的粗制品。此方法生产的卡拉胶品质较低、胶液杂质多、透明度差、色素含量高及会出现纤维状沉淀。这种品质的卡拉胶一般应用于对其颜色及凝胶强度要求都不高的产品中。其中 ι-卡拉胶的原料刺麒麟菜(*Eucheuma spinosum*)易于养殖、生长速度快,价格低。但是,在国际市场中,每吨 ι-卡拉胶的价格比 κ-卡拉胶高 2.5 倍。这是由于 ι- 的提取过程中需要消耗大量的乙醇,生产工艺的条件对产品的质量影响显著。

在精制卡拉胶的制作过程中,国外多采用从原料中直接提取的方法,提取出的卡拉胶含有的杂质少、凝胶强度高且工艺过程不会对环境造成污染,但对原料和设备的要求相对较高。在国内提取卡拉胶的方法多采用碱液浸泡对藻体进行预处理,其中包括常温浓碱法、中温中碱法及高温稀碱法。碱处理、提胶精制及脱水干燥是卡拉胶生产中的关键工序。碱处理过程中的关键因素是碱液浓度、碱处理温度及碱处理时间。最初的碱处理工艺是以 NaOH 溶液对海藻进行处理,但是溶胶严重,卡拉胶的损失率大。后经研究,在碱液中加入碱金属盐或碱土金属盐对溶胶现象起到有效的抑制,提高卡拉胶的产率和凝胶强度。在之后的研究中,张其标等在提取耳突麒麟菜中卡拉胶的碱处理过程将 NaOH-KCl 混合使用,减少了卡拉胶的溶出。随着研究的深入,碱处理过程中用 KOH 碱溶液代替 NaOH-KCl 碱溶液,可提高产率、降低成本,且碱液可以循环使用,避免了碱液对环境的污染。现提胶最常用的方法是恒温水浴法,也有用高压蒸汽提胶及高压空气提胶这两种新工艺。通常设置提胶温度在 90 ℃～95 ℃之间,高温可以使内部胶体加速溶出,提高得率。

在脱水干燥工艺过程中,目前国内采用加盐冷却或盐析的方法促进凝胶,但最终产品中卡拉胶的盐度偏高。可利用卡拉胶与甲醇、乙醇、丙醇等有机溶剂的不相容性,来提取低盐的卡拉胶产品。最早采用冷冻脱水法进行脱水,但需要大型冷却设备,导致耗能比较高。后来采用真空浓缩,先浓缩胶液,然后使用有机溶剂(乙醇、异丙醇)脱水,但导致生产成本较高。现国内基本采用压榨脱水法和滚筒干燥法。

一、提取方法

为了提高产品的凝胶强度,对硫酸基含量较高的原料采用碱处理的方法(NaOH、Ca(OH)$_2$、KOH 等)。① 高温稀碱法:90 ℃ ±2 ℃,5%～10%氢氧化钠,5% KCl,4 h;② 中温浓碱法:60 ℃ ±2 ℃,28%～30%氢氧化钠,5% KCl,12 h;③ 常温浓碱法:25 ℃ ± 2 ℃,40%氢氧化钠,5% KCl,72 h。

(一)水提取法

20 世纪 40 年代前后,主要用皱波角叉菜做原料。原料首先用水洗净,放提取罐中,100 份水加 2～4 份原料,用蒸汽加热,提取温度为 80 ℃～100 ℃,提取时间为 40～60 min。提取液,加入助滤剂过滤,过滤后的清液经真空浓缩,用滚桶式干燥机或者喷雾式干燥机进行干燥。喷雾干燥的不需要再粉碎,用滚桶式干燥的需经粉碎,然后过筛制成粉末状产品。

(二)醇沉法

卡拉胶在醇中有一定的溶解度,当醇的浓度达到某一限度时,卡拉胶便不再溶解而被沉淀出来,此时醇起脱水剂的作用。用离心或过滤等方法使沉淀与溶液及溶于该溶液中的杂质分离,然后干燥。此方法的提取与热水法相似,过滤后的清液可直接用异丙醇进行沉淀,为了减少异丙醇的消耗量,可将滤液浓缩到10%左右,再加醇沉淀。将浓缩液喷到盛有91%异丙醇的罐中,同时进行搅拌,卡拉胶便被沉淀下来。沉淀效果如何与醇的浓度有关,浓度大则沉淀好。两者混合后,最终溶液中异丙醇的浓度不能低于50%(按重量计)。

用醇沉淀法生产的卡拉胶杂质含量少,纯度高,质量好。水提取法的产品杂质含量多,质量不如醇沉淀法的好,但生产成本低。

二、κ-卡拉胶的提取工艺

(一)工艺流程

耳突麒麟菜→KOH 碱处理→中和→水洗→煮胶→过滤→凝胶→脱水→烘干→粉碎→包装。

(二)技术节点

1. KOH 浓度对耳突麒麟菜卡拉胶得率、凝胶强度和硫酸基的影响

(1)碱浓度对耳突麒麟菜卡拉胶得率的影响。不同碱浓度对耳突麒麟菜卡拉胶得率的影响,如图 4-21 所示。卡拉胶得率随着碱浓度的增加呈现先增大后减少的趋势,当 KOH 的浓度为 10% 时,得率最高为 42.5%。当 KOH 浓度低于 10% 时,碱液有效阻止了卡拉胶从藻体中溶出,得率升高;当碱浓度较高时(10% 以上),卡拉胶因被降解成小分子而损失,得率下降。

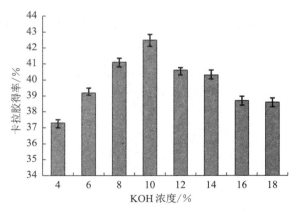

图 4-21　KOH 浓度对卡拉胶得率的影响

(2)碱浓度对耳突麒麟菜卡拉胶凝胶强度的影响。KOH 浓度对耳突麒麟菜卡拉胶凝胶强度的影响,见图 4-22。经碱处理后,可以提高耳突麒麟菜卡拉胶的凝胶强度。其中 KOH 浓度为 14% 时凝胶强度最高,为 1 424.67 g/cm^2。此后的卡拉胶的凝胶强度降低。主要是由于高碱条件会造成卡拉胶分子的分解,使凝胶强度降低。

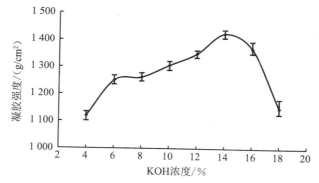

图 4-22 KOH 浓度对卡拉胶凝胶强度的影响

（3）碱浓度对耳突麒麟菜卡拉胶硫酸基含量的影响。不同 KOH 浓度对耳突麒麟菜卡拉胶硫酸基含量的影响，见图 4-23。硫酸基含量随着碱浓度的增大逐步降低，当碱浓度大于 12% 时，硫酸基含量基本不变，说明分子中大部分硫酸酯基已经被除去了。

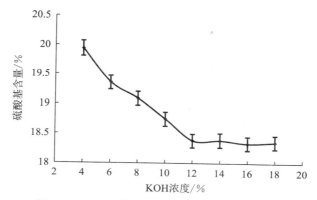

图 4-23 KOH 浓度对卡拉胶硫酸基含量的影响

2. 碱处理温度对耳突麒麟菜卡拉胶得率、凝胶强度和硫酸基的影响

（1）碱处理温度对耳突麒麟菜卡拉胶得率的影响。不同碱处理温度对卡拉胶得率的影响，见图 4-24。当温度为 85 ℃时，卡拉胶得率最高为 42.48%。随着温度的升高得率下降，可能是高温对藻体造成了一定的破坏，使胶质溶出，造成了得率的下降。

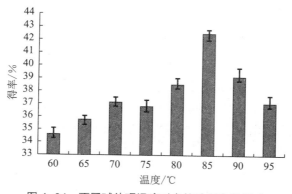

图 4-24 不同碱处理温度对卡拉胶得率的影响

（2）碱处理温度对耳突麒麟菜卡拉胶凝胶强度的影响。不同 KOH 浓度对耳突麒麟菜卡拉胶凝胶强度的影响见图 4-25。当温度为 70 ℃时，凝胶强度最高，为 1 205. 17 g/cm²。随着温度的增加，凝胶强度呈现下降的趋势，可能是高温条件也会使卡拉胶分解，从而使降低了卡拉胶的凝胶强度。

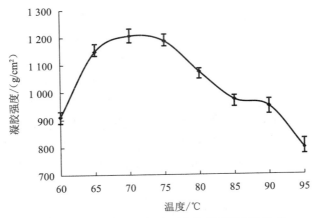

图 4-25　不同碱处理温度对卡拉凝胶强度的影响

（3）碱处理温度对耳突麒麟菜卡拉胶硫酸基含量的影响。温度对耳突麒麟菜卡拉胶硫酸基含量的影响，见图 4-26。硫酸基含量随着温度的增大呈现大致降低的趋势，当温度为 80 ℃时含量最低，此后趋于平缓。

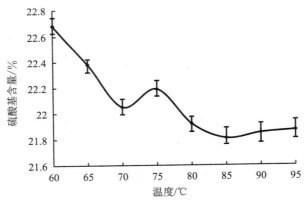

图 4-26　不同碱处理温度对卡拉硫酸基含量的影响

3. 碱处理时间对耳突麒麟菜卡拉胶得率、凝胶强度、黏度和硫酸基的影响

（1）碱处理时间对耳突麒麟菜卡拉胶得率的影响。不同碱处理时间对耳突麒麟菜卡拉胶得率的影响，见图 4-27。当处理时间为 3 h 时，得率最高，为 42.1%。随着碱处理时间的增加，卡拉胶得率逐渐减少，碱处理时间增加造成藻体的破坏，使胶质溶出，造成得率下降。

（2）碱处理时间对耳突麒麟菜卡拉胶凝胶强度的影响不同碱处理时间对耳突麒麟菜卡拉胶凝胶强度的影响，见图 4-28。碱处理时间为 3. 5 h 时，卡拉胶的凝胶强度最大，为 1 260 g/cm²。

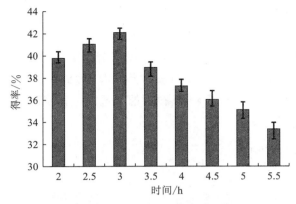

图 4-27 不同碱处理时间对卡拉胶得率的影响

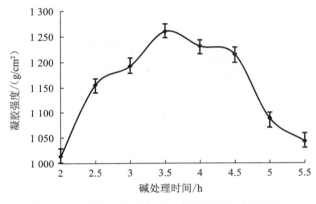

图 4-28 不同碱处理时间对卡拉凝胶强度的影响

（3）碱处理时间对耳突麒麟菜卡拉胶硫酸基含量的影响。不同碱处理时间对耳突麒麟菜卡拉胶硫酸基含量的影响，见图 4-29。当处理时间大于 2.5 h 后，硫酸基含量大幅度下降，3 h 后硫酸基含量下降缓慢。当处理时间为 3 h 时，硫酸基含量为 21.61%，5 h 时硫酸基含量为 21.58%，因此，随着碱处理时间的延长，硫酸基的变化范围不大，考虑到生产成本，选择处理时间为 3 h 作为耳突麒麟菜的最佳处理时间。

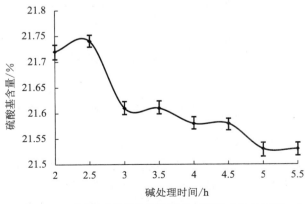

图 4-29 不同碱处理时间对卡拉硫酸基含量的影响

（三）KOH 和 NaOH-KCl 碱处理所得卡拉胶的品质比较

1. KOH 和 NaOH-KCl 碱处理所得卡拉胶的得率比较

由图 4-30 看出，用 KOH 和 NaOH-KCl 对耳突麒麟菜进行处理，经过 3 次实验求得的平均值，发现用 KOH 处理得到卡拉胶的平均得率为 41.88％；用 NaOH-KCl 处理得到卡拉胶平均得率为 38.2％，略低于用 KOH 得到的卡拉胶。说明用 KOH 提取卡拉胶的优化工艺可以提高卡拉胶的得率。

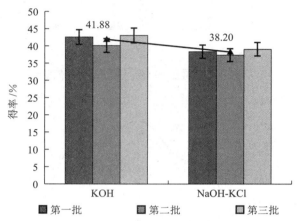

图 4-30 KOH 和 NaOH-KCl 碱处理对卡拉胶得率的影响

2. KOH 和 NaOH-KCl 碱处理所得卡拉胶的凝胶强度比较

由图 4-31 可知，经过 3 次实验得到卡拉胶凝胶强度的平均值，用 KOH 处理得到卡拉胶的平均凝胶强度值 1 254.5 g/cm^2，用 NaOH-KCl 得到的卡拉胶平均凝胶强度值为 1 295.56 g/cm^2，两种平均卡拉胶凝胶强度值差别不大。

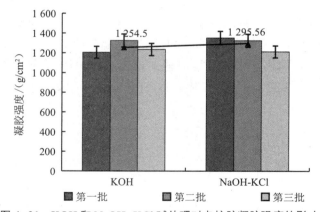

图 4-31 KOH 和 NaOH-KCl 碱处理对卡拉胶凝胶强度的影响

3. KOH 和 NaOH-KCl 碱处理所得卡拉胶的硫酸基含量比较

KOH 和 NaOH-KCl 碱处理对卡拉胶硫酸基的影响，如图 4-32 所示。经过 3 次实验求得平均值，用 KOH 处理耳突麒麟菜得到的卡拉胶的硫酸基含量为 20.63％，较 NaOH-KCl 的也有所降低，得到了硫酸基含量低于 22％的卡拉胶，说明该优化工艺得到了低硫酸基含量的卡拉胶。

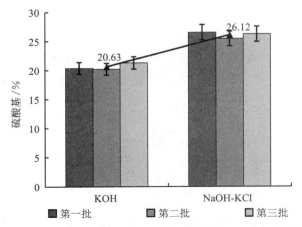

图 4-32 KOH 和 NaOH-KCl 碱处理对卡拉胶硫酸基含量的影响

所以在相同生产条件下,用 KOH 和 NaOH-KCl 碱处理耳突麒麟菜得到的两种卡拉胶的在得率、凝胶强度、硫酸基含量及生产成本方面有较大的优势。

三、ι-卡拉胶的提取工艺

(一)工艺流程

刺麒麟菜→预处理→碱液浸泡→洗涤至中性→提胶→精滤→浓缩→酒精脱水→干燥→成品。

(二)技术节点

1. KOH 浓度对 ι-卡拉胶产率、凝胶强度、黏度的影响

由图 4-33 可知,碱处理温度为 25 ℃,碱处理时间为 5 h 的条件下,卡拉胶的得率和凝胶强度随着碱浓度的增加呈现先增大后减少的趋势。当 KOH 的碱液浓度为 12% 时得率和凝胶强度最高,分别为 48.05% 和 369.62 g/cm²。KOH 碱液浓度对于卡拉胶的黏度影响不显著。

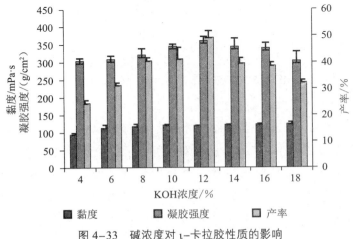

图 4-33 碱浓度对 ι-卡拉胶性质的影响

2. 碱浸泡温度对 ι-卡拉胶得率、凝胶强度、黏度的影响

由图 4-34 可知，碱处理时间为 5 h 的条件下，卡拉胶的产率、黏度和凝胶强度呈现先增大后减小的趋势，产率和凝胶强度均在处理温度为 30 ℃时达到最大值，分别为 46.22% 和 513.31 g/cm^2。黏度在处理温度为 45 ℃时达到最大为 156.83 mPa·s。

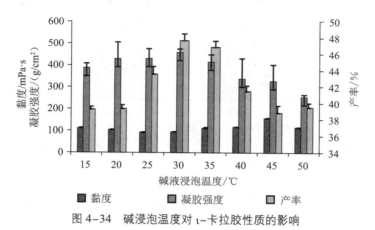

图 4-34　碱浸泡温度对 ι-卡拉胶性质的影响

3. 碱液浸泡时间对 ι-卡拉胶产率、凝胶强度、黏度的影响

由图 4-35 可知，碱处理温度为 25 ℃的条件下，卡拉胶的产率和凝胶强度随着处理时间的增大呈现先增大后减小的趋势，产率在处理时间为 8 h 时达到最大值 45.79%。凝胶强度在处理时间为 6 h 时达到最大值 264.93 g/cm^2。处理时间对卡拉胶的黏度影响不明显。

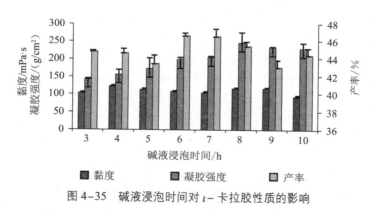

图 4-35　碱液浸泡时间对 ι-卡拉胶性质的影响

4. CaCl$_2$、KCl 对乙醇用量的影响

测定在胶液中加入 CaCl$_2$ 或者 KCl 对酒精用量的影响。

图 4-36 是在胶液中加入 CaCl$_2$ 的量对沉淀出卡拉胶所需要的乙醇量的影响。在胶液中加入 CaCl$_2$ 能明显减少乙醇的用量。随着 CaCl$_2$ 的增加，乙醇用量逐渐减少。当 CaCl$_2$ 的加入量达到 0.03% 时，乙醇用量达到最小，由 150 mL 降低为 80 mL。继续增加 CaCl$_2$，不会减少乙醇的用量。当 CaCl$_2$ 达到 0.05% 胶液出现部分凝结现象，不易于卡拉胶的沉淀析出。

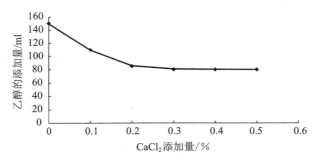

图 4-36　胶液中加入 CaCl₂ 对乙醇用量的影响

　　图 4-37 为在胶液中加入 KCl 的量对沉淀出卡拉胶所需要的乙醇量的影响。在胶液中加入 KCl 能明显减少乙醇的用量，随着 KCl 的增加，乙醇用量减少。当 KCl 的加入量达到 0.3％时，乙醇用量达到最小，由 150 mL 降低到 70 mL。继续增加 KCl 的用量，对乙醇的用量影响不大。当 KCl 达到 0.5％胶液出现部分凝结现象，不易于卡拉胶的沉淀析出。

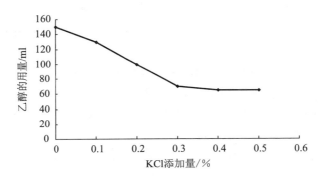

图 4-37　胶液中加入 KCl 对乙醇用量的影响

参 考 文 献

［1］　纪明侯. 海藻化学［M］. 北京：科学出版社，1997.

［2］　金骏，林美娇. 海藻利用与加工［M］. 北京：科学出版社，1993.

［3］　刘雪平，许加超，侯丽丽，等. 低黏度低硫酸基卡拉胶提取方法研究［J］. 农产品加工：学刊，2013（7 下）：4-8.

［4］　许加超. 氢氧化钾预处理提高卡拉胶产率的工艺研究［J］. 海洋科学，1996（5）：7-9.

［5］　胡亚芹，竺美. 卡拉胶及其结构研究进展［J］. 海洋湖沼通报，2005（1）：94-102.

［6］　徐志丽，吴晖. 卡拉胶的流变性能［J］. 广州食品工业科技，2004，20（3）：153-155.

［7］　孟凡玲，罗亮，宁辉，等. κ-卡拉胶研究进展［J］. 高分子通报，2003（5）：49-56.

［8］　FENNEMA O R. 食品化学［M］. 王璋，许时婴，江波，等，译. 北京：中国轻工业出版社，2003.176-179.

［9］　纪明侯，LAHAYE M，YAPHE A. 用 ¹³C- 核磁共振和红外光谱法对三种卡拉胶原藻分步提取的卡拉胶级分的结构分析［J］. 海洋与湖沼，1988，19（3）：249-260.

[10] 徐强,管华诗. 卡拉胶研究的发展与现状[J]. 青岛海洋大学学报，1995，25(S1)：117-124.

[11] 刘凌,薛毅,王亚南,等. κ-卡拉胶胶凝特性研究[J]. 郑州轻工业学院学报，1999，14(1)：64-68.

[12] 陈声明. 海藻酸的微生物合成及其发酵条件[J]. 食品与发酵工业，1994(4)：12-15.

[13] GOMBOTZ W R, WEE S F. Protein release from alginate matrices[J]. Advanced Drug Delivery Reviews，1998，31：267-285.

[14] 王卫平. 食品品质改良剂:亲水胶体性质及应用(之四)——海藻胶[J]. 食品与发酵工业，1996(1)：72-78.

[15] DEFREITAS Z. Carrageenan effects on thermal stability of meat proteins[J]. Journal of Food Science，1997，62(3)：544-547.

[16] MOON J D. Effects of seed oils water and carrageenan on the chemical properties of low-fat sausages during cold storage[J]. Korean Journal of Animal Science，1996；38(4)：423-433.

[17] TRIUS A SEBRANEK J G. Carrageenans and their use in meat products[J]. Critical Reviews in Food Science and Nutrition，1996. 36(12)：69-85.

[18] DROHAN D D, TZIBOULA A, MCNUITY D, etal. Milk protein-carrageenan interactions[J]. Food Hydrocolloids. 1997. 11(1)：101-107

[19] KOHYAMA K, IIDA H, NISHINARI K. A mixed system composed of different molecular weights konjac glucomannan and kappa carragageenan: large deformation and dynamic viscoelastic study[J]. Food Hydrocoll，1993，7(3)：213-226.

[20] OAKENFULL D, NISHINARL K, MLYOSHLI E. Comparative study of milk gels formed with κ-carrageenan or low-methoxy pectin[M]. //NISHINARI K. Hydrocolloids: part 2. Elseviec The Netherlands，2000：153-163.

[21] 赵谋明,林伟峰,徐建祥,等. 酪蛋白-卡拉胶体系交互作用机理的研究[J]. 食品与发酵工业，1997，23(5)：1-9.

[22] MILLER-LIVNEY T, HARTEL R W. Ice Recrystallization in Ice Cream: Interactions Between Sweeteners and Stabilizers[J]. Journal of Dairy Science，1997，80(3)：447-456.

[23] GIESE J. Developments in beverage additives[J]. Food Technology，1995，49(9)：63-65.

[24] MARCOTT M, HOSHAHILI A R T, RAMASWAMY H S. Rheological properties of selected hydrocolloids as a function of concentration and temperature[J]. Food Research International，2001，34(8)：695-703.

[25] SHERMAN P. The texture of ice cream 3. Rheological properties of mix and melted ice cream[J]. Food Science，1966，31(5)：707-716.

[26] ZCZESNIAK A, FARKAS E. Objective characerization of the mouthfeel of gum solution[J]. Food Science, 1962, 27(4):381-385.

[27] RAO M A. Rheology of liquid foods——A review[J]. Food Texture Sudies, 1977, 8(2):135-168.

[28] RAO M A. Measurement of flow properties of fluid foods——developments, limitations, and interpretation of phenomena[J]. Food Texture Sudies, 1977, 8(3):257-282.

[29] HOWARD D. A look at viscosity[J]. Food Technology, 1991, 45(7):84-86.

[30] HEN Y, LIAN M L, DUNSTAN D E. The Rheology of $K^+-\kappa$-carrageenan as a weak gel[J]. Carbohydrate Polymers, 2002, 50(2):109-116.

[31] 刘芳,沈光林,彭志英. 卡拉胶的交互作用特性及其在食品工业中的应用 [J]. 冷饮与速冻食品工业, 2000(4):31-33.

[32] RENN D. Biotechnology and the red seaweed polysaccharide industry: status, needs and prospects[J]. Treds in Biotechnology. 1997, 15(1):9-14.

[33] MICHON C, CHAPUIS C, LANGENDORFF V, et al. Structure evolution of carrageenan/milk gels: effect of shearing, carrageenan concentration and nu fraction on rheological behavior[J]. Food Hydrocolloids, 2005, 19(3):544-547.

[34] RODRIGUEZ-HERNANDEZ A I, TECANTE A. Dynamic viscoelastic behavior of gellan-ι-carrageenan and gellan-xanthan gels[J]. Food Hydrocollids, 1999, 13:59-64.

[35] 汤毅珊,赵谋明,黎星蔚,等. 卡拉胶流变性能的研究 [J]. 广州食品工业科技, 1994(4):34-38.

[36] 许时婴,钱和. 魔芋葡甘露聚糖的化学结构与流变性质 [J]. 无锡轻工业学院学报, 1991, 10(1):1-12.

[37] 何东保,彭学东,詹东风. 卡拉胶与魔芋葡甘聚糖协同相互作用及其凝胶化的研究 [J]. 高分子材料科学与工程. 2001, 17(2):28-31.

[38] NORZIAH M A, FOO SL, KARIM A A. Rheological studies on mixtures of agar (*Gracilaria changii*) and κ-carrageenan[J]. Food Hydrocolloids, 2006, 20:204-217.

[39] 刘芳,赵谋明,彭志英. 卡拉胶与其他多糖类协同作用机理的研究进展 [J]. 食品科学, 2000, 21(4):8-13.

[40] 詹永,杨勇,刘勤晋. 复配魔芋胶凝胶特性的影响因素 [J]. 中国食品添加剂, 2005(3):61-67.

[41] HSU S Y, CHUNG H Y. Interactions of konjac, agar, curdlan gum, κ-carrageenan and reheating treatment in emulsified meatballs[J]. Journal of Food engineering, 2000, 44(4):199-204.

[42] PENROJ P, MITCHELL J R, HILL S E, et al. Effect of konjac glucomannan deacetylation on the properties of gels formed from mixtures of kappa carrageenan and konjac glucomannan[J]. Carbohydrate Polymers, 2005, 59:367-376.

[43] GILSEMAN P M, ROSS-MURPHY S B. Shear creep of gelatin gels from mammalian and piscine collagens[J]. International Journal of Biological Macromolecules, 2001, 29: 53-61.

[44] RAYMENT P, ROSS-MURPHY SB, ELLIS P R. Rheological properties of guar galactomannan and rice starch mixtures II. Creep measurements[J]. Carbohydrate Polymers, 1998, 35: 55-63.

[45] RODD A B, DAVIS C R, DUNSTANA D E, et al. Rheological characterisation of 'weak gel'carrageenan stabilised milks[J]. Food Hydrocolloids, 2000, 19: 445-454.

[46] 许永安,叶玫,陈梅,等. 菲律宾耳突麒麟菜卡拉胶的提取工艺探讨 [J]. 福建水产, 1989(03): 27-32.

[47] 朱敏,张立新,史大永. 刺麒麟菜基本成分分析和 ι-卡拉胶的提取工艺参数优化 [J]. 海洋科学, 2011, 35(12): 63-67.

[48] 许加超. 氢氧化钾预处理提高卡拉胶产率的工艺研究 [D]. 海洋科学, 1996(5): 7-9.

[49] 刘芳. 沙菜高凝胶性能卡拉胶提胶机理的研究 [D]. 广州:华南理工大学食品与生物工程学院, 2001.

[50] 李春海,杨礼俊. κ-卡拉胶工业生产中碱改性的参数优化研究 [J]. 食品工业科技, 2003(10): 124, 127.

[51] 汪超,李斌,徐潇,等. 魔芋葡甘聚糖的流变特性研究 [J]. 农业工程报, 2005, 21 (8): 157-160.

[52] PONS M, FISZMAN S M. Instrumental texture profile analysers with particular reference to gelled systems[J]. Journal of Texture Studies, 1996, 27(6): 597-624.

[53] 李安平,谢碧霞,钟秋平,等. 人心果乳汁的流变学特性 [J]. 中南林学院学报,2005, 25(4): 86-88, 104.

[54] SURÓWKA K. Effect of Protein hydrolysate on the instrumental texture profile of gelatin gels[J]. Journal of Texture Studies, 1997, 28(3): 289-303.

第五章

螺旋藻及其活性物质

螺旋藻（*Spirulina* sp.）是一种低等的水生植物，属蓝藻门蓝藻纲颤藻科螺旋藻属，原产于非洲和北美洲。因其营养价值丰富而被联合国食品协会誉为"明天最理想的食品"，被联合国教科文组织推荐为"21 世纪最好的食品"，世界卫生组织将螺旋藻称为"人类 21 世纪的最佳保健品"，在我国亦被推荐为 5 种营养食品之一。近年来，螺旋藻的开发与应用引起了科研人员的广泛注意，大量研究表明：螺旋藻除了含有大量的蛋白质外，还含有较多的生物活性成分，如螺旋藻多糖（PSP）、胡萝卜素、藻胆蛋白、亚麻酸、内源性酶等，从而使螺旋藻具有提高机体免疫力、抗衰老、降血脂、降血压、促进蛋白质合成、抗癌等生理功效，在中医药方面也有广泛地应用。

第一节 螺旋藻的食用价值

一、螺旋藻的营养价值

螺旋藻是一种高蛋白、低脂肪、低胆固醇、低热值的保健食品，它能为人体生命活动提供必需的微量营养素。螺旋藻植物蛋白质含量高达 50% ～ 75%，是所有天然食物中蛋白质含量最高的，且所含的蛋白质均属于优质蛋白质，易于吸收。其所含人体必需氨基酸的种类齐全，必需氨基酸含量的比例与联合国粮农组织规定的最佳蛋白质氨基酸组成比例吻合，是人类最理想的蛋白源。螺旋藻所含的饱和脂肪酸很少，其不饱和脂肪酸的含量高达 1.7%，尤其是亚麻酸的含量高达人乳的 500 倍。螺旋藻纤维素含量为 2% ～ 4%，其细胞壁是由胶原纤维和蛋白组成的，吸收率高达 95%，脂肪含量仅 4% ～ 6%。螺旋藻维生素含量很高，尤其是具有抗氧化作用的胡萝卜素、V_E 和 V_C 等。

二、螺旋藻的功功能性

（一）提高机体免疫力

螺旋藻中含有的水溶性多糖即螺旋藻多糖，具有很强的生物活性。对螺旋藻多糖的研究主要集中在其免疫能力上。其作用机理与其能增强骨髓细胞增殖能力，促进免疫器官的生长和促进血清蛋白的生物合成有关。张正玉等人通过实验证明了螺旋藻在治疗老年

I慢性乙型肝炎时,具有较好的免疫功能的作用。此结论在何连福等人的实验中得到了证实,并在与转移因子的联合作用下,螺旋藻不仅改善了机体的营养状况,显著降低抗结核药物不良反应的发生率,而且协同转移因子增强患者的细胞免疫能力,提高治愈率。

(二)延缓机体衰老

机体衰老主要是由机体内脂质过氧化物生成引起的。超氧化物歧化酶(SOD)是清除自由基主要酶之一,它在机体内催化超氧阴离子自由基歧化为氧气和过氧化氢,后者经过过氧化氢酶和过氧化物酶的作用得到清除。螺旋藻含有多种酶,其中最重要的是SOD。有资料显示,每10 g新鲜螺旋藻中含有10 000～37 500单位的SOD,因此说,螺旋藻具有较好的抗氧化衰老作用。另外螺旋藻还含有丰富的V_E、β-胡萝卜素、硒等营养物质,这些物质都是很好的抗氧化剂,也能有效地清除体内自由基,抑制脂质过氧化反应,防止细胞的破坏,延缓机体衰老。刘玉兰等研究发现螺旋藻多糖能延长果蝇的平均寿命,并能降低老龄小白鼠肝、脑脂质过氧化物,提高老龄小白鼠血浆中SOD活性。周志刚等研究发现极大螺旋藻多糖(PSM)抗衰老的机制在于PSM对有机体内羟基自由基具有很强的抗氧化作用,从而减少了羟基自由基与体内核酸、脂类、氨基酸等结合。

(三)抗辐射作用

螺旋藻提取物螺旋藻多糖能增加骨髓细胞的增殖能力,减少辐射损伤。庞启深用内切酶研究了螺旋藻多糖对辐射损伤的保护效应,结果表明螺旋藻多糖能显著增强辐射引起的DNA损伤的切除修复活性和程序外DNA合成,而且能延缓以上两个重要修复反应的饱和。王艳丽等研究表明,螺旋藻多糖能提高受辐射小鼠的存活率,有效增加造血干细胞的相对数量。螺旋藻能促进造血干细胞的增殖和分化,提高小鼠对辐射的耐受力,促进造血系统受辐射损伤后的恢复。

(四)抗癌防癌作用

螺旋藻多糖对乳腺癌细胞、白血病细胞都有明显的抑制作用,具有明显提高荷瘤小鼠胸腺指数和脾脏指数作用。口服螺旋藻多糖还能提升和恢复因使用环磷酰胺所致动物外周白细胞降低作用。Schwartz在诱导小鼠口腔黏膜癌变部位局部注射或涂抹螺旋藻提取液,结果表明癌变在数量和外观上均有明显减少和退变,甚至完全消失。丁守怡等研究螺旋藻多糖对人宫颈癌Hela细胞体外生长影响时发现,随着浓度的增加,培养时间的延长,细胞存活率逐渐降低,抑制率逐渐增高。可见,在癌前病变转化为癌变的过程中,螺旋藻能抑制癌细胞的生长,从而起到抗癌防癌作用。

(五)防止贫血作用

螺旋藻中的铁含量高达190～550 mg/kg,是菠菜的23倍,并以铁氧蛋白的形式存在,容易消化吸收,常食用可有效防治缺铁性贫血。另外,螺旋藻中丰富的叶绿素含量更加保证了铁的有效吸收。机体摄入叶绿素后就很快转化为血红素,从而改善血液循环,这对于心脏病、高血压、心血管系统疾病的治疗都很有利。

(六)其他功效

螺旋藻中丰富的不饱和脂肪酸有助于脂肪代谢,可与食物中的胆固醇在人体中形成易于流动和转运的胆固醇酯,减少胆固醇在血管内膜上沉积,还可促进胆固醇转化为胆碱,从而能预防老年人心血管疾病的发生。螺旋藻的营养组成符合糖尿病患者的饮食要求,即低糖、低脂肪、高蛋白、高维生素,故对糖尿病有较为明显的疗效。从螺旋藻中分离得到的硫酸化多糖有抗 HIV-1 和 HSV-1 病毒的作用。另外,螺旋藻中含有促进乳酸菌等有益菌群的有益因子,可以改善消化道的吸收能力。

随着社会的进步和人们生活水平的提高,食品营养意识的加强和医药科学的发展,以螺旋藻为原料的大众食品将源源不断地出现。螺旋藻作为一种低脂、高蛋白、高生物活性的营养食品,已经引起了世界许多国家的关注,并掀起了开发热潮。目前国内外对螺旋藻的开发利用主要集中在营养食品、保健药物、化妆品及珍稀动物饲料等 4 个领域。国内外最新的研究进展表明,螺旋藻富含各种营养成分是一种优质的绿色饲料来源。因此,螺旋藻除了在营养食品方面潜力很大,在饲料、添加剂方面也有诱人的发展前景。

第二节　螺旋藻多糖

螺旋藻多糖是从螺旋藻中分离而得的一种白色粉末状,水溶性物质,对人体无毒。研究表明,螺旋藻中抗肿瘤和免疫调节作用的生理活性物质就是多糖,具有显著的抗辐射、抗突变功能,可用于防癌、抗衰老,增强机体免疫力等方面,具有诱人的前景。

一、螺旋藻多糖的提取方法

(一)工艺流程

提取螺旋藻多糖(polysaccharide of Spirulina, PS)时先将螺旋藻干粉进行破壁处理,用低极性溶剂去亲脂性成分,经热水抽提或碱液冷抽提(可采用微波辅助提取),取上清液浓缩,乙醇醇析后离心、干燥,得螺旋藻粗多糖。螺旋藻中蛋白质约占细胞干重的 60% ～ 70%,因此提取螺旋藻多糖关键是有效地去除蛋白质。目前,去蛋白的方法主要有 Sevag 法、泡沫分离技术、三氯乙酸(TCA)法、加热浓缩法和酶法。Sevag 法是去蛋白质的经典方法,通常只适用于除少量蛋白,而且必须重复多次。TCA 法去蛋白能缩短流程,多糖损失率降低,有利于后继纯化。用酶法降解蛋白质能提高多糖粗产品的得率,但所得成分中仍有 30% 以上的蛋白质。具体工艺流程见图 5-1。

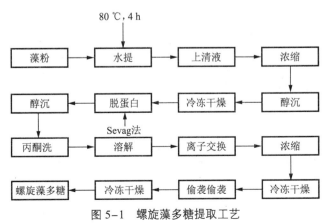

图 5-1　螺旋藻多糖提取工艺

（二）提取方法

1. 酒精沉淀分离

在浓缩液中加入等量或数倍量的乙醇，此时螺旋藻多糖以纤维状或胶状沉淀析出，而蛋白质和其他杂质则残留于溶液中，离心去除上清液，得沉淀物。

2. Sevag 法脱蛋白

将沉淀物溶于蒸馏水中，用 Sevag 法脱蛋白 5 次，去除氯仿层，得水相层。此法在避免多糖降解方面有显著的效果。

3. 离子交换柱层析

将沉淀物溶于蒸馏水中，用 DEAE 纤维素柱进行层析，以适宜流速流出，用蒸馏水洗脱，得单一的洗脱峰，减压浓缩至成为膏状物，冷冻干燥，得白色粉末制品。

4. 凝胶过滤

将上述制品溶于蒸馏水中，用 SephadexG-200 柱进行过滤、水洗，得螺旋藻多糖液体。

5. 渗析

把糖液置于渗析膜中，在蒸馏水中渗析 48 h 以上，除去小分子化合物等杂质，再真空浓缩、冷冻干燥，可得到均一精品。

二、螺旋藻藻胆蛋白的提取

藻胆蛋白是一类普遍存在于蓝藻细胞中的色素蛋白，在光合作用中能把光能优先地传递给光系统。钝顶螺旋藻的藻胆蛋白主要包括藻蓝蛋白和别藻蓝蛋白两类。藻胆蛋白用途极为广泛，既可以作为天然色素应用于食品、化妆品、染料等工业，又可制成荧光试剂，用于临床医学诊断和免疫化学及生物工程等研究领域中，同时还是一种重要的生理活性物质，可制成食品和药品用于医疗保健。藻胆蛋白还是一种极具开发潜力的光敏剂，用于肿瘤的光动力治疗，并在光合作用原初理论的研究方面具有重要价值。

（一）提取方法

1. 反复冻融法

反复冻融法将离心管置于 −20 ℃冰箱内分别冷冻，取出于 4 ℃解冻后取样，离心取上清液。如此分别再冻融几次，以磷酸缓冲液做空白对照，分别测定处于 620 nm、650 nm、280 nm 的吸光值，利用经验公式计算藻胆蛋白含量。随冻融次数增加，提取的藻胆蛋白含量增加。

2. 超声波法

将离心管置冰浴中分别以超声波的方式进行处理。离心后取上清，测定藻胆蛋白含量，方法如反复冻融法。

3. 氯化钙溶胀法

将离心管置于 35 ℃恒温摇床中，振荡处理 30 min，其间每隔 5 min 取样，离心后取上清液测定藻胆蛋白含量，方法如反复冻融法。

（二）螺旋藻藻胆蛋白理化特性

1. 螺旋藻藻胆蛋白光谱特性

光谱特性是藻胆蛋白的主要特性，光谱法是藻胆蛋白定量以及进一步研究其结构与功能的重要方法。已有资料表明，藻蓝蛋白的吸收峰在 618～625 nm，最大荧光发射峰在 645～652 nm；别藻蓝蛋白的吸收峰在 650 nm，最大荧光发射在 657～680 nm。

2. 螺旋藻藻胆蛋白的稳定性

张以芳等报道，藻蓝蛋白在 40 ℃ 以下及 pH 4.0～8.5 表现稳定，45 ℃ 以上有变色现象，荧光性减弱；糖溶液可提高藻蓝蛋白对热的稳定性；光照对藻蓝蛋白影响较小。何佳等报道藻蓝蛋白对热、光、pH 较敏感，蔗糖、氯化钠对色素影响较小。冯志彪等报道，螺旋藻蛋白质在 60 ℃ 以上热稳定性较差，在该实验条件下，蛋白质沉淀率在 50% 以上。彭卫民等报道，螺旋藻别藻蓝蛋白在室温（≤ 30 ℃），弱光（≤ 140 lx）条件下非常稳定，在几天内 650 nm 光吸收值几乎没有变化；在 pH 5～8，酒精浓度小于 9% 时能保持较大活性；在中性盐（0.2～1.0 mol/L 氯化钠）条件下也很稳定。王书玲等报道，柠檬酸及 V_C 使色素吸收峰消失，破坏藻蓝蛋白；蔗糖、苯甲酸钠会使吸收峰略有增加，保护藻蓝蛋白；磷酸钠对色素稳定性没有明显影响；不同金属离子对藻蓝蛋白稳定性影响不同。汤朝晖等报道，藻胆蛋白热稳定性差，在 30 ℃ 以下藻胆蛋白较稳定；藻胆蛋白对光照敏感；10% 乙醇、10% 蔗糖、1% 氯化钠对藻胆蛋白均有不同程度的增色效应。余九九等报道，藻胆蛋白溶液在 60 ℃ 以下热稳定性较好，甘油、蔗糖和海藻酸钠对藻胆蛋白都有一定程度的保护作用；其中 1% 甘油效果最好，在低温避光条件下藻胆蛋白更稳定。张昆等报道，藻蓝蛋白在 35 ℃ 以下保存较好，加工温度不应高于 60 ℃；在 pH 5～7 藻蓝蛋白稳定性好；Ca^{2+}、K^+ 对藻蓝蛋白没有影响，Zn^{2+}、Fe^{3+} 破坏藻蓝蛋白；过氧化氢、柠檬酸和 V_C 会破坏藻蓝蛋白；蔗糖对藻蓝蛋白没有影响，而葡萄糖加快了色素的降解；防腐剂苯甲酸钠对色素没有影响，而山梨酸-尼泊金酯会使色素褪色。

3. 螺旋藻藻胆蛋白的氨基酸组成

殷钢等测定了钝顶螺旋藻藻蓝蛋白的氨基酸组成，除半胱氨酸及色氨酸未测定外，其他 5 种必需氨基酸（赖氨酸、苏氨酸、苯丙氨酸、亮氨酸、异亮氨酸）含量都丰富。汤朝晖等测定了钝顶螺旋藻藻胆蛋白的氨基酸含量，8 种必需氨基酸含量丰富，占氨基酸总量的 55.56%。沈蓓英等测定了极大螺旋藻中藻蓝蛋白及别藻蓝蛋白的氨基酸组成，并测定了其等电点，藻蓝蛋白等电点为 4.2，别藻蓝蛋白等电点为 4.5。张成武等测定了钝顶螺旋藻藻胆蛋白的氨基酸含量，并测定了藻蓝蛋白的等电点为 4.8，别藻蓝蛋白的等电点为 4.9。殷钢等报道钝顶螺旋藻藻蓝蛋白的等电点为 4.7，别藻蓝蛋白的等电点为 4.3。张少斌等报道钝顶螺旋藻藻蓝蛋白的等电点为 4.8。综合上述研究结果，螺旋藻藻胆蛋白中含有丰富的人体必需氨基酸；藻蓝蛋白中的酸性氨基酸多于别藻蓝蛋白，而碱性氨基酸则少于别藻蓝蛋白，因此藻蓝蛋白等电点低于别藻蓝蛋白；藻蓝蛋白等电点在 4.2～4.8，别藻蓝蛋白等电点在 4.3～4.9 之间。

4. 螺旋藻藻胆蛋白的生理活性

螺旋藻被广泛研究与应用的主要是钝顶螺旋藻和极大螺旋藻。螺旋藻中藻胆蛋白含量高达 20%，藻蓝蛋白是一种重要的生理活性物质，能促进免疫系统抵抗多种疾病，具有抗衰老，防癌抑癌，促进动物对铁的利用，促进造血等重要功能。藻胆蛋白具有亮丽的天蓝色，是一种很好的天然色素。其氨基酸组成可知，它可以作为人和动物必需氨基酸的重要蛋白质来源。藻胆蛋白发射强烈的荧光，其荧光强度比常用的荧光素强 30 倍，因其突出的荧光特性而使藻胆蛋白荧光探针的开发尤其引人注目。但多数研究还处于实验室阶段，要实现藻胆蛋白相关产品的开发与推广还有赖于藻胆蛋白规模化纯化技术的进一步成熟与应用。

参 考 文 献

[1] 沈蓓英，贺玉衡. 二十一世纪最理想的营养源——螺旋藻 [J]. 粮食与油脂，1999（1）：12，30.

[2] 程双奇，曹世民，郑伟，等. 螺旋藻的营养评价 [J]. 营养学报，1990，12（4）：415-417.

[3] 张以芳，刘旭川. 螺旋藻的营养价值及药用特性 [J]. 云南农业大学学报，2000，15（1）：85-87.

[4] 张正玉，甘建和. 螺旋藻治疗老年慢性乙型肝炎疗效观察 [J]. 实用老年医学，1999，13（6）：330-331.

[5] 何连福，茶剑媛，吴世林. 螺旋藻加转移因子辅助治疗复治肺结核疗效观察 [J]. 中国防痨杂志，2005，27（1）：33-35.

[6] 韩文清，栗淑媛，乔辰. 鄂尔多斯高原碱湖钝顶螺旋藻 SOD 的纯化与性质研究 [J]. 内蒙古师范大学学报：自然科学版，2008，37（6）：780-784.

[7] 刘玉兰，牟孝硕，颜鸣，等. 螺旋藻多糖的抗衰老作用 [J]. 中国药理学通报，1998，14（4）：362-364.

[8] 左绍远. 云南产螺旋藻多糖抗氧化抗疲劳作用的实验研究 [J]. 中国生化药物杂志，1995，16（6）：255-258.

[9] 左绍远. 螺旋藻多糖抗衰老作用的实验研究 [J]. 中国中药杂志，1999，24（8）：490-491.

[10] 左绍远，罗华君，朱振宇. 螺旋藻多糖对糖尿病小鼠抗氧化能力的影响 [J]. 药物生物技术，2001，8（1）：36-38.

[11] SCHWARTZ J L, SKLAR G. Growth inhibition and destruction of oral cancer cells by extracts of Spirulina[J]. Proc Amer Acad Oral Pathol, 1986, 40：23-26.

[12] 曲显俊，崔淑香，解砚英，等. 螺旋藻多糖抗癌作用的实验研究 [J]. 中国海洋药物，2000，19（4）：10-14.

[13] 王俏先，孟正木，亢寿海，等. 钝顶螺旋藻的抗癌作用及对免疫功能的影响 [J]. 癌症，1996，15（6）：423-425.

[14] 张洪泉，尹鸿萍，王硗，等. 螺旋藻多糖抗肿瘤作用研究 [J]. 中药新药与临床药理，2002，13（5）：284-286.

［15］丁守怡,杨英. 螺旋藻多糖对人宫颈癌 Hela 细胞体外生长的影响［J］. 青岛大学医学院学报,2002,38(4):346-347.

［16］彭卫民,商树田,刘国琴,等. 螺旋藻藻胆蛋白研究进展(综述)［J］. 农业生物技术学报,1998,6(2):173-177.

［17］张以芳,刘旭川,李琦华. 螺旋藻藻蓝蛋白提取及稳定性试验［J］. 云南大学学报:自然科学版,1999,21(3):230-232.

［18］何佳,赵启美,田娟. 螺旋藻藻蓝素稳定性的研究［J］. 生物学杂志,1998,15(5):17,10.

［19］王书玲,刘焕云. 螺旋藻色素稳定性的初步研究［J］. 食品工业,2000(5):36-37,35.

［20］汤朝晖,蒋加伦. 钝顶螺旋藻藻胆蛋白的提取及其特性初报［J］. 东海海洋,1993,11(4):49-54.

［21］余九九,李宽钰,吴庆余. 螺旋藻的藻胆蛋白提取及稳定性研究［J］. 海洋通报,1997,16(4):26-28.

［22］张昆,方岩雄,梁智彪. 螺旋藻蓝色素的研究［J］. 食品与机械,1995(4):21-23.

［23］殷钢,刘铮,刘飞,等. 钝顶螺旋藻中藻蓝蛋白的分离纯化及特性研究［J］. 清华大学学报:自然科学版,1999,39(6):20-22.

［24］张成武,曾昭琪,张媛贞. 钝顶螺旋藻藻胆蛋白的分离、纯化及其理化特性［J］. 天然产物研究与开发,1996,8(2):29-34.

［25］沈蓓英,贺玉衡. 螺旋藻的藻胆蛋白提取、分离和纯化［J］. 粮食与油脂,1999(4):38-40.

［26］张少斌,依晓楠,林英,等. 螺旋藻藻胆蛋白不同提取方法的比较［J］. 吉林农业大学学报,2007,29(4):381-383.

［27］郭维平,张可. 螺旋藻多糖的分离、纯化与检测［J］. 江苏食品与发酵,2003(1):22-27.

［28］涂芳,杨芳,郑文杰,等. 螺旋藻多糖的研究进展［J］. 天然产物研究与开发,2005,17(1):115-119.

第六章

绿藻及其活性物质

绿藻素有海洋蔬菜之美誉,其中含有许多陆地植物稀有的或没有的特殊营养成分。绿藻所含有的叶绿素是植物界之冠,故其颜色呈现翡翠绿色,又名"海中金翡翠"。

第一节　绿藻多糖的化学成分与结构

绿藻细胞壁微纤维主要是木聚糖和甘露聚糖组成,还存有少量的葡聚糖和大量的硫酸多糖组成细胞间物质。

一、木聚糖

绿藻水溶多糖中普遍含有 D-木糖。用碱提取可以得到只由 D-木糖构成的木聚糖(xylan)。Mackie 等对丝状蕨藻($Caulerpa\ filiformis$)先用乙醇然后用热水(70 ℃)提取,所剩藻渣加 1 mol/L NaOH 溶液室温搅拌 3 d 进行提取,酸化,得到凝胶状沉淀,乙醇脱水干燥。此多糖水解后,生成90%木糖和10%葡萄糖。经反复用水提取、提纯后,则为纯的木聚糖。多糖经甲基化和水解后的产物表明,有 2,3,4-三-O-甲基木糖、2,4-二-O-甲基木糖和2-和4-O-甲基木糖,其物质的量之比为 2.1∶96.6∶1.2。这证明该藻所含木聚糖只由 β-1,3-D-木糖单位连接成的聚合物。红藻类红皮藻的木糖胶由80% β-1,4- 和20% β-1,3-木糖单位构成。

已确定,蕨藻属的丝状蕨藻($Caulerpa\ filiformis$)、锯叶蕨藻($C.\ brachypus$)、总状蕨藻($C.\ racemosa$)、扁平蕨藻($C.\ anceps$)、楔形仙掌藻($Halimeda\ cuneata$)、东方钙扇藻($Udotea\ orientalis$)、台湾绿毛藻($Chlorodesmis\ formosana$)和假双管藻($Pseudodichotomosiphon\ constricta$)所含的木糖胶都是由 50 个1,3-$\beta$-$D$-木糖单位构成的分子链(Iriki 等,Mackie 等)。Fukushi 等对极大羽藻($Bryopsis\ maxima$)用热水作连接处理,在碱存在下经过凝胶过滤,所得各级分经水解都测出葡萄糖;但最后从藻细胞壁中得到提纯的多糖是木聚糖,主要为3-O-取代键合。

二、甘露聚糖

Iriki 等与 Mackie 等从绿藻的刺松藻（*Codium fragile*）、副尊伞藻（*Acetabularia calyculus*）和赖氏海棍藻（*Halicoryne wrightii*）中分离出甘露聚糖（mannan）。即干藻以 1% 盐酸室温处理，再以 1.25% 氢氧化钠和 1.25% 硫酸分别煮沸处理，然后以亚氯酸钠溶液漂白。生成物用 40% 盐酸水解，生成 91%～93% 甘露糖。多糖为 β-1，4 连接，从过碘酸氧化生成的甲酸估计聚合度为 16。三种绿藻所分离出的甘露聚糖结构都相似。Love 等从刺松藻的 20% 碱提取物中，加斐林试剂，以铜配位化合物沉淀分离出含 95% 甘露糖和 5% 葡萄糖的甘露聚糖。此多糖经酶降解，分离出 β-1，4-连接的甘露二糖、甘露三糖、浆状甘露四糖和少量含有甘露糖和葡萄糖的二糖。以过碘酸氧化和甲基化处理，确定基本上由线型 β-1，4-连接的甘露聚糖构成。Takeda 等从日本溪菜（*Prasiola japonica*）分离出的木糖-甘露聚糖聚合物（xylomannan）是该藻细胞壁的主要组分，平均由 1 个木糖同 13 个甘露糖单位组成。大多数是通过 β-1，4-糖键相连接的。Bourne 等从羽状尾孢藻（*Urospora penicilliformis*）的水提取液中得到含有甘露聚糖和葡萄糖醛酸-木糖-鼠李糖聚合物（glucuronoxylorhamnan）的混合物。

三、葡聚糖

Mackie 等从绿藻类中蕨藻的热水提取液中加入 0.6 mol/L 硼酸和 0.1 mol/L 十六烷基三甲基氢氧化铵使硫酸多糖沉淀。上清液加乙醇，干燥，生成的无定形粉末即为葡聚糖（glucan）。酸水解后生成 98% D-葡萄糖。此多糖遇碘呈紫色，经过碘酸氧化和甲基化处理，从产物分析表明为 α-1，4-D-葡萄糖相连接。分子链长为 21 个葡萄糖单位，并且在 C_6 上可能有分枝点。由此可知，葡聚糖的诸性质与陆地植物淀粉中的支链淀粉相类似。Hawthorne 等先用乙醇然后用冷水提取简单蕨藻（*Caulerpa simpliciuscula*），从混合提取液中加乙醇沉淀出低分子量的葡聚糖，产率为 30 mg/kg 鲜藻。经过甲基化和 α 淀粉酶处理，由甲基化产物确定，此葡萄糖分子含 30 个 β-D-葡萄糖，大约有 27 个为 β-D-1，3-连接的，有 1～2 个为 β-1，6 分枝。这种葡聚糖还与可溶性 α-1，4-D-葡聚糖相连接。其比例为 3 分子 β-D-葡聚糖对 1 分子 α-D-葡聚糖。Dodson 等对肠浒苔（*Enteromorpha intestinalis*）用内-(1-4)-β-D-葡聚糖酶处理，除生成葡萄糖外，尚生成纤维二糖和纤维三糖，这表明细胞壁中有纤维素。而用内-(1，3)-β-D-葡聚糖酶处理，则生成海带二糖。这说明葡聚糖级分不仅含有 1，4-连接的 β-D-葡萄糖单位，而且还有某些 1，3 连接的 β-葡萄糖单位存在。McKinnell 等从扁浒苔（*E. compressa*）的热水提取物中分离出类似淀粉的多糖。即海藻以丙酮脱色后加水于 90 ℃～95 ℃ 搅拌提取，得水溶多糖，将其与硅藻土分散于碳酸铵溶液中，于 120 ℃ 搅拌，加 20% 氯化钠溶液。冷后加入碘-碘化钾（12% 碘 +20% 碘化钾）溶液，搅拌，离心，得淀粉-碘复合物沉淀。将其分散于 20% 氯化钠溶液中，加硫化硫酸钠使蓝色消失，离心除去硅藻土。清液中加 1 mol/L 盐酸，分散于乙醇中，经蒸发去乙醇，透析和冻干，即得淀粉类型多糖。

总之，已从多种绿藻中分离出含量不同的葡聚糖，即淀粉类型多糖，这表明葡聚糖是绿藻共有的细胞壁组成特征。

四、硫酸多糖

绿藻中除了含有甘露聚糖、木聚糖和葡萄糖外,还含有大量的硫酸多糖,主要有木糖-半乳糖-阿拉伯糖聚合物和葡萄糖醛酸-木糖-鼠李糖聚合物。

(一)木糖-半乳糖阿拉伯糖聚合物

Fischer 等从岩生刚毛藻的热水提取液中加三氯乙酸除去蛋白质后,加乙醇分离出的多糖,产率为 11.4%。经分析,确定含有 L-阿拉伯糖、α-L-半乳糖、α-D-木糖、L-鼠李糖和 D-葡萄糖,其物质的量之比为 3.7:2.8:1.0:0.4:0.2。用偏过碘酸钠水解,对产物的定量分析结果为:阿拉伯糖 42.0%,半乳糖 38.0%,木糖 11.5%,鼠李糖 3.3%～7.7%,葡萄糖 3.0%,还含有 19.6% 的硫酸基。经甲基化研究,证明为高度分枝结构,有某些 1,3-连接的阿拉伯糖、半乳糖和鼠李糖,和一些 1,4-连接的木糖。许多研究者(Bourne 等,Hirst 等;Percival)将刚毛藻多糖经过部分水解,分离出并确定了下列物质:3-硫酸基-L-阿拉伯糖、6-硫酸基-D-半乳糖、1,3-和 1,6-连接的 D-半乳糖二糖、1,4 或 1,5-连接的 3-硫酸基-L-阿拉伯二糖、1,4-D-木二糖、1 个硫酸半乳糖与阿拉伯糖的三糖混合物和 1 个五糖混合物,见图 6-1。Augier 等对双叉松藻(*Codium dichotoma*),Love 等对刺松藻(*Codimu fragile*),Mackie 等对丝状蕨藻(*Caulerpa* spp.)的分析与刚毛藻相似。

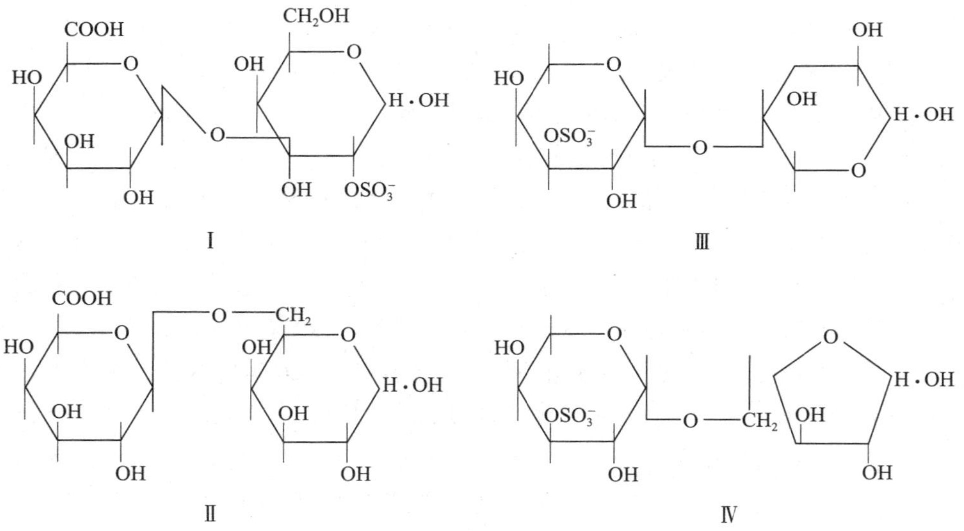

图 6-1　刚毛藻多糖部分水解产物

(二)葡萄糖醛酸-木糖-鼠李糖聚合物

1. 石莼(*Ulva* spp.)。

Brading 等对石莼(*U. lactuca*)用 0.5% 碳酸钠溶液煮沸提取,乙醇沉淀分离得到水溶多糖。经水解确定含有 31% L-鼠李糖,19.2% D-葡萄糖醛酸,9.4% D-木糖,7.7% D-葡萄糖,15.9% 总—OSO_3^-。三田(1961)对蛎菜(*U. conglobata*)和孔石莼(*U. pertusa*)的热水提取多糖经乙醇沉淀和酸水解后,纸色谱分析结果表明,含有 D-葡萄糖、L-鼠李糖、D-木糖和 D-葡萄糖醛酸。McKinnell 等从石莼用冷水提取的水溶硫酸多糖经水解确定,

含有 *L*-鼠李糖、*D*-木糖、*D*-葡萄糖和葡萄糖醛酸，还有少量甘露糖。经过碘酸氧化，得知大多数 OSO_3^- —连接在鼠李糖上，并确定含有少 2-硫酸基-*D*-木糖。Haq 等对石莼多糖经甲基化、水解，确定结构见图 6-2。

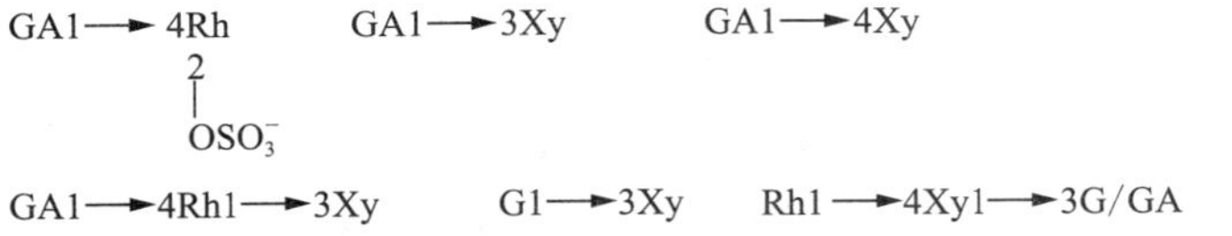

GA1→4Rh
2
OSO_3^-
GA1→3Xy
GA1→4Xy
GA1→4Rh1→3Xy
G1→3Xy
Rh1→4Xy1→3G/GA

GA：葡萄糖醛酸；G：葡萄糖；Rh：鼠李糖；Xy：木糖；G/GA：葡萄糖或葡萄糖醛酸。

图 6-2 石莼绿藻多糖的部分水解产物

2. 顶管藻（*Acrosiphonia* sp.）

O'Donnell 等将中央顶管藻（*A. centralis*）用 1% 草酸铵溶液于 95 ℃，提取出水溶多糖。经水解、层析，确定含有 *D*-葡萄糖、*D*-木糖、*L*-鼠李糖及少量 *D*-半乳糖和 *D*-甘露糖，还含有 20.3% 的 *D*-葡萄糖醛酸。多糖经过乙酰化处理，三氯甲烷萃取，得到含量约 9% 葡萄糖的级分，类似淀粉。三氯甲烷不溶解部分（83%）经过甲基化处理，由甲基化产物证实有如下几种单糖的结合形式及其百分比，见图 6-3。

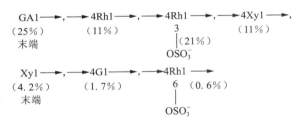

GA1→，→4Rh1→，→4Rh1→，→4Xy1→，
（25%）
末端
（11%）
3
（21%）
OSO_3^-
（11%）
Xy1→，→4G1→，→4Rh1→
（4.2%）
末端
（1.7%）
6
（0.6%）
OSO_3^-

GA：葡萄糖醛酸；G：葡萄糖；Rh：鼠李糖；Xy：木糖。

图 6-3 顶管藻单糖连接形式

多糖中有些硫酸基连接在鼠李糖和葡萄糖单位上。多糖呈现高度分枝结构。有部分分子由 1，4-连接的鼠李糖单位组成，在其 C_4 上连接有葡萄糖醛酸单位。推测所有糖醛酸是末端，并与 1，4-连接的 *L*-鼠李糖相连，因为分离出 4-O-*β*-*D*-葡萄糖醛酸基-2-硫酸基-*L*-鼠李糖。可能有些木糖为末端，并含有较多的三聚鼠李糖。

3. 浒苔（*Enteromorpha* spp.）。

三田对扁浒苔（*E. compressa*）的热水提取多糖经水解和纸色谱分析，表明含有 *D*-葡萄糖、*L*-鼠李糖、*D*-木糖和 *D*-葡萄糖醛酸。McKinnell 等也对扁浒苔的热水提取多糖进行了分析，结果是鼠李糖 45.0%，糖醛酸 18.3%，木糖 15.0%，葡萄糖 5.7%，硫酸基 16.0%。多糖经水解和纸色谱分析，确定有大约 45% 的葡萄糖醛酸基鼠李糖，并证实其结构中有 4-O-葡萄糖醛酸基-2-硫酸基-*L*-鼠李糖单位。多数硫酸基连接在鼠李糖上。见图 6-4。

COOH
O
O
CH_3
O
OH
OH
OH
O—
OH
OSO_3^-

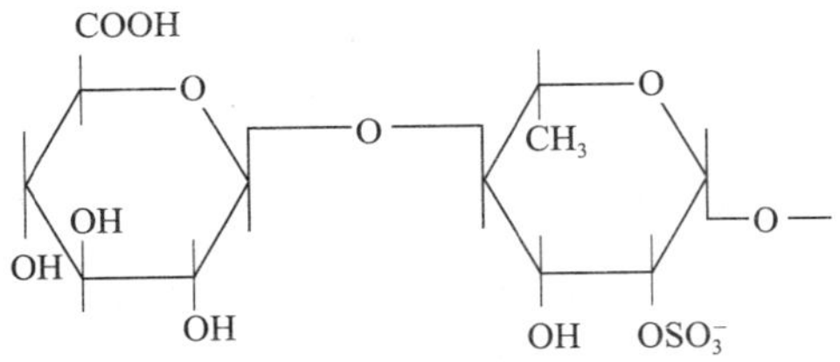

图 6-4 扁浒苔多糖中 4-O-葡萄糖醛酸基-2 硫酸基-*L*-鼠李糖

第二节　浒苔

浒苔（*Enteromorpha* spp.）是隶属于绿藻门，石莼目，石莼科的多细胞真核生物。浒苔广泛分布于我国沿海，主要种类有浒苔（*E. prolifera*）、肠浒苔（*E. intestinalis*）、缘管浒苔（*E. linza*）、条浒苔（*E. clathrata*）以及扁浒苔（*E. compressa*）等。近年来青岛沿海频繁出现"绿潮"，严重影响海域的水质和城市环境，也给工农业生产带来巨大影响。经鉴定，青岛海域的"绿潮"主要是浒苔属的浒苔，学名 *Enteromorpha prolifera*。浒苔具有良好的食用和药用价值。古时沿海居民常将浒苔晒干后直接食用。《本草纲目》记载其药效"烧末吹鼻，止衄血。汤浸捣，傅手背肿痛。"《随息居饮食谱》记载：浒苔"清胆热，消瘰疬、瘿瘤，泄胀，化痰，治水土不服"。姚东端总结了浒苔的资源化利用方向，如浒苔肥、浒苔生物柴油、乙醇、沼气，浒苔饲料与食品工业等。在食品开发上，孙元琴等已经开始进行浒苔干脆片与浒苔鱼松等海洋食品的开发；朱兰兰等利用新鲜浒苔，经过脱盐、匀浆、脱腥、调味、整形、烘焙、包装、灭菌等一系列处理与加工制成浒苔脆片。

Aguilera 认为浒苔中有 9%～14% 蛋白质、32%～36% 灰分、6.7%～9% 水分、2% 左右脂肪，其余主要是糖类（约 40%）。廖梅杰等测定得到青岛沿海浒苔蛋白质含量 10.22%，脂肪 0.37%，粗纤维 8.76%，灰分 18.32%。何清等对东海海域浒苔研究得出浒苔主要成分为多糖和粗纤维，占浒苔干重的 63.9%；蛋白质含量 27%；脂肪 0.9%。徐大伦等测定了浙江沿海浒苔的营养状况得出其粗蛋白含量 13.21%，脂肪 1.04%，灰分 21.87%。根据上述报道，浒苔是一种富含碳水化合物、蛋白质，低脂肪的优质海洋产品。随着多糖结构与活性研究的深入，浒苔多糖也成为国内外学者的研究热点。

一、浒苔多糖的提取纯化工艺

（一）提取方法

浒苔多糖的提取主要有热水浸提法、碱抽提法、酶法提取及微波超声辅助法 4 种方法。

1. 热水浸提法

热水浸提的基本原理是利用浒苔多糖在热水中良好的溶解性使浒苔多糖溶出。热水浸提法主要影响因素有浸提温度、浸提时间和浸提固液比等。众多学者利用不同条件获取浸提多糖。石学以 1:40 固液比，在 80 ℃ 浸提 3 h，多糖得率为 8%～9%。Kausik 以 1:150 固液比，在 80 ℃ 浸提 1.5 h，多糖得率约 18%。徐大伦等以 1:75 的固液比，在 90 ℃ 浸提 4 h，多糖得率为 14.89%。余志雄、吕玲玲、张智芳等参考了徐大伦的方法，得率在 10% 左右。

热水浸提法成本低，操作简便，是提取浒苔多糖最常用的方法。根据上述文献报道，水提法多糖得率一般在 7%～18%。

2. 碱抽提法

浒苔多糖多含硫酸基团，碱抽提就是利用一定浓度的碱溶液结合浒苔酸性多糖，使多糖浸出的一种提取方法。林威等利用 0.3 mol/L 氢氧化钠溶液，在 90 ℃ 条件下，以 1:40 固液比，碱提 2.5 h，多糖得率为 3.1%。Bimalendu 以氢氧化钾双次碱提的方法，多糖得率约 3%。朱丽丽和王明莹分别采用热水浸提和碱液抽提的方法浸提多糖，其中水提多糖和碱提多糖得率之比分别为 3.994:2.652 和 15:5.6。从上述数据发现,碱提多糖得率要明显低于水提多糖,但碱提法能专一性提取硫酸多糖,同时降低对中性多糖提取量。

3. 酶法提取

酶具有专一性、高效性和敏感性。采用复合酶制剂使之专一性作用于浒苔细胞壁,使细胞壁降解,进而溶出多糖。肖宝石等采用水提-木瓜蛋白酶联合提取的方法在 60 ℃、pH5.5 条件下提取 2 h,加酶量为总体积 8%,多糖得率为 27.75%。徐大伦等利用纤维素酶在 40 ℃、pH5.0 条件下提取 2.5 h,加酶量 8%,多糖得率为 20.22%。

使用酶法提取浒苔多糖可以在更低的温度、更短的时间内完成多糖提取,但酶易失活,且酶法提取成本较高,不普遍适用于浒苔多糖的制备。

4. 微波、超声辅助提取

利用微波、超声提取法可充分破碎细胞,大量溶出多糖。郭雷利用响应面分析法研究了超声、微波辅助下的多糖得率。在 80 ℃下超声浸提 28 min,浸提固液比 1:63 条件下,多糖得率为 2.584%。用 800 W 功率的微波在 95 ℃下浸提 32 min,固液比 1:78,多糖得率为 4.04%。由于微波、超声辅助浸提法反应较为剧烈,多糖在浸提过程中会被破坏结构,因此报道文献较少。根据浒苔多糖中性多糖与硫酸多糖的不同需要,浒苔多糖大多采用热水浸提法和碱抽提法提取。不同地域和不同时间的浒苔多糖含量不同,而不同的浸提条件也会使多糖得率有一定变化。表 6-1 对各种浸提方法进行了比较。

表 6-1 浒苔多糖浸提方法的比较

浸提方法	优点	缺点
热水浸提法	原料来源广泛,操作简便,大量溶出多糖,普遍被使用	浸提时间较长
碱抽提法	专一性抽提酸性多糖,多糖水溶性好	多糖得率较低
酶法提取	速度快,专一性强,提取所需温度不高	必须在最适条件下反应,多糖中可能存在部分寡糖
微波、超声辅助	破碎细胞,反应迅速,快速制备多糖	多糖制备的同时会导致糖链结构的破坏

(二)粗多糖的纯化

研究浒苔多糖结构与活性之前需要对粗多糖进行纯化,浒苔多糖的主要纯化方法包括离子交换层析与凝胶过滤层析。离子交换层析利用离子交换剂,根据多糖带电荷的不同分离出不同带电荷性质的多糖。研究表明,经过 DEAE-Sepharose F.F. 阴离子交换层析可分离获得中性多糖与硫酸多糖两种组分。凝胶过滤层析根据多糖分子量不同,使不同的多糖得以分离。文献报道,经过 SephadexG-100 与 SephacrylS-300 凝胶过滤层析可进一步检验浒苔多糖的纯化程度,并估测其分子量分布范围。

浒苔多糖的结构是国内外学者的研究重点。多糖的结构测定方法主要有化学法和仪器法两种,化学法包括史密斯降解与甲基化分析。Fischer 等利用史密斯降解分析车前籽壳中多糖结构并给予阐述。Blakeney 和 Stone 对传统的 Hakomori 甲基化方法进行改良而被学者广泛采用。化学法的准确性和重复性较差,必须同仪器法结合研究。仪器法中红外光谱(IR)是最直接的判断化学基团的工具,根据特征吸收峰可初步推测多糖结构。气相色谱（GC）和高效液相色谱（HPLC）被广泛应用于单糖组成与分子量的准确测定。通过质谱（MS，MALDI-MS）、核磁共振（^{1}H-NMR，^{13}C-NMR）、气相-质谱联用（GC-MS）、二维核磁共振（2D NMR）等一系列技术可更准确了解多糖一级结构。

　　目前已报道的浒苔多糖结构主要有 3 种。第一种，浒苔以木葡聚糖 Glc_3Xyl_2 或 Glc_4Xyl_2 为浒苔多糖的结构主干，并存在 1，4 键和 1，2，4 键连接的鼠李糖片段，1，4 键连接的葡萄糖。1，3、1，6 键连接的半乳糖，1，4 键连接的葡萄糖醛酸和 1，4 键连接的木糖。其中硫酸基处于鼠李糖 C_3 端和木糖的 O-2 端。各单糖（鼠李糖、木糖、甘露糖、葡萄糖）质量百分比分别为 57%、15%、10%、18%；硫酸基与糖醛酸含量分别为 6% 与 14%。多糖分子量约 5.5×10^4。第二种，肠浒苔以 1，4 键连接的鼠李聚糖为浒苔多糖结构主干；同时有 1，2、4 键和 1，4 键连接的鼠李糖，1，4 键连接的木糖。硫酸根主要连接在鼠李糖基 C_3 端，各单糖（鼠李糖、木糖、半乳糖、葡萄糖）物质的量之比为 5.36∶1∶0.57∶0.64，硫酸基和糖醛酸含量分别为 9.6% 与 2.3%，多糖分子量为 4.68×10^4。第三种，条浒苔以 β-1，4 键连接的阿拉伯糖为浒苔多糖结构主干，同时有 1，3 键和 1，3、4 键连接的鼠李糖。单糖组成为 80.5% 阿拉伯糖，10.7% 鼠李糖，4.8% 半乳糖和 4.0% 葡萄糖醛酸；硫酸基含量达到 31%。分子量高达 5.11×10^5。

　　上述研究结果表明，浒苔多糖主要由鼠李糖、木糖、葡萄糖（少量甘露糖、半乳糖、阿拉伯糖）等单糖组成，并含有糖醛酸和硫酸基，多糖主链连接键有多种连接键型。根据上述文献对不同种浒苔多糖结构测定结果，得知不同地域，不同种、属浒苔，其多糖一级结构有一定差异。由于多糖连接键种类较多，含有大量支链与官能团，目前尚无浒苔多糖二级结构乃至高级结构的报道。

二、浒苔多糖的活性

　　浒苔具有多种生物活性物质，具有抗肿瘤、抗氧化、抗菌、抗病毒等活性。浒苔多糖作为活性物质之一，成为国内外学者的研究热点。现阶段对浒苔多糖活性的研究主要集中在免疫活性、抗氧化活性、抑制癌细胞等方面。

（一）免疫活性

　　Kim 等细胞生物学实验表明，浒苔多糖，尤其是硫酸多糖，可刺激免疫细胞诱导 mRNA 的表达，促进脾细胞生殖，激活 T 淋巴细胞产生抗体的能力，并刺激巨噬细胞剂量依赖性一氧化氮合酶的合成。徐大伦等的小鼠实验表明，浒苔硫酸多糖可明显促进 T 淋巴细胞与 B 淋巴细胞的增殖，并一定程度上刺激诱导淋巴因子释放，并明显促进溶菌酶活力，有一定抑菌功效。陈榕芳等发现浒苔多糖促进巨噬细胞 RAW246.7 增殖，并能促进其对 TNF-α 与 IL-6 的分泌能力。

（三）抗氧化活性

　　石学连等实验发现浒苔多糖对超氧阴离子、羟自由基均有良好的清除作用，具有显著的抗氧化活性。薛萍等将浒苔多糖与工业合成抗氧化剂相比较，浒苔多糖，尤其是硫酸多糖，清除羟自由基能力更强，在添加浓度为 1.2 g/L 时，硫酸多糖对自由基的清除能力是中性多糖的 2 倍。宋雪原等实验发现浒苔硫酸多糖对超氧阴离子、羟自由基的清除能力明显强于抗坏血酸,清除能力大小与多糖用量呈正相关性。徐银峰等研究发现浒苔多糖对羟自由基与1,1-二苯基-2-三硝基苯肼(DPPH)的清除能力强于工业合成氧化剂,对上述自由基的清除率分别为41.2%与65.2%。

(三)浒苔多糖其他活性

焦丽丽等小鼠实验表明,浒苔多糖可抑制小鼠肿瘤生长,增加肿瘤坏死因子 TNF-α 在血清中的表达,同时促进脾和胸腺的相对质量。当浒苔多糖用量分别为 100 mg/kg、200 mg/kg 和 400 mg/kg 时,抑瘤率分别为 61.17%、67.65% 和 70.59%,且对小鼠无明显毒副作用,证明浒苔多糖具有抑癌活性。齐晓辉等体外凝血试验表明,浒苔硫酸多糖可有效延长凝血活酶和凝血酶原的作用时间,具有其他海洋多糖不同的作用特性,可作为一种潜在的凝血剂。石学连等通过浒苔多糖的吸湿性和保湿性研究表明,浒苔多糖的保湿能力明显优于甘油,并且与透明质酸保湿类似,可作为透明质酸的替代品。周慧萍等通过大鼠实验发现,浒苔多糖显著降低大鼠过氧化脂含量,具有一定抗衰老和抗血脂作用。孙世红等提取的硫酸多糖显著降低小鼠体内胆固醇与三酰甘油的含量,认为浒苔硫酸多糖促进了机体的免疫,加快了机体器官的物质代谢,肝内物质代谢降低了血脂在血液中的积累,起到降血脂的作用。林文庭等实验表明浒苔多糖促进了超氧化物歧化酶的活性,认为浒苔多糖可能具有抗糖尿病的作用。综上所述,浒苔多糖具有免疫活性、抗氧化活性、抑制癌细胞、抗衰老、降血脂、保湿等诸多活性,在制药、功能性食品、天然食品添加剂、化妆品等行业具有良好的应用前景,经过工艺优化与放大生产,有望最终实现浒苔的高值化利用。

参 考 文 献

[1] 纪明侯. 海藻化学 [M]. 北京:科学出版社, 1997.

[2] 杨同玉. 打赢这场"绿色"战役——青岛开发区浒苔处置工作纪实 [J]. 海洋开发与管理, 2011(8):56-60.

[3] 刘晨临,王秀良,刘胜浩,等. 2008 年黄海浒苔绿潮 ISSR 标记溯源分析 [J]. 海洋科学进展, 2011, 29(2):235-240.

[4] 迟玉森. 新型海洋食品 [M]. 北京:轻工业出版社, 1999:100-101.

[5] 姚东瑞. 浒苔资源化利用研究进展及其发展战略思考 [J]. 江苏农业科学, 2011, 39(2):473-475.

[6] 孙元琴,潘鲁青,刘洪军,等. 2 种浒苔即食食品的研究与开发 [J]. 齐鲁渔业, 2010, 27(10):24-25.

[7] 朱兰兰,刘淇,冷凯良,等. 浒苔在食品中的应用研究 [J]. 安徽农业科学, 2009, 37(2):719-721.

[8] AGUILERA-MORALES M, CASAS-VALDEZ M, CARRILLO-DOMINGUE Z S, et al. Chemical composition and microbiological assays of marine alage *Enteromorpha* spp. as a potental food source[J]. Journal of Food Composition and Analysis, 2005, 18(1):79-88.

[9] 廖梅杰,郝志凯,尚德荣,等. 浒苔营养成分分析与投喂刺参实验 [J]. 渔业现代化,

2011，38（4）：32-36.

[10] 何清，胡晓波，周崎苗，等. 东海绿藻缘管浒苔营养成分分析及评价 [J]. 海洋科学，2006，30（1）：34-38.

[11] 徐大伦，黄晓春，欧昌荣，等. 浒苔水溶性多糖提取的工艺研究 [J]. 浙江海洋学院学报，2005，24（1）：67-69.

[12] 石学连，张晶晶，宋厚芳，等. 浒苔多糖的分级纯化及保湿活性研究 [J]. 海洋科学，2010，34（7）：81-85.

[13] CHATTOPADHYAY K, MANDAL P LEROUGE P, et al. Sulphated polysaccharides from Indian samples of *Enteromorpha compressa*（Ulvales, Chlorophyta）：Isolation and structural features[J]. Food chemistry, 2001, 104（3）：928-935.

[14] 余志雄，林叶，陈丽娇，等. 浒苔多糖热水提取工艺研究 [J]. 福建师大福清分校学报，2010（5）：29-34.

[15] 吕玲玲. 浒苔水溶性多糖提取工艺的优化研究 [J]. 安徽农业科学，2009，37（24）：11717，11756.

[16] 张智芳，林文庭，陈灿坤. 浒苔水溶性糖提取工艺研究 [J]. 中国食物和营养，2009（3）：39-41.

[17] 林威，于萍，李楠，等. 浒苔多糖的碱法提取工艺研究 [J]. 温州大学学报：自然科学版，2010，31（5）：39-43.

[18] RAY B. Polysaccharides from *Enteromorpha compressa*：Isolation, purification and structural features[J]. Carbohydrate Polymer, 2006, 66（3）：408-416.

[19] 朱丽丽. 用正交试验法优化浒苔多糖提取工艺的研究 [D]. 长春：东北师范大学生命科学学院，2007：27-28.

[20] 王明莹. 肠浒苔碱提水提多糖性质的比较 [D]. 长春：东北师范大学生命科学学院，2008：8-9.

[21] 肖宝石，吕海涛. 酶法提取浒苔多糖工艺优化的研究 [J]. 食品与机械，2010，26（5）：125-127.

[22] 徐大伦，欧昌荣，杨文鸽，等. 纤维素酶法提取浒苔多糖的工艺条件 [J]. 海洋渔业，2005，27（1）：85-88.

[23] 郭雷，陈宇. 响应面法优化超声辅助提取浒苔多糖的工艺 [J]. 食品科学，2010，31（16）：117-121.

[24] WANG Y, WEI X, JIN Z. Structure analysis of a neutral polysaccharide isolated from green tea[J]. Food Res Int, 2009, 42（4）：739-745.

[25] JIAO L, LI X, LI T, et al. Characterization and anti-tumor activity of alkali-extracted polysaccharide from *Enteromorpha intestinalis*[J]. Int Immuno, 2009, 9（3）：324-329.

[26] FISHER M H, YU N, GRAY G R, et al. The gel-forming polysaccharide of psyllium husk（*Plantago Ovata* Forsk）[J]. Carbohy Res, 2004, 339（11）：2009-2017.

[27] BLAKENEY A B, STONE B A. Methylation of carbohydrates with lithium methylsulphinyl carbanion[J]. Carbohy Res, 1985, 140（2）：319-324.

[28] 张惟杰. 糖复合物生化研究技术 [M]. 杭州:浙江大学出版社,2版,1994:274-275.

[29] ZHANG Y J, ZHANG L X, YANG J F, et al. Structure analysis of water-soluble polysaccharide CPPS₃ isolated from *Codonopsis pilosula* [J]. Fitoterapia,2010,81(3): 157-161.

[30] NIE S P, CUI S W, PHILLIPS A O, et al. Elucidation of the structure of a bioactive hydrophilic polysaccharide from *Cordyceps sinensis* by methylation analysis and NMR spectroscopy[J]. Carbo ydrate polymers, 2011, 84(3):894-899.

[31] JIAL L L, JIANG P, ZHANG L P, et al. Antitumor and Immunomodulating Activity of Polysaccharides from Enteromorphaintestinalis[J]. Biotechnol Bioproc Eng, 2010, 15 (6):421-428.

[32] QI X, MAO W J, GAO Y, et al. Chemical characteristic of an anticoagulant-active sulfated polysaccharide from *Enteromorpha clathrata*[J]. Carbohydrate Polymers, 2012,90(4):1804-1810.

[33] 金浩良,徐年军,严小军. 浒苔中生物活性物质的研究进展 [J]. 海洋科学,2011, 35(4):100-106.

[34] KIM J K, CHO M L, KARNJANAPRATUM S et al. In vitro and in vivo immunomodulatory activity of sulfated polysaccharides from Enteromorpha prolifera[J]. Internation Journal of Biological Macromolecules, 2011, 49(5):1051-1058.

[35] 徐大伦,黄晓春,欧昌荣,等. 浒苔多糖对华贵栉孔扇贝血淋巴中 SOD 酶和溶菌酶活性的影响[J]. 水产科学, 2006, 25(2):72-74.

[36] 陈榕芳,吴小南,陈洁. 浒苔多糖粗提物调节巨噬细胞 RAW264.7 免疫功能研究 [J]. 海峡预防医学, 2012, 18(2):4-7.

[37] 石学连,张晶晶,王晶,等. 浒苔多糖的分级纯化及体外抗氧化活性研究 [J]. 中国海洋药物, 2009, 28(3):44-49.

[38] 薛丁萍,魏玉西,刘淇,等. 浒苔多糖对羟自由基的清除作用研究 [J]. 海洋科学, 2010, 34(1):44-47.

[39] 宋雪原,郭秀春,周文辉,等. 浒苔水溶性多糖的组成及其生物活性研究 [J]. 时珍国医国药, 2010, 21(10):2448-2450.

[40] 徐银峰,王斌,苏传玲,等. 浒苔多糖的微波辅助提取工艺及抗氧化活性研究 [J]. 浙江海洋学院学报:自然科学版, 2011, 30(3):211-216.

[41] 周慧萍,蒋巡天,王淑如,等. 浒苔多糖的降血脂及其对 SOD 活力和 LPO 含量的影响 [J]. 生物化学杂志, 1995, 11(2):161-165.

[42] 孙士红. 碱提浒苔多糖降血脂作用研究 [J]. 中国现代药物应用, 2010, 4(15): 118-119.

[43] 林文庭,原丽. 浒苔多糖对 1 型糖尿病小鼠氧化凋亡因子表达影响[J]. 中国公共卫生, 2012, 27(12):1534-1536.

[44] 于源,王鹏,李银平,等. 浒苔多糖提取、结构与活性研究进展 [J]. 中国渔业质量与标准, 2013, 3(3):83-87.

第七章

海藻食品及海藻膳食纤维

　　海藻是宝贵的海洋资源,对人类发挥着越来越重要的作用,也越来越受到各国研究人员的重视。综合对不同海藻及其产品的开发研究发现,海藻的应用价值不仅体现在食用价值,还在生态环境保护、海洋药物、功能食品、动物饲料、生物活性物质开发应用、食品添加剂、化工业、有机肥料、食品包装材料、微生物培养基、化妆品以及生物能源等诸多领域和范围发挥日益重要的作用,体现出了巨大的应用潜力和极高的经济价值。海藻绝大多数可供食用,将其作为食物资源直接食用,我国是世界上食用海藻最早的国家之一,至少有2 000多年的历史。我国最早的辞书《尔雅》中记录了"荨""海萝""纶"和"组"等名目,这些名称便是指的羊栖菜、石莼、浒苔、礁膜、紫菜、鹅掌菜等常见的经济海藻。

第一节　海藻的主要化学组成

一、碳水化合物

　　(1)褐藻碳水化合物:褐藻胶,褐藻淀粉,褐藻糖胶,纤维素,低分子量褐藻糖类如糖醇、中性单糖及糖苷等。

　　(2)红藻碳水化合物:琼胶、卡拉胶、红藻淀粉、低分子量的糖类、木糖胶及甘露糖胶等。

　　(3)绿藻碳水化合物:石莼胶、蕨藻胶、刚毛藻胶以及其他绿藻多糖。

　　(4)蓝藻:螺旋藻多糖等。

二、含氮化合物

　　海藻的含氮化合物含量差别甚大,除一些特殊种类外,一般海藻中蛋白质的含量都较低(在8%左右)。海藻中的蛋白质、氨基酸的组成比例与卵蛋白质及陆生蔬菜基本相似,均以丙氨酸、天门冬氨酸、甘氨酸等中性氨基酸居多。赖氨酸、蛋氨酸等必需氨基酸的含量都较低。羊栖菜含谷氨酸、天门冬氨酸、丙氨酸、甘氨酸分别为0.87%、0.74%、0.48%、0.32%,含赖氨酸0.30%,蛋氨酸0.09%,此外海藻中还含有多种其他类的含氮化合物。由于种类的不同,海藻的蛋白质含量也不同。一般绿藻和红藻的含量高于棕色海藻,大部分用于工业化开发的棕色海藻的蛋白质含量低于 15%（干重），一些绿藻的蛋白含量介于 10%～26%之间（干重），更高蛋白质含量的藻类为红藻，红藻的有些种类的蛋白质含量可达到 47%，高于大豆的蛋白质含量。海藻的蛋白质含量也受季节的影响，一般冬季末和春季的蛋白质含量高，夏季的蛋白质含量低。

在海藻的浸出液中，还发现有大量的游离氨基酸和肽等低分子含氮化合物。其中有一些是海藻异性的氨基酸和肽，如具有生理活性的 L-α 红藻氨酸、海带氨酸、肉质蜈蚣藻氨酸以及羽叶藻肽、瓜氨酸肽、帚状鹿角菜肽、L-精氨酰-L-谷氨酸等化合物。

（一）氨基酸组成

许多研究人员对海藻蛋白的氨基酸组成进行研究，并与鸡蛋及大豆蛋白的氨基酸组成进行对比。天冬氨酸和谷氨酸是大部分海藻蛋白最主要的氨基酸。棕海藻中天冬氨酸和谷氨酸分别占总氨基酸的 22%～44% 之间。

（二）特殊氨基酸

海藻蛋白除含有一般的氨基酸外，还含有一些具有特殊功能性的氨基酸。

1. 海带氨酸

海带氨酸（图 7-1）是一种结构类似胆碱的碱性氨基酸，具有明显的降血压，调节血脂平衡防治动脉粥样硬化的作用。

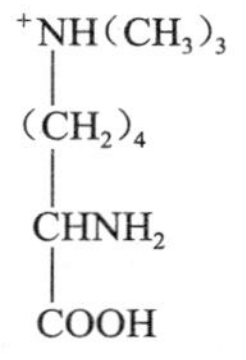

2. 海人草酸

海人草酸（digenic acid）平面结构式如图 7-2 所示，为脯氨酸的衍生物，是鹧鸪菜或海人草内的有效药用成分，曾被广泛用作驱虫剂，后因其对神经系统有损伤作用而被停止使用。海人草酸可以有选择性地

图 7-1　海带氨酸

损害脑组织，与多种脑部疾病，如癫病、帕金森氏病、老年痴呆症等有一定关系，现在应用于中枢神经系统的研究。

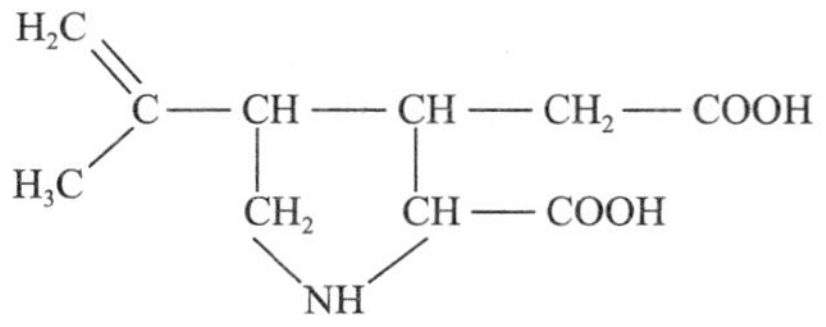

图 7-2　海人草酸平面结构式

3. 软骨藻酸

软骨藻酸（domoic acid）的结构（图 7-3）与海人草酸相似，也属于能使中枢神经系统兴

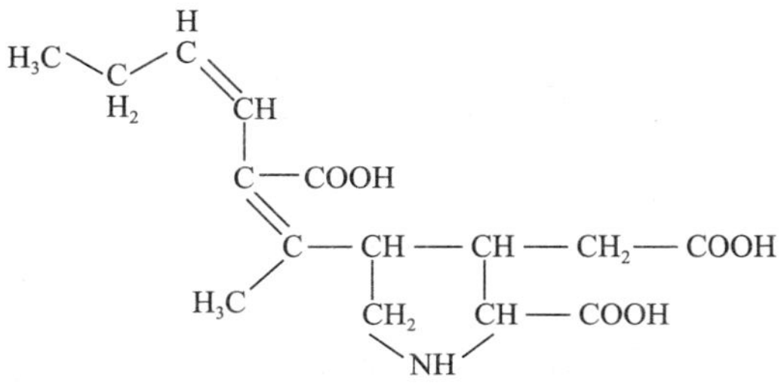

图 7-3　软骨藻酸平面结构式

奋的氨基酸,其作用强度为谷氨酸的 100 倍。软骨藻酸中毒时会出现呕吐,腹泻等肠道不适症状和神经紊乱,严重时会出现短暂的记忆丧失。

4. 牛磺酸

牛磺酸为氨基乙磺酸,在多种海藻和海洋动物中均有发现。牛磺酸不参与蛋白质的合成,但与胱氨酸、半胱氨酸的代谢密切相关。牛磺酸可促进大脑发育,改善充血性心力衰竭,具有抗心律失常、抗动脉粥样硬化、保护视觉等功能。紫菜中所含的牛磺酸可参与胆汁的肠肝循环,降低胆固醇,并可防止胆结石的形成。服用牛磺酸可治疗偏头痛,亦可使癫痫病发作次数减少。牛磺酸可作为老年人抗智力衰退、抗疲劳及滋阴强身的保健品。

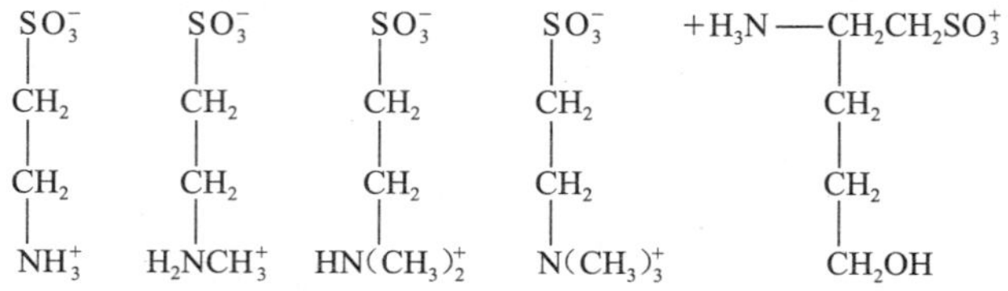

1: 牛磺酸;2: N-甲基牛磺酸;3: N, N-二甲基牛磺酸;4: N, N, N-三甲基牛磺酸;5: D-甘油牛磺酸。

图 7-4　海藻的氨基磺酸类

三、其他有机化合物

海藻中含有丰富的天然色素包括叶绿素、胡萝卜素、类胡萝卜素和藻色素;维生素包括 V_B、V_C、V_E;脂肪类化合物包括某些色素、甾醇,糖脂、磷脂等类脂物以及各种脂肪酸等;有效成分和抗生物质如驱虫剂、抗生素等。

四、无机物

海藻成分中除了大部分有机物外,还有占海藻重量的 1/3 乃至 1/2 的无机成分,它们是海藻细胞质和细胞壁成分中不可缺少的组成部分。大部分无机离子(特别是无机阳离子)是与海藻中的多糖的羧基和羟基以酯状相结合。因此经水浸泡后,海藻中仍然能保存相当大含量的阳离子成分。如常量元素:K、Na、Ca、Mg、Sr 等;微量元素:Cu、Mn、Cr、Pb、Zn、Ni、Co 等;放射性同位素:^{60}Co、^{59}Fe、^{106}Ru、^{184}Cs、^{115}Cd 等;其他无机成分:SO_4^{2-}、Cl^- 等。

目前,我国用于加工海藻食品的藻类品种主要为海带、裙带菜和紫菜。裙带菜通常采用盐渍的盐藏品,紫菜则主要以鲜菜为原料直接制成各种紫菜食品,而海带多以干品为原料。

第二节　海藻的功能特性

一、抗癌作用

海藻中的多糖起着重要作用。多糖作为海藻的最主要成分,含量达 60% 左右。例如,由多糖构成的海藻细胞壁要比陆地植物的细胞壁厚,且柔软而富有弹性。同时,由于呈酸性的细胞间多糖具有羧基和硫酸根,所以具有选择吸收或交换海中水的离子,保持水分的作用。在陆地植物中尚未发现有这类黏多糖。构成海藻多糖的糖类中,有存在于高等植物中的 D-葡萄糖、D-半乳糖、D-木糖、L-鼠李糖、L-阿拉伯糖、D-葡萄糖醛酸和 D-半乳糖醛酸等,同时也有 L-岩藻糖、L-3,6-半乳糖、6-O-甲乳糖等海藻特有的糖类,以及 D-甘露糖醛酸、L-葡萄糖醛酸等特异的糖醛酸等。研究表明,岩藻聚糖、硫酸多糖等这些存在于海藻类而不存在于陆地植物的特殊多糖对癌症有明显的抑制作用。日本科学家从海带中提取出一种能诱导癌细胞"自杀"的物质——U-岩藻多糖,它能使癌细胞内的染色体以其自身内拥有的酸将自己分解,两三日后癌细胞便自我消灭,而正常细胞不受伤害。另外,藻类中含有的硫酸多糖,能提高生物防御能力,在肠道内把有害的物质转化为无害的物质。因此,能抑制癌症的发生。

海藻中食物纤维除粗纤维外,还包括琼胶质和甘露聚糖层。海藻食品中的纤维含量较多,海带为 28.6%,紫菜为 29.7%,裙带菜为 37.9%。纤维素的摄入,可促进肠道蠕动,增进消化腺分泌,使消化残渣膨松,在肠中运行加快,减少有害物质的滞留和吸收,可降低消化道中毒和肠癌发生率。从海藻中发现的环丙基氨基酸,具有抑制癌及激活免疫作用。

二、降血压、降胆固醇的作用

最近研究发现,海带能降血压,因为海带中含有褐藻酸的钾盐在起作用。褐藻酸是 D-甘露糖醛酸和 L-古罗糖醛酸按不同比例组成的聚糖醛酸皂苷,有排除多钠离子和调节钠、钾平衡的作用。对由容量因素引起的高血压,食用海藻食物可收到良好的降压效果。

海藻中存在大量氨基酸,氨基酸和它的诱导物也具有降压作用。从海带浸出液中分离出的海带氨基酸就有降压作用,其生理活性和藻体内代谢已受到重视。研究发现,食用海藻食品对降低血浆中的胆固醇有明显的效应。多不饱和脂肪酸的结构较为松散,占有较大的空间,排挤脂蛋白的蛋白质部分,使胆固醇降低。海藻中的 V_{B_6} 和亚油酸也能降低血脂。V_{B_6} 能促进亚油酸转变为花生四烯酸,后者可促进胆固醇氧化为胆酸,导致胆固醇的降低。海藻中的硫酸多糖还能增强血液中的脂肪酶的活性,降低血脂。

三、矿物元素作用

藻类吸收海水中的矿物元素离子,不仅是浓度差引起的扩散渗透作用,而对特定的离子具有高度选择性,通过细胞膜主动转运,是一种不可逆的吸收。以钙为例,海带中的钙含量是海水的 32 倍,所有的食物中仅次于虾皮的钙含量(1 177 mg Ca/100 g 干海带,2 000 mg Ca/100 g 虾皮)。海藻这一丰富的天然食品钙源,坚持长期食用,一定会得到满意的效果。

人体必需的微量元素硒,在海藻中含量很高,约为 0.1~1.1 μg 干物质。人的衰老及细胞的癌变、心血管疾病等都与人体的自由基产生过多有关。自由基使细胞膜上的不饱和脂肪酸过氧化,使细胞膜改变通透性,导致细胞癌变、衰老。而体内含有硒的许多酶则是一种自由基清除剂,硒的含量直接决定着酶活力的大小。同时,硒作为人体免疫功能激活剂,可刺激体内免疫功能的提高,抑制病症的发生。

海藻中含有丰富的碘。可为人体提供足够的碘。如果缺碘,将导致甲状腺功能低下,进而阻滞机体的生长发育,影响神经系统及智力的正常发育,造成不同程度的智力损害甚至残疾。其原因是人体内的甲状腺必须在有碘存在下才能分泌可促进生长发育和加强基因代谢等重要生理功能的甲状腺素。人体的甲状腺素和肾上腺皮质激素、性激素共同维持人体生理机能的平衡。如果人体含碘量不足,甲状腺素缺乏,还会使碳水化合物与脂肪氧化不充分,在体内积累胆固醇和脂肪,导致人体发胖和动脉硬化。海藻食品含有机碘量很高,海带含碘量为 340 mg/100 g,紫菜含碘量为 180 mg/100 g,易被人体吸收、利用。

海藻中含有丰富的铜,铜有很高的生物活性,可与多种酶蛋白结合,作为酶的组成参加氧化还原系统及酪氨酸碘化酶的合成。机体缺铜时,赖氨酸氧化酶的活性降低,酪氨酸碘化酶形成困难,碘的有机化、偶联、贮存、释放等环节都受到影响,甲状腺素的合成受到阻碍,导致甲状腺肿大。海藻中大量的铜,能够促使甲状腺素恢复到正常水平。另外,机体缺铜,可减弱机体的免疫机制,降低人体的抵抗力。海藻中的铜能够增强机体的免疫机能,提高人体的免疫力。

锌是人体微量元素中较重要的一种,含锌金属酶在蛋白质代谢中起重要作用。缺锌时,DNA 聚合酶功能失调,阻碍了蛋白质的正常合成,从而使弹性蛋白的合成受阻,影响生长发育和组织再生。海藻中的锌能够参与 DNA 聚合酶的合成,提高人体免疫力,并促进维生素 A 的代谢,增进食欲,促生长。

锰是精氨酸酶的组成成分,也是羧化酶的激活剂,参与体内脂类、碳水化合物的代谢,也是蛋白质、DNA 与 RNA 合成所必须。锰在体内也是许多肝酶的协同因子,与肝的代谢和胆汁分泌有关。海藻中的锰能促进胆汁分泌和肝酶的正常代谢,调节机体的正常生理代谢。

铁是人体必需微量元素中含量最多的一种,如果机体缺铁,则会引起核酸及蛋白质的合成减少,免疫机能受损。铁与红细胞的形成和成熟有关,是血红蛋白的重要组成部分,缺铁将导致缺铁性贫血。海藻中的铁,可直接促进核酸及蛋白质的合成,参与体内氧与二氧化碳的转运、交换和组织呼吸过程,促进 β-胡萝卜素转化为 V_A,还能使由缺铁引起的贫血得到恢复。

四、美容、减肥、抗衰老作用

海带中 V_A 的含量为 440 IU/100 g,能使皮肤功能正常,可防皮肤病,使皮肤光滑有弹性。海带中 V_{B_2} 的含量为 0.2 μg/g,$V_{B_{12}}$ 的含量为 3.0 ng/g,紫菜中 V_{B_2} 的含量为 23.08 μg/g,$V_{B_{12}}$ 的含量为 290.8 ng/g。V_{B_2} 和 $V_{B_{12}}$ 能防止脂肪过氧化物的积蓄作用,防止机体老化,是有效地抗衰老、减少皱纹产生的物质。V_C 有抑制皮肤黑色素的形成,使肌肤白皙,防止头发脱落变色。V_E 能使皮肤保持水分,充满弹性,消除自由基延缓衰老等美容功效。

五、排除体内重金属离子作用

人们每天通过食物、饮水和呼吸,将重金属 Cd^{2+}、Pb^{2+}、Hg^{2+} 吸入体内,对人体产生极大危害。海藻中含有大量的褐藻酸,其中的古罗糖醛酸能很容易地与 Pb^{2+} 等结合并可以由消化道将铅排出体外。

第三节 海藻食品加工

目前海藻加工食品可大致分为3个方面：初加工产品、精加工产品和深加工产品。目前，我国栽培的海藻产量达8万多吨，居世界首位，主要集中在沿海地区，江苏、山东、浙江、福建都是养殖大省，其中，江苏以连云港、南通产量最大。

一、初级加工

海藻采收后经过简单的加工整理，成为直接食用的食品或作为后来加工的原料。加工处理的措施主要包括清洗、水煮、盐渍，晒干等。

（一）干制紫菜

常见的产品形式为紫菜饼、紫菜片、干紫菜丝等。目前市场上流行的即食海苔就是一个最好的海藻食品加工的典范。从海里捕捞的鲜嫩紫菜经多道工序加工成人们喜爱的休闲食品——即食片状海苔。海苔为天然紫菜加工而成，营养价值比较高。

（二）晒干海带

晒干海带可采用两种干燥方式：一种是盐干海带，另一种是淡干海带，区别在于晒干前是否进行盐腌处理。

（三）煮即食海藻

将新鲜采收的海带裙带菜清洗干净后用水煮熟，佐以调味料即可食用。

（四）盐渍海藻

常用于盐渍的海藻主要有海带和裙带菜等。盐渍后能保持物料的新鲜度和质地，以后再行脱盐加工或烹制。

二、精加工产品

海藻原料经过较为严格细致的加工处理工艺，制作成具有各种不同特色的海藻食品，是一类受大众喜爱的海产品，也是目前我国食品市场上海藻产品的主角。产品加工形式主要包括脱水加工、冷冻加工、膨化加工、调味加工、酱类、切片加工、海藻粉加工等。

（一）海藻调味制品

海带、紫菜、裙带菜等原料，可根据当地或民众的饮食习惯用调味液进行熬煮，煮成后经过后续的杀菌、包装便可入市销售。

（二）海藻酱加工

将海藻原料用破碎机破碎成颗粒<0.5 mm的浆液，按定量比加入盐、糖、五香粉、味精、柠檬酸、辣椒、姜等调味料，然后进行煮制成海藻酱。

（三）海藻薄片产品

将海带、裙带菜原料切成一定规格的条片，然后将条片进行纵切切片，切成0.1 mm的薄片，再将薄片进行人工脱水。产品带有天然纹理，呈半透明状态，具有很好的感官性状。

（四）海藻膨化食品

选择比较肥厚的藻体切成1 cm左右的条片，然后进行调味，入味后取出脱水干制，再进行膨化加工。

三、深加工产品

海藻深加工食品是以藻类为原料,经过充分的处理,将其中有价值的成分加以提取应用,加工成食品。深加工食品从表面看不出藻类的形态。海藻深加工后的食品主要有饮料、冻、浓缩液、营养品(胶囊、口服液)等,以及有待于进一步应用的海藻提取物。

(一)海藻饮品

海藻可加工出浑浊汁和澄清汁,经过调味或与其他果蔬原料复合加工,得到营养海藻汁饮料。

(二)海藻胶果冻产品

以海藻胶为原料,加入调节风味的配料,经胶凝后得到冻类产品,如果冻、布丁等。

(三)营养品

利用海藻中特有的对人体健康有益的成分,提取后进一步加工成为人类的营养品,可以制成胶囊、口服液或片剂等形式,也可以结合食品加工,制成营养型的健康食品。

(四)海藻纤维

膳食纤维被认为是人类第七大营养素,利用海藻中提取的膳食纤维可以促进肠道蠕动和体内毒素的排出,预防肠癌,而且海藻纤维还具有减肥、降低血液中胆固醇以及预防糖尿病等作用。

(五)其他

海藻通过深加工还可以制作出很多食品,如仿生食品(人造海蜇皮、人造海参等)、海藻酒、海藻醋、海藻糖果等系列产品。开发这类食品可以产生较高的经济效益,同时也可以广为拓宽海藻食品加工的途径。可将海藻中的钙、钾、碘等无机成分和各种多糖类的成分提取出来,在提取液中加入糖类和微量元素,用酵母发酵。发酵大致完成时,追加糖类,最终酿造出浓郁的海藻成分所特有的芳香味的酒类。

第四节　海藻膳食纤维

膳食纤维(dietary fiber, DF)对人体健康有很多重要的生理功能,如有利肠胃蠕动,防治便秘;作为理想的饱腹剂,减少热能摄入,起到减肥的作用;阻止脂肪、胆固醇的吸收,并加速其排泄,可起到防止脑血管疾病的作用;吸附食物中的化学致癌物质并加速其排泄,有防止结肠癌的作用。这些已被国内外大量的研究事实与流行病学调查结果所证实,并被现代医学和营养学确认为与传统的六大营养素并列的"第七营养素"。但是要使膳食纤维在人体内更有效地发挥作用,原料的选择和提取方法是关键问题之一。而膳食纤维广泛存在于谷类、豆类、水果、蔬菜和海藻中,由不同原料提取的膳食纤维,其组分有较大的差别,生理功能也大不相同。

西方发达国家早在20世纪70年代就着手对膳食纤维的研究与开发,美、英、德、法已形成一定产业规模,并在食品市场占有一席之地。美国成立了膳食纤维协会。在年销售 60 亿美元方便谷物食品中,约 20% 是富含膳食纤维功能食品。美国的科学家们用现代高技术手段,以全美最上乘的棕金车前谷为原料研制成功了"金谷纤维王"。其含有高达 80% 的纤维,是人们已知含高纤维的燕麦的 5～8 倍。这一高纤维食品在美国问世后很快风靡欧美等发达地区。据悉,在欧美,食用纤维素的年销售已达 100 亿美元。美国著名的安利公司也推出了膳食纤维保健食品"纽崔莱蔬菜纤维素嚼片"。日本在 20 世纪 80 年代后期利用可溶性膳食纤维制成饮料,包括碳酸饮料、乳酸饮料及果汁等。据该国 34 个生产膳食纤维厂家统计,开发利用的资源有米糠、麦麸、甜菜渣、玉米、大豆、麻、果皮、种子多糖、魔芋、甲壳素等 10 余种。国内外对陆生植物膳食纤维(如玉米麸皮纤维、小麦麸皮纤维、大豆纤维、甜菜纤维、魔芋纤维)和微生物多糖及其他天然纤维和合成、半合成纤维,共 30 多个品种进行研究。对它们的结构、理化特性和生理功能及应用都进行了详细的研究,其中实际应用于生产已有 10 余种。海藻膳食纤维的研究开始于 20 世纪 90 年代,主要是研究紫菜、裙带菜、石莼、浒苔中膳食纤维的结构、理化性质及其生理功能。我国对海藻膳食纤维的制取技术、应用研究和生产尚处于起步阶段。我国海岸线长,滩涂面积广阔,藻类资源丰富,品种繁多。马尾藻、江蓠和麒麟菜主要产于福建、广东、广西和海南等省及东南亚等国家沿海;海带在我国沿海均有分布,但主要产于我国的山东和辽宁等省沿海。它们都是属于大型经济藻类,含有丰富的藻胶、纤维素、半纤维素、维生素和矿物质等,是生产膳食纤维的优质原料。

一、膳食纤维及其特性

(一)膳食纤维的定义

膳食纤维被定义为"凡是不能被人体内源酶消化吸收的可食用植物细胞、多糖、木质素以及相关物质的总和"。这一定义包括了食品中的大量组成成分:纤维素、半纤维、低聚糖、木质素、脂质类质素、胶质、改性纤维素、黏质、寡糖。在有些情况下,也指那些不被人体消化吸收的、在植物体内含量较少的成分,如糖蛋白、角质、蜡和多酚等,也包括在广义的膳食纤维范围内。虽然,膳食纤维在人的口腔、胃、小肠内不能消化吸收,但在人体大肠内某些微生物能降解部分膳食纤维,从这种意义上来说,膳食纤维的净能量不严格等于零。

(二)膳食纤维的组成

膳食纤维是一组非均一的复杂的天然大分子物质,主要包括以下几种。

1. 线型的纤维素

线型的纤维素是由葡萄糖基以 β-1-4 糖苷键结合的巨型分子长链,常称为"结晶型聚合物",而每一条靠得很近的线型链依赖于氢键结合成束,呈现纤维状的特性。

2. 半纤维素

半纤维素是带有各种不均一的分支碳水化合物的聚合物。主链的原糖是五碳糖和六碳糖,而分支上有葡萄糖醛酸、麦芽糖、阿拉伯糖、木糖残基等。

3. 果胶的聚合单体

果胶的聚合单体是以半乳糖醛酸为主呈现胶体特性,在植物细胞壁中层起黏合作用。

半纤维素和果胶表现明显的亲水性。

4. 木质素

木质素由苯丙烷单体聚合,并且有横链相连,亲水性差,是植物的结构整体物质。木质素与另一种腊质纤维几乎不能受生物化学分解。

（三）膳食纤维的分类

1. 按膳食纤维在水中的溶解能力分

按溶解能力分,膳食纤维可分为水溶性膳食纤维（SDF）和水不溶性膳食纤维（IDF）。

SDF 是指不被人体消化道酶消化,但可溶于温、热水,和水结合会形成凝胶状物质,且其水溶液又能被其四倍体积的乙醇再沉淀的那部分膳食纤维。主要是细胞壁内的储存物质和分泌物,另外还包括部分微生物多糖和合成多糖。其组成主要是一些胶类物质如果胶、阿拉伯胶、角叉胶、瓜尔豆胶、琼脂、半乳糖、甘露糖、葡聚糖、海藻酸钠、微生物发酵产生的胶（如黄原胶）、人工合成半合成纤维素（如羧甲基纤维素）及真菌多糖等。

IDF 是指不被人体消化道酶消化且不溶于热水的那部分膳食纤维。主要是植物细胞壁的组成成分,包括纤维素、半纤维素、木质素、原果胶、植物腊和动物性的甲壳质及壳聚糖等。

SDF 和 IDF 二者在人体内所具有的生理功能和保健作用是不同的。IDF 成分主要作用在于可引起胃内 pH 变化,使肠道产生机械蠕动效果,可增加粪便量,防止肥胖症、便秘及肠癌等；SDF 成分则更多地发挥代谢功能,不引起胃内 pH 变化,可防止胆结石和排除有害金属离子,防止糖尿病,降低血清及肝脏胆固醇和抑制餐后血糖上升,防止高血压及心脏病等。

2. 按膳食纤维的来源分

按来源分,膳食纤维可分为陆生植物类膳食纤维、动物类膳食纤维、海藻多糖类膳食纤维、合成类膳食纤维。其中,陆生植物类膳食纤维是目前人类膳食纤维的主要来源,也是人们研究和应用最为广泛的一类。粮谷类食物中的纤维主要以纤维素和半纤维素为主,水果和蔬菜中的纤维主要以果胶为主。动物类膳食纤维,主要是甲壳质类和壳聚糖。海藻膳食纤维主要有细胞壁结构多糖,它由纤维素、半纤维素等构成,基本上同陆生植物一样,但也有甘露聚糖、木聚糖等特例。藻类植物细胞间质多糖,如琼胶、卡拉胶、褐藻胶、马尾藻聚糖、岩藻聚糖、硫酸多糖等都属于海藻膳食纤维的成分。膳食纤维的来源不同,其化学性质差异很大,但基本组成成分较相似,相互间的区别主要是相对分子量、分子糖苷链、聚合度、支链结构方面。

（四）膳食纤维的理化特性

1. 具有很高的持水性

膳食纤维的化学结构中含有许多亲水基团,具有良好的持水性。这一物化特性,使其具有吸水功能与预防肠道疾病作用,而且水溶性膳食纤维持水性高于非水溶性。当富含膳食纤维的食物进入消化道内,在胃中吸水膨胀,并形成高黏度的溶胶或凝胶,这样将产生饱腹感,减少了进食量和热量的吸收。膳食纤维不仅对肥胖病人是很好的食品,而且增加了胃肠道的蠕动,从而抑制了营养物质在肠道的扩散速度,缩短了食物在肠道内的停滞时间,使食物不能充分被消化酶分解便继续向肠道下部移动,增加了排便速度和体积乃至排便次数,由此降低了肠内压,产生通便作用,减少了有害成分在肠道内的滞留时间。

2. 对有机化合物的螯合作用

膳食纤维对有机化合物有螯合作用这一化学特性,使其具有吸附有机物功能与预防心血管疾病作用。大量研究表明,膳食纤维对降低人体和动物血浆和肝脏组织胆固醇水平有着显著作用。这是因为膳食纤维具有吸附胆汁酸、胆固醇、变异原等有机分子的功能。研究还表明膳食纤维能螯合胆固醇、降低胆酸及其盐类的合成与吸收,从而阻碍了中性脂肪和胆固醇的再吸收,也限制了胆酸的肝肠循环,进而加速了脂质物质的排泄,可直接扼制和预防胆石症、高血脂、肥胖症、冠状动脉硬化等心血管系统的疾病。

3. 对阳离子有结合和交换的能力

膳食纤维结构中包含一些糖醛酸的羟基和羟基侧链基团,可与阳离子进行可逆交换,这一物化特性,使其具有离子交换功能和降血压作用。大量实验证实:膳食纤维可与 Ca^{2+}、Zn^{2+}、Cu^{2+}、Pb^{2+} 等阳离子进行交换。但此类交换为可逆性的,并优先交换 Pb^{2+} 等有害离子,所以吸附在膳食纤维上的有害离子可随粪便排出,从而产生解毒作用。据医学界研究,血液中的 Na^+/K^+ 的大小直接影响血压的高低。而当食用膳食纤维食品后,进行离子交换时,改变了阳离子瞬间浓度,起到稀释作用,故可对消化道 pH、渗透压以及氧化还原电位产生影响,营造了一个理想的缓冲环境。更为重要的是,一些膳食纤维能与胃肠道中的 Na^+ 进行交换,可使 Na^+ 随粪便大量排出,而降低血液中 Na^+/K^+ 的值,直接产生降压作用。

4. 可改变肠道系统中微生物群系组成的特性

膳食纤维可改变肠道系统中微生物群系组成的特性,使其具有改善肠内菌群功能及加速有毒物质的排泄和解毒作用。膳食纤维中非淀粉多糖组成的膳食纤维经过食道到达小肠后,由于它不被人体消化酶分解吸收而直接进入大肠,在大肠内繁殖有 $100\sim200$ 种,总量约在 100×10^6 个细菌。其中相当一部分是有益菌,在提高机体免疫力和抗病变方面有着显著的功效,如双歧杆菌不仅能抑制腐生细菌生长,维持维生素的供应,而且对肝脏有保护作用等。这些细菌能以部分膳食纤维为营养进行代谢。于是,这些被吸收的膳食纤维不仅为菌群提供了繁殖所需的能量,并产生大量的短链脂肪酸,它们也发挥着重要的生理作用。另外,那些不能让菌群发酵的膳食纤维也会在这时候吸水、膨胀、增重后,随同可发酵纤维的剩余物以粪便的形式排出体外,使粪便湿润、松软、量多、表面光滑,在大肠内停留时间缩短。

（五）膳食纤维的功能作用

1. 预防肥胖症和肠道疾病

富含膳食纤维的食物在肠胃中吸水膨胀并形成高黏度的溶胶或凝胶,易于产生饱腹感而抑制进食量,对肥胖症有较好的调节功能,能使大便增量、软化、刺激肠道蠕动,同时可与肠道内致癌物结合后随粪便排出,从而降低大肠致癌物的浓度。另外,膳食纤维能缩短食物及其残渣通过胃肠道的运转时间,加快肠腔内毒物的通过,从而减少致癌物与组织接触时间。

2. 预防心血管疾病

膳食纤维能显著抑制总胆固醇（TC）浓度升高，降低胆酸及其盐类的合成与吸收，从而阻碍中性脂肪和胆固醇的胆道再吸收，限制了胆酸的肝肠循环，进而加快了脂肪物的排泄。因此，可直接扼制和预防冠状动脉硬化、胆石症、高脂血症，对预防心脑血管疾病也有重要作用。

3. 降低血压

膳食纤维尤其是酸性多糖类，具有较强的阳离子交换功能。它能与肠道中的 Na^+ 进行交换，促使粪便中大量排出 Na^+，从而降低血液中的 Na^+/K^+，直接产生降低血压的作用。

4. 降血糖

膳食纤维能调节肠道对糖类物质的吸收，能延缓血糖的急剧升高，使餐后血糖水平稳定，有助于糖尿病患者控制症状。膳食纤维还可改善神经末梢组织对胰岛素的感受性，降低了患者对胰岛素和抗糖尿病药物的需要量，从而减轻对胰岛组织的压力。

5. 抗乳腺癌

膳食纤维可减少血液中诱导乳腺癌雌性激素的比率。其机理是：① 膳食纤维能够吸附被肠道内微生物酶催化作用而形成的游离型雌激素，减少重新吸入血液的雌激素量；② 膳食纤维通过增加排粪量而降低肠道内微生物酶的浓度，使妊马雌酮（结合型雌激素）转变为游离型雌激素的量减少，导致重吸收入血液的雌激素量减少，从而减少雌激素扩散到组织中而作用于靶器官的几率，乳腺癌的危险性就会降低。

6. 改变肠道系统中微生物群落组成

膳食纤维中非淀粉多糖直接进入大肠而成为大肠内上百兆有益细菌的重要"食物"，不仅供给繁殖需要的能量，并在纤维代谢中产生大量短链脂肪酸（SCFA），如乙酸、乳酸等，这对形成肠道良好的环境有重要的生理作用。由于改善有益细菌的繁殖条件，使得如双歧杆菌等群落能够迅速扩大。这对抑制腐生菌生长，维持维生素供应，保护肝脏等都有重要的意义。

7. 膳食纤维抗氧化性和清除自由基作用

现代医学证明，脂质氧化所产生的自由基在癌肿形成的起始和促成阶段都起重要作用。机体在代谢过程中产生的自由基有超氧阴离子自由基、羟基自由基、氢过氧自由基。其中，羟基自由基是最危险的自由基，而膳食纤维中的黄酮、多糖类物质具有清除超氧离子自由基和羟基自由基的能力。

8. 提高人体免疫能力

从香菇、金针菇、灵芝、茯苓和猴头菇等食用真菌提取的膳食纤维，其中的多糖组分具有通过巨噬细胞和刺激抗体的产生，而达到提高人体免疫能力的生理功能。

9. 改善和增进口腔、牙齿的功能

增加膳食中的纤维素，则可增加使用口腔肌肉、牙齿咀嚼的机会，长期下去，会使口腔保健功能得到改善，防止牙齿脱落、龋齿出现的情况。

10. 防治胆结石

胆结石的形成与胆汁胆固醇含量过高有关,由于膳食纤维可结合胆固醇,促进胆汁的分泌、循环,因而可预防胆结石的形成。

11. 其他作用

膳食纤维的缺乏还与阑尾炎、间歇性疝、肾结石和膀胱结石、十二指肠溃疡和溃疡性结肠炎等疾病的发病率与发病程度有很大的关系。

二、海藻膳食纤维的制备

(一)膳食纤维的提取方法

膳食纤维依据原料及产品特征要求的不同,其加工方法有很大的不同,必须的几道加工工序包括原料粉碎、浸泡冲洗、漂白脱色、脱水干燥、成品粉碎及过筛等。

目前,膳食纤维的制备可分为五类。

(1)粗分离法。主要是利用液体悬浮法和气流分级法,将原料中各成分的相对含量改变,减少如植酸、淀粉等的含量,从而提高膳食纤维的含量。这方法适合于原料的预处理。

(2)化学分离法。采用化学试剂来分离膳食纤维,这种方法采用较普遍,主要有酸法、碱法和絮凝剂等。经酸碱处理后,滤液用酸调 pH、漂白,并经过离心处理,再将清液用碱回调 pH 至中性,并用乙醇沉淀,所得沉淀物即为水溶性膳食纤维,滤渣为水不溶性膳食纤维。

(3)膜分离法。利用高科技的膜分离技术,将分子量大小不同的膳食纤维分离提取。该法能通过改变膜的分子截留量来制备不同的分子量的膳食纤维,避免了化学分离法的有机残留。

(4)化学试剂和酶结合提取法。在使用化学试剂处理的同时,用各种酶如 α-淀粉酶、蛋白酶、糖化酶和纤维素酶等去降解膳食纤维中含有的其他杂质,再用有机溶剂处理,用清水漂洗过滤、甩干后便获得纯度较高的膳食纤维。

(5)发酵法。用保加利亚乳杆菌和嗜热链球菌对原料进行发酵,然后水洗至中性,干燥即可得到膳食纤维。目前该法在果皮原料制取膳食纤维时使用。

我国在用陆生植物原料制取膳食纤维时,主要是化学分离法、化学试剂与酶试剂结合法这两种方法。化学法的特点是成本较低,但酸碱处理过程,使大量的水溶性膳食纤维流失,产品的持水力和膨胀力较低,采用化学试剂与酶试剂相结合的方法则成本较高,但酶能温和地去除淀粉、蛋白、脂肪等杂质,不影响水溶性膳食纤维,产品的持水力和膨胀力高,得率也高。

(二)海藻膳食纤维提取工艺

1. 江蓠膳食纤维提取工艺

江蓠(*Gracilaria verrucosa*)主要产于福建、广东、广西和海南等沿海地区,是一种红藻,含有丰富的琼胶、纤维素、半纤维素、维生素和矿物质等,是生产膳食纤维的好原料。目前,江蓠的资源相当丰富,其养殖方式主要为半天然和全人工养殖。而江蓠民间不能直接食用,为非食用海藻,大部分被用作琼胶生产的原料,只有小部分作为鲍鱼的饲料。由于江蓠价格的上涨和目前琼脂工业的不景气,使部分只能用于加工琼脂的江蓠不能及时得到利用。因此有必要改变江蓠的加工方法，从江蓠中提取膳食纤维，进一步提高江蓠的利用价值，扩大我国海藻类膳食纤维研究的范畴。

（1）工艺流程。

江蓠预处理→碱处理→水洗至中性→第一次漂白→水洗→第二次漂白→水洗至中性→干燥→粉碎→检验→包装→成品。

（2）操作要点。

江蓠预处理：在实验之前除去江蓠中的泥沙和其他杂物，并测定其水分，以便计算膳食纤维的产率。

碱处理：采用高温稀碱法，碱液用量以浸过藻体为宜，一般用量为江蓠藻体重的12倍，然后加热至所需温度，加入江蓠，搅拌均匀，恒温处理一定时间后，回收碱液，并将江蓠充分水洗接近中性。

漂白：用次氯酸钠和盐酸对碱处理后的江蓠藻体进行第一次漂白，漂白液用量为江蓠重的10倍，漂白一定时间后，排去漂白液，水洗；再用高锰酸钾和草酸进行第二次漂白（先用高锰酸钾氧化，再用草酸还原），氧化还原液用量也分别为江蓠重的10倍，漂白后将藻体充分水洗至中性。

干燥和粉碎：将水洗至中性的江蓠藻体放在50 ℃的条件下真空干燥，再经超微粉碎机粉碎至60～80目的粉状，即得。

（3）膨胀力和持水力。

江蓠膳食纤维的常规化学成分和矿物质、膨胀力和持水力的分析结果见表7-1。

表7-1 江蓠膳食纤维主要成分及功能性

蛋白质	脂肪	水分	灰分	红藻淀粉	膳食纤维	钙	磷	膨胀力/（mL/g）	持水力
1.14%	0.89%	16.75%	2.70%	1.74%	77.28%	1.08%	0.068%	9.0	825%

表7-1结果显示，江蓠膳食纤维的含量很高，干基含量高达92.83%$\left[\left(\dfrac{0.772\,8}{1-0.167\,6}\right)\times 100\%\right]$，比西方国家常用的小麦麸皮膳食纤维含量（47.09%，干基）要高出很多。而江蓠膳食纤维中钙含量并不高，因此在服用江蓠膳食纤维时必须补充钙，以包埋膳食纤维中羟基或羧基等侧链基团，避免这些基团影响人体肠道内矿物质的代谢平衡。江蓠膳食纤维的膨胀力达9.0 mL/g，持水力达825%，这两项功能性指标比西方国家常用的标准麸皮膳食纤维的功能性指标（膨胀力4 mL/g，持水力400%）要高出很多，可作为高活性膳食纤维。

2. 麒麟菜膳食纤维提取工艺

（1）工艺流程。原料（麒麟菜）→预处理→碱处理（废碱液回收）→水洗至中性→酸化漂白→水洗至中性→干燥→粉碎→检验→包装→成品。

（2）操作要点。

预处理：在实验之前除去麒麟菜中的泥沙和其他杂物，并测定其水分，以便计算膳食纤维的产率。

碱处理:采用常温稀碱法,碱液用量以浸过藻体为宜,一般用量为麒麟菜藻体重的12～15倍,然后加入麒麟菜,搅拌均匀,常温处理一定时间后,回收碱液,并将麒麟菜充分水洗接近中性。

漂白:用次氯酸钠和盐酸对碱处理后的麒麟菜藻体进行漂白,漂白液用量为麒麟菜重的10倍,漂白一定时间后,排去漂白液,并将藻体充分水洗至中性。

干燥和粉碎:将水洗至中性的麒麟菜藻体放在50 ℃的条件下真空干燥,再经超微粉碎机粉碎至60～80目的粉状,即得。

（3）膨胀力和持水力。

麒麟菜膳食纤维的产品分析如表7-2所示。

表7-2　麒麟菜膳食纤维产品分析

膳食纤维	钙	磷	产率	膨胀力/（mL/g）	持水力	颜色
73.12%	2.13%	0.01%	32.41%	24.5	1 450%	较白

表7-2结果显示,麒麟菜膳食纤维中钙含量较高,不仅可以补充人体对钙的需求,还可以包埋膳食纤维中羟基或羧基等侧链基团,避免这些基团影响人体肠道内矿物质的代谢平衡。麒麟菜膳食纤维的膨胀力达24.5 mL/g,持水力达1 450%,这两项功能性指标比西方国家常用的标准麸皮膳食纤维的功能性指标（膨胀力4 mL/g,持水力400%）要高出很多。

3. 马尾藻膳食纤维提取工艺

（1）水溶性膳食纤维提取方法。

将马尾藻切碎,用清水浸泡0.5 h,捞出、沥干,然后用碳酸钠溶液提取,加水稀释,过滤。滤液用稀盐酸调pH至中性,加入4倍（相当于原料重）10%氯化钙溶液,搅拌,使滤液形成凝胶,过滤,用水冲洗后将凝胶移入烧杯中。再加入一定浓度的次氯酸钠溶液和盐酸溶液进行漂白,过滤,用水冲洗凝胶,用1%硫代硫酸钠溶液脱氯。最后用适量95%乙醇脱水,捞出挤干,于50 ℃条件下真空干燥,粉碎即得。

（2）不溶性膳食纤维的提取方法。

将提取过碱溶性膳食纤维的马尾藻藻渣加入3倍量硫酸溶液中煮沸,并维持一定时间,过滤,用水冲洗,再用3倍量氢氧化钠溶液煮沸,并维持一定时间。过滤,用水冲洗,滤渣用上述漂白碱溶性膳食纤维的方法进行漂白,过滤,水冲洗。再用1%硫代硫酸钠溶液脱氯,适量95%乙醇脱水,捞出挤干,于50 ℃条件下真空干燥,粉碎即得。

（3）膨胀力和持水力。

马尾藻膳食纤维的膨胀力和持水力分析如表7-3所示。

表7-3　马尾藻膳食纤维的膨胀力和持水力分析

名　称	分析结果
膨胀力/（mL/g）	22
持水力/%	1 250

马尾藻膳食纤维的膨胀力达 22 mL/g,持水力达 1 250%,这两项功能性指标比西方国家常用的标准麸皮膳食纤维的功能性指标(膨胀力 4 mL/g,持水力 400%)要高出很多。生物试验表明,纤维较高的膨胀力、持水力与其低消化特性,与造成较大体积和重量的粪便以及降低血清三甘油酯和胆固醇有很大的关系。

4. 海带膳食纤维提取工艺

(1)提取工艺(图 7-5)。

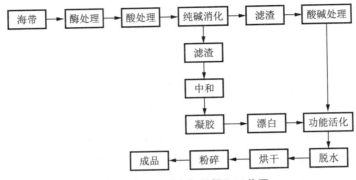

图 7-5　海带膳食纤维提取工艺图

(2)操作要点。

将海带原料洗净、干燥、粉碎后,在 pH4～5,温度 48 ℃～50 ℃的条件下用不同酶量和时间对海带粉进行酶解。然后加入 0.35%的盐酸溶液处理 2 h,并在相同条件下提取和漂白膳食纤维。膳食纤维的蛋白含量、淀粉、产率和膨胀力如表 7-4 所示。

表 7-4　酶解对膳食纤维蛋白含量、淀粉、产率和膨胀力的影响

纤维素酶 用量/(U/g)	蛋白酶 用量/(U/g)	酶解时间/h	蛋白质/%	淀粉	产率/%	膨胀力/(mL/g)
0	0	-	3.68	阳性	28.9	38
80	1 000	0.5	2.35	阴性	27.8	43
		1.0	1.78	阴性	27.1	46
		2.0	1.06	阴性	26.8	48
100	2 000	0.5	1.25	阴性	27.2	48
		1.0	0.58	阴性	26.8	54
		2.0	0.53	阴性	26.3	54
120	3 000	0.5	0.62	阴性	26.9	51
		1.0	0.53	阴性	26.1	53
		2.0	0.50	阴性	25.5	52

由表 7-4 可知,在相同条件下,随着酶用量增加和酶解时间的延长,海带中的蛋白含量逐渐减少,而海藻淀粉从阳性转为阴性,这充分说明纤维素酶能有效地破坏藻体的细胞壁,使蛋白酶能除去海带中的蛋白质。而酶解后的盐酸处理能使海带中的海藻酸钠转化成海藻酸,减少膳食纤维的流失,同时能较好地去除海带中的海藻淀粉等非膳食纤维成分,提高了膳食纤维的纯度,膨胀力也相应得到提高。但是由于藻体皮层细胞壁已被破坏,会导致部分可溶性膳食纤维随之流失而使产率下降。

三、海藻膳食纤维功能特性

（一）海藻膳食纤维清除自由基作用

随着分子生物学和医学研究的深入以及检测技术的发展，人们对自由基的发生及其对人体所产生的危害有了越来越多的认识。自由基可与生物体内的许多物质如蛋白质、脂肪酸等作用，夺取氢离子，造成生物体内相关细胞的结构与功能的破坏，引发生物体多种疾病的产生。在动脉粥样硬化、血栓的形成、心肌损伤、肝炎、糖尿病和癌症等疾病中自由基起到了重要的促进作用。

1. 羟基自由基体系

4 种海藻膳食纤维对羟基自由基的清除能力远小于专用清除剂芦丁。属于褐藻的马尾藻和海带膳食纤维消除羟基自由基的能力稍大于属于红藻的江蓠和麒麟菜膳食纤维。但是 4 种海藻膳食纤维膳食纤维消除羟基自由基的规律基本随着膳食纤维质量浓度的提高而逐渐上升。

2. 超氧阴离子自由基体系

4 种海藻膳食纤维对超氧阴离子自由基有一定的清除能力。江蓠和麒麟菜膳食纤维对超氧阴离子自由基的清除能力基本相同，都是随着膳食纤维质量浓度的提高而逐渐上升，优于马尾藻和海带膳食纤维。

3. 烷基自由基

4 种海藻膳食纤维对烷基自由基有一定的清除能力。江蓠和麒麟菜膳食纤维对烷基自由基的清除能力基本接近。属于褐藻的马尾藻和海带膳食纤维对烷基自由基的清除能力也基本接近，但高于属于红藻的江蓠和麒麟菜膳食纤维。

4. DPPH 体系

DPPH 在有机溶剂中是一种稳定的自由基，呈紫色，在 517 nm 处有强吸收。在有自由基清除剂存在时，DPPH 的游离电子被配对，使其颜色变浅，在最大吸收波长处的吸光度变小，且这种颜色的变浅程度与配对电子数成化学计量关系，因此可通过在此波长处吸光度的测定来评价自由基的清除能力。4 种海藻膳食纤维对 DPPH 有一定的清除能力，江蓠、麒麟菜和马尾藻膳食纤维对 DPPH 的清除能力都随着膳食纤维质量浓度的提高而逐渐上升，4 种海藻膳食纤维中，海带膳食纤维对 DPPH 的清除率最高。

（二）海藻膳食纤维对雌性激素吸附作用

雌激素在乳腺肿瘤和乳腺癌的发生发展起到一定的作用，体内和体外试验已经表明，雌二醇的含量与雌激素敏感型乳腺癌细胞的增殖成正相关。美国联邦政府毒物研究计划于 2002 年 12 月出版的第十版报告，首次将雌性激素列为致癌物质。雌激素可以通过食物链危害健康，因此近年来我国加大了对食品中雌性激素残留量的监管力度。

小肠环境更有利于膳食纤维对雌激素的吸附，尤其是海带和马尾藻膳食纤维在小肠环境对雌激素的吸附量分别是胃环境的 10 倍和 6.2 倍。在小肠环境下，海带最好，其次是马尾藻，其对雌二醇的吸附率分别比麦麸高 80% 和 20%，江蓠和麒麟菜的吸附效果比麦麸差。

（三）海藻膳食纤维对重金属吸附作用

重金属是对生态环境危害极大的一类污染物,因含重金属的"三废"进入环境后很难被生物降解,而往往是参与食物链的循环最终在生物体内积累,破坏生物体的正常生理代谢活动,危害人体健康。Cd^{2+}、Pb^{2+}、Hg^{2+} 等重金属离子会对动物肾、肝、消化系统、心血管和中枢神经系统造成损伤。

膳食纤维具有许多重要的生理功能。它可以吸附动物体内的一些有害物质,从而起到防治疾病的作用。膳食纤维对 Cd^{2+}、Pb^{2+}、Hg^{2+}、Zn^{2+}、Ca^{2+}、Mg^{2+}、Fe^{2+} 和 Cu^{2+} 等金属离子有明显的吸附作用。

膳食纤维对重金属的吸附包括物理吸附和化学吸附。海藻类膳食纤维具有舒松的微结构和较大的比表面积,具备了物理吸附的条件。其他研究已证实膳食纤维对重金属具有物理吸附,并进行线性拟合,发现物理吸附符合 Langmuir 吸附规律,说明物理吸附为单分子层吸附。根据物质的表面特性,pH 对物理吸附的影响不是很大,而化学吸附主要依靠海藻类膳食纤维中的羧基如糖醛酸及结合于膳食纤维上的酚酸和氨基酸。这些羧基的解离状况对膳食纤维束缚重金属影响很大,当 pH 升高时,羧基上的质子解离增多,重金属束缚量下降。当然,低 pH 下重金属离子也可与质子争夺羧基,两者占有羧基的量与它们的解离常数和相对浓度有关。其吸附反应为:

$$\begin{array}{ccc} \text{RCOOH} & & \text{RCOO} \\ | & + \text{M}^{2+} \ \rightleftharpoons \ | \quad | & + 2\text{H}^+ \\ \text{OH} & & \text{O}-\text{M} \end{array}$$

（四）膳食纤维对 NO_2^- 吸附作用

海藻类膳食纤维对 NO_2^- 清除能力的差异,一方面是组成膳食纤维的组成成分和内部结构有所不同,另一方面可能与加工工艺有关。制备海藻类膳食纤维时,均经过碱处理,NaOH 会破坏阿魏酸,导致膳食纤维结合 NO_2^- 的能力变弱。实际应用时,应充分考虑到 SDF 与 IDF 比例的搭配问题,只有搭配得当才能有效发挥 SDF 与 IDF 的作用。

四、海藻膳食纤维的展望

我国海藻资源丰富,海带养殖量在世界上居于首位,紫菜已经大面积养殖,近年江蓠、石花菜、麒麟菜和螺旋藻等已试养成功,同时还有丰富的非直接食用天然海藻资源,如马尾藻,这为海藻加工业提供了得天独厚的原料基础。随着人们对海藻食用价值和保健功能的认识,海藻作为生产食品(包括保健食品)和药物的原料,尤其是作为保健食品的原料,越来越发挥出重要的作用。而海藻膳食纤维比陆生植物膳食纤维具有较高的生理特性。目前,人体增加高活性膳食纤维的摄入量已成为西方国家为提高自身健康而采取的一项重要措施。在我国,由于膳食不平衡或营养过剩造成的文明病已经出现,这种情况在经济比较发达的沿海城市尤显得严重。因此,利用海藻生产的高活性膳食纤维,将是 21 世纪人类摄取的主要功能性食品,对促进人民身体健康,提高其在国内外市场上的竞争力有极重要的现实意义。目前国内外对于海藻膳食纤维的研究,可以说是刚刚起步,海藻膳食纤维的研究开发应注重以下几个方面。

（1）扩大海藻膳食纤维资源的开发。一方面是对现有大型海藻如海带、麒麟菜、江蓠、马尾藻等的进一步利用，另一方面是对未开发的海藻如紫菜、鹧鸪菜、石花菜、羊栖菜、浒苔、石莼、小球藻、螺旋藻等进行开发。

（2）海藻膳食纤维的提取和功能活化方法的研究，由于制取方法不同，对膳食纤维产品的理化特性有明显的影响。在现有研究基础上，应用高新技术，采用条件较为温和的工艺方法，通过合适的功能活化，生产出高活性的海藻膳食纤维。

（3）加强对不同海藻膳食纤维的化学、物理性质与生理作用之间关系的研究，揭示海藻膳食纤维理化特性与生理作用的关系。

（4）研究海藻膳食纤维的生理作用机理，对糖代谢、血清脂质代谢的影响，对高血脂、高血压、糖尿病、胆结石、癌症患者的临床影响及适宜的海藻膳食纤维每日摄入量。

（5）海藻膳食纤维对应激性肠道综合征、便秘的临床影响，在肠道中的发酵与生理功能的关系，与肠道细菌的相互作用，研究海藻膳食纤维对体重控制和减肥存在的影响。

（6）研究海藻膳食纤维对环境污染物如 NO_2^-、Hg^{2+}、Pb^{2+}、Cd^{2+}、Cu^{2+}、Zn^{2+} 等的螯合能力，对有机物的吸附能力。

（7）海藻膳食纤维用途的拓展研究。

（8）海藻膳食纤维的工业化规模生产的研究开发，使之有经济上可行性，提高海藻膳食纤维的开发利用的经济价值和社会价值。

参 考 文 献

[1]　李来好，李刘冬，石红，等. 4 种海藻膳食纤维清除自由基的比较研究 [J]. 中国水产科学，2005，12（4）：471-476.

[2]　杨贤庆，李来好，戚勃. 4 种海藻膳食纤维对 Cd^{2+}、Pb^{2+}、Hg^{2+} 的吸附作用 [J]. 中国水产科学，2007，14（1）：132-138.

[3]　张莉，许加超，周晓东，等. 水不溶性海藻膳食纤维对火腿制品理化参数的影响 [J]. 食品工业科技，2008，29（10）：94-96，98.

[4]　姜桥，周德庆，孟宪军，等. 我国食用海藻加工利用的现状及问题 [J]. 食品与发酵工业，2005，31（5）：68-72.

[5]　陶平，许庆陵，姚俊刚，等. 大连沿海 13 种食用海藻的营养组成分析 [J]. 辽宁师范大学学报：自然科学版，2001，24（4）：406-410.

[6]　范晓，韩丽君，郑乃余. 我国常见食用海藻的营养成分分析 [J]. 中国海洋药物，1993，12（4）：32-38.

[7]　封德顺. 海藻糖的生物学功能简介 [J]. 生物学通报，1999，34（2）：13-14.

[8]　程池. 天然生物保存物质——海藻糖的特性和应用 [J]. 食品与发酵工业，1996，22（1）：59-64.

[9]　张玉华，凌沛学，籍保平. 海藻糖的研究现状及其应用前景 [J]. 食品与药品，2005，7（3A）：8-13.

[10]　张桂香. 海带多糖的提取及其对小鼠机体免疫功能影响的研究 [D]. 济南：山东师范大学生物系，2001.

[11] 孙玉金. 海藻食品开发浅谈 [J]. 食品科技动态，1996（2）：5-8.

[12] 刘金福，刘坤明，王润旗. 绿色海藻食品生产技术 [J]. 食品研究与开发，1996，17（4）：29-31.

[13] 李志勇，郭祀远，李琳，等. 开发营养丰富的海藻食品 [J]. 中国食品工业，1997（9）：16，18，20.

[14] 张农. 海藻食品的综合加工与应用 [J]. 厦门科技，1996（1）：18-19.

[15] 信维平，马勇，齐凤元. 海藻食品与人类健康 [J]. 食品研究与开发，1998，19（1）：51-52.

[16] 侯红漫. 海藻食品的加工与研究 [J]. 江苏调味副食品，1995（3）：18-21.

[17] 姜作真，初丽琴. 食用海藻粉的加工技术 [J]. 食品科学，1998，19（4）：61-62.

[18] 姜作真，初丽琴. 日本海带制品的加工 [J]. 中外技术情报，1994（6）：45-46.

[19] 范晓，张燕霞. 特效饲料添加剂——海藻 [J]. 饲料与畜牧，1987（2）：2-7.

[20] 蔡明. 有机生物激素——海藻肥 [J]. 农业知识：致富与农资，2010（7）：40-41.

[21] 李智卫. 海藻对不同促生菌生长的影响及应用 [D]. 泰安：山东农业大学食品学院，2010.

[22] 方希修，程宁宁，王冬梅. 海藻饲料的营养生理功能与应用研究 [J]. 中国饲料添加剂，2008（10）：1-4.

[23] 周华杰，马兴亮，崔秀花，等. 海藻粉及其活性多糖的研究进展 [J]. 中国饲料添加剂，2013（3）：9-13.

[24] 徐明芳，高孔荣，刘婉乔. 海藻保健功能的研究进展 [J]. 食品研究与开发，1995，16（4）：3-6.

[25] 朱明. 新型食品添加剂海藻糖的功能及在食品工业中的应用 [J]. 中国食品添加剂，2003（5）：74-76.

[26] 孙杰，缪静，朱路英，等. 烟台沿海4种常见海藻的氨基酸分析及营养评价 [J]. 安徽农业科学，2008，36（8）：3081-3082.

[27] 陈绍瑗，陈耀祖，莫卫民. 海洋药物研究（Ⅱ）——羊栖菜中蛋白质和氨基酸分析 [J]. 浙江工业大学学报，1998，26（1）：45-48.

[28] 赵晓峰，吴荣书. 海藻糖的功能特性及其应用 [J]. 广州食品工业科技，2004，20（2）：151-154.

[29] 何锦风，郝利民. 论膳食纤维 [J]. 食品与发酵工业，1997，23（5）：63-68，72.

[30] 李建文，杨月欣. 膳食纤维定义及分析方法研究进展 [J]. 食品科学，2007，28（2）：350-355.

[31] 王彦玲，刘冬，付全意，等. 膳食纤维的国内外研究进展 [J]. 中国酿造，2008，27（5）：1-4.

[32] 陈培基，李刘冬，杨贤庆，等. 海带膳食纤维的功能活化及其通便作用 [J]. 中国海洋药物，2004，23（2）：5-8.

[33] 刘生利，杨磊，李思东，等. 海藻膳食纤维制取、特性及功能活化研究进展 [J]. 广东

化工，2010，37（2）：117-119.

[34] 肖红波,许建平,刘进辉,等.裙带菜膳食纤维的性能及毒理评价 [J].中国临床康复，2006，10（11）：100-103.

[35] 肖红波,胡亚平,谭超,等.裙带菜纤维对高脂血症大鼠降血脂作用的研究 [J].中兽医医药杂志，2004，23（2）：12-13.

[36] 吕钟钟,张文竹,李海花,等.海藻复合膳食纤维改善小鼠胃肠道功能的实验研究 [J].中国海洋药物，2009，28（6）：31-35.

[37] 胡国荣,刘学文.膳食纤维饮料稳定性的探讨 [J].食品科技，2004（6）：80-81，93.

[38] 吴晖,侯萍,李晓凤,等.不同原料中膳食纤维的提取及其特性研究进展 [J].现代食品科技，2008，24（1）：91-95.

[39] 李来好.海藻膳食纤维的提取、毒理和功能特性的研究 [D].青岛:中国海洋大学食品科学与工程学院，2005.

[40] 宋凯,苏来金,郭远明.海藻膳食纤维研究进展 [J].农产品加工:学刊，2013（10上）：64-66.

[41] 熊霜,肖美添,叶静.复合型海藻膳食纤维功能食品的降血脂作用 [J].食品科学，2014，35（17）：220-225.

[42] 陈晓凤.龙须菜膳食纤维的制备及其在酸奶中的应用研究 [D].青岛:中国海洋大学食品科学与工程学院，2012.

[43] 刘晓琳.两种海藻饮品及其风味物质检测方法的研究 [D].青岛:中国海洋大学食品科学与工程学院，2012.

[44] 金晓敏,陈虹,王磊,等.正交试验优选紫花毕岱不溶性膳食纤维的提取工艺 [J].中国药房，2014，25（3）：235-237.

[45] 王明艳,陈丽,张诗山,等.响应面法优化海带中膳食纤维提取工艺 [J].水产科学，2013，32（6）：321-327.

[46] 李来好,杨贤庆,陈培基,等.麒麟菜高活性膳食纤维的提取与功能性试验 [J].湛江海洋大学学报，2000，20（2）：28-33.

[47] 潘文洁,薛正莲,李明松.海带膳食纤维提取工艺的研究 [J].中国酿造，2007，26（1）：20-23.

[48] 李来好,杨贤庆,陈培基,等.三种海藻类膳食纤维的提取及功能比较 [J].营养学报，2001，23（2）：184-186.

[49] 付慧,汪秋宽,何云海,等.多肋藻渣膳食纤维对小鼠降血脂作用的研究 [J].大连海洋大学学报，2012，27（3）：200-204.

[50] 刘生利.江蓠残渣高活性膳食纤维和羧甲基纤维素钠的制备及性能研究 [D].湛江:广东海洋大学食品科技学院，2011.

第八章

海藻与农业

海藻是一个巨大的吸附剂,它可以浓缩 44 万倍海洋中的营养物质。生长在海水中的海藻,除了含有陆地植物所具有的营养成分之外,还含有许多陆地植物不可比拟的碘、钾、镁、锰、钛、维生素、含氮化合物、高度不饱和脂肪酸、海藻酶、甜菜碱、氨基酸、植物生长调节剂(植物生长素、赤霉素、类细胞分裂素、多酚化合物及天然抗生素类物质)以及海藻多糖、甘露醇等,被广泛应用于饲料及肥料行业。

第一节 海藻饲料

海藻生活在海洋中,是分布最广的植物。它们结构简单,却含有许多具有特殊结构的生物化学成分,包含着丰富的营养物质。海藻饲料是单一或多种天然的藻类经低温破碎或浓缩提取等特殊工艺加工而成的可作为饲料添加剂。可以用作饲料的一般是大型经济褐藻,如马尾藻、海带、墨角藻、泡叶藻等,经加工可以保留海藻所含的营养质与活性成分,具有补充或平衡饲料营养,调解动物繁殖机能和提高机体免疫抗病抗应激能力,并起到促进动物生长、提高产量和体增重等作用。目前主要用于沿海区域的水产养殖如大菱鲆、鲍鱼、海参、对虾、观赏鱼等,在奶牛、羊、猪、鸡和宠物特种养殖方面也有相当数量的使用。海藻产品有天然活性海藻粉营养浓缩物、高活性物质岩藻多糖及海藻饲料黏合剂等。

一、海藻饲料的营养构成与特异性成分

海藻饲料营养丰富含有 60 种以上的矿物质,12 种以上的维生素,20 余种游离氨基酸,$\omega 3$、$\omega 6$ 脂肪酸,非含氮有机物等。与陆生植物相比,藻类干物质中糖类物质含量最高,占 30%～50%。其次是蛋白质,占 7%～12%。海藻饲料粗蛋白含量分别比玉米、麸皮约高 11.2%、6.2%。非含氮化合物主要为海藻多糖、甘露醇、丙烯酸、核苷类、萜烯类、大环内酯类等和褐藻糖胶等。脂肪酸大部分为不饱和脂肪酸、亚麻酸、次亚麻酸和二十碳烯酸等必需脂肪酸。矿物质和微量元素占 20%～30%,富含钙、钾、钠、镁、溴、钴、锰、锌等,还含有多种色素和呈味物质。

Leilinature 等对海藻饲料的氨基酸成分进行了研究,并与鸡蛋和大豆的氨基酸成分进行了比较。褐藻中天冬氨酸和谷氨酸的含量最高,分别占总氨基酸的 22% 和 44%。多数

藻类中都含有必需氨基酸。亮氨酸、缬氨酸和甲硫氨酸,这几种氨基酸的平均水平接近于卵清蛋白中的氨基酸水平。此外,异亮氨酸和苏氨酸的含量与豆类蛋白中的含量接近。

二、海藻饲料的主要活性成分

(一)矿物质

有机矿物质微量元素是陆生植物所无可比拟的,主要以天然螯合物的形式存在,不易发生氧化作用,能够直接促进机体对营养物质的吸收,并显现出多种非营养型添加剂的功效。动物的吸收利用优于无机矿物质,也高于优质草粉。

(二)游离氨基酸与维生素

海藻含有丰富的游离氨基酸,如 L-丙氨酸、L-蛋氨酸、组氨酸、苏氨酸及蛋氨酸等。其中含硫氨基酸含量较高,可以平衡和补充饲料中的限制性氨基酸不足。海藻还含有让陆地植物望尘莫及的维生素群,其中维生素 V_C 及 V_E 含量最高,$V_{B_{12}}$ 及 β-胡萝卜素含量也相当丰富。

(三)无氮有机物

海藻含有大量的非含氮有机物,其消化利用率可达 78.5% 以上,具有陆生植物没有的活性物质,如海藻胶、甘露醇、海藻糖胶、苯酚类化合物(丙烯酸、萜烯类、溴化酚类)、含硫化合物、多种色素藻(藻黄素、胡萝卜素等)、脂类物质。虽然海藻饲料中脂肪含量较低,但其脂肪酸多属于 $\omega3$、$\omega6$ 高不饱和脂肪酸。

三、海藻饲料的营养作用

(一)提高机体免疫力

海藻中的海藻多糖具有提高动物免疫力的作用。褐藻中的糖醛酸、褐藻淀粉和岩藻聚糖硫酸酯均可增加动物免疫器官重量和加速外周血清溶血素形成,也可增强机体特异性和非特异性免疫功能。β-胡萝卜素、V_E 和不饱和脂肪酸等活性成分,均能提高动物的抗应激能力。

(二)抗菌抗病毒

海藻中的硫酸多糖能够与病毒结合形成非感染性的多糖-病毒复合物,干扰病毒的吸附和透入过程。褐藻中的硫酸多糖属于天然聚阴离子性物质,能抑制小核糖核酸病毒、黏病毒、疱疹病毒等多种病毒的生长,并有效抑制球菌、枯草杆菌、大肠杆菌、沙门氏杆菌、伤寒杆菌等多种病菌的繁殖,抑制率超过 90%;增强机体特异性和非特异性免疫功能,提高抗病抗应激能力。

(三)促进生长

海藻饲料中维生素和矿物质是以有机态存在的,与促生长活性因子协同通过渗透调节作用,刺激消化道内消化酶和益生菌群的活性,促进营养的消化吸收,确保机体的营养需求,能在数小时内被吸收。海藻饲料中的多糖可减缓动物体内钙的分解,加速钙化过程,这对幼畜妊娠和哺乳大有益处。

（四）改善繁殖性能

海藻中含有的有机态微量元素硒、碘、胡萝卜素、生育酚及维生素等物质均可促进性激素的形成与分泌，调节甲状腺激素，进而促进机体的基础代谢，调节性腺及性器官生理活性。

（五）改善产品品质

提高饲料蛋白的生物效价和畜禽水产品有机质的营养指标，调节营养平衡。与矿物质配合使用，可明显改善畜禽的生产性能。

四、海藻饲料添加剂在实际应用中的效果

海藻作为饲料添加剂应用在养殖生产上，其中在平衡营养、增产、增色、改善繁殖、提高抗病免疫和品质等方面效果显著，不会对动物产生任何毒副作用，只要海藻饲料不变质，喂养方法和饲料配比得当，对畜禽生产均会表现出明显的促进效果

阿荣旗牧业队奶牛场在奶牛饲料中加入 100 g/d 的海藻粉，产奶量增加 7%，其中碘含量由 0.1 mg/L 增至 0.42 mg/L。蛋白质营养价值升高，降低了饲料消耗，乳腺炎发病率减少 55%，泌乳高峰持续期延长 10～25 d。在和林县奶牛小区，长期饲喂含 5%海藻饲料的奶牛，采食旺盛，产奶量增加 6%～8%，乳房炎发病明显减少，奶牛发情正常，并能及时配种，发情率和复配率明显减少。马玉胜在奶牛日粮中添加 200～250 g/d 的海藻粉，结果产奶量提高 8%左右，经济效益增加 11%。刘永刚报道，Saeter 等对挪威牧场的 3 500 只羊进行了海藻粉饲喂试验，饲喂海藻粉 35 克/（日•只），羊毛产量增产 3.3%；对缺乏矿物质或未使用鱼粉的羊群羊毛产量提高近 20%，明显防止脱毛和白肌病，羊羔成活率大大提高，并且减少越冬期间体能的损耗，对羔羊生长产生良好影响。恒丰养殖场在猪日粮中添加 0.5%～1%海藻粉，猪平均增重提高 6%～10%，头均耗料降低 4%～8%，猪肉脂肪减少，肝寄生虫病明显减少，肝糖原的利用率大为提高，且猪体健壮不易得病。加入 1%海藻粉能明显减少猪肠炎白痢伤寒病的发生，改善猪肉品质和脂肪结构。高和坤等报道，在生长育肥猪日粮中分别添加海藻粉 4%和 6%。第一批试验增重率与对照组相比分别提高 7.39 和 10.82%，料耗降低 4.7%和 6.5%，经济效益提高 12.09%和 13.90%。第二批试验增重率与对照组相比分别提高 4.46%和 6.65%，料耗降低 3.98%和 7.10%，经济效益增加 7.66%和 10.06%。

Leilinature 在蛋鸡的非平衡日粮中添加 0.5%海藻粉，由于 V_A、V_{B_2} 的增加，鸡生长速度肉和蛋中含碘量大幅度增加。以 0.75%海藻粉添加饲喂 7 d 时，蛋中含碘量提高 8%～15%。以 1.0%的海藻粉配料，鸡的产蛋率提高 10%～25%，蛋黄颜色深黄，生产效益提高 16.7%。高和昆等报道，在肉仔鸡日粮中加入 3%的复合海藻粉，试验鸡增重率提高 4.9%成活率提高 0.98%，耗料下降 3.57%。若饲料中添加 4%海藻粉则增重率提高 9.57%，耗料量低于对照组，若添加 5%的海藻粉，增重率提高 7.05%，成活率提高 0.93%，耗料量与对照组相当。海藻应用于水产动物中既有凝结和防溃散的作用又能提高生产性能特别是在缺乏矿物质和维生素的水域中效果更好。

五、海藻饲料的生产

（一）海藻粉的生产工艺流程

新鲜海藻→清洗→去泥→干燥→粉碎→计量配制→混合→称量→包装→海藻粉。

（二）注意事项

采集野生海藻的适宜季节为夏初至秋季，此时海藻生长旺盛，营养成分含量较高。采集的新鲜海藻往往混有泥沙或其他杂质，因此必须清洗。清洗时一定要用海水，不能用清水，以防海藻中的可溶性有机物如甘露醇、氨基酸以及大部分矿物质等随水漂洗流失。沥净水后再放到晒架上晒干，也可用热风炉烘干，当水分含量降到 13% 左右，可进行贮藏或进行粉碎过 40 目筛。最好采用二级粉碎法，先将海藻粉碎成较大颗粒，然后再用粉碎机粉碎成细末状。配料时，可根据不同海藻的营养水平与其他饲料营养物质配成复合藻粉，以调节海藻粉的营养成分，改善口味，提高适口性。

第二节 海藻肥料

海藻肥是海藻植物生长剂的通俗简称，是一种纯天然的多效植物生长剂。经过特殊工艺处理，极大地保留了天然活性组分，如大量的非含氮有机物，钾、钙、镁、铁、锌、碘等 40 余种矿物质元素和丰富的维生素。特别是海藻中所特有的细胞激动素、植物生长素、海藻多糖、海藻多酚等，具有很高的生物活性。我国是一个农业大国，在以蔬菜、水果、花卉、茶叶等的经济作物方面具备优势。但由于在生产过程中农药、化肥的大量使用，使其产品的品质下降，尤其是农药残留问题，已经成为当前困扰我国农产品出口的一个严重问题。为了增强我国农产品在国际市场上的竞争力，以大棚蔬菜、水果、花卉、茶叶等作物为代表的高效农业将成为我国农产品出口的主导产品。但由于发达国家绿色壁垒的存在，我国在这些产品的出口方面屡次受挫。因此，以减少农药和化肥使用量为基础的，符合绿色环保要求的生产过程的推广，已成为我国农业发展的当务之急。所以，用海藻肥代替化肥非常符合当前我国农业发展的趋势，其市场前景非常广阔。

海藻肥在欧美及以色列等国家已经得到了广泛的应用，在亚洲的日本、越南、泰国、斯里兰卡和中国台湾等国家和地区也有了很高的用量。目前，全球每年对海藻肥的用量初步估计应该在 50 000 t 以上。绿色、高效的肥料是一个发展方向，今后随着生态农业的进一步推广，全球对海藻肥的要求和用量会稳步上升。同时，海藻肥已经在我国的很多农业发达地区得到了应用。用量较大的地区主要有山东寿光大棚蔬菜产区，浙江、福建、江西等省的茶叶产区，云南的花卉产区，宁夏的枸杞产区等。在山东半岛地区的苹果产地也有应用。目前，加拿大、英国、以色列、芬兰、新西兰和南非等国都有生产海藻肥的大型企业，其中加拿大、南非、英国和新西兰是生产海藻植物生长剂最为成功的国家，尤其是加拿大，其海藻肥的销量最高，价格也最高。在这些生产海藻肥的国家中，除英国和芬兰的海藻肥略便宜，价格在 4 美元/千克外，其他各国生产的海藻肥价格均在 5 美元/千克以上。国外在我国销售产品的只有南非一家公司的"绿孢宝"海藻肥。中国海藻肥的研究和生产是从 20 世纪 90 年代下半期兴起的。以海大集团、北京雷力、青岛明月海藻集团有限公司、浙江力力加等 7 家较大生产厂家为代表的企业,占据我国海藻肥料市场的大半个江山,也代表了我国海藻肥料发展水平。这些海藻肥大都采用生化法处理海藻,然后再配上一定数量的氮、磷、钾、微量元素及腐殖酸。制约海藻生物肥料发展的技术瓶颈是缺乏直接将褐藻中二价以上的褐藻酸金属盐降解成小分子的水溶性褐藻寡糖的酶,常规的纤维素酶、蛋白酶、酵母菌等对海带中褐藻酸是没有效果的。

一、海藻肥的优点

(一)生态环保

选用远离污染的深海海藻为原料,采用生化、生物工程等新进技术加工的一种新型有机肥料,保护植物生长环境。

(二)促生长

海藻中的有效组分经过先进技术处理后,呈极易被植物吸收的活性状态。如海藻中含量极为丰富的海藻多糖,经生物技术处理后,变成低聚寡糖。寡糖在 6～20 聚合度分子片断,具有极强的对作物促生长和抗病变作用,而且在施用后 2～3 h 即进入植物体内,呈现很快的吸收传导速度,可是植物增产 10%～30%。

(三)抗病抗逆

除海藻低聚糖具有抗病变作用外,海藻肥中还含有大量天然抗菌因子,如碘、氯代萜、多酚等,具有抗旱、抗寒、抗涝、抗重茬等作用。

(四)保水性能

海藻肥中的海藻酸,在植物表面形成保护膜,可以降低的表面张力,保持植物水分的挥发,可以起到空调保湿的作用。

(五)药肥合一

海藻肥具有肥料的营养特点,又有天然抗菌、抗病毒因子,是一种比较理想的生物有机肥料。

(六)疏松土壤防止板结

海藻肥是一种有机肥,可直接增加土壤的有机质,激活土壤中的各种微生物,在植物-微生物代谢物循环中起着催化剂的作用,增强了土壤的生物效力。土壤微生物的代谢物,可为植物提供养分,防止土壤板结。可使植物与土壤形成和谐的生态系统,是一种天然土壤调节剂。能促进土壤团粒结构的形成,改善土壤内部孔隙空间,协调土壤中固、液、气三者的比例,恢复土壤由于化学污染而失去的天然胶质平衡,从而激发土壤生物的活动,增加速效养分的释放,促进作物根系生长。

(七)改善作物品质

与其他肥料简单地提供养分不同,海藻肥中有丰富的海洋活性成分,参与植物生长发育,如甘露醇、氨基酸、矿物质及糖类等,促进蛋白质和糖的合成,改善作物品质。

(八)诱导植物产生防御机制

海藻肥中的糖类物质如海藻酸,作为一种螯合剂,使大量的阳离子营养物质,如 Cu^{2+}、

Mn^{2+}、Mg^{2+}、Ca^{2+} 及 Fe^{2+}，能被作物吸收利用。多糖还作为一种诱导剂，刺激生长调节物质（多胺）和天然抗生素（植物抗生素）的形成，通过吸附和渗透作用，促进作物对营养成分的吸收。

（九）配位重金属

海藻寡糖可配位作物根系周围土壤中重金属离子，抑制植物吸收，提高作物的安全性。

（十）抗辐射

海藻中的黏多糖具有抗紫外线辐射、电离辐射和核辐射的作用，保护作物健康生长。

（十一）养分缓控释剂

海藻寡糖结构中特殊的有机羧基基团与肥料中的氮、磷、钾养分有机结合，缓慢释放，达到长期提供养分，提高氮、磷、钾的利用率。

二、海藻肥生产工艺

海藻肥生产工艺流程如图 8-1 所示。

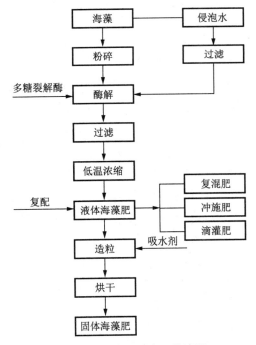

图 8-1　海藻肥生产工艺流程

三、海藻寡糖植物调理剂

海藻寡糖（Alginate-derived oligosaccharide，ADO）又称褐藻寡糖，通常是指利用海藻酸钠制取的由 2～20 个单糖（β-D 甘露糖醛酸及 α-L 古罗糖醛酸）通过 β-1-4 糖苷键连接而成的糖类物质。ADO 具有抑菌、抗氧化、抗肿瘤、抗凝血、免疫调节等生物活性，这使其在医药领域的应用具有广阔的开发前景。陈丽等的研究表明，一定浓度平均聚合度为 5～23 的水性 ADO，在体外培养中对大肠杆菌和金黄色葡萄球菌生长均有不同程度的抑制作用，且随着寡糖浓度的增加抑制作用加强。窦勇等通过对氧化降解法制得的 ADO 进行研究，结果表明此法制得的 ADO 对细菌的生长有明显的抑制作用，且对金黄色葡萄球菌、大肠杆菌、藤黄微球菌、枯草芽孢杆菌的最低抑菌浓度分别为 0.625%、0.625%、0.625% 和 2.5%。但是，此 ADO 对真菌无明显的抑制作用。包华芳等使用氧自由基吸收能力（ORAC）法测定酶解制备的 ADO 的抗氧化活性，结果表明平均聚合度（DP）为 2 的 ADO 的抗氧化能力最大，此时，其 ORAC 值约为 1 374.25 μmolE/g，且在反应体系中加入一定浓度的 VC 可其提高抗氧化能力。Tusi S. K. 等在对 ADO 对由 H_2O_2 诱导的细胞氧化的影响及神经元样细胞 PC12 中潜在的分子机制进行研究时发现，ADO 可使 PC12 细胞免受 H_2O_2 诱导的内质网及线粒体细胞凋亡。ADO 提高了 Bcl-2 表达，但抑制了 Bax 的表达及 H_2O_2 诱导的 Capsase-3 活化，同时，阻碍了 PARP 的蛋白酶解。ADO 作用于细胞凋亡途径中的关键分子，减少 p53、p38、CJN 的磷酸化，抑制 NFκB 信号，提高 Nrf2 的活化。这些结果表明经 ADO 处理后的 PC12 细胞能够阻碍 H_2O_2 诱导的氧化应激以及始于内质网、线粒体的 caspase 效应细胞凋亡级联反应。研究表明 ADO 在体外和体内均有神经保护作用，这为 ADO 在一些神经损害疾病如老年痴呆症、帕金森症、舞蹈症、肌萎缩性脊髓侧索硬化症中的应用提供了一定的依据。

　　ADO 对植物有一定的生理调节作用，主要的作用方式包调节植物生长、诱导植物抗病反应及直接作用于植物病原菌 3 种。目前关于这些方面的研究国内外均有很多报道。张运红等研究表明低浓度的 ADO 能显著促进菜心根系生长及其对氮、磷、钙、镁、硼、锰、锌的吸收，其中经 10～50 mg/L ADO 处理后，菜心根长、根尖数、根体积、根鲜重均增长显著，而且根系总吸收面积及根系活力也高于对照组。经 10 mg/L 和 20 mg/L ADO 处理的菜心地上部氮含量显著提高，经 50 mg/L ADO 处理的菜心地上部磷含量显著提高。这与之前郭卫华等人利用酶解法制备的 ADO 处理烟草幼苗，得到 0.5 mg/g 的 ADO 能够显著增加烟草幼苗株高、叶面积、根长的结果一致。此外，郭卫华等还发现施用 0.5 mg/g 的 ADO 可显著提高烟草叶片的净光合速率，并且使烟草叶片的气孔导度、蒸腾速率以及胞间 CO_2 浓度升高，进而促进光合速率的提高，促进植株的生长。而张赓等的研究结果则表明 ADO 对菜薹叶片的胞间 CO_2 浓度和气孔导度的促进效果较小，但可显著提高 CO_2 羧化效率，增加光饱和点，降低光补偿点，而且经 ADO 处理后的菜薹叶片初始荧光、最大荧光、可变荧光、光系统Ⅱ最大光化学效率、电子传递效率和非光化学猝灭系数均有不用程度增加。由此可推测 ADO 提高菜薹叶片光合速率可能与气孔因素无关，而与光能捕获和转化效率的提高、可利用光强范围的扩大以及 CO_2 羧化效率的提高相关。这可能是由 ADO 对不同植物的作用机理存在差异造成的。王婷婷等人通过使用不同浓度的 ADO 对大麦种子进行处理，发现其均可促进大麦幼苗生长，其中当 ADO 浓度为 0.5% 时，大麦幼苗的苗长、根长及质量的提高效果均极其显著。马纯艳等人发现较低浓度的 ADO 均能促进高粱种子的萌发及其幼苗的生长，且促进叶片合成叶绿素，提高根系活力。其中，幼苗叶绿素含量及根系活力提高最明显处理组的高粱浸种 ADO 浓度为 0.062 5%；而最有助于提高高粱幼苗发芽率、淀粉酶活力、苗高、根长的浸种处理的 ADO 浓度为 0.125%。国外对 γ 射线（^{60}Co）辐射制备的 ADO 对植物促生长作用较多，如 Molla 等人发现施用 150 mg/L 经 37.5 kGy 辐照的褐藻酸钠溶液对红苋菜的促生长作用显著。与对照组相比，其干物质量提高了 50%，植株高度、根长、叶片数量、最大叶片面积分别增加了 17.8%、12.7%、5.4%、2%。Luan 等发现分子量约为 $14.2×10^4$ 的 ADO 对大麦和大豆生长有积极的作用，分子量 $10^3 \sim 3×10^3$ 的寡糖片段在低浓度 20 mg/L 时对这两种植物的促生长作用最明显。Afab 等的研究表明浓度为 $20 \sim 120$ mg/L 辐照褐藻酸钠喷施于青蒿叶面后明显促进青蒿生长，增强光合作用，提高青蒿素含量且在浓度为 80 mg/L 时各指标增至最大值。Idress 等人研究结果表明叶面喷洒 ADO 的浓度为 $20 \sim 100$ mg/L 可以明显改善长春花的生长，光合作用，生理活性及生物碱产量，且浓度为 80 mg/L 时效果最好。Abd El-Mohdy 的研究结果表明水溶性海藻酸钠残片对蚕豆的促生长有显著效果。Yamasaki 等通过使用酶解 ADO 处理莱茵衣藻，发现其可显著促进藻体生长且藻体细胞中脂肪酸 C16：0、C18：2 和 C18：3 均增加。刘航等的研究结果表明 ADO 可通过调节 ABA- 信号通路来提高小麦生长期间的抗旱能力。另外，ADO 还具有配位重金属离子的作用，从而减少作物因吸收利用而造成的重金属污染。Ramnani 的研究表明一些 ADO 可以被肠道细菌发酵，从而具有发展成了一种新型益生元的潜力。许雷等通过对酶解法制备的 ADO 的吸湿性及保湿性进行研究，发现平均聚合度为 3 的 ADO 具有优良的吸湿及保湿功能，是一种天然的保湿剂。

四、海藻寡糖增效氮肥

氮肥在我国农业生产中占有重要地位，目前常用氮肥按其氮素形态可大致分为三类：硝态氮肥，主要包括硝酸钠、硝酸钙、硝酸铵等；铵态氮肥，主要包括碳酸氢铵、硫酸铵、氯化铵等；酰胺态氮肥，主要包括尿素等。植物在生长过程中可直接吸收利用少量的尿素、氨基酸等有机氮源，但其对氮素的吸收利用主要以硝态氮及铵态氮为主。其中，硝态氮因不能被土壤胶体吸附、易发生反硝化作用而损失较大，且在植物体内需经过一定的转化才能被植物利用，但它对植物吸收钙、镁、钾等元素无抑制作用；而铵态氮虽能够被土壤胶体吸附固定且可直接被植物利用，但其易氧化成硝酸盐，在碱性环境中易挥发损失，且高浓度铵态氮对植物产生毒害，对钙、镁、钾的吸收有一定的抑制作用。此外，植物对硝态氮及铵态氮的吸收利用还受植物种类、不同生长阶段等多种因素的影响。

张朝霞、许加超等将特定分子量的 ADO 用作氮肥增效剂制备不同氮素形态氮肥，并以多肽（聚天冬氨酸，polyaspartic acid，PASP）氮肥作为阳性对照，通过定期测定其对作物产量及植株全氮量的影响，确定了 ADO 增效氮肥中的最佳 ADO/N 及增效效果较好的氮素形态。

（一）ADO 增效氮肥机理

一定分子量和浓度的 ADO 可以促进植物氮、磷及许多矿物元素的吸收，这就为其作为氮肥增效剂提供了有利条件。普通尿素在土壤中由酰胺态氮 $[CO(NH_2)_2]$ 依次转化为铵态氮（NH_4^+）和硝态氮（NO_3^-）为植物利用。但是在铵态氮（NH_4^+）向硝态氮（NO_3^-）转化过程中，有一部分的氮则转化成 N_2O 和 N_2 损失了。与 PASP 相同，ADO 分子中也带负电的离子基团，对阳离子（NH_4^+）有一定的吸附作用 [图 8-2（a）] 从而抑制了铵态氮（NH_4^+）向硝态氮（NO_3^-）转化，这就达到了氮素的缓释及减少其损失的效果。对于硝态氮（NO_3^-）的增效，ADO 结构中没有类似 PASP 中的正电荷基团，因此，其对于这一形态氮素的增效作用可能是利用其结构中的负电荷基团与土壤中的二价金属离子结合形成具有正电荷基团的中间体后,再与硝态氮(NO_3^-)结合［图 8-2(a)］,从而减弱反硝化过程中的氮素损失。ADO 及 PASP 对不同形态氮素的主要增效机理可表示如图 8-2(b)所示。

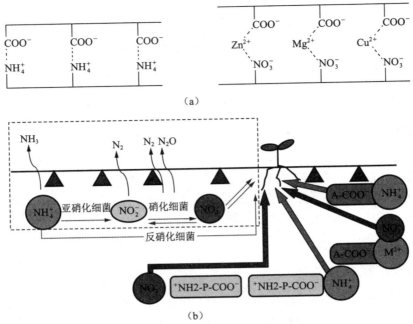

(a)

(b)

图 8-2　氮肥增效剂对不同形态氮素的增效作用

(a)为 ADO 分子中羧基与硝、铵态氮结合示意图;(b)中 A 为 ADO,P 为 PASP(聚天冬氨酸),M^{2+} 为土壤中二价金属离子;虚线框内为普通氮肥中的硝、铵态氮素的作用途径;粗实线箭头为增效剂对细实线箭头所示途径的促进;三角形表示土壤颗粒

(二)ADO 对不同形态氮肥的增效效果

1. ADO 硝态氮肥对不同长期油菜干重及植株全氮量的影响

由图 8-3 可知,随 ADO/N 增加,在 DAE1、DAE8、DAE22 和 DAE29 采收的油菜其干重与植株全氮量均先增加后减少,且变化趋势基本一致。油菜干重及植株均在 ADO/N 为 2% 时达到最大,与对照组相比,油菜干重分别提高了 24.14%、4.34%、22.22% 和 50%;植株全氮量分别提高了 48.75%、15.19%、24.15% 和 33.33%。在 DAE15 时,油

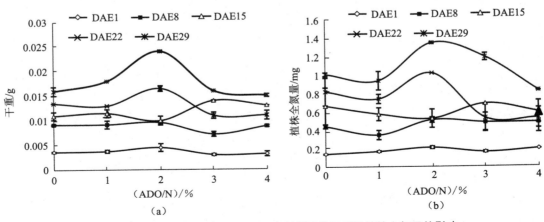

(a)

(b)

图 8-3　ADO 硝态增效氮肥对不同生长期油菜干重及植株全氮量的影响

菜干重及植株全氮量在ADO/N为3%时达到最大,与对照组相比,分别增加了27.27%和3.16%。ADO硝态增效氮肥的最佳ADO/N为2%。

由图8-4可知,在DAE22、DAE29时,ADO硝态增效氮肥(ADO/N=2%)的增效作用明显优于PASP硝态增效氮肥。与PASP硝态增效氮肥相比,在DAE22时,ADO硝态增效氮肥组的油菜干重及植株全氮量分别增加了26.92%和38.50%;在DAE29时,ADO硝态增效氮肥组的油菜干重及植株全氮量分别增加了45.45%和60%。由于油菜在不同生长期均呈现出喜硝性,所以供给的硝态氮作为油菜优先选择的主要氮素来源,在生长过程中,植株全氮量主要受ADO及PASP对硝态氮的影响而变化。ADO通过与土壤中二价金属离子结合后吸引处于游离状态的硝态氮,减少其因反硝化作用造成的氮还给损失。而PASP则通过其原有的正电荷基团来达到这一目的。此外,研究表明在供给硝态氮时,以天冬氨酸(Asp)替代部分硝态氮可显著提高油菜根部的氮含量。而PASP作为Asp的聚合产物,其在土壤中也可能作为一种氮源而起到相同的作用,从而进一步提高植株全氮量。而ADO硝态增效氮肥的增效作用还可能与ADO对植物的生长调节有关。

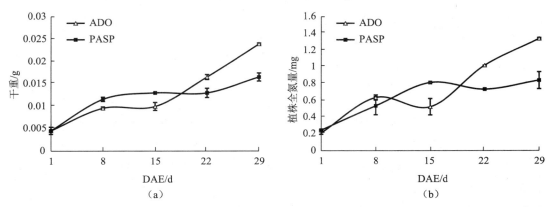

图8-4 ADO硝态增效氮肥(ADO/N=2%)与PASP硝态增效氮肥的增效效果

2. ADO铵态氮肥对不同长期油菜干重及植株全氮量的影响

由图8-5可知,随ADO/N增加,在DAE1、DAE8、DAE15和DAE22采收的油菜其干重与植株全氮量均先增加后减少,且变化趋势基本一致。在DAE1时,油菜干重及植株

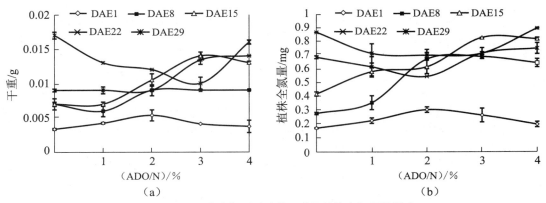

图8-5 ADO铵态氮肥对油菜干重及植株全氮量的影响

全氮量均在 ADO/N 为 2％时达到最大,与对照组相比,油菜干重分别提高了 59.26％,植株全氮量分别提高了 76.77％;在 DAE8、DAE15 和 DAE22 时,油菜干重及植株全氮量均在 ADO/N 为 3％时达到最大;与对照组相比,油菜干重分别提高了 28.57％、100％和48.89％;植株全氮量分别提高了 146.42％、97.14％和 4.08％。又因铵态氮源本身所产生的生理酸性较强,使油菜根系受到一定的伤害,影响其根系活力从而导致油菜在 DAE29时出现了萎蔫、枯萎现象。所以,ADO 铵态增效氮肥的最佳 ADO/N 为 3％。

由图 8-6 可知,在油菜正常生长过程中(DAE1、DAE8、DAE15、DAE22),ADO 铵态增效氮肥(ADO/N＝3％)的增效作用均优于 PASP 硝态增效氮肥。与 PASP 硝态增效氮肥相比,在 DAE1、DAE8、DAE15 和 DAE22 时,ADO 硝态增效氮肥组的油菜干重分别增加了 3.13％、28.58％、48.37％和 34％;植株全氮量分别增加了 4.83％、35.03％、23.21％和 6.25％。

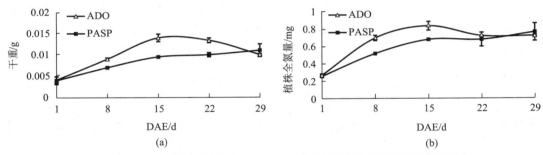

图 8-6　ADO 铵态增效氮肥(ADO/N＝3％)与 PASP 硝态增效氮肥的增效效果

3. ADO 酰胺态氮肥对不同生长期油菜干重及植株全氮量的影响

由图 8-7 可知,随 ADO/N 增加,在 DAE1、DAE8、DAE15、DAE22 和 DAE29 采收的油菜其干重与植株全氮量均先增加后减少,变化趋势基本一致,且均在 ADO/N 为 2％时达到最大。这一实验结果表明,ADO 添加量的增大可能会抑制了油菜生长及酰胺态氮的释放,从而降低油菜产量及全氮量。在 DAE1、DAE8、DAE15、DAE22 和 DAE29 时,与对照组相比,ADO 酰胺态增效氮肥(ADO/N＝2％)的油菜产量分别增加了 5％、12％、31.25％、137.5％和 152.94％;植株全氮量分别增加了 175.73％、260％、186.27％、194.69％和437.45％。因此,ADO 酰胺态增效氮肥的最佳 ADO/N 为 2％。

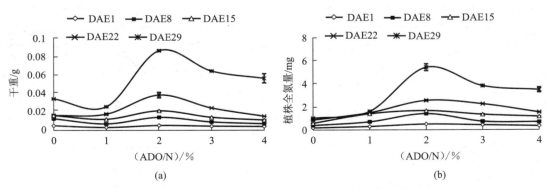

图 8-7　ADO 酰胺态增效氮肥对油菜干重及植株全氮量的影响

由图 8-8 可知,在油菜生长过程中,除 DAE22 外,ADO 酰胺态增效氮肥(ADO/N=2%)的增效作用均优于 PASP 酰胺态增效氮肥,在 DAE1、DAE8、DAE15 和 DAE29 时,与 PASP 酰胺态增效氮肥相比,ADO 酰胺态增效氮肥组的油菜产量分别提高了 75%、7.69%、31.25% 和 126.32%;植株全氮量分别提高了 60.32%、68.18%、45.69% 和 202.53%。

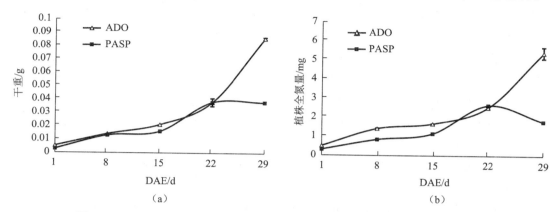

图 8-8　ADO 酰胺态增效氮肥(ADO/N=2%)与 PASP 硝态增效氮肥的增效效果

比较 ADO 硝态、铵态、酰胺态增效氮肥的增效效果,可知,ADO 对酰胺态氮素的增效作用更好、更稳定。

参 考 文 献

[1] 马玉胜,田昌林. 奶牛日粮中添加海带粉对产奶量的影响研究[J]. 中国奶牛,1998 (1):20-22.

[2] 高和坤,姜锦鹏,柳丽. 野生海藻在猪鸡饲料中的应用[J]. 饲料研究,2000(4):25.

[3] 郭卫华,赵小明,杜昱光. 海藻酸钠寡糖对烟草幼苗生长及光合特性的影响[J]. 沈阳农业大学学报,2008,39(6):648-651.

[4] 张赓,张运红,赵凯,等. 海藻酸钠寡糖对菜薹光合特性和碳代谢的影响[J]. 中国农学通报,2011,27(4):153-159.

[5] 王婷婷,赵丽,夏萱,等. 2 种海洋寡糖对大麦种子萌发和生理特性的影响[J]. 中国海洋大学学报:自然科学版,2011,41(11):61-66.

[6] 马纯艳,卜宁,马连菊. 褐藻胶寡糖对高粱种子萌发及幼苗生理特性的影响[J]. 沈阳师范大学学报:自然科学版,2010,28(1):79-82.

[7] 许雷,李湛,周火兰,等. 酶解褐藻胶寡糖的吸湿及保湿性能研究[J]. 日用化学工业,2011,41(1):42-45.

[8] MOLLAH M Z I, KHAN M A, KHAN R A. Effect of gamma irradiated sodium alginate on red amaranth(*Amaranthus cruentus* L.) as growth promoter[J]. Radiation and Physics Chemistry,2009,78(1):61-64.

[9] LUAN L Q, NAGASAWA N, HA V T T, et al. Enhancement of plant growth stimulation

activity of irradiated alginate by fractionation [J]. Radiation Physics and Chemistry, 2009, 78(9): 796-799.

[10] ABD EL-MOHDY H L. Radiation-induced degradation of sodium alginate and its plant growth promotion effect [J]. Arabian Journal of Chemistry, 2012, 10(3): 1-8.

[11] AFTAB T, Khan M M A, IDRESS M, et al. Enhancing the growth, photosynthetic capacity and artemisinin content in *Artemisia annua* L. by irradiated sodium alginate [J]. Radiation Physics and Chemistry, 2011, 80(7): 833-836.

[12] YAMASAKI Y, YOKOSE T, NISHIKAWA T., et al. Effects of alginate oligosaccharide mixtures on the growth and fatty acid composition of the green alga *Chlamydomonas reinhardtii* [J]. Journal of Bioscience and Bioengineering, 2012, 113(1): 112-116.

[13] LIU H, ZHANG H Y, YIN H, et al., Alginate oligosaccharides enhanced *Triticum aestivum* L. tolerance to drought stress [J]. Plant Physiology and Biochemistry, 2013, 62: 33-40.

[14] RAMNANI P, CHITARRAI R, TUOHY K, et al. In vitro fermentation and prebiotic potential of novel low molecular weight polysaccharides derived from agar and alginate seaweeds [J]. Anaerobe, 2012, 18(1): 1-6.

[15] NASHOLM T, HUSS-DANELL K, HOGBERG P. Uptake of organic nitrogen in the field by four agriculturally important plant species [J]. Ecology, 2000, 81(4): 1155-1161.

[16] WU L H, MO L Y, FAN Z L, et al. Absorption of glycine by three agricultural species under sterile sand culture conditions [J]. Pedosphere, 2005, 15(3): 286-292.

[17] 王媛媛,郭文斌,王淑芳,等. 褐藻寡糖的生物活性与应用研究进展 [J]. 食品与发酵工业, 2010, 36(10): 122-126.

[18] 张运红,吴礼树,耿明建,等. 几种寡糖类物质对菜心根系形态及生理特性的影响 [J]. 华中农业大学学报, 2009, 28(2): 164-168.

[19] 张运红,吴礼树,刘一贤,等. 几种寡糖类物质对菜薹矿质养分吸收的影响 [J]. 中国蔬菜, 2009(20): 17-22.

[20] 刘子江. 氮肥增效技术(剂)在我国的研制、推广与应用 [J]. 中国农业科技导报, 2003, 5(3): 64-67.

[21] 赵珊,许加超,付晓婷,等. 褐藻寡糖分子量测定方法的研究 [J]. 食品工业科技, 2011, 32(12): 486-488.

[22] 杨钊,LI J P,张真庆,等. 一种新的褐藻胶寡糖制备方法——氧化降解法 [J]. 海洋科学, 2004, 28(7): 19-22.

[23] 朱建雯,袁丽红,冯翠梅. 不同氮水平对水培小白菜生长及其体内硝酸盐含量的影响 [J]. 安徽农业科学, 2008, 36(1): 16-17, 73.

[24] 张树清,魏小平. 蔬菜作物对硝铵态氮吸收能力比较研究 [J]. 兰州大学学报:自然科学版, 2002, 38(4): 77-84.

［25］　WANG H J，WU L H，WANG M Y，et al. Effects of Amino Acids Replacing Nitrate on Growth，Nitrate Accumulation，and Macroelement Concentrations in Pak-choi (*Brassica chinensis* L.)［J］. Pedosphere. 2007，17(5)：595-600.

［26］　陈艳丽,高新生,李绍鹏. 不同形态氮素替代部分硝态氮对水培小白菜的生长和品质的影响［J］. 中国农学通报，2010, 26(15)：306-309.

［27］　单俊伟,许加超. 海藻生物肥的抗病试验［J］. 齐鲁渔业，2004，21(12)：33-34.

［28］　张朝霞,许加超,盛泰,等. 海藻寡糖增效肥料(NPK)对玉米生长的影响［J］. 农产品加工：学刊，2013(11上)：63-66.

第九章

海藻无机元素

海藻成分中除了大部分有机物外,还有占海藻重量的 $1/3\sim1/2$ 的无机成分,其中大部分为无机金属离子和非金属离子。海藻中无机阳离子一部分为游离的各种盐,而大部分与海藻多糖中的羧基及羟基以酯的形式结合,如在褐藻中与褐藻酸和含硫酸多糖结合,在红藻中与卡拉胶和琼胶的硫酸基结合,在绿藻中与含硫酸基和糖醛酸结合,是海藻细胞质和细胞壁成分中不可缺少的组成部分。主要包括:常量元素(K、Na、Ca、Mg、Sr 等)、微量元素(Cu、Fe、Mn、Cr、Pb、lib、Zn、Ni、Co 等)、放射性同位素(^{60}Co、^{106}Ru、^{184}Cs、^{115}Cd 等)及其他无机成分(SO_4^{2-}、Cl^- 等)。海藻是无机元素的宝库,某些元素是陆生植物无法比拟的。因此,有针对性地对资源上占优势的海藻开发研究,对改善现代人生活结构将起到一定推动作用,海藻开发的前景非常广阔。

第一节　海藻中无机元素及含量

海藻中无机元素的含量主要以灰分表示,但其含量以海藻的种类、生长季节、生长地区、藻类的部位不同而有明显的差别,一般海藻中的灰分含量为 $20\%\sim40\%$,个别的藻类如绿藻中刺松藻可达到 50% 以上,西沙群岛的大叶仙掌藻灰分可达 80% 以上。

世界各国科学家对世界范围内的不同海藻的无机元素做了大量的工作,发表了大量的论文。

一、世界沿海常见海藻无机元素分析

(一)中国沿海海藻无机元素分析

纪明侯等对我国南北沿海常见的经济海藻测定了 7 中微量元素,见表 9-1、表 9-2、表 9-3。红藻中一般 Sr、Ti、Cu 含量较多,Mn 次之,Ag 和 Ni 最少。西沙群岛产大叶仙掌藻 Ca 含量特别多,Sr 含量高达 5 280 mg/kg。鹧鸪菜中 Ti 含量最高,达 1 900 mg/kg,Cu 含量达 2 360 mg/kg。褐藻中马尾藻的 Sr 和 Cu 含量普遍高,Ti 和 Mn 次之。海带叶片中的 Sr 比根部少。并通过测定得出海蒿子中的褐藻酸与 Sr 的含量变化趋势温和。

表 9-1　我国沿海产绿藻类的微量元素含量

海藻名称	采集地点	采集日期	灰分（对烘干藻）/%	海藻中的含量（对烘干藻）/（mg/kg）						
				Sr	Ti	V	Mn	Cu	Ag	Ni
刺松藻（Codium fragile）	青岛太平角	1959-1-13	45.77	140	160	<41	<46	58	—	<23
浒苔（Enteroinorpha prolifera）	福建厦门	1953-6	25.92	300	360	≤23	<26	510	<12	<13
石莼（Ulva lactuca）	青岛太平角	1958-10-28	40.67	110	39	<36	59	<3	—	<20
薜羽藻（Bryopsis hypnoides）	青岛贵州路	1958-10-28	46.23	190	200	≤41	84	6	31	<20
大叶仙掌藻（Halimeda macroloba）	西沙群岛灯擎岛	1958-5-5	82.51	5 280	79	115	—	850		<41

表 9-2　我国没海产红藻类的微量元素含量

海藻名称	采集地点	采集日期	灰分（对烘干藻）/%	海藻中的含量（对烘干藻）/（mg/kg）						
				Sr	Ti	V	Mn	Cu	Ag	Ni
石花菜（Gelidium amarsii）	青岛贵州路	1951-10-29	10.02	130	44	<9	220	18	—	<50
小石花菜（Gelidium divaricatum）	福建	1953	24.04	960	52	<21	130	8	<11	<12
真江蓠（Gracilaria asiatica）	福建厦门	1954-2	29.68	—	75	<26	220	<2	<14	<15
真江蓠	广东海丰县	1956-6-20	16.91	86	310	<15	150	22	—	<9
扁江蓠（G. texorii）	青岛中港	1958-11-10	39.27	78	74	35	45	5	≤19	<20
海萝（Gloiopeltis furcata）	青岛贵州路	1954-4-15	26.26	—	<25	<24	<27	5	—	<13
麒麟菜（Eucheuma sp.）	西沙群岛光华礁	1958-5-20	42.09	800	—	<38	—	210	<20	<21
角网藻（Ceratodictyon spongiosum）	海南岛抑虎角	1958-5-23	38.57	365	110	<35	<39	170	—	≤19
蜈蚣藻（Grateloupia filicina）	青岛贵州路	1958-10-30	33.68	—	—	30	32	41	—	<16
沙菜（Hypnca japonica）	广东上川岛	1955-12	19.20	200	9	<17	46	50	<9	<9
三叉仙菜（Ceramium kondoi）	山东荣成	1951-5	16.51	86	88	22	170	46	—	<8
鹧鸪菜（Caloglossa leprieurii）	福建漳浦	1955-12	63.20	610	1 900	≤6	500	2 360	≤30	38
珊瑚藻（Corallina officinalis）	青岛大麦岛	1953-10-8	82.00	830	390	150	100	≤7	<39	<41

表 9-3　我国沿海产褐藻类的微量元素含量

海藻名称	采集地点	采集日期	灰分(对烘干藻)/%	海藻中的含量(对烘干藻)/(mg/kg)						
				Sr	Ti	V	Mn	Cu	Ag	Ni
海带(*Laminaria japonica*)	青岛贵州路	1958-9-13	22.95	240	—	<21	<23	2	—	<11
海带	广东	1958-3-23	28.19	340	120	<25	42	≤2	<14	<14
海带	浙江	1957-5-25	29.08	800	28	<26	<30	3	—	<14
海带(根部)	青岛贵州路	1949—1950年	23.32	1 460	75	<21	230	3	—	<12
裙带菜(*Undaria pinnatifida*)(叶部)	浙江	1957-7-6	35.74	1 060	34	<30	42	<3	—	<18
裙带菜(孢子叶)	浙江	1957-7-6	28.36	600	27	<25	<28	6	—	<14
绳藻(*Chorda filum*)	青岛太平角	1958-8-2	41.93	770	200	<38	78	≤3	27	<20
鹿角菜(*Pelvetia siliauosa*)	山东石岛产	1952年购	33.70	1 600	97	<30	42	170	<16	<16
昆布(*Ecklonia kurome*)	浙江	1953-6-1	30.15	750	29	<26	<30	3	—	<15
鹅肠藻(*Endarachne binghamiae*)	浙江	1953-9-28	35.70	940	34	<32	<40	3	—	<17
萱藻(*Scytosiphon lomentarius*)	青岛贵州路	1959-2-5	51.67	900	200	<46	≤500	≤4	<25	<26
丛状囊叶藻(*Cystophyllum caespitosum*)	大连小平岛	1958-12	29.66	1 800	98	≤26	45	35	<14	<15
裂叶马尾藻(*Sargassum siliquastrum*)	大连小平岛	1958-12	24.28	1 150	110	<22	550	260	<11	<12
半叶马尾藻(*S. hemiphyllum*)	广东上川围夹岛	1955-2-23	31.54	2 600	32	<28	<32	300	<15	<16
多孔马尾藻(*S. polyporum*)	广东涠洲岛	1954-12-25	30.21	2 800	89	<27	220	150	<14	<15
海蒿子(*Sargassum pallidum*)	青岛大麦岛	1956-1-3	30.65	3 200	81	<27	49	93	<14	<15
海黍子(*S. kjellmanianum*)	青岛太平角	1956-5-12	29.18	1 350	<28	<26	42	5	—	<14
鼠尾藻(*S. thunbergii*)	辽宁长海县獐子岛	1957-4-2	22.09	840	58	<20	80	<2	<11	<11
鼠尾藻	青岛	1954-6-29	26.82	770	<26	<24	120	6	—	<13
马尾藻(*Sargassum* sp.)	浙江普陀	1958-1-21	26.87	1 600	≤26	≤24	<27	<2	—	<13
马尾藻(*S.* sp.)	广东闸坡	1955-3-7	32.96	2 500	47	<30	110	190	<16	<16
马尾藻(*S.* sp.)	广东汕尾金屿	1956-3-5	47.36	2 000	160	<43	140	290	—	<24
马尾藻(*S.* sp.)	海南岛抱虎角	1958-5-19	32.24	1 160	120	<29	39	230	—	<16
马尾藻(*S.* sp.)	西沙群岛永兴岛	1958-3	44.78	1 890	43	110	<45	530	—	<22

范晓、韩丽君、周天成等对中国沿海经济海藻的化学成分进行了测定,见表9-4、表9-5,为开发利用我国沿海经济藻类和建立数据库提供科学依据。

表9-4 海藻中的微量元素含量(干重)/×10⁻⁶

编号	海藻样品	Cu	Pb	Zn	Cd	Cr	Ni	Fe	Mn
				褐 藻 类					
3	斯氏马尾藻	0.15	0.55	13.40	0.325	4.14	7.44	3.25	2.33
4	赫氏马尾藻	5.74	0.21	19.40	0.796	0.02	9.90	2.76	3.03
8	半叶马尾藻	2.82	0.12	14.76	1.404	2.14	8.23	2.63	2.70
12	囊藻	8.88	3.38	40.43	0.079	5.23	9.01	3.81	2.84
13	网胰藻	6.66	7.96	48.18	0.212	5.75	12.51	3.59	2.83
18	羊栖菜	98.70	0.12	130.10	0.266	3.29	8.15	2.55	1.40
19	鹅肠菜	8.88	0.40	—	0.652	1.62	3.14	2.67	0.82
20	萱藻	30.45	5.85	63.21	0.061	6.08	12.04	3.74	2.72
22	鹿角菜	78.48	0.90	123.10	0.360	2.08	16.86	3.18	3.03
24	喇叭藻	82.77	1.50	99.78	0.306	3.74	3.24	3.22	2.72
38	帚状多穴藻	16.51	1.39	46.87	0.511	5.05	9.12	6.31	3.19
63	海带	7.47	0.30	23.85	0.251	2.37	0.82	2.47	1.20
				红 藻 类					
10	条斑紫菜	94.17	1.46	91.56	0.079	6.93	7.82	4.82	3.18
21	海萝	12.26	0.37	53.58	0.177	4.37	10.67	3.64	2.85
26	节江蓠	2.15	0.12	23.85	0.130	2.49	3.00	3.36	3.13
27	龙须菜	7.75	0.11	63.39	0.089	3.88	4.49	3.25	2.85
29	细基江蓠异枝变型	13.97	0.50	46.97	0.113	7.22	15.09	4.62	3.15
33	坛紫菜	16.43	5.21	77.84	0.073	5.35	15.87	4.31	2.88
41	细基江蓠原变型	21.55	0.35	54.74	0.267	5.00	5.08	3.66	2.99
50	凤尾菜	29.94	0.15	12.47	0.839	6.84	8.35	2.78	2.88
				绿 藻 类					
9	孔石莼	7.69	1.27	30.37	0.050	6.70	11.97	3.96	3.01
7	浒苔	1.47	1.64	24.35	0.046	6.41	11.58	4.60	3.03
23	盘苔	2.80	1.87	24.98	0.012	7.29	12.87	4.40	3.07
43	砺菜	8.38	0.78	28.50	0.150	6.51	12.99	4.55	2.96
46	礁膜	16.43	1.05	40.39	0.014	3.84	3.18	3.82	1.71
49	浒苔	18.10	0.87	48.25	0.333	6.80	24.90	4.67	3.08

表 9-5　海藻中的矿物元素含量 /%

编号	海藻样品	K	Na	Ca	Mg	Sr	灰分
褐 藻 类							
7	涠州马尾藻	5.26	3.53	1.956	1.721	0.128 4	30.0
8	宾得马尾藻	5.94	3.61	2.334	1.804	0.122 1	31.0
18	羊栖菜	0.98	2.85	1.392	1.075	0.098 8	36.0
20	萱藻	10.50	4.72	0.837	1.024	—	51.5
22	鹿角菜	1.50	3.95	1.401	1.600	0.075 0	19.5
24	喇叭藻	11.77	3.39	2.248	1.047	0.139 7	36.0
38	带状多穴藻	2.69	3.09	1.081	0.793	—	40.0
39	亨氏马尾藻	7.15	2.90	1.564	1.362	0.118 2	27.0
44	龙门马尾藻	5.04	2.52	1.663	1.612	0.092 9	26.0
45	铜藻	6.96	2.96	1.022	1.858	—	25.5
63	海带	9.08	3.54	1.139	1.218	—	30.5
红 藻 类							
26	节江蓠	16.32	3.60	2.545	0.784	—	47.5
28	异枝江蓠	10.45	4.14	0.758	1.126	—	46.0
33	坛紫菜	2.18	5.55	0.615	1.368	—	36.0
34	耳突麒麟菜	8.80	0.98	1.064	1.871	0.079 3	12.5
35	凝花菜	2.24	2.24	4.081	0.714	—	25.5
37	沙菜	3.68	6.27	0.876	1.214	—	34.5
40	铁钉菜	12.50	3.40	1.134	0.948	—	—
47	琼枝	2.89	3.87	0.408	2.584	—	19.5
48	鸡毛菜	6.39	3.44	0.499	0.679	—	17.0
50	凤尾菜	1.48	6.44	0.803	1.833	0.094 2	40.5
绿 藻 类							
9	孔石莼	2.79	3.58	0.697	4.378	—	26.0
17	浒苔	0.99	6.66	1.988	3.278	—	56.0
23	盘苔	1.19	6.49	1.199	1.898	—	38.0
43	砺菜	1.34	4.02	1.341	5.587	0.123 7	35.5
46	礁膜	3.21	2.65	2.766	2.102	—	30.0

姚勇、孟庆勇、揭新明等对中国南海 22 种海藻进行了微量元素分析,结果见表 9-6。

表 9-6　22 种海藻中微量元素含量(干重)/(μg/kg)

种类	Al	Ca	Cd	Co	Cr	Cu	Fe	Mg	Mn	Ni	P	Zn
节附链藻	32.71	9 712	0.13	0.99	—	43.12	906.9	11 797	223.7	0.058	288.2	270.1
匍枝马尾藻	28.69	26 476	2.64	1.42	—	36.45	1 496	10 967	141.6	0.057	140.0	95.10
灰叶马尾藻	22.52	26 816	2.66	2.06	—	37.47	1 033	6 329	208.9	0.051	238.2	279.2
围氏马尾藻	29.37	20 766	1.67	0.74	—	41.98	360.1	9 027	37.37	0.027	218.4	156.2

续表

种类	Al	Ca	Cd	Co	Cr	Cu	Fe	Mg	Mn	Ni	P	Zn
亨氏马尾藻	23.55	20 155	15.47	6.29	—	49.98	1 175	10 817	622.9	0.105	403.0	95.10
全缘马尾藻	40.47	22 636	2.40	0.19	—	38.30	575.4	6 593	64.32	0.026	172.2	78.23
褐舌藻	—	9 074	—	1.99	4.8	46.76	4 126	3 202	60.65	0.082	296.7	145.9
波状网翼藻	—	10 156	—	2.47	6.73	53.30	6 655	4 133	79.98	0.101	299.4	156.1
厚缘藻	—	20 046	0.50	1.54	4.87	43.03	2 898	3 100	62.25	0.058	260.3	379.9
硇洲马尾藻	38.16	20 686	2.34	1.13	—	35.62	689.8	11 997	102.6	0.049	248.0	156.1
簇生拟刚毛藻	14.55	20 196	—	9.53	2.9	93.29	7 412	14 547	447.9	0.519	239.7	674.2
星刺沙菜	9.30	30 196	3.54	1.79	0.12	36.98	1 564	5 482	173.8	0.188	255.0	544.7
礁膜	26.30	16 846	—	1.44	5.37	33.89	4 072	15 677	123.6	0.065	158.4	279.2
裂片石莼	55.68	8 680	0.76	1.53	—	34.61	1 118	14 117	101.6	0.086	153.9	383.8
浒苔	5.14	11 366	0.63	3.04	3.04	59.58	5 421	10 287	427.7	0.058	418.8	160.7
刺松藻	44.77	15 496	1.07	0.28	—	53.80	1 079	14 857	89.97	0.089	365.3	157.5
石莼	14.20	22 176	0.11	2.95	3.13	37.89	4 455	12 397	285.3	0.100	173.3	439.3
杉叶蕨藻	—	11 066	1.05	3.22	3.64	44.18	3 762	4 574	206.0	0.072	326.3	281.6
海萝	19.18	16 556	0.81	1.46	—	43.09	990.7	8 260	308.7	0.057	248.7	167.3
长枝沙菜	3.91	8 765	3.50	2.00	2.78	52.47	3 674	5 634	107.8	0.067	369.9	149.0
脆江蓠	—	9 326	0.54	1.81	0.39	62.34	1 665	2 055	255.3	0.080	296.4	170.7
硬乳节藻	—	23 266	—	1.30	0.9	43.19	1 269	1 297	87.28	0.040	162.1	61.21

注:"—"表示未检出

22 种海藻的 Ca、Mg、Fe、Mn、P、Zn 含量最丰富。星刺沙菜 Ca 含量最高,礁膜 Mg 含量最高,簇生拟刚毛藻 Fe 和 Zn 含量最高,亨氏马尾藻 Mn 含量最高,浒苔 P 含量最高,波状网翼藻 Cr 含量最高,裂片石莼 Al 含量最高。海藻重金属元素 Cd 含量很少,22 种中国南海海藻中含微量 Cd,其中亨氏马尾藻 Cd 含量最高。马尾藻同科海藻微量元素含量相近,对 6 种不同马尾藻进行比较发现,亨氏马尾藻微量元素含量较高,其中有 7 种微量元素高于其他 5 种海藻。特别是绿藻门的簇生拟刚毛藻在 22 种海藻中所含微量元素最丰富,其中 Fe、Zn、Cu、Co、Ni 含量都比其他海藻高,而重金属元素 Cd 未检出,所以,簇生拟刚毛藻为天然的理想保健食品原料。

陶平、贺凤伟测定了大连沿海 13 种速生海藻无机营养元素的分析,结果见表 9-7。

表 9-7　无机营养元素含量(干重)/(mg/Kg)

编号	名称	地点	K	Ca	P	Fe	Mn	Cu	Zn
1	海带	黑石礁	4.27	0.29	0.19	234.08	11.97	7.20	13.41
2	裙带菜	黑石礁	3.45	0.43	0.02	207.82	6.31	6.41	7.76
3	海萝子	黑石礁	1.08	0.27	0.13	770.64	112.67	10.62	34.82
		石槽	2.67	0.20	0.11	120.16	25.10	16.39	19.97

编号	名称	地点	K	Ca	P	Fe	Mn	Cu	Zn
4	萱藻	黑石礁	1.02	0.23	0.33	2 631.50	26.68	9.92	39.89
		石槽	2.25	0.21	0.19	384.61	26.98	21.34	77.40
5	鼠尾藻	石槽	3.06	0.26	0.11	174.98	76.88	13.57	27.53
6	羊栖菜	石槽	3.11	1.33	0.12	89.09	32.66	11.53	19.04
7	角叉菜	黑石礁	0.62	0.16	0.22	553.09	152.10	7.99	43.18
		石槽	1.42	0.14	0.09	148.48	46.37	10.40	36.59
8	海萝	石槽	0.98	0.12	0.10	116.50	14.52	10.55	16.41
9	松节藻	黑石礁	1.71	0.42	0.10	1 705.25	139.65	11.44	64.50
10	单条胶粘藻	黑石礁	0.54	0.18	0.08	244.91	22.07	12.14	28.43
11	孔石莼	黑石礁	0.61	0.10	0.13	656.36	20.93	21.52	24.81
		石槽	1.42	0.07	0.10	311.63	15.43	16.12	16.95
12	肠浒苔	黑石礁	0.26	0.30	0.40	2 419.63	27.43	9.06	26.76
13	北极礁膜	黑石礁	0.72	0.16	0.20	2 814.85	32.36	13.10	39.86

注：K、Ca、P 为%含量

结果表明，海水中 K 的含量相当丰富，海藻富集 K 的能力较强。褐藻门 K 的含量范围为 1.02%～4.27%，含 K 最丰富的是海带 4.27%，而采于黑石礁的海黍子（1.08%）和萱藻（1.02%）含量最低。红藻门 K 含量的范围为 0.54%～1.71%，松节藻的 K 含量最高为 1.71%，单条胶粘藻（0.54%）和角叉菜（0.62%）相差不大，与 K 含量最高的海带相比，仅为其 15% 左右，说明不同门类的海藻富集 K 的能力差别很大。海藻中的 Ca 含量较丰富，13 种海藻中含量最高的是褐藻门的羊栖菜（1.33%），而绿藻门的孔石莼是含 Ca 最低的，仅为 0.07%，表明褐藻门的 Ca 含量最高，而绿藻门最低。P 作为核酸的必要元素被称为生命元素，在海藻中同 K、Ca 一样，含量也较丰富。从各门类看，褐藻门的磷含量范围为 0.02%～0.33%，绿藻门的 P 含量范围为 0.10%～0.40%，红藻门的范围为 0.08%～0.22%。Fe 是海藻所有微量元素中含量较高的，尤以采于黑石礁的北极礁膜（2.81 g/kg）、肠浒苔（2.42 g/kg）、萱藻（2.63 g/kg）和松节藻（1.70 g/kg）含 Fe 量高，比含量较低的海带（244.08 mg/kg）、裙带菜（207.8 mg/kg）以及单条胶粘藻（244.91 mg/kg）高 10 倍以上，反映海藻富集 Fe 的能力因种类不同差别很大。Mn 在 13 种海藻中含量差别较大，角叉菜（152.10 mg/kg）、松节藻（139.65 mg/kg）及海黍子（112.67 mg/kg）明显高于其他海藻，裙带菜的 Mn 含量仅为 6.31 mg/kg，是 13 种海藻含量最低的。不同生长季节和不同海域的海黍子和角叉菜富集 Mn 的能力相差很大，孔石莼对 Mn 的富集受季节和海域的影响不大，而萱藻无影响。褐藻门的 Cu 含量范围是 6.41～21.34 mg/kg，红藻门的 Cu 含量范围是 9.99～12.14 mg/kg，绿藻门的范围是 9.06～21.52 mg/kg。绿藻门的 Cu 含量最高，褐藻门次之，红藻门最低，其中以采于黑石礁的孔石莼（21.52 mg/kg）和采于石槽的萱藻（21.34 mg/kg）最高。褐藻门的 Zn 含量范围为 7.76～77.40 mg/kg，平均值 29.98 mg/kg，其中裙带菜含量为 7.76 mg/kg 最低，说明同一门类的藻之间富集锌的能力也有很大差别。绿藻门的 Zn 含量范围为

16.95～39.86 mg/kg,红藻门的 Zn 含量范围为 16.41～64.50 mg/kg,因此,红藻门锌含量最高,褐藻门与绿藻门含量相近。

王晓晴、王榆元、秦珠等对 8 种海藻中 7 种金属元素含量进行了测定,见表 9-8。

表 9-8　8 种海藻中 Ca、Mg、Fe、Mn、Zn、K 和 Cu 离子含量/(mg/g)

	Mg	K	Zn	Mn	Cu	Ca	Fe
谷粒马尾藻	5.150	12.85	0.038 4	0.090 0	0.008 6	83.42	1.093 8
鼠尾藻	5.040	16.26	0.089 8	0.124 6	0.014 2	69.03	1.597 2
海青菜	5.240	10.19	0.032 8	0.114 6	0.015 4	41.02	1.626 6
白鸡冠藻	4.350	9.43	0.066 0	0.212 8	0.011 0	38.38	1.158 2
红鸡冠藻	4.400	9.80	0.071 0	0.097 4	0.021 6	39.21	0.525 0
葡枝马尾藻	5.270	10.41	0.021 0	0.072 0	0.015 8	89.79	0.381 4
裙带菜	5.210	14.75	0.094 8	0.032 6	0.013 6	90.68	0.330 8
大叶藻	5.200	10.24	0.342 0	0.377 8	0.037 6	97.74	1.335 6

8 种藻类植物中 Ca、Mg、Fe、K、Zn、Mn、Cu 的测定结果显示,Ca、Mg、Fe、K 的含量在 $10^{-1}\sim10^{2}$ mg/g 量级,Zn、Mn、Cu 在 $10^{-3}\sim10^{-1}$ mg/g 量级。其中尤以 Ca 的含量最丰富,Cu 的含量最少。测定结果表明,藻类植物中含有较丰富的 Ca、Mg、Fe、K、Mn、Cu 和 Zn 元素。8 种藻类中金属元素含量除大叶藻外均为 Ca>K>Mg>Fe>Mn>Zn>Cu,且 Zn/Cu>1。大叶藻中 Zn、Mn、Cu、Ca 元素含量都为 8 种藻类中最多的。Ca 元素含量中,食用海藻海青菜、红白鸡冠藻中 Ca 元素含量明显偏少,仅为其他海藻的一半左右。鼠尾藻和裙带菜中 K 元素含量最高。大叶藻的 Zn 元素含量是含量最低的两种马尾藻和海青菜的 10 倍以上。Mn 元素中含量最高的大叶藻是含量最低的裙带菜的 10 倍以上。Cu 元素中含量最高的大叶藻是谷粒马尾藻的 4 倍以上。Fe 元素含量最低的是红鸡冠藻,其次是裙带菜和葡枝马尾藻,它们是含量最高的海青菜值的 1/5～1/3。

由于微量元素是机体物质代谢必需的化学物质。如 Zn、Mn 是超氧化物歧化酶(SOD)的辅助因子,Cu 参与造血过程,并与 Fe 的运输和代谢相关。K 可以调节细胞内适宜的渗透压和体液酸碱平衡。Fe 构成血红素,并参与细胞色素合成。Ca 是构成骨骼、牙齿的主要成分。所以补充这些元素对于促进机体的新陈代谢,提高其免疫抗病能力具有重要的意义,而缺乏这些元素,则会引起肌体代谢的不正常或某些疾病的发生。

林建云、林涛、林丽萍等对福建近海几种海藻的营养成分做了分析。结果显示,海藻中矿物元素含量极为丰富,均富含 Ca、Mg、K、Na、Fe 等元素,浒苔中 Mg 以及 Fe、Zn、Cu、Mn 等 4 种微量元素的含量均较高,见表 9-9。

表 9-9　福建近海 4 种海藻矿物元素含量(干基)/(mg/g)

元素	浒苔($n=10$)		海带	羊栖菜	龙须菜
	含量范围	均值			
Ca	3.37～9.66	7.38	11.76	18.58	6.57
Mg	9.6～12.84	11.22	3.92	7.22	2.26
K	2.33～4.88	3.69	26.73	10.08	1.97

元素	浒苔($n = 10$)		海带	羊栖菜	龙须菜
	含量范围	均值			
Na	2.15～4.28	2.98	21.66	8.26	1.61
P	0.25～1.20	0.45	0.22	0.94	0.45
Fe	1.82～5.32	3.31	0.54	0.56	0.71
Zn	0.039～0.209	0.071	0.03	0.015	0.014
Cu	0.013～0.066	0.022	0.002	0.002	0.007
Mn	0.005～0.068	0.034	0.041	0.028	0.031

赵素芬、孙会强、梁钧志等对湛江海域6种常见经济海藻进行了成分分析,见表9-10。结果显示,6种海藻中矿质元素的含量因种而异,氮质量分数(干重)为1.06%～1.78%,平均为1.55%。红藻门的鱼栖菜矿质元素含量最高,平卧松藻最低,后者是前者含量的60%。平卧松藻的P含量特别高,为藻体干重的0.093%;芋根江蓠的最低,占藻体干重的0.011%。6种海藻的Fe含量以褐藻门网地藻的最高,占藻体干重的0.13%;红藻门粗枝软骨藻的最低,为藻体干重的0.051%。Zn含量依种类的不同而差别比较大,红藻门的鱼栖菜Zn质量分数高达55.2 μg/g,而含量最低的日本沙菜仅9.9 μg/g,后者仅为前者的18%。Cu质量分数平均值为8.7 μg/g,彼此相差不大。总之,所测海藻的P、Fe、Zn和Cu含量均远高于高等植物。所测海藻体的矿物质含量与前人的研究有所不同,进一步说明海藻的营养成分含量因产地、种类和采集时间的不同而不同。

表9-10　6种海藻的矿物质质量分数/(μg/g)

藻种名称	N	P	Fe	Zn	Cu	Pb	Hg	Cd	Ni	As
粗枝软骨藻 Chondria crassicaulis	17 700	278.0	510.5	19.6	7.8	—	1.381 2	0.252 7	19.738 1	216.008
日本沙菜 Hypnea japonica	14 400	210.7	608.1	9.9	4.1	0.228 1	4.059 1	1.284 0	7.070 7	114.393 5
鱼栖菜 Acanthophora sp	17 800	325.6	636.8	55.2	11.8	—	0.854 4	1.882 2	40.803 9	156.494 6
芋根江蓠 Gracilaria blodgettii	15 600	112.6	692.3	26.1	7.8	13.723 6	1.799 1	0.990 5	28.348 9	148.805 0
平卧松藻 Codium repens	10 600	930.2	880.1	27.5	9.6	6.596 1	2.868 1	—	43.381 2	617.902 2
网地藻 Dictyota dichotoma	16 600	473.8	1 329.6	48.2	10.9	13.666 3	2.215 7	1.120 5	25.704 7	627.144 6

矿质元素Pb、Hg、Cd、As对人体有剧毒性,其含量因种而异。6种海藻中Pb、Hg、Cd、Ni和As的质量分数范围分别为0～16.335 7 mg/kg、0.854 4～4.059 1 mg/kg、0～1.882 2 mg/kg、7.070 7～40.803 9 mg/kg和114.393 5～627.144 6 mg/kg。国家规定食品中Pb、Hg、Cd和As的限量分别为0.02～5 mg/kg、0.01～0.05 mg/kg、0.05～1 mg/kg和0.05～1 mg/kg。各藻体中除在粗枝软骨藻和鱼栖菜中未检出Pb,在平卧松

藻中未检出 Cd 外,其他藻体中几种矿物元素含量普遍较高。除绿藻门平卧松藻和红藻门粗枝软骨藻、芋根江蓠中的 Cd 含量及褐藻门粗枝软骨藻、日本沙菜、鱼栖菜的 Pb 含量符合我国食品卫生标准外,其他的 Hg、Cd、Pb、As 含量均超标,尤其是 As 含量超标 100 倍以上,甚至 600 多倍。Pb、Cd 和 Ni 的含量明显比范晓等 20 世纪 80 年代末所测的海藻高,说明海藻体中矿物元素含量与海藻种类、生长海域及海水污染的程度有关。此外,由于同时采自同一海域的鱼栖菜、平卧松藻和长松藻体内 Pb、Hg 和 Cd 的含量相差明显,因此,海藻矿物质含量还与藻体对元素的富集能力有关。人体特别是进行非职业性接触的人所摄入的 Pb、Cd、Hg 主要来自于食品,因此,需解决作为人类食品一部分的海藻的 Pb、Hg、Cd、As 等元素含量问题,以降低其对人体的毒性作用。

（二）世界其他国家沿海海藻成分分析

1. 金属元素的分析

Agadi 等用原子吸收光度法测定了印度西岸生长的各种累海藻中金属离子的含量,见表 9-11。

表 9-11　印度西岸生长的海藻中无机成分含量(Agadi 等,1978)

海藻种类	含量(干藻)/(mg/kg)						
	Co	Cu	Fe	Mn	Ni	Pb	Zn
绿藻							
条浒苔(Enteromorpha clathrata)	15.18	30.23	1 292.51	2 685.53	34.55	9.17	11.58
网石莼(Ulva reticulata)	10.56	13.85	1 169.23	1 721.04	39.06	17.76	8.89
延伸松藻(Codium elongatum)	8.84	3.82	680.92	72.42	17.72	12.95	11.97
棒叶蕨藻(Caulerpa sertularioides)	4.35	5.03	587.50	74.58	17.02	14.9	11.07
褐藻							
网地藻(Dictyota sp.)	9.24	5.84	710.20	94.77	9.31	9.51	9.95
四叠团扇藻(Padina tetrastromatica)	4.35	7.86	1 004.53	344.20	10.31	2.95	7.60
南方网翼藻(Dictyopteris australis)	3.03	8.36	685.74	131.52	11.31	20.97	21.26
软叶马尾藻(Sargassum tenarrimum)	7.92	5.79	128.09	42.67	3.50	12.61	11.30
红藻							
英国江蓠(Gracilaria verrucosa)	14.52	15.61	1 076.77	3 420.56	13.52	8.59	11.74
穗状鱼栖苔(Acanthophora specifera)	7.39	80.41	490.61	90.72	13.62	6.07	12.61
皮江蓠(Gracilaria corticata)	7.92	4.53	564.96	144.86	22.03	11.00	12.27
钩沙菜(Hypnea musciformis)	8.84	8.56	779.74	238.79	12.72	11.80	10.36

Sivalingam 对马来西亚槟榔岛海域生长的部分热带海藻,用原子吸收分光光度发测定了微量元素,结果见表 9-12。

表 9-12　马来西亚槟榔岛热带海藻的微量和主要元素含量(干藻)/(mg/kg)(Sivalingam，1978)

海藻种类	Cd	Cr	Cu	Pb	Zn	Mn	P	Fe	Ca	K	Na	Mg
蓝藻												
克氏浮丝藻 (*Pelagothrix clevei*)	4.7	17.0	3.8	17.0	38.0	123	痕	946	757	6 622	14 190	7 095
红藻												
鱼栖苔(*Acanthophora orientalis*)	7.2	痕	痕	5.7	34.3	71.5	25.4	486	27 460	36 756	6 730	3 146
江蓠(*Gracilaria* sp.1)	7.4	39.7	痕	44.6	19.8	24.8	8.1	1 214	74.4	65 675	11 152	5 204
江蓠(*G.*sp.2)	13.2	42.1	10.5	31.6	63.2	316	59.9	632	2 817	8 952	6 426	8 426
江蓠(*G.*sp.3)	7.1	痕	2.8	10.0	22.7	42.6	15.3	2 302	213	110 120	4 831	4 121
沙菜(*Hypnea* sp.)	3.7	痕	痕	44.8	59.8	37.4	17.8	1 009	747	12 701	12 701	9 339
叉珊菜(*Jania* sp.)	9.0	18.0	4.5	29.3	27.0	45.1	18.9	879	242 197	6 196	1 915	41 117
凹顶藻(*Laurenica.* sp.1)	8.4	痕	13.4	1.7	60.5	50.4	44.5	1 612	588	11 755	167 930	4 198
凹顶藻(*L.*sp.2)	5.9	21.3	4.7	8.3	14.2	23.7	23.1	1 007	178	45 267	22 515	5 214
海木耳(*Sarcodia* sp.)	6.5	痕	5.2	23.4	31.2	78.1	37.7	1 782	2 211	34 474	2 992	11 708
褐藻												
囊藻(*Colpomenia sinuosa*)	5.6	9.0	4.5	9.0	27.0	101	11.0	8 445	36 032	6 193	25 898	10 472
巴氏网地藻(*Dictyota bartayresti*)	13.8	痕	49.7	49.7	210	249	33.9	15 474	635	40 343	3 592	12 434
团扇藻(*Padina tenuis*)	7.1	25.6	5.7	17.1	45.5	284	25.2	3 328	2 702	12 899	17 918	13 937
规氏马尾藻 (*Sargassum grevillei*)	6.4	20.6	5.2	5.2	15.5	90.2	17.7	348	11.0	67 120	15 460	7 343
绿藻												
总状蕨藻鲜绿变种 (*Caulerpa racemosa* var. *laetevirens*)	10.3	54.8	6.9	41.1	72.0	137	65.1	5 106	1 953	1 713	3 770	4 455
束生刚毛藻 (*Cladophora fascicularis*)	9.3	33.3	7.4	13.0	38.9	92.5	19.0	4 735	166	14 058	9 526	8 324
曲浒苔(*Enteromorpha flexuosa*)	16.3	58.9	26.1	58.8	104.5	127	66.1	7 117	163	35 913	83 252	16 324
帚状法囊藻(*Valonia fastigiata*)	10.4	痕	16.7	14.6	40.0	125	29.7	5 821	355	55 290	11 457	6 468
指枝藻(*Valoniopsis pachynema*)幼体	8.3	痕	11.1	19.3	58.0	221	17.3	13 816	470	7 737	6 355	6 908
成熟体	9.3	痕	痕	21.6	64.9	124	19.3	6 487	216	16 991	22 243	7 723

　　Young 等利用多种方法分析了加拿大大西洋沿岸生长的各种海藻的无机元素,结果见表 9-13。

表 9-13　各种海藻中无机成分含量（对干藻）（Young 等，1958）

海藻种类	Na	K	Ca	Ni	Co	Mo	Zn	Cu	Mn	As	F	I	采期
	%			mg/kg									
绿藻													
石莼（*Ulva lactuca*）	3.51	2.49	0.85	>2.0	0.69	0.53	62	62		4	6.9	50	7月
绵形藻（*Spongomorpha arcta*）	4.72	4.00	2.40		0.09	>1.0	91	55		8		130	7月
红藻													
皱波角叉菜（*Chondrus crispus*）	3.58	3.38	1.33	>2.0	0.39	0.56	64	20		5	8.3	270	
膜状育枝藻（*Phyllophora membranifolia*）	2.79	3.38	2.34		6.25	1.36	93	51				500	
鳞屑囊管藻（*Halosaccion ramentaceum*）	1.63	5.50	0.25		0.47	0.23	87	11		8	8.2	20	7月
伊谷藻（*Ahnfeltia plicata*）	2.63	5.50	0.48		0.49	0.39		13		2		680	12月
掌状红皮藻（*Rhodymenia palmata*）	2.50	7.11	0.47	>2.0	0.13	0.31	41	26		10	15.2	80	7月
褐藻													
泡叶藻（*Ascophyllum nodosum*）	3.38	2.31	1.10	0.57	0.40	0.61	35	6	25	38	4.2	820	12月
墨角藻（*Fucus vesiculosus*）	3.38	3.10	0.98	2.0	0.66	0.74	49	8	50	58	4.9	340	12月
长海带（*Laminaria longicruris*）	2.83	4.67	1.04	0.86	0.51	0.41	97	12	25	52		1 710	7月
掌状海带（*Laminaria digitata*）	3.20	4.95	1.29	0.30	0.25	0.41	64	11	20	50	4.5	2 490	

de Lacerda 等对巴西沿海生长的 5 种海藻用原子吸收光度法分析了 5 种金属离子的含量，结果见表 9-14。

表 9-14　巴西产海藻中重金属离子的年平均含量（mg/kg，对干藻）（de Lacerda 等，1985）

重金属	裂片石莼（Ulva fasciata）	丝连马尾藻（Sargassum filipendula）	棒状篮子藻（Spyridia clavata）	斜纹网翼藻（Dictyopteris plagiogramma）	具边乳节藻（Galaxaura marginata）
Cu	4.5	2.8	4.1	6.9	7.3
Cr	3.3	3.3	4.9	10.9	6.0
Co	3.2	3.4	4.4	5.5	6.3
Zn	21.6	32.2	77.2	78.3	38.2
Cd	0.7	1.0	1.0	0.8	1.6
Pb	8.3	9.8	11.1	12.6	19.1

Der Marderosian 等对采自不同地区的海藻中的 Hg 含量用原子吸收光谱仪进行了测定，结果见表 9-15

表 9-15　海藻中的汞含量（Der Marderosian 等，1973）

海藻种类	采集地区	Hg 含量（干藻）/（mg/kg）
裙带菜（Undaria pinnatifida）	日本	0.11
软骨石花菜（Gelidium cartilagineum）	日本	1.56
软骨石花菜	摩洛哥	0.25
紫菜（Porphyra sp.）	日本	0.12
海带（Laminaria japonica）	日本	0.13
掌状红皮藻（Rhodymenia palmata）	加拿大	0.06
巨藻（Macrocystis pyrifera）	美国加州	0.04
针状杉藻（Gigartina acicularis）	摩洛哥	0.19

山本等、石桥等、森井和对日本沿海生长的常见的绿藻、褐藻和红藻中所含主要微量元素进行了测定，结果见表 9-16。结果显示，褐藻中的主要无机元素含量比绿藻和红藻中的多。绿藻中 Mg 和 Fe 含量较高。红藻中的主要微量元素含量都比较低。

2.非金属元素分析

Whyte 等对海囊藻中非金属成分进行了分析，结果见表 9-17。

Nakvi 等对印度中部西海岸生长生长的 19 种海藻中的 Br 含量用化学法进行了测定，结果见表 9-18。

二、海藻中的特殊无机元素

（一）碘

在陆生植物体内碘含量一般小于 10^{-6}，而海生动植物体内常含有极高量的碘，如海带中含碘量一般在 0.3%～0.6%，最高可达 0.9%（干重），而其生长环境海水中碘含量仅为 6×10^{-8} g/cm^3，浓集倍数高达 10^6 倍。由于海藻这一独特的生物学功能，海藻富碘机制的研究成 为人们最感兴趣的课题之一。

表9-16 日本各种海藻中的主要和微量元素含量（对干藻）/（mg/kg）（山本、石桥、森井等，1958～1965发表的一系列文章）

海藻	灰分/%（平均值）	Na	Mg	Al	K	Ca	Sr	Si	P	Ti	V	Cr	Mn	Fe	Co	Ni	Cu	Zn	Ga	B	Mo
绿藻																					
礁膜(Monostroma nitidum)	22.5	17 900	13 000	1 150	7 600	13 600	180		900	23.6	6.00	2.07	55	900	1.47	1.43		213(2)		50.0	0.06
孔石莼(Ulva pertusa)	18.8	3 600	25 800	559	5 100	8 030	218		1 450	39.3	3.32	0.95	97	764	0.80	2.84	13.1	138	0.17	64.7	0.29
蛎菜(U. conglobata)	15.9	1 000	36 500	1 010	1 700	8 300		5 230	800	33.1		1.21	97	609	0.75	1.57	21.1	62			
日本石莼[Letterstedtia (Ulva) japonica]	10.3		7 200			7 300	170			47.5	2.84			847	0.29	3.10		214		97.0	0.09
扁浒苔(Enteromorpha compressa)	22.6		19 800	688		11 900	330	21 800		113	7.31			1 130	1.17	1.93		245	0.20	116	0.29
缘管浒苔(E. linza)	18.0			630										828					0.07	114	
赖氏刚毛藻(Cladophora wrightiana)	18.0			765							2.02		87	582			13.2	80			
稠密刚毛藻(C. densa)	19.7			1 380										1 610						155	
螺旋硬毛藻(Chaetomorpha spiralis)	9.10								800	14.4	1.15	1.82	151(2)	371	0.41	1.66		153		8.0	0.11
粗硬毛藻(C. crassa)	11.3	6 500	11 300	559	13 200	10 300	230			8.7	1.91			356	0.15	0.75	11.7	154		140	
冈村蕨藻(Caulerpa okamurai)	18.2			3 320						161	10.1	2.53		3 020	2.51	5.64	18.1			100	
拳状松藻(Codium pugniformis)	36.0	66 600	15 400	717	25 800	8 600			2 800				52	591	0.68	2.09	27.7	332	0.20	83.0	

续表

海藻	灰分/%（平均值）	Na	Mg	Al	K	Ca	Sr	Si	P	Ti	V	Cr	Mn	Fe	Co	Ni	Cu	Zn	Ga	B	Mo
剌松藻（C. fragile）	9.47		11 100	1 650		11 400			1 500	22.9	1.72		299	1 330	1.52	2.08	19.6	164	0.17	17.0	0.09
红藻																					
帚状乳节藻（Galaxaura fastigiata）	76.3		12 400			316 000	9 280			29.6	2.28			196	0.43	4.31		230		285	0.64
石花菜（Gelidium amansii）	7.66	200	5 340	142	300	7 000	90	3 270	900	23.1	2.48	0.50	43	356	0.34	1.22	7.9	155	0.07	177	0.27
日本剌盾藻（Acanthopeltis japonica）	12.1	1 800	2 300	321	1 100	4 770	20		1 050	40.7	3.42		60	234	0.40	1.32	7.9	172	0.08		0.25
日本松香藻（Chondrococcus japonicus）	12.7			1 080									270	1 090			26.7	124			
海藻																					
北方赤盾藻（Rhodopeltis borealis）	70.2		9 100			307 000	11 506							130							0.80
蜈蚣藻（Grateloupia filicina）	21.3			276															0.06	54.0	0.33
一枝面蜈蚣藻（G. okamurai）	9.20			141		9 000	130							185							
皱皮蜈蚣藻（G. turnturu）	15.9		5 900							13.5	2.20			168	0.26	0.23		128		37.0	0.35
硬盾果藻（Carpopeltis rigida）	3.60	1 100			1 000								44							101	

续表

海藻	灰分/% (平均值)	Na	Mg	Al	K	Ca	Sr	Si	P	Ti	V	Cr	Mn	Fe	Co	Ni	Cu	Zn	Ga	B	Mo
盾果藻 (*C. flabellata*)	13.8	10 700	7 800	241	6 500	3 800			1 200	19.3	3.15		28	299	0.63	1.42	8.2	165	0.15	54.5	
胶管藻 (*Gloiosiphonia capillaris*)	13.1			60									76	58			13.8	205	0.11	319	
鹿角海萝 (*Gloiopeltis tenax*)	11.5		3 300			5 100	30			8.4	0.66			160	0.53	0.71		83		34.0	
海萝 (*G. furcata*)	20.8			65										67						18.0	
鸡冠菜 (*Meristotheca papulosa*)	16.4		8 400	731		6 200			1 300				337	465			24.0	139	0.18	119	0.18
海头红 (*Plocamium telfairiae*)	19.9			1 470										1 500			25.3	64			
团块沙菜 (*Hypnea saidana*)	11.0			517										424			16.6	37			
沙菜 (*H. sp.*)	16.4			1 250			180							1 010			15.1	128			
长枝沙菜 (*H. charoides*)	21.2		3 400	329		9 600								516						337	0.22
海木耳 (*Sarcodia ceylanica*)	10.0			151									48	343			11.4	84			
扁江蓠 (*Gracilaria textorii*)	15.2			143										121						18.0	
角冈藻 (*Ceratodictyon spongiosum*)	20.6									6.2	5.38	1.42		1 070	0.72	5.04		83		91.0	0.30

续表

海藻	灰分/% (平均值)	Na	Mg	Al	K	Ca	Sr	Si	P	Ti	V	Cr	Mn	Fe	Co	Ni	Cu	Zn	Ga	B	Mo
扇形叉枝藻 (Gymnogongrus flabelliformis)	12.5		4 200			2 800	96			2.4	2.03			278	0.75	1.67		119		217	0.18
角叉菜 (Chondrus ocellatus)	18.4		10 800			8 300	180							431	0.55	1.53		169		76.0	0.30
三叉仙菜 (ceramium kondoi)	21.1																		0.26		
多管藻 (Polysipyonia urceolata)	13.7		15 700			30 300	2 360			53.3	4.8			854	0.52	3.68		194		133	0.23

褐藻

海藻	灰分/% (平均值)	Na	Mg	Al	K	Ca	Sr	Si	P	Ti	V	Cr	Mn	Fe	Co	Ni	Cu	Zn	Ga	B	Mo
褐舌藻 (Spatoglossum pacificum)	23.0			1 860										1 440						122	
育枝网翼藻 (Dictyopteris prolifera)	7.80	4 700	4 800	633	7 000	15 000	1 040		1 800		1.87		70	722	0.53	3.86	17.8	47	0.11	67.0	0.21
树状团扇藻 (Padina arborescens)	14.2	16 100	7 970	767	35 700	19 200	1 310		980	82.3	4.59	1.42	146	838	1.42	3.85	9.4	137	0.21	125	0.28
面条藻 (Timocladia crassa)	11.0	2 300	7 900	2 370	1 400	6 300			1 100	178	3.70		227	2 140			12.7	43			
素藻 (Chordaria sp.)	11.4	5 400	6 700	590	11 200	11 900			700				122	584							
铁钉菜 (Ishige okamura)	13.1	15 300	8 400	98	7 600	14 800	440		1 700	4.5	2.74	0.89	7	89	0.24	2.86	9.9	109		95.0	1.16

续表

海藻	灰分/%(平均值)	Na	Mg	Al	K	Ca	Sr	Si	P	Ti	V	Cr	Mn	Fe	Co	Ni	Cu	Zn	Ga	B	Mo
叶状铁钉菜 (I. foliacea)	14.7		9 050	140		12 400	1 170	13 900		27.6	5.69	1.18	31	399	0.57	2.25	7.4	170	0.08	73.0	0.57
酸藻 (Desmarestia vilidis)	3.90	400	300		700	8 700							9	402			9.2	39		16.0	
肠醋藻 (Myelophycus caespitosus)	14.2			1 430					900					1 190			12.6	65		102	
萱藻 (Scytosiphon lomentaria)	23.3	9 900	10 700	1 400	8 700	31 900		2 480	1 800				54	1 490	1.06	2.92	24.1	189	0.62	52.6	
鹅肠菜 (Endarachne binghamiae)	18.8			62							2.31		78	93						57.5	
爱森藻 (Eisemia bicyclis)	14.9	14 800	9 040	96	22 100	15 000	1 100		900	5.8	0.83	0.74		98	0.29	0.87	13.8	104	0.05	96.7	0.23
空茎昆布 (Ecklonia cava)	12.7	(5)		57	(5)								8	85					0.02		
裙带菜 (Undaria pinnatifida)	20.9			226				1 120						193					0.16	50.3	
囊叶藻 (Cystophyllum sisymbrioides)	18.3		9 600			48 700	2 720			6.5	8.68			156	0.60	1.04		340		171	0.45
羊栖菜 (Sargassum fusiforme)	20.6	16 900	9 870	203	34 300	17 200	1 140		900	89.4	1.36	0.63	29	158	0.48	4.05	16.0	79	0.11	109	0.32
小球马尾藻 (S. piluliferum)	12.3	4 000	6 800	663	3 700	19 000			700				38	541			17.1	40	0.27		

续表

海藻	灰分/%（平均值）	Na	Mg	Al	K	Ca	Sr	Si	P	Ti	V	Cr	Mn	Fe	Co	Ni	Cu	Zn	Ga	B	Mo
展枝马尾藻（S. patens）	16.3		9 900	340		16 700	1 740				2.27			256	0.76	4.10		232	0.08	65.0	0.33
铜藻（S. horneri）	16.7	3 600	16 900	115	6 400	16 400			1 200				14	112			10.5		0.03	64.0	
齿叶马尾藻（S. serratifolium）	16.4		16 500	110		29 200	2 360		200	14.5	2.59		4	92	0.40	1.10	12.3	18	0.04		0.42
扭曲马尾藻（S. tortile）	13.5	2 700	8 670	81	5 400	28 800	1 980		700	7.7	6.05		20	112	0.27	0.84	15.2	170	0.03	65.5	0.18
大叶马尾藻（S. giganteifolium）	12.2	4 800	13 600	165	8 500	15 700			1 100		0.79	0.52	13	105	0.80	0.54	9.5	63			
粗马尾藻（S. ringgoldianum）	14.4	7 170	10 700	96	17 400	20 800	1 480		750	5.7	1.51	0.66	13	110	0.32	1.28	10.1	60	0.05	97.0	0.19
海蒿子（S. confusum）	23.6			1 350										885						147	
微劳马尾藻（S. fulvellum）	14.6		12 600	102	13 400	19 800			900	16.5	0.74		28	161	0.56	4.24	6.1	83	0.64	119	0.54
鼠尾藻（S. thunbergii）	20.7	8 750	9 710	1 030	20 900	26 200	1 650	6 820	1 100	36.9	4.37	1.54	243	709	1.07	5.01	14.8	323	0.22	122	0.29
半叶马尾藻（S. hemiphyllum）	16.9		8 930	338		27 600	2 460			16.8	3.11	2.83		406	1.23	3.52		106	0.26	122	
小刺马尾藻（S. micracanthum）	13.7	6 700	11 800	438	12 500	24 100			500			1.24	120	367			13.3	53			
黑叶马尾藻（S. nigrifolium）	11.1			81										75					0.03		
纤叶马尾藻（S. tenuifolium）	15.2													81	0.55	5.54		179		165	

表 9-17　海囊藻中的非金属成分含量/%或（mg/kg）（对干藻）（Whyte 等，1980）

元素	叶片		茎部	
	平均值	范围	平均值	范围
Cl/%	15.1	12.7～17.0	19.3	15.1～26.9
S/%	0.99	0.86～1.15	0.51	0.36～0.66
SO_4/%	2.96	2.58～3.45	1.55	1.09～1.99
P/%	0.33	0.22～0.52	0.20	0.09～0.28
PO_4/%	1.01	0.67～1.59	0.61	0.28～0.86
NO_3/%	0.81	0.52～1.35	0.24	0.12～0.35
SiO_2/%	0.15	0.08～0.24	0.46	0.42～0.53
CO_3/%	0.06	0.050～0.072	0.035	0.025～0.041
I^-/(mg/kg)	914	529～1 423	1 163	826～1 548
B/(mg/kg)	80	53～122	89	44～135
B_4O_7/(g/kg)	435	288～644	482	239～734
Br^-（有机态）/(mg/kg)	<15	0～15	<15	0～15
Br^-（离子态）/(mg/kg)	<79	0～79	<79	0～79

表 9-18　印度产海藻中的溴含量（Naqvi 等，1979）

海藻种类	Br 含量（对干藻）/%
绿藻	
刚毛藻（Cladophora sp.）	0.024
中央硬毛藻（Chaetomorpha media）	0.105
礁藻（Enteromorpha sp.）	0.032
总状厥藻（Caulerpa racemosa）	0.130
棒叶厥藻（C. sertularioides）	0.027
延伸松藻（Codium elongatum）	0.247
红藻	
皮江蒿（Gracilaria corticata）	0.078
钩沙菜（Hypnea musciformis）	0.027
穗状鱼栖苔（Acanthophora spicifera）	0.095
树状软骨藻（Chondria armata）	0.400
松香藻（Chondrococcus sp.）	0.054
珊瑚藻（Corallina sp.）	0.020
纵胞藻（Centroceras clavulatum）	0.063
褐藻	
软叶马尾藻（Sargassum tenerrimum）	0.040
灌丛网地藻（Dictyota dumosa）	0.022
四迭扇藻（Padina tetrastomatica）	0.002 2
粗糙褐舌藻（Spatoglossum asperum）	0.055
巴氏网地藻（Dictyota bartayresii）	0.015
南方网翼藻（Dictyopteris australis）	0.039

侯小琳、柴之芳、钱琴芳等对海藻中碘的化学种态进行了研究,用中子活化法测定了3次以上,浸取法浸取,将水溶性碘与难溶性碘分离。由于海带的细胞壁较厚,细胞中大分子有机物难以通过细胞壁进入水中,故浸出液中碘主要应为 I^-、IO_3^- 和小分子含碘有机物。结果表明,海带中 99.2% 的碘可被水浸出。由这一结果可以推断,存在于各种海藻中的难溶性碘应主要为大分子有机结合碘,并建立了海藻中碘的化学种态分离流程。已有研究表明,碘的有机化合物几乎存在于所有海藻中,并以 C—I 键存在,故可以认为存在于海藻中的难溶性碘也可能是以 C—I 键存在。在生物体内,碘存在的形态主要为有机碘、I^-、IO_3^- 了和极少量 I_2,其他形态无机碘几乎不存在。

韩丽君、范晓对海藻中有机碘研究和及含量进行了测定。由表 9-19 和图 9-1 结果表明:海带中碘的平均含量占鲜重的 0.13%,其中 88.30% 的碘是以 I^- 的形式存在,有机碘只占总碘的 11.48%。同时海带不同部位碘的含量不同,叶部外缘含碘较多,是叶中部的 2 倍左右,尤其叶尖部的含量达到鲜重的 0.183%,而有机碘的含量分布规律则不同,有机碘的含量在靠近根部的位置较高,为鲜重的 13.9%,见表 9-19、表 9-20。

表 9-19　浸取液中碘的存在形态和含量

海藻种类	浸取液中不同形态碘的百分含量 /%			
	I^-	IO_3^-	有机碘	有机碘/总碘
松藻	61.0	1.6	37.4	59.7
石莼	75.2	3.8	21.0	26.6
礁膜	78.5	1.4	19.9	24.5
江蓠	71.1	4.2	24.6	32.6
海黍子	65.9	4.5	29.6	42.0
网胰藻	92.7	1.8	5.5	5.8
海带	88.3	1.4	10.3	11.48

表 9-20　新鲜海带不同部位的含量(占鲜重)

海带部位		重量 /g	总碘/(g/100 g)	无机碘/(g/100 g)	有机碘/(g/100 g)	(有机碘/总碘)/%
叶部	1#	41.0	0.151	0.133	0.018	11.9
	2#	39.0	0.162	0.141	0.021	12.9
	3#	40.5	0.175	0.157	0.018	10.3
	4#	39.5	0.180	0.160	0.020	11.1
茎部	1#	45.4	0.079	0.068	0.011	13.9
	2#	42.0	0.085	0.073	0.012	14.1
	3#	47.5	0.087	0.074	0.013	14.9
	4#	37.0	0.092	0.082	0.010	10.9
尖部		54.5	0.183	0.165	0.018	9.8
平均值		—	0.133	0.117	0.016	12.1

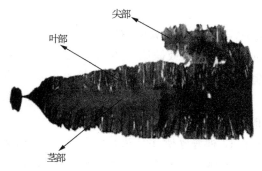

尖部

叶部

茎部

图9-1　海带不同部位划分

有机碘的分布特征与总碘相反,生命力旺盛的叶外缘及尖部,有机碘的含量较低,而代谢缓慢的根部有机碘的含量却相对较高。大部分的碘转化成为机体本身的构成成分,以有机碘的形式存在。用离子选择电极法测定的有机碘/总碘的百分比为12.1%,而用中子活化法测定的百分比为11.48%,两种方法测定的结果非常接近。因此说明,海藻中的碘是以有机态和无机态两种形式并存,无机碘大部分是以碘离子的形式存在,占总碘的88%以上,有机碘只占总碘的10%~12%。但是不同部位有机碘和无机碘的含量存在差别,如叶尖部有机碘和无机碘的比例为0.11,而根部则为0.16。

铃木等测定了各种海带的含碘量,认为大部分碘为无机态,少部分以有机态存在,个别种类则以有机态碘占多数,结果见表9-21。

表9-21　几种海带用94%乙醇温浸所得碘量(铃木等,1956)

海带名称	溶于94%乙醇中		不溶于乙醇留在残渣中的碘/%	总碘(对干藻)
	无机碘/%	有机碘/%		
狭叶海带(*Laminaria angustata*)	46.2	48.8	5.0	0.452
楔基海带(*L. ochotensis*)	30.7	65.8	3.5	0.399
海带(*L. japonica*)	57.3	39.6	3.1	0.326
极长海带(*L. longissima*)	56.7	41.2	2.1	0.246
厚叶海带(*L. coriacea*)	61.3	36.2	2.5	0.469
二裂关枝藻(*Arthrothamnus bifidus*)	72.2	24.1	3.7	0.465
解曼藻(*Kjellmaniella gyrata*)	27.0	61.8	1.2	0.167

Ito等用纸色谱法测定了6种海藻所含碘代氨基酸,如表9-22所示。异索藻(*Heterochordaria abietina*)中三碘甲状腺原氨酸-I和甲状腺-I含量较其他藻多,其他藻中一碘酪氨酸-I、二碘酪氨酸-I较多。

表9-22　海藻中碘代氨基酸的含量(mg/100 g干藻)(Ito等,1976)

碘化合物	异索藻	海带	裙带菜	马尾藻	鼠尾藻	多管藻
一碘酪氨酸-I	1.49	1.55	+	10.61	4.60	0.77
二碘酪氨酸-I	2.06	2.33	+	4.04	4.11	2.31
三碘甲状腺原氨酸-I	2.41	0.91	+	1.52	0.70	0.79
甲状腺素-I	2.84	1.30	+	1.90	0.73	0.52

（二）硒

硒作为微量元素，参与谷胱甘肽过氧化物酶的组成，具有消除自由基和脂质过氧化物，维护细胞膜稳定性的作用。低硒或缺硒人群通过适量补硒不但能预防各类肿瘤的发生，而且可以提高机体免疫能力，维持心、肝、肺、胃等重要器官的正常功能，预防老年性心、脑血管疾病的发生。海洋生物尤其是海藻，含硒特别丰富。但是关于海藻中硒含量及生化成分中的分布特点的研究，国内外甚少。

毛文君、管华诗研究了12种海藻硒含量及其分布特点，见表9-23。结果表明：褐藻平均含硒量比绿藻和红藻低。绿藻干重平均含硒量为4.105 μg/g，红藻干重为2.513 μg/g，褐藻干重为1.765 μg/g，褐藻比绿藻和红藻含硒量低，这可能与蛋白质含量有关。见表9-23。从表9-23可知，褐藻蛋白质含量为8.03% 12.50%，绿藻为14.52%～17.67%，红藻为15.24%～23.89%，可见，蛋白质含量与硒含量有一定关系。褐藻含蛋白质、氨基酸比绿藻和红藻低，所以，褐藻含硒量较低。硒主要与蛋白质相结合。

表9-23　12种海藻中硒和蛋白质含量

海　藻	硒含量（干重）/（μg/g）	蛋白质含量/%
绿藻 Chlorophyta		
刺松藻 Codium fragile	3.726	16.76
浒苔 Enteromopha prolifera	3.464	15.19
礁膜 Monostroma nilidum	3.230	14.52
石莼 Uiva lactua	5.980	17.67
褐藻 Phaeophyta		
羊栖菜 Sargassum fusiforme	1.368	8.03
海蒿子 Sargassum pallidum	1.576	10.12
裙带菜 Undaria pinnatifida	2.182	12.52
海带 Laminaria japonica	1.932	8.13
红藻 Rhodophyta		
石花菜 Gelidium amansii	2.347	19.53
扇形叉枝藻 Gymnogongrus flabelliformis	2.268	15.24
坛紫菜 Porphyra haitanensis	3.217	23.89
海萝 Glioioptis furcata	2.310	17.69

白研、朱杰科、林泽庆等研究了各类海藻中总硒的含量及硒的赋存形态的分布。采用连续浸提法研究各海藻中硒的赋存形态，经湿法消化后，采用氢化物-原子荧光分光光度法测定各组分中的含硒量。结果表明，12种海藻样品中，总硒含量范围为：0.026 8～0.223 4 μg/g，海藻中硒的各赋存形态分布情况：碱溶态＞残渣态＞水溶态＞盐溶态＞乙醇态，说明硒在海藻中的存在形态主要以碱溶性硒蛋白的形式存在。见表9-24、表9-25。

表9-24 几种海藻样品的总硒含量

种属	绿藻		褐藻			蓝藻	红藻				冰藻	
样品名称	青海苔	浒苔	铜藻	食用海带	海带（市售）	螺旋藻	坛紫菜	江蓠	蜈蚣藻	紫菜	紫晶藻	海茸
总硒含量（μg/g）	0.223 4	0.113 6	0.158 1	0.146 9	0.045 0	0.113 8	0.082 5	0.115 2	0.028 5	0.070 9	0.103 9	0.026 8

表9-25 几种海藻样品硒各赋存形态分布

样品	总硒含量/(μg/g)	形态各类	各赋存形态含量/(μg/g)	各赋存形态所占比例/%	回收率/%
紫菜	0.070 9	乙醇态	0.001 9	2.61	92.31
		水溶态	0.011 4	16.01	
		盐溶态	0.009 1	12.83	
		碱溶态	0.026 6	37.45	
		残渣态	0.016 6	23.41	
海带	0.045 0	乙醇态	0.002 4	5.440	80.73
		水溶态	0.006 9	15.24	
		盐溶态	0.003 3	7.384	
		碱溶态	0.012 7	28.33	
		残渣态	0.011 0	24.33	
蜈蚣藻	0.028 5	乙醇态	0.000 4	1.25	81.27
		水溶态	0.001 4	4.77	
		盐溶态	0.000 4	1.35	
		碱溶态	0.017 3	60.75	
		残渣态	0.003 8	13.15	
铜藻	0.158 1	乙醇态	0.004 3	2.720	82.80
		水溶态	0.014 9	9.424	
		盐溶态	0.009 4	5.946	
		碱溶态	0.068 9	43.58	
		残渣态	0.033 4	21.13	
紫晶藻	0.103 9	乙醇态	0.004 6	4.427	80.18
		水溶态	0.014 4	13.86	
		盐溶态	0.012 4	11.93	
		碱溶态	0.033 7	32.44	
		残渣态	0.018 2	17.52	

（三）砷

海藻中含有多种有益于人类健康的活性成分,同时也含有一定数量的重金属元素,其中砷的含量尤为显著,海藻中的砷一直是人们研究的热点之一,对海藻中无机砷含量的限制问题在业界内长期存在着争论。海藻中砷的化学形态,在代谢上与海水中的砷形态有着紧密联系。范晓、孙飚等阐述了海藻中砷的化学形态及代谢机制。

1. 砷的生理作用

砷在自然界中广泛存在，与人类的生活有密切联系。海洋生物群中的砷形态多种多样，毒性特征也千差万别。无机形态的砷的毒性作用很多，包括对氧化磷酸化过程的解偶联作用、与巯基基团结合从而破坏酶系统，还可以诱使 DNA 发生互换和断裂，造成基因的变异。慢性砷中毒会导致各种循环和神经功能紊乱，以及突变、致癌和畸形等后果。

三价的亚砷酸盐（$H_2AsO_3^-$，$HASO_3^{2-}$，AsO_3^{3-}）毒性较高，其毒性强度比五价的砷酸盐（$H_2AsO_4^-$、$HAsO_4^{2-}$、AsO_4^{3-}）高出 60 倍以上。其原因是三价砷易与巯基结合成稳定的化合物，经人体吸收后不易排泄，且较具累积性，而五价砷与巯基没有亲和力。

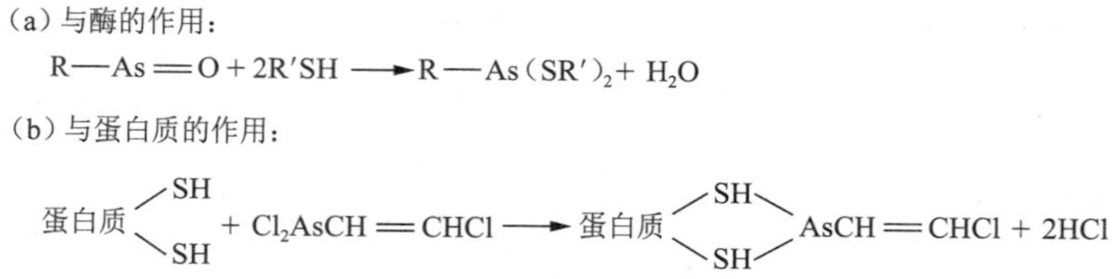

(a) 与酶的作用：
$$R—As{=\!=}O + 2R'SH \longrightarrow R—As(SR')_2 + H_2O$$

(b) 与蛋白质的作用：

图 9-2　砷与酶及蛋白质的作用

2. 海藻中砷的化学形态

在海水中，砷主要是以砷酸盐、亚砷酸盐、甲胂酸 $CH_3AsO(OH)_2$（MMA）和二甲次胂酸 $(CH_3)_2AsO(OH)$（DMA）四种形态存在。其中以砷酸盐占多数，因此，海水中的砷具有较高的毒性。目前国际上普遍认为，海藻中的砷以有机态和无机态并存，其中有机砷化合物占绝大多数，毒性较小。砷的毒性在很大程度上依赖于其化学形态，海藻中的砷大多以无毒的有机态形式存在，但也有例外情况，如马尾藻科的无机砷含量及占总砷的比例明显高于其他褐藻，其中海黍子（*Sargassum muticum*）的无机砷含量为 20.8×10^{-6}，约占总砷的 38%；日本羊栖菜（*Sargassum fusiforme*）的无机砷含量高达 71.8×10^{-6}，约占总砷的 58%，这表明马尾藻科累积无机砷的能力高于其他海藻。

大量研究表明：海藻中有机砷的存在形态主要有两种：砷糖（Arseno-sugars）和砷脂（Arsenolipids），即海藻中的有机砷主要与糖类和脂类相结合而存在。砷糖含有五价砷，这种五价砷与两个甲基团、一个氧原子和一个核糖碳原子键合（图 9-3），毒性较小。

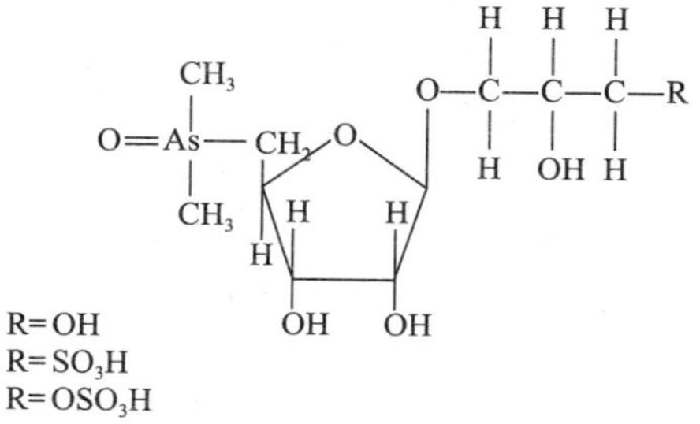

图 9-3　砷糖的结构示意图

Lunde 等首次发现海藻中存在脂溶性的砷，认为海藻中的有机砷化物分为水溶性和脂溶性两大类。以后对含砷脂类的研究越来越深入。Irgolic 等人提出了脂溶性有机砷在海藻中的代谢模式。Cooney 等人用 ^{74}As 标记海藻，发现海藻组织能合成一种奇异的含砷磷脂（O-磷脂酰三甲基乳酸胂）。海藻中的其他有机砷种类也较多，但主要是甲基砷化物（甲胂酸盐和二甲次胂酸盐）。Andreae 和 Klumpp 发现海藻能形成 12 种可溶性有机砷化物，其中 1 种与砷胆碱相似；海藻会产生甲胂酸盐和二甲次胂酸盐并将其释放入周围环境，由此可以解释这些砷化物为什么会在海水中存在。海水中的甲基砷化物与海藻的光合能力有很大联系，它们只在强光带的海水中存在，其浓度与二氧化碳的同化速率密切相关，这表明它们是由海藻产生的。海藻中的无机砷主要是亚砷酸盐，而砷酸盐的数量极少。海藻可以为食物链的高级环节和水体提供还原和有机形态的砷，砷酸盐被摄入海藻后，很快被还原为亚砷酸盐并甲基化为甲胂酸和二甲次胂酸。海藻也产生亚砷酸盐，在两种卵形藻中尤为显著。

3. 砷在海藻中的代谢机制

海藻能从周围环境中摄取砷，并合成各种水溶性、脂溶性物质。海藻中的砷代谢与脂类和糖类代谢有紧密联系。Irgolic 等研究了砷在扁藻（*Tetraselmis chuii*）中的代谢情况，认为砷酸盐被海藻摄取进入细胞后，砷可以取代磷脂酰乙醇胺和磷脂酰胆碱中的磷原子或氮原子，从而进入磷脂的生物合成过程，形成一些含砷的脂类。因为砷最初取代乙醇胺和胆碱中的氮原子；根据藻体组织中磷脂的正常合成途径：乙醇胺和胆碱被磷酸化，再与 CTP 反应产生 CDP-乙醇胺和 CDP-胆碱，再继续与二酰基丙三醇反应，生成磷脂酰乙醇胺和磷脂酰胆碱。由于砷在最初的反应中取代了乙醇胺和胆碱中的氮原子，形成砷乙醇胺和砷胆碱，这两种物质进入藻体组织的磷脂合成途径后，作为正常底物——乙醇胺和胆碱的类似物发生一系列同样的反应，最终生成砷-磷脂酰乙醇胺（As-PE）和砷-磷脂酰胆

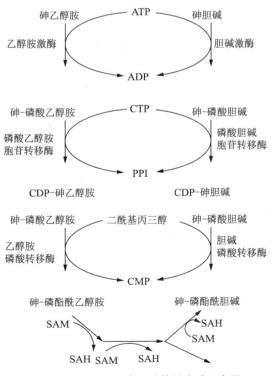

图 9-4　海藻中砷脂和砷糖的合成示意图

碱（As-PC）。该理论解释了海藻中砷胆碱以及其他水溶性和脂溶性砷化合物的发生，但不能说明海藻中的砷糖来源。Edmonds 和 Francesconi、Phillips 和 Depledg 均认为砷糖是由 S- 腺苷甲硫氨酸转化而来，这一转化发生在由 As-PE 合成 As-PC 的甲基化过程中。正常情况下，PE 被甲基化为 PC 要经过三步反应，形成 As-PE 后，催化这些反应的酶将 As-PE 也作为底物加以催化，As-PE 通过 S^+ — CH_2 键紧密地连接，在作为甲基供体的 S- 腺苷甲硫氨酸化合物的甲硫氨酸与核糖之间，在正常情况下转移到 PE 上的甲基基团，也与硫原子结合，甲基化的前两步反应可以利用 As-PE 作为底物类似物而正常发生。然而，砷原子和两个甲基团造成的空间结构却与甲基化的最后一步反应不相称，于是 S^+ — CH_2 键首先受到其他基团攻击，产生了一种类似砷糖的物质，其结构与边花昆布（*Ecklonia radiata*）中发现的砷糖相类似，含有二酰基丙三醇磷酸酯的碳链再被氧化，生成 5- 脱氧 -5-（二甲基砷）- 呋喃糖苷化合物，即砷糖。

4. 海藻中常见的砷化合物

海藻中常见的砷化合物见表 9-26。

表 9-26　海藻中常见的砷化合物

中文名称	英文名称	化学式
无机砷	Inorganic arsenic	
亚砷酸	Arsenous acid	H_3AsO_3
亚砷酸盐	Arsenites，salts of Arsenous acid	$H_2AsO_3^-$，$HAsO_3^{2-}$，AsO_3^{2-}
砷酸	Arsenic acid	H_3AsO_4
砷酸盐	Arsenites，salts of Arsenous acid（ortho）	$H_2AsO_4^-$，$HAsO_4^{2-}$，AsO_4^{2-}
有机砷	Organic arsenic	
甲胂酸（MAA）	Methylarsonic acid	$CH_3AsO(OH)_2$
二甲次胂酸（DMA）	Dimethylarsinic acid	$(CH_3)_2AsO(OH)$
砷糖	Arseno-sugars	
砷脂	Arseno-lipids	

几乎所有的海藻中都含有砷，其存在形态以有机砷和无机砷共存，在不同海藻中具有不同比例。有机砷在大多数海藻占绝大比例，主要与糖类和脂类相结合存在。另外也有少量甲基砷化物形态。无机砷主要以三价砷形态存在，但所占的比例很小。海藻可以将摄入的无机砷还原、甲基化成毒性较小的非挥发性甲基砷化物，并将其排出，释放入周围环境。砷可以进入海藻中磷脂生物合成的主要途径中，生成各种含砷的中间产物和终产物，如砷脂、砷糖、砷乙醇胺、砷胆碱、砷甜菜碱等。

5. 镉

镉是生物体非必需的有害微量元素之一，会对人和动物的肾、肺、肝、睾丸、脑、骨骼以及血液系统产生一系列损伤，而且还有研究揭示镉具有一定的致癌和致突变性。其在正常环境中含量很低，但水生动植物对镉的富集能力极强，因此，镉已成为影响水产品食用安全的重要因素之一。目前，对水产品中镉的检测方法主要是将样品经过浓硝酸、高氯酸等强氧化剂消化后,将所有形态的镉转化成无机镉,因此得到的测定结果实际上是镉的总量。然而,越来越多的环境学和毒理学研究结果证明,镉的毒性与其存在形态有关,离子态镉的毒性较高,结合态和有机态镉无毒或毒性非常微弱。若简单地仅采用镉的总含量,并以其离子态的毒性效应作为评价标准,往往会高估其毒害效应。因此,对海藻中镉的检测不能仅以总量来评价,研究海藻中镉的化学形态,并建立相应的分析技术。

赵艳芳、宁劲松、翟毓秀等发现紫菜、海带、裙带菜和羊栖菜中镉的主要形态均是结合态或难溶于水的形态,而离子态镉含量较低,其中紫菜最低,均 $<1.0\%$。根据我国标准《绿色食品藻类及其制品》(NY/T 1709—2009)规定藻类中镉的限量为 0.5 mg/kg,《无公害食品海藻》(NY 5056—2005)规定海藻及其制品中镉的限量为 1.0 mg/kg 以及《食品中污染物限量》(GB 2762—2005)对食品中镉的限量为 0.05～1.0 mg/kg。通过海藻质量安全普查发现,4 种藻类样品中均有超标现象,其中紫菜中的镉含量超标较为严重。但是若以毒性较高的离子态镉为计,所有海藻样品中的镉含量均远远低于标准中限量。因此,进一步证实以海藻中的总镉含量为检测指标,不能如实反映其食用安全性,更不能准确地进行风险评估,应针对各种形态镉制定相应的检测标准限量。

第二节　海藻对无机元素的浓缩作用

一、海藻对无机元素的富集作用

海藻由于特殊的生理作用,具有从海水中浓缩或者富集某些元素的能力。Black 等根据测定结果(表 9-27),提出褐藻中微量元素的浓缩因子 K 以图 9-5 式计算。

$$K = \frac{C(\text{鲜海藻中某些元素的含量})}{C'(\text{鲜水中某些元素的含量})}$$

图 9-5　海藻中浓缩因子计算公式

表 9-27　英国海藻中微量元素的浓缩因子(Black 等, 1952)

海藻种类	Ni	Mo	Zn	V	Ti	Cr	Sr
沟鹿角菜(*Pelvetia canaliculata*)	700	8	1 000	100	2 000	300	20
泡叶藻(*Ascophyllum nodosum*)	600	14	1 400	100	1 000	500	16
螺旋墨角藻(*Fucus spiralis*)	1 000	15	—	300	10 000	300	8
墨角藻(*F. vesiculosus*)	900	4	1 000	60	2 000	400	18
齿缘墨角藻(*F. serratus*)	600	3	600	20	200	100	11
掌状海带(*Laminaria digitata*)							
叶片	200	2	1 000	20	100	200	18
茎部	400	2	900	30	90	200	14

纪明侯根据对海蒿子所测微量元素含量折算成对海水中的含量比值列于表 9-28。海蒿子对 Ti,V,Mn,Cu 等元素具有较强的能力。

表 9-28 海蒿子(*Sargassum pallidum*)对几种微量元素的浓缩倍数

微量元素	海蒿子中的含量		海水中的含量 /(mg/kg)	浓缩倍数
	干藻 /(mg/kg)	鲜藻 /(mg/kg)		
Sr	1 200～4 000	200～700	10*	20～70
Ti	43～160	7～27	0.008*	900～3 000
V	34	6	0.003*	2 000
Mn	40	7	0.01**	700
Cu	65-430	11-70	0.025**	400～3 000

注:*Harvey，1957；**Sverdrup，1954

众所周知，褐藻对碘的富集能力极强，碘在海水中的平均含量为 5×10^{-2} mg/kg，但海带中碘的含量是海水的 10 000 倍多。Shaw 用含放射性碘化物的海水培养掌状海带，提出了褐藻吸收碘化物的假说，见图 9-6。

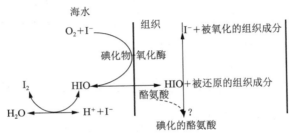

图 9-6 褐藻吸收碘化物的假说

褐藻的最外层细胞中存有一种水溶性酶"碘化物-氧化酶"，它可以催化碘化物氧化为 I_2。有时当藻体的细胞受到轻伤，如出于干燥条件下，则这种酶在藻体表面使 I^- 氧化成 I_2，产生碘蒸发现象。被"碘化物-氧化酶"氧化成 I_2 后很快水解成 HIO。它穿透细胞进入活体组织，在组织内又被还原成碘化物，此时伴随着强烈地呼吸，每呼吸一个 I^- 需要 3～6 个 O_2，呼吸商接近 1。这表明此时碳水化合物被用作基质。放射碘的实验证明，一旦被吸收，则能渗入一碘酪氨酸和二碘络氨酸的合成，但是过氧化氢酶也能阻止二碘酪氨酸的形成，此假说有待进一步证明。

二、海藻中的放射性元素

海洋中的放射性元素包括自然界存在的和自然衰变而生成的放射性同位素，以及人类建立的核设施和核武器试验产生并排入海洋中的人工放射性同位素。海藻由于对海水中微量元素有极强的富集作用，所以在藻体中明显富集较高浓度的放射性元素。

Vinogradov 等测定了若干干海藻(包括淡水藻)中放射性镭的含量，结果见表 9-29 发现淡水藻无镉，藻中镭的含量比较高。

表 9-29 海藻中放射性镭的含量（Vinogradov，1953）

海藻种类	Ra 含量/%	
	$\times 10^{-12}$（对鲜藻）	$\times 10^{-12}$（对干藻）
褐　藻		
粉团扇藻（Padina pavonica）		9.0
掌状海带（Laminaria digitata）		10.0
糖海带（L. saccharina）		10.0
极北海带（L. hyperborea）		12.0
墨角藻（Fucus. vesiculosus）		7.5
齿缘墨角藻（F. serratus）		9.0
宽果墨角藻（F. platycarpus）		9.0
膨大墨角藻（F. inflatus）	0.80	
泡叶藻（Ascophyllum nodosum）	0.64	
翅藻（Alaria esculenta）		1.1
浆果马尾藻（Sargassum bacciferum）		14.0
髯毛囊链藻（Cystoseira barata）		8.0
网地藻（Dictyota dichotoma）		11.0
红　藻		
掌状红皮藻（Rhodymenia palmata）	0.22	
石枝藻（Lithothamnium sp.）	3.0	
绿　藻		
石莼（Ulva lactuca）		0.7
无隔藻（Vaucheria sp.）（淡水藻）		76.0
皮革松藻（Codium bursa）		2.0
软毛松藻（C. tomentosum）		4.5
高山刚毛藻（Cladophora alpina）（淡水藻）		14.0
棒状绒枝藻（Dasycladus clavaeformis）		12.0

三宅测定了几种海藻中铀的含量，结果见表 9-30。发现铁钉菜中铀的含量较高。

表 9-30 海藻中的铀含量（三宅，1967）

海藻种类	$U/(\times 10^{-6}\,g/g)$（干藻）
甘紫菜（Porphyra tenera）	0.14
蛎菜（Ulva conglobata）	0.19
羊栖菜（Sargassum fusiforme）	0.61
扇形叉支藻（Gymnogonrus flabelliformis）	0.04
铁钉菜（Ishige okamurai）	2.1
叶状铁钉菜（I. foliacea）	1.6
微劳马尾藻（S. fulvellum）	0.31
铜藻（S. horneri）	0.54
海萝（Gloipeltis furcata）	0.17
扁平海萝（G.complanata）	0.19

Wong 等对浅海生大型褐藻韭绿浮角藻（*Pelagophycus porra*）所含 ^{210}Po 放射强度进行了测定，发现该藻气囊最外层比最内层高 1 000 倍以上，^{239}Pu 高 200 多倍。Angina 等（1965）在加勒比海的浮动马尾藻和漂浮马尾藻中检出 ^{95}Zr、^{144}Ce、^{144}Pr、^{134}Cs、^{103}Ru、^{103}Rh、^{106}Ru、^{106}Rh 放射性核素。

为了阐述海藻对微量元素和放射性元素的吸收能力，科学家采用示踪放射性元素对各种海藻进行了大量实验，结果都表明海藻对放射性元素均有不同程度的选择性吸收。

参 考 文 献

[1] 毛文君,管华诗.12 种海藻硒含量及其分布特点的研究 [J]. 中国海洋药物，1995（1）：27-30.

[2] 韩丽君,范晓,袁兆惠.16 种海藻中植物生长素的提取、分离纯化和含量测定 [J]. 海洋与湖沼. 2005，36（2）：167-171.

[3] 牧正志. 崔征,殷军,等. 细化钢铁材料晶粒的原理与方法 [J]. 热处理，2006，21（1）：1-9，14.

[4] 李玉山,崔征,殷军,等.7 种马尾藻属海藻碘及微量元素的含量测定 [J]. 中国海洋药物，1996.15（4）：35-37.

[5] 杨钊,范莹,迟少云,等.7 种藻类中总砷和无机砷含量的测定 [J]. 中国海洋药物 [J]，2007，26（2）：43-46.

[6] 王晓晴,王榆元,秦珠,等.8 种海藻中 7 种金属元素含量的测定 [J]. 光谱实验室，2011，8（4）：1759-1762.

[7] 朱亚尔,李俊,李士敏. 不同产地的几种海藻中砷的形态和含量分析 [J]. 环境化学，2005，24（4）：478-480.

[8] 陶平,贺凤伟,大连沿海 13 种速生海藻无机营养元素的分析 [J]. 本溪冶金高等专科学校学报，2001，3（3）：7-10.

[9] 林建云,林涛,林丽萍,等. 福建近海几种海藻的营养成分与饲用安全评价分析 [J]. 福建农业学报，2011，26（6）：997-1002.

[10] 赵艳芳,宁劲松,翟毓秀,等. 镉在海藻中的化学形态 [J]. 水产学报，2011，35（3）：405-409.

[11] 刘天红,王联珠. 海藻食品中影响无机砷检测因素的研究 [J]. 食品研究与开发，2008，29（4）：145-147.

[12] 侯小琳,柴之芳,钱琴芳,等. 海藻中碘的化学种态研究 I[J]. 海洋学报，1999，21（1）：48-54.

[13] 范晓,孙飚. 海藻中砷的化学形态及代谢机制 [J]. 海洋科学，1997（3）：30-33.

[14] 吴成业,王奇欣,刘智禹,等. 海藻中无机砷超标问题研究 [J]. 水产学报，2008，32（4）：644-650.

[15] 陈财珍. 海藻中无机砷检测方法的研究进展 [J]. 福建水产，2007（3）：62-64

[16] 吴成业,曹爱英,陈财珍,等. 海藻中无机砷两种检测方法适用性的探讨 [J]. 大连

水产学院学报，2009，24（2）：146-150.

[17] 韩丽君,范晓. 海藻中有机碘的研究 I. 海藻中有机碘含量测定 [J]. 水生生物学报，1999，23（5）：489-493.

[18] 白研,叶子明,林泽庆,等. 海藻中总砷及无机砷含量的测定 [J]. 食品科学，2009，30（24）：344-346.

[19] 阮积惠. 海藻主要药用成分的研究和展望 [J]. 东海海洋，2001，19（2）：1-9.

[20] 吴进锋,张汉华,梁超愉,等. 红海湾海藻资源的研究 [J]. 湛江海洋大学学报，2002，22（1）：30-33.

[21] 黄新苹,朱校斌,刘建国,等. 几种海藻富集 N,P 净化水质的研究 [J]. 海洋科学，2004，28（12）：39-42.

[22] 张桂和. 几种热带海藻营养成分的分析 [J]. 海南大学学报：自然科学版，2002，20（4）：324-327.

[23] 罗先群,王新广,杨振斌. 马尾藻的营养成分测定及多糖的提取 [J]. 化学与生物工程，2007，24（4）：64-66.

[24] 沈显生,康士秀,巨新,等. 青岛 3 种海藻元素变迁的同步辐射 X 射线荧光研究 [J]. 武汉植物学研究，2002，20（1）：33-37.

[25] 郭莹莹,尚德荣,赵艳芳,等. 青岛海藻产业发展的现状及思路 [J]. 中国渔业经济，2011，29（5）：80-85.

[26] 康士秀,沈显生,黄宇营,等. 青岛海藻重元素富集特性的 SR-XRF [J]. 北京同步辐射装置年报，2001：79-83.

[27] 刘波,裴明远. 日本藻类生物燃料的研究进展 [J]. 化学工程师，2012（7）：45-47.

[28] 韦昌金,徐浩,刘霁欣,等. 原子荧光形态分析仪测量海藻中无机砷 [J]. 农业质量标准，2007（S1）：43-47.

[29] 赵素芬,孙会强,梁钧志,等. 湛江海域 6 种常见经济海藻的营养成分分析 [J]. 广东海洋大学学报，2009，29（1）：49-53.

[30] 姚勇,孟庆勇,揭新明. 中国南海 22 种海藻微量元素分析 [J]. 微量元素与健康研究，2009，26（3）：47-49.

[31] 张水浸. 中国沿海海藻的种类与分布 [J]. 生物多样性，1996，4（3）：139-144.

[32] 范晓,韩丽君,周天成,等. 中国沿海经济海藻化学成分的测定 [J]. 海洋与湖沼，1995，26（2）：199-207.

[33] 吴成业,钱卓真,吴抒怀,等. 紫菜中无机砷含量的分析研究 [J]. 福建水产，2010（1）：29-32.

[34] 山本俊夫. 海藻の化学的研究（その 6）海藻中のカルシウム,マグネシウム,ソニの含有量について [J]. 日本化学会誌，1960，81（13）：381-384.

[35] 山本俊夫. 海藻中の鐵含有量について [J]. 日本化学会誌，1960，81（13）：384-388.

[36] 山本俊夫. 海藻の化学的研究（その 8）海藻中のクロムの定量分析 [J]. 日本化学

會誌，1960，81（13）：388-391.

[37] 石橋雅義,山本俊夫. 海洋に関する化学的研究（第 74 報）,海藻の化学的研究（その 3）海藻中の灰分、ナトリウム,力リウムの定量分析 [J]. 日本工業化学雑誌，1958，19（10）1179-1183.

[38] 石橋雅義,藤永太一郎,山本俊夫,等. 海藻中の亜鉛含有量 [J]. 日本化学會誌，1965，86（7）：728-733.

[40] 森井ふじ. 海藻の化学的研究（その 13）海藻中のアルミニウム含有量 [J]. 日本化学會誌，1961，82（11）：1510-1511.

[41] 森井ふじ. 海藻の化学的研究（その 14）海藻中のアルミニウムおよび鐵の含有量 [J]. 日本化学會誌，1962，83（1）：77-81.

[42] 铃木梅太郎,佐桥佳一. 食物滋养品及调味品 [M]. 舒贻上,译,上海：商务印书馆，1952：158-160.

[43] 三宅太雄. 天然および人工放射同位體ならびに安定同位體を中心とする海洋化学的研究 [J]. 日本海水学會誌，1967，23（3）：148-155.

[44] AGADI V V, BHOSLE N B, UNTAWALE A G. Metal Concentration in Some Seaweeds of Goa（India）[J]. Botanica Marina, 1978, 21（4）: 237-250.

[45] ANDREAE M O. Distribution and speciation of arsenic in natural waters and some marine algae [J]. Deep Sea Research, 1978, 25（4）：391-402.

[46] ANGINO E E, SIMEK J E, DAVIS J A. Fixing of fallout material by floating marine organisms, *Sargasum fluitans* and *S. natans* [J]. Inst Mar Sci, 1965, 10: 173-178.

[47] DER MASDEEROSLAN A, ULLUCCI P, HWANG J. Mercury in marine algae[C]// Food-Drugs from the sea. Washinton DC: Marine Technology Society, 1973: 53-60.

[48] ISHIBASHI M, YAMAMOTO T, MORII F. Chemical studies on Seaweeds（Ⅱ）：Copper content in seaweeds[R]. Record Oceanog Works Japan, 1962, 6（2）：157-162.

[49] SIVALINGAM P M. Biodeposited Trace Elements and Mineral Content Studies of Some Tropical Marine Algae[J]. Botaica Marina, 1978, 21（5）: 327-330.

[50] YOUNG E G, LANGILLE W M, The occurrence of inorganic elements in marine algae of the Atlantic provinces of Canada[J]. Can J Bot, 1958, 36: 301-310.

[51] WHYTE J N C, EIVGLAR J R. Seasonal Variation in the Inorganic constituents of the marine alga, Nereocystis luetkeana. Part Ⅱ, Non-metallic Elements[J]. Bot. Mar. 1980, 23: 19-24.

[52] MAQVIS W A, MITTAL P K, KAMAT S Y., Bromine Content in Seaweeds of Goa （Central West Coast of India）. Botanica Marina,. 1979, 22（7）：455-457.

[53] ITOK, ISHIKAWAK, TSUCHIYAY. Studies on the depressive factors in *Heterochordaria abietina* affecting the blood cholesterol level in rats Ⅲ: Quantitative determination of iodoaminno acids in marine algae and their effects of depressing the bloovd cholesterol leivel in rats [J]. Tohoku J Agr Res, 1976, 27（1）: 53-61.

[54] SHAW T I, The mechanism of iodide accumulation by the brown sea weed *Lminaria digtata* I: The uptake of [131]I [J]. Proc Roy Soc, 1959, 150:356-371.

[55] SHAW T I, The mechanism of iodide accumulation by the brown sea weed *Lminaria digtata* II: Respiration and iodide uptake [J]. Proc Roy Soc, 1960, 152:109-117.

[56] VINOGRADOV A P, The elementary chemical composition of marine organisms[C]. New Heaven: Sears Foundation Marine Research, Yale University, 1953:647.

[57] WONG K M, HODGE V F, FOLSOM T R, Plutonium and polonium inside giant brown alga[J]. Nature, 1972, 237:460-462.

第十章

我国藻类及相关制品标准

第一节　概况

当前我国正在实施的藻类及相关制品的国家及行业标准共有 34 项,其中国家标准 20 项,行业标准 14 项;食品安全国家标准 16 项,其中食品添加剂标准 5 项;相关的产品标准及相关规范有 19 项。

食品安全国家标准,也就是以前的食品卫生标准,自 2009 年《中华人民共和国食品安全法》实施以来,我国食品相关的安全监管及标准体系发生了巨大的变化,在我国境内食品生产,应遵守食品安全法的规定。表 10-1 中列出了与藻类制品产品及生产环节管理等各个方面相关的基础标准 11 项,主要是规定了食品产品中污染物、农药、毒素以及致病菌的规定;同时还将预包装食品的标签、营养标签、卫生规范、食品添加剂的使用、食品营养强化剂的使用等的规定,也作为强制性国家标准实施。

我国藻类产品中,食品添加剂的产品标准有 5 项,这些产品主要是通过海藻化学工业的生产所得到的海藻提取物,如琼脂、褐藻酸钠、褐藻酸钾、卡拉胶、藻酸丙二醇酯等产品。另外还有其他产品标准 19 项,检测方法标准 1 项,以及生产规范 1 项。

表 10-1　食品安全相关的基础标准

序　号	标准号	标准名称
1	GB 19643—2005	藻类制品卫生标准
2	GB 2762—2012	食品安全国家标准　食品中污染物限量
3	GB 2763—2014	食品安全国家标准　食品中农药最大残留限量
4	GB 2761—2011	食品安全国家标准　食品中真菌毒素限量
5	GB 29921—2013	食品安全国家标准　食品中致病菌限量
6	GB 2760—2011	食品安全国家标准　食品添加剂使用标准
7	GB 7718—2011	食品安全国家标准　预包装食品标签通则
8	GB 14880—2012	食品安全国家标准　食品营养强化剂使用标准
9	GB 14881—2013	食品安全国家标准　食品生产通用卫生规范
10	GB 28050—2011	食品安全国家标准　预包装食品营养标签通则
11	GB 29924—2013	食品安全国家标准　食品添加剂标识通则

表 10-2　食品添加剂标准目录

序　号	标准号	标准名称
1	GB 1975—2010	食品安全国家标准　食品添加剂　琼胶
2	GB 1976—2008	食品添加剂　海藻酸钠
3	GB 10616—2004	食品添加剂　藻酸丙二酯
4	GB 15044—2009	食品添加剂　卡拉胶
5	GB 29988—2013	食品安全国家标准 食品添加剂海藻酸钾（褐藻酸钾）

表 10-3　藻类制品产品标准及规范

序　号	标准号	标准名称	备　注
1	GB/T 16919—1997	食用螺旋藻粉	
2	GB 17243—1998	饲料用螺旋藻粉	
3	GB/T 23596—2009	海苔	
4	GB/T 23597—2009	干紫菜	
5	SC/T 3010—2001	海带中碘含量测定	
6	SC/T 3014—2002	紫菜加工操作规程	
7	SC/T 3201—1981	小饼紫菜质量标准	
8	SC/T 3202—2012	干海带	
9	SC/T 3211—2002	盐渍裙带菜	
10	SC/T 3212—2000	盐渍海带	
11	SC/T 3213—2002	干裙带菜叶	
12	SC/T 3217—2012	干石花菜	
13	SC/T 3301—1989	速食海带	
14	SC/T 3306—2012	即食裙带菜	
15	SC/T 3401—2006	印染用褐藻酸钠	
16	SC/T 3402—2012	褐藻酸钠印染助剂	
17	SC/T 3404—2012	岩藻多糖	
18	NY/T 1709—2011	绿色食品 藻类及其制品	

第二节　食品添加剂标准 *

一、GB 1975—2010 食品添加剂　琼脂（琼胶）

（一）前言

本标准代替 GB 1975—1980《食品添加剂　琼胶》。

本标准与 GB 1975—1980 相比主要变化如下：

——标准名称改为《食品添加剂　琼脂（琼胶）》；

——增加凝胶强度指标，并将其作为产品规格的划分依据；

——干燥失重改为水分；

---

* 本节对原有标准中的内容，按照现行规定进行适当调整。

——灼烧残渣改为灰分；

——删除吸水力指标；

——重金属指标改为 ≤ 20 mg/kg，砷项目改为 ≤ 3 mg/kg，增加铅项目 ≤ 5 mg/kg；

——将相关的检验方法列入附录中。

本标准中附录 A 和附录 B 为规范性附录。

本标准所代替标准的历次版本发布情况为：GB1975—1980。

（二）范围

本标准适用于以石花菜（*Gelidum amausii*）、紫菜（*Porphyra* sp.）、江蓠（*Gracilaria* sp.）及其他红藻类为原料，经浸出、脱水干燥等工艺加工制成的食品添加剂琼脂（琼胶）。

（三）规范性引用文件

本标准中引用的文件对于本标准的应用是必不可少的。凡是注日期的引用文件，仅所注日期的版本适用于本标准。凡是不注日期的引用文件，其最新版本（包括所有的修改单）适用于本标准。

（四）技术要求

1. 感官要求：应符合表 10-4 的规定。

表 10-4　感官要求

项　目	要　求	检验方法
色泽	类白色或淡黄色	在光线充足、无异味的环境中，将试样平摊于白瓷盘内，观察试样的形态、
气味	无异味	色泽。嗅其气味。当怀疑试样有异味时，可取少量试样置于密闭的杯中，
形态	均匀条状或粉状	用 60 ℃～70 ℃温水浸泡 3～5 min 后，揭开盖，揭开盖的同时立刻嗅闻杯口处上方区域。

2. 理化指标：应符合表 10-5 的要求。

表 10-5　理化指标

项　目		指　标	检验方法
水分，$w/\%$	≤	22	GB 5009.3[a]
灰分，$w/\%$	≤	5	5GB 5009.4[b]
淀粉试验		通过试验	附录 A 中 3
水不溶物，$w/\%$	≤	1	附录 A 中 4
重金属（以 Pb 计）/(mg/kg)	≤	20	GB/T 5009.74
铅（Pb）/(mg/kg)	≤	5	GB/T 5009.75
砷（As）/(mg/kg)	≤	3	GB/T 5009.76

[a] 试样量为 1 g～2 g。

[b] 试样量为 1 g。

3. 产品规格

本产品规格按凝胶强度不同划分，分为低强度、中强度、高强度、超高强度，应符合表 10-6 的规定。

表10-6 产品规格		单位为克每平方厘米
规 格	凝胶强度（1.5%溶液，20℃）	检验方法
低强度	150～400	
中强度	401～800	附录A中5
高强度	801～1 200	
超高强度	＞1 200	

（五）附录A（规范性附录）检验方法

1. 一般规定

本方法所用试剂均为分析纯。

2. 鉴别试验

（1）试剂和材料。

水：符合GB/T 6682—2008中二级水的规定；

碘溶液：0.01 mol/L，0.05 mol/L。

（2）分析步骤。

① 取试样1 g，加水65 mL，煮沸10 min，不断搅拌，用热水补足水分，放冷至32℃～39℃即凝结成半透明有弹性的凝胶状物，再加热至85℃开始熔化。

② 取适量条状试样的碎片，浸入0.01 mol/L碘溶液中数分钟，染成棕黑色，取出后加水浸泡后渐变紫色。

3. 淀粉试验

取0.5 g试样，加水100 mL，煮沸溶解后放冷，加2滴0.05 mol/L碘溶液，不得显蓝色。

4. 水不溶物的测定

（1）原理。

琼脂水溶液通过砂芯坩埚减压抽滤，将残留物洗净后干燥至恒重，以质量分数表示。

（2）仪器和设备。

真空泵；砂芯坩埚：滤板孔径30～50 μm；电热干燥箱：105℃±2℃。

（3）分析步骤。

称取试样约1.5 g（称准至0.001 g）于500 mL烧杯中，加水至200 mL，盖上表面皿，加热煮沸溶解（加热时注意搅动）。趁热用已干燥恒重（前后两次质量之差不大于0.001 g为恒重，冷却操作时需严格保持冷却时间的统一）的砂芯坩埚减压过滤，并用热水充分洗涤烧杯和砂芯坩埚，然后将砂芯坩埚于105℃±2℃电热干燥箱内烘至恒重（前后两次质量之差不大于0.001 g为恒重）。

（4）结果计算。

水不溶物计算公式：

$$X_1 = \frac{m_2 - m_0}{m_1} \times 100\%$$

式中，X_1——试样中水不溶物含量，单位为百分比（%）；

$\quad\quad m_1$——试样质量，单位为克（g）；

$\quad\quad m_2$——砂芯坩埚与水不溶物烘至恒重的质量，单位为克（g）；

$\quad\quad m_0$——砂芯坩埚质量，单位为克（g）。

5. 凝胶强度的测定

（1）原理。

将试样制成一定浓度和体积的凝胶，用凝胶强度仪测定凝胶在 15 s～20 s 内的抗破砝码重量，根据温度换算系数，计算样品凝胶强度。

（2）仪器和设备。

凝胶强度测定仪：测量范围 100～1 500 g/cm²。

（3）1.5% 琼脂（干基计）凝胶试样制备。

根据样品的水分，按下式计算称取试样量 X，单位为克（g）。

$$X = \frac{1.5}{1 - D}$$

式中，X——称取试样质量，单位为克（g）；

$\quad\quad D$——试样水分的质量分数，单位为百分数（%）。

称取计算所得试样量，并精确至 0.001 g，置于 500 mL 锥形瓶中，加入 100 mL 水，浸泡 1 h 后，连接回流装置，加热，使溶液保持微沸状态，直到样品完全溶解，取下烧瓶，将溶液均分倒入 2 只 100 mL 烧杯中，冷却，待凝胶形成后，盖上表面皿，在室温下放置 15 h 后，待测。

（4）分析步骤。

将上述制备好的试样放在凝胶强度测定仪的试样座中心位置上，按凝胶强度测定仪说明书进行操作，移动手柄使砝码添加装置杆下端与凝胶表面接触，加大力度使凝胶的表面发生破裂（端点进入凝胶约 4 mm 以上），记录此时凝胶强度值，同时，测量凝胶的温度。

（5）结果计算。

试样的凝胶强度（P），单位为克每平方厘米（g/cm²），按下面公式计算：

$$P = G \times f$$

式中，P——试样的凝胶强度（1.5% 溶液，20 ℃），单位为克每平方厘米（g/cm²）；

$\quad\quad G$——测定的凝胶强度值，单位为克每平方厘米（g/cm²）；

$\quad\quad f$——从表 9-7 查得的温度校正系数。

（六）附录 B（规范性附录）凝胶强度与温度校正关系

凝胶强度与温度校正关系见表 10-7。

表 10-7 凝胶强度与温度校正关系

温度/℃	校正系数	温度/℃	校正系数
10	0.74	21	1.03
11	0.76	22	1.06
12	0.79	23	1.09
13	0.81	24	1.13
14	0.84	25	1.16
15	0.86	26	1.20
16	0.89	27	1.23
17	0.91	28	1.27
18	0.94	29	1.31
19	0.97	30	1.35
20	1.00		

二、GB 1976—2008 食品添加剂　褐藻酸钠

(一)前言

本标准的第 3 章为强制性,其余为推荐性的。

本标准代替 GB 1976—1980《食品添加剂　海藻酸钠》。

本标准与 GB 1976—1980 相比,主要修改如下:

——将原标准名称"海藻酸钠"改为"褐藻酸钠",与现有产品名称相统一;

——将"黏度"调整为产品规格;

——将原标准中的"透明度"改为"透光率";

——"水不溶物"指标从原来的 3.0% 修改为 0.6%;

——将"硫酸灰分"指标改为"灰分",指标改为 18%～27%;

——去除重金属指标;

——将相关的检验方法列入附录 A 中。

本标准的附录 A、附录 B、附录 C、附录 D、附录 E、附录 F 为规范性附录。

本标准由中华人民共和国农业部提出。

本标准由全国食品添加剂标准化技术委员会归口。

本标准起草单位:中国水产科学研究院黄海水产研究所。

本标准主要起草人:王联珠、李晓川、翟毓秀、冷凯良、陈远惠、路世勇、刘天红。

本标准所代替标准的历次版本发布情况为:

——GB 1976—1980。

(二)范围

本标准规定了食品添加剂褐藻酸钠(海藻酸钠)的要求、试验方法、检验规则和标志、包装、运输和贮存。

本标准适用于从海带(*Laminaria* sp.)、马尾藻(*Sargassum* sp.)、巨藻(*Macrocystis* sp.)、泡叶藻(*Ascophyllum* sp.)等褐藻类植物中,经提取加工制成的、用作食品添加剂的褐藻酸钠(海藻酸钠)。

（三）规范性引用文件

下列文件中的条款通过本标准的引用而成为本标准的条款。凡是注日期的引用文件，其随后所有的修改单（不包括勘误的内容）或修订版均不适用于本标准，然而，鼓励根据本标准达成协议的各方研究是否可使用这些文件的最新版本。凡是不注日期的引用文件，其最新版本适用于本标准。

GB/T 5009.75　食品添加剂中铅的测定

GB/T 5009.76　食品添加剂中砷的测定

GB/T 6682　分析实验室用水规格和试验方法（GB/T 6682—2008, ISO 3696：1987, MOD）。

（四）要求

1. 产品规格

产品规格见表 10-8。

表 10-8　产品规格

规　格	低黏度	中黏度	高黏度
黏度/mPa·s	＜150	150～400	＞400

2. 理化指标

理化指标的规定见表 10-9。

表 10-9　理化指标

项　目	指　标
色泽及性状	乳白色至浅黄色或浅黄褐色粉状或粒状
pH	6.0～8.0
水分/%	≤15.0
灰分（以干基计）/%	18～27
水不溶物/%	≤0.6
透光率/%	符合规定
铅（Pb）/（mg/kg）	≤4
砷（As）/（mg/kg）	≤2

（五）试验方法

1. 色泽

将样品平摊于白瓷盘内，于光线充足、无异味的环境中用目视测定。

2. 黏度

按附录 A 的规定执行。

3. pH

按附录 B 的规定执行。

4. 水分

按附录 C 的规定执行。

5. 灰分

按附录 D 的规定执行。

6. 水不溶物

按附录 E 的规定执行。

7. 透光率

按附录 F 的规定执行。

8. 铅

按 GB/T 5009.75 中的规定执行,样品采用湿法消解。

9. 砷

按 GB/T 5009.76 中的规定执行,样品采用湿法消解。

（六）检验规则

1. 抽样

（1）批的组成。

以混合罐的一次混合量为一批。

（2）抽样方法。

① 每批按垛的上、中、下三层不同位置抽取,批量不超过 1t 时,至少抽取 6 件;批量超过 1 t 时,至少抽取 10 件。

② 取样时每袋抽取的量不少于 200 g,沿堆积立面以"X"形或"W"形对各袋抽取;产品未堆垛时应在各部位随机抽取。

③ 由各袋取出的样品应充分混匀后,按四分法将样品缩分至样品量至少 500 g。

④ 将样品封存于磨口瓶或塑料袋中,封好,贴好标签,并应填写取样单。

⑤ 取样单内容包括:样品名称、抽样时间、地点、产品批号、抽样数量、抽样基数（或批量）、抽样人签字等,必要时应注明抽样地点的环境条件及仓储情况等内容。

2. 检验分类

产品检验分为出厂检验与型式检验。

（1）出厂检验。

每批产品必须进行出厂检验,出厂检验由生产单位质量检验部门执行,检验项目应包括黏度、色泽、pH、水不溶物、透光率等;检验合格签发检验合格证,产品凭检验合格证入库或出厂。

（2）型式检验。

型式检验的项目为本标准中规定的全部项目。有下列情况之一时,应进行型式检验。

① 新产品投产时。

② 长期停产,恢复生产时。

③ 原料变化或改变主要生产工艺,可能影响产品质量时。

④ 国家质量监督机构提出进行型式检验要求时。

⑤ 出厂检验与上次型式检验有大差异时。

⑥ 正常生产时，每6个月至少进行一次周期性检验。

3. 判定规则

（1）所检项目的检验结果均应符合标准要求。

（2）检验结果中的安全性指标有一项及一项以上指标不符合标准规定时，则判本批产品不合格。

（3）检验结果中的其他指标若有一项指标不符合标准规定时，允许加倍抽样将此项目复验一次，按复验结果判定本批产品是否合格。

（七）标志、包装、运输和贮存

1. 标志

包装上应有牢固、清晰的标志，内容包括："食品添加剂"字样、产品名称、商标、生产厂名和地址、生产日期和批号、产品标准号、保质期等。

2. 包装

产品内衬包装材料应符合我国食品卫生标准规定，外包装应完整、清洁、密封、牢固，适合长途运输。

3. 运输

运输工具应清洁、卫生、防雨，运输中应防止日晒、雨淋及受热、受潮，不得与有毒有害物质混放。

4. 贮存

应存放干净、干燥、防晒的库房中，要避免雨淋及日晒，防止受热、受潮，不得与有毒有害物质混放。

（八）规范性附录

1. 附录A——褐藻酸钠黏度的测定

（1）原理。

黏度计的转子在褐藻酸钠溶液中转动时，受到黏滞阻力，使与指针连接的游丝产生扭矩，与黏滞阻力抗衡，最后达到了平衡时，通过刻度圆盘指示读数，该读数再乘上特定系数即得其黏度。

（2）仪器。

旋转黏度计。

（3）测定步骤。

① 配制1%褐藻酸钠水溶液500～600 mL：称取5.0～6.0 g样品，加入预先量好的蒸馏水中，需先按样品量计算出所需蒸馏水的量，溶解试样时，应先打开电动搅拌机，在搅拌状态下慢慢加入试样，搅拌，直至呈均匀的溶液，放置至气泡脱尽备用。

② 先调整溶液温度为20 ℃ ±0.5 ℃，再按黏度计操作规程进行测定，启动黏度计开关以后，旋转约0.5 min，待转盘上指针稳定后读数。

（4）结果计算。

数字式黏度计可直接读数，指针式黏度计按下面公式计算黏度：

$$A = S \cdot \kappa$$

式中, A——黏度, 毫帕秒(mPa·s);

　　S——旋转黏度计指针指示读数;

　　κ——测定时选用的相应的转子与转速的系数。

(5)重复性。

取两个平行样的算术平均值为结果,允许相对偏差为3%。

2. 附录B——褐藻酸钠pH的测定

(1)原理。

不同酸度的褐藻酸钠水溶液对酸度计的玻璃电极和甘汞电极产生不同的直流电动势,通过放大器指示其pH。

(2)仪器。

酸度计:精度为0.01pH单位。

(3)试剂。

实验用水应符合GB/T 6682中三级水的要求。

(4)测定步骤。

配制1%的褐藻酸钠水溶液:称取试样1 g(称准至0.01 g),加蒸馏水99 mL,搅拌溶解成均匀溶液,此溶液浓度为1%。

(5)pH的测定。

按酸度计使用规定,先将酸度计校正,再用容量100 mL的烧杯盛取1%褐藻酸钠溶液50 mL,将电极浸入溶液中,然后启动酸度计,测定试液pH。测时注意晃动溶液,待指针或显示值稳定后读数。

(6)结果计算。

每个试样取两个平行样进行测定,取其算术平均值为结果。

(7)重复性。

两个平行样结果绝对偏差不得超过0.10,否则重新配制溶液、测定。

3. 附录C——褐藻酸钠中水分的测定

(1)原理。

试样在105 ℃±2 ℃,常压条件下干燥,直至恒重,逸失的质量为水分。

(2)仪器。

扁形铝制或玻璃制衡量瓶:内径60～70 mm,高35 mm以下;电热恒温干燥箱。

(3)测定步骤。

① 恒重法。

称量瓶的恒重:用洁净的玻璃或铝制扁形称量瓶,置于105 ℃±2 ℃烘箱中,瓶盖斜支在瓶边,烘1～1.5 h,盖好瓶盖,取出,置于干燥器内冷却30 min后称重(准至0.000 1 g)。再烘30 min,同样冷却称重,直至前后两次质量之差不大于0.000 5 g为恒重。

测定:用已恒重的称重瓶称取试样2～3 g(称准至0.000 1 g)。将瓶盖斜支于瓶边,在105 ℃±2 ℃烘箱中烘4 h,盖好瓶盖取出,在干燥器中冷却30 min,称重。再同样烘

1 h,冷却称重,直至前后两次质量之差不大于 0.002 g 为恒重。

② 快速法。

称量瓶的恒重:同上。

测定:

用已恒重的称量瓶称取试样 2～3 g(称准至 0.000 5 g),将盖斜支于瓶边,在 105 ℃ ±2 ℃烘箱中烘 5 h,盖好盖取出,在干燥器中冷却 30 min,称重。

(4)结果计算。

水分按下式计算:

$$X_1 = \frac{m_1 - m_2}{m_1 - m_0} \times 100\%$$

式中,X_1——试样中水分含量,%;

m_1——在 105±2 ℃烘干前试样及称量瓶质量,单位为克(g);

m_2——在 105±2 ℃烘干后试样及称量瓶质量,单位为克(g);

m_0——恒重的称量瓶质量,单位为克(g)。

(5)重复性。

每个试样,应取两个平行样进行测定,以其算术平均值为结果。两个平行样结果相差不得超过 0.4%,否则重新测定。

4. 附录 D——褐藻酸钠灰分的测定

(1)原理。

褐藻酸钠在 600 ℃ ±25 ℃灼烧完全后残留的无机物质为灰分。

(2)测定步骤。

坩埚的恒重:取洁净的瓷坩埚放入高温炉,在 600 ℃ ±25 ℃温度下灼烧 30 min,取出,在空气中冷却 1 min,再放入干燥器中冷却 30 min 后,称重;重复灼烧 30 min,以相关的方式冷却称重,直至前后两次质量之差不大于 0.000 5 g。

测定:

① 在已恒重的坩埚中称取约 2 g 试样(称准 0.000 2 g),在电炉上小心碳化,碳化时应逐渐加热,以防试样溅出或溢出。待样品不冒烟时,将其移入高温炉,于 600 ℃ ±25 ℃的温度下灼烧 4 h,取出,在空气中冷却 1 min 后,放入干燥器冷却 30 min,称重;再重复灼烧 1 h,同样冷却,称重,直至前后两次质量之差不大于 0.002 g 为恒重。

② 若灼烧 4 h 后仍为黑色颗粒或黑灰色,则将坩埚取出冷却后滴入几滴 30%过氧化氢(H_2O_2)溶液(以刚润湿为好,不宜多加),放入 100 ℃以下烘箱中烘干,再将坩埚移入上述高温炉中灼烧。按上述同样方法恒重,冷却,称重。

(3)结果计算。

灰分按下式计算

$$X_2 = \frac{m_5 - m_3}{m_4 - m_3} \times 100\%$$

式中,X_2——试样中灰分含量,%;

m_5——灰化后坩埚与试样质量,单位为克(g);

m_3——空坩埚质量,单位为克(g);

m_4——灰化前坩埚与试样质量,单位为克(g)。

以干基计的灰分按下式计算:

$$X_2' = X_2 \times (1 - X_1)$$

式中,X_2'——试样干基中灰分含量,%;

X_2——试样中灰分含量,%;

X_1——试样中水分含量,%。

(4)重复性。

每个试样应取两个平行样进行测定,以其算术平均值为结果。两平行样允许相对偏差为2%,否则重新测定。

5. 附录E——褐藻酸钠中水不溶物的测定

(1)原理。

褐藻酸钠水溶液通过砂芯坩埚减压抽滤,将残留物洗净后干燥至恒重,以质量百分率表示。

(2)仪器设备。

真空泵;砂芯坩埚:型号P40或G3,滤板孔径30~50 μm。

(3)测定步骤。

称取试样约0.5 g(称准至0.000 2 g)于500 mL烧杯中,加蒸馏水至200 mL,盖上表面皿,加热煮沸,保持微沸1 h(加热时注意搅动)。趁热用已干燥恒重(前后两次质量之差不大于0.000 2 g为恒重,冷却操作时需严格保持冷却时间的统一)的砂芯坩埚减压过滤,并用热蒸馏水充分洗涤烧杯和砂芯坩埚,然后将砂芯坩埚于105 ℃±2 ℃烘箱内烘至恒重(前后两次质量之差不大于0.000 3 g为恒重)。

(4)结果计算。

水不溶物按下式计算:

$$X_3 = \frac{m_7 - m_8}{m_6} \times 100\%$$

式中,X_3——试样中水不溶物含量,%;

m_7——砂芯坩埚与水不溶物质量,单位为克(g);

m_8——砂芯坩埚质量,单位为克(g);

m_6——试样质量,单位为克(g)。

(5)重复性。

每个试样应取两个平行样进行测定,以其算术平均值为结果。两个平行样结果绝对偏差不得超过0.10,否则重新测定。

6. 附录F——褐藻酸钠中透光率的测定

(1)原理。

光源的光束通过褐藻酸钠溶液所产生的透射光,通过光电转换,透光率以数字形式显示。

（2）仪器。

数字式褐藻酸钠透明度仪。

（3）操作步骤。

取 1% 褐藻酸钠水溶液（以湿基计），按仪器操作规定，先调零点，并以蒸馏水调满度为 10.0 后，再进行试液测定。

（4）结果计算。

透光率按下式计算。

$$X_4 = \frac{T}{10} \times 100\%$$

式中，X_4——试样的透光率，%；

T——表盘读数；

10——蒸馏水的透光率。

（5）重复性。

每个试样应取两个平行样进行测定，以其算术平均值为结果。

两个平行样结果相对偏差不得超过 2%，否则重新配制溶液，重新测定。

三、GB 10616—2004　食品添加剂　藻酸丙二酯

（一）前言

本标准的全部技术内容为强制性。

本标准修改采用日本食品添加物公定书第七版（1999）《藻酸丙二醇酯》（日文版）。

本标准根据日本食品添加物公定书第七版（1999）重新起草。

考虑到我国国情，在采用日本食品添加物公定书第七版（1999）时，本标准做了一些修改。本标准和日本标准主要差异如下：

——要求中"性状"改为"外观"，去掉"几乎没有气味"的描述；

——要求中增加了铅（Pb）含量项目。这是根据我国对食品添加剂中有害杂质应该进行监控的要求；

——要求中修改了酯化度、不溶性灰分和砷（As）含量指标。这样有利于产品质量的提高；

——试验方法中增加安全提示，这是为了提醒操作者注意操作安全；

——酯化度的测定中增加了空白试验的描述，这样对分析步骤的描述更清晰；

——重金属含量的测定用硫化氢作显色剂代替日本标准的硫化钠作显色剂。

本标准代替 GB 10616—1989《食品添加剂　藻酸丙二醇脂》。

本标准与 GB 10616—1989 相比主要变化如下：

——要求中酯化度指标由 ≥ 75.0% 改为 ≥ 80.0%；不溶性灰分由 ≤ 1.5% 改为 ≤ 1.0%；铅（Pb）含量由 ≤ 0.001% 改为 ≤ 0.000 5%；

——将保存期为 9 个月改为保质期为两年。

本标准由中国石油和化学工业协会提出。

本标准由全国化学标准化技术委员会有机分会（CSBTS/TC 63/SC 2）和中国疾病预防控制中心营养与食品安全所归口。

本标准起草单位：青岛海洋化工有限公司。

本标准主要起草人：张崇岷、陈观元、胡熙美。

本标准于1989年3月首次发布。

（二）范围

本标准规定了食品添加剂藻酸丙二醇酯的要求、试验方法、检验规则以及标志、包装、运输和贮存。

本标准适用于以食品添加剂海藻酸为基本原料，经酯化反应制得的食品添加剂藻酸丙二醇酯。该产品主要用做乳制品、调味品、酸性饮料及酒类的增稠剂、乳化剂和泡沫稳定剂。

分子式：$(C_9H_{14}O_7)_n$。

（三）规范性引用文件

下列文件中的条款通过本标准的引用而成为本标准的条款。凡是注日期的引用文件，其随后所有的修改单（不包括勘误的内容）或修订版本不适应子本标准，然而，鼓励根据本标准达成协议的各方研究是否可使用这些文件的最新版本。凡是不注明日期的引用文件，其最新版本适用于本标准。

GB/T 191　包装储运图示标志（GB/T 191—2000 eqv ISO 780：1997）

GB/T 601　化学试剂　标准滴定溶液

GB/T 602　化学试剂　杂质测定用标准溶液的制备

GB/T 603　化学试剂　试验方法中所用制剂及制品的制备

GB/T 6678　化工产品采样总则

GB/T 6682—1992　分析实验室用水规格及试验方法（neq ISO 3696：1987）

GB/T 8449　食品添加剂中铅的测定方法

GB/T 8450　食品添加剂中砷的测定方法

GB/T 8947　复合塑料编织袋

（四）要求

（1）外观：白色或淡黄色粉末。

（2）食品添加剂藻酸丙二醇酯应符合表10-10所示的技术要求。

表10-10　技术要求

项　目		指　标
酯化度的质量分数/%	≥	80.0
不溶性灰分的质量分数/%	≤	1.0
加热减量的质量分数/%	≤	20.0
砷（As）的质量分数/%	≤	0.000 2
重金属（以Pb计）的质量分数/%	≤	0.002
铅（Pb）的质量分数/%	≤	0.000 5

（五）试验方法

1. 安全提示

分析中使用的部分试剂具有毒性或腐蚀性，操作时应小心谨慎。溅到皮肤上应立即用水冲洗，严重者应立即治疗。

2. 一般规定

除非另有说明，在分析中仅使用确认为分析纯的试剂和 GB/T 6682—1992 中规定的三级水。

分析中所用的标准滴定溶液、杂质标准溶液制剂及制品，在没有注明其他要求时，均按 GB/T 601、GB/T 602、GB/T 603 之规定制备。

3. 鉴别试验

（1）试剂。

乙酸铅溶液：100 g/L；

氢氧化钠溶液：100 g/L；

硫酸溶液：1 → 20。

（2）试验溶液的制备。

称取约 1 g 实验室样品，加 100 mL 水搅拌溶解，使成糊状液体作为试验溶液 A。

（3）鉴别方法。

① 取 5 mL 试验溶液 A，加 5 mL 乙酸铅溶液，应立即凝固成果冻状。

② 取 10 mL 试验溶液 A，加 1 mL 氢氧化钠溶液，在水浴上加热 5～6 min，冷却后加 1 mL 硫酸溶液立即凝固成果冻状。

③ 取 1 mL 试验溶液 A，加 4 mL 水，激烈振摇则持续产生泡沫。

4. 酯化度的测定

（1）方法提要。

酯化度的质量分数用 100.0 减去游离藻酸含量的质量分数、藻酸钠含量的质量分数及不溶性灰分的质量分数而求得。

（2）结果计算。

酯化度的质量分数 w_1，数值以％表示，按式下式计算：

$$w_1 = 100.0 - (w_2 + w_3 + w_4)$$

式中，w_2——游离藻酸含量的质量分数，％；

w_3——藻酸钠含量的质量分数，％；

w_4——不溶性灰分的质量分数，％。

（3）游离藻酸含量的测定。

① 试剂。

氢氧化钠标准滴定溶液：$c(NaOH) = 0.02 \text{ mol/L}$。

酚酞指示液：10 g/L 乙醇溶液。

② 分析步骤。

称取约 0.5 g 在 105 ± 2 ℃干燥 4 h 的实验室样品，精确至 0.2 mg，加 200 mL 新煮

沸并冷却的水溶解,加 3 滴酚酞指示液,用氢氧化钠标准滴定溶液滴定至粉红色,保持 20 s 不褪色为终点。

同时进行空白试验。

③ 结果计算。

游离藻酸含量的质量分数 w_2,数值以%表示,按下式计算:

$$w_2 = \frac{[(V_1 - V_2)/1\,000]cM}{m} \times 100\%$$

式中,V_1——试验料所消耗的氢氧化钠标准滴定溶液的体积的数值,单位为毫升(mL);

V_2——空白试验所消耗的氢氧化钠标准滴定溶液的体积的数值,单位为毫升(mL);

c——氢氧化钠标准滴定溶液浓度的准确数值,单位为摩尔每升(mol/L);

m——试料的质量的数值,单位为克(g);

M——藻酸的摩尔质量的数值,单位为克每摩尔(g/mol)($M = 176$)。

取两次平行测定结果的算术平均值为测定结果,两次平行测定结果的绝对差值不大于 0.3%。

(4)藻酸钠含量的测定。

① 试剂:

硫酸标准溶液:$c = (1/2\,H_2SO_4) = 0.05$ mol/L。

氢氧化钠标准滴定溶液:$c = (NaOH) = 0.1$ mol/L。

甲基红指示液:1 g/L 乙醇溶液。

② 分析步骤:

称取约 1 g 在 105±2 ℃干燥 4 h 的实验室样品,精确至 0.2 mg,置于瓷坩埚内,在电炉上低温炭化至不冒白烟后,转入高温炉,于 300 ℃~400 ℃炭化 2 h。冷却后,连同坩埚转入烧杯中,加 50 mL 水,再加 20 mL 硫酸标准溶液,盖上表面皿在水浴上加热 1 h。冷却后用定量滤纸过滤,(滤液有颜色时,应重新称取实验室样品,进行充分的炭化,重复同样的操作),以 60 ℃~70 ℃的水冲洗烧杯、坩埚及滤纸上的残留物,直至洗涤液不使石蕊试纸变红。(保留带残留物的滤纸 B,用于不溶性灰分的测定)合并洗涤液和滤液,加入 2 滴甲基红指示液,用氢氧化钠标准滴定溶液滴定至溶液由红色变为黄色为终点。

同时进行空白试验。

③ 结果计算:

藻酸钠含量的质量分数 w_3,数值以%表示,按下式计算:

$$w_2 = \frac{[(V_0 - V_1)/1\,000]cM}{m} \times 100\%$$

式中,V_0——空白试验所消耗的氢氧化钠标准滴定溶液的体积的数值,单位为毫升(mL);

V_1——滤液和洗涤液所消耗的氢氧化钠标准滴定溶液的体积的数值,单位为毫升(mL);

c——氢氧化钠标准滴定溶液浓度的准确数值,单位为摩尔每升(mol/L);

m——试料的质量的数值,单位为克(g);

M——藻酸钠的摩尔质量的数值,单位为克每摩尔(g/mol)($M = 198.11$)。

取两次平行测定结果的算术平均值为测定结果,两次平行测定结果的绝对差值不大于0.3%。

5. 不溶性灰分的测定

(1)分析步骤:

将滤纸B置于预先于$500 \pm 50 \ ℃$灼烧至质量恒定的坩埚中,烘干后在高温炉内以$500 \pm 50 \ ℃$灼烧至质量恒定。

(2)结果计算:

不溶性灰分的质量分数w_4,数值以%表示,按下式计算:

$$w_4 = \frac{m_1 - m_0}{m} \times 100\%$$

式中,m_0——残渣和坩埚的质量的数值,单位为克(g);

m_1——坩埚的质量的数值,单位为克(g);

m——试料的质量的数值,单位为克(g)。

取两次平行测定结果的算术平均值为测定结果,两次平行测定结果的绝对差值不大于0.2%。

6. 加热减量的测定

(1)分析步骤:

称取约2 g试样,精确至0.2 mg,置于预先于$105 \pm 2 \ ℃$干燥至质量恒定的称量瓶中,于$105 \pm 2 \ ℃$干燥4 h,冷却后称量。

(2)结果计算:

加热减量的质量分数w_5,数值以%表示,按下式计算:

$$w_5 = \frac{m - m_1}{m} \times 100\%$$

式中,m——干燥前试料的质量的数值,单位为克(g);

m_1——干燥后试料的质量的数值,单位为克(g)。

取两次平行测定结果的算术平均值为测定结果,两次平行测定结果的绝对差值不大于0.5%。

7. 砷含量的测定

按 GB/T 8450 规定的"砷斑法"进行。按"湿法消解"处理样品;测定时量取10.0 mL试料消化液(相当于1.0 g样品);量取2.0 mL砷标准溶液(相当于2.0 μgAs)制备砷限量标准液。

8. 重金属含量的测定

(1)试剂。

硫酸。

硝酸。

　　乙酸溶液:1→20。

　　盐酸溶液:5→100。

　　氢氧化钠溶液:50 g/L。

　　饱和硫化氢溶液(临用时制备)。

　　铅标准溶液:每毫升相当于 10.0 μg 铅(Pb)。

　　酚酞指示液:10 g/L 乙醇溶液。

（2）分析步骤。

① 试样溶液的制备。

　　称取 2 g 试样,精确至 0.01 g,置于坩埚内,加 1.5 mL 硫酸,将试样在电炉上缓缓加热至炭化,于 450 ℃～550 ℃灼烧 1 h,冷却后再加 1 mL 硫酸,在电炉上进一步炭化,再于 450 ℃～550 ℃灼烧至炭化。冷却后,加入 5 mL 硝酸,在水浴上蒸发至干。冷却后用少量水溶解,加一滴酚酞指示液,用氢氧化钠溶液调至溶液显粉红色,再用盐酸溶液调至粉红色刚褪,过滤于 50 mL 比色管中,用水洗涤残渣数次,加 0.5 mL 乙酸溶液,加水至 50 mL,为 A 管。

② 铅比较溶液的制备。

　　取一坩埚加 2.5 mL 硫酸,5 mL 硝酸,在水浴上蒸发至干。冷却后用少量水溶解,加一滴酚酞指示液,用氢氧化钠溶液调至溶液显粉红色,再用盐酸溶液调至粉红色刚褪,定量移入 50 mL 比色管中,加入 40.0 μg 铅(Pb)标准溶液及 0.5 mL 乙酸溶液,加水至 50 mL,为 B 管。

③ 测定。

　　A、B 两管各加入 10 mL 饱和硫化氢溶液,摇匀,于暗处放置 10 min,在白色背景下观察。A 管所呈暗色不深于或相当 B 管为合格。

9. 铅含量的测定

　　警示:本章中使用的部分溶液和试剂对人体有害,应避免吸入或与皮肤接触,使用溶液或试剂的操作应在通风橱中进行。

　　按 GB/T 8449—1987 中 5.1 的规定进行。按"湿法消解"处理样品;测定时量取 10.0 mL 试料消化液(相当于 1.0 g 样品);量取 0.5 mL 铅标准溶液(相当于 5.0 μg Pb)制备铅限量标准液。

（六）检验规则

（1）本标准规定的所有项目均为出厂检验项目。

（2）每批产量不超过 2 t。

（3）从每批总包装件数的 20% 中取样,小批者亦不得少于 3 箱(桶)。取样时,打开包装分上、中、下三个部位采样,然后将全部试样仔细混匀,以四分法缩分至不少于 100 g,分装在两只带磨口塞的瓶内,瓶上粘贴标签,注明生产厂名称、采样日期、采样者姓名、产品名称、批号和取样日期。一瓶供检验用,另一瓶保存 6 个月以备查。

（4）食品添加剂藻酸丙二醇酯应由生产检验部门检验,生产厂应保证每批出厂产品均符合本标准要求。

（5）检验结果如有一项指标不符合标准要求时，应重新自两倍数量的包装单元中采样进行检验。重新检验后即使有一项指标不符合本标准要求，则整批产品不予验收。

（七）标志、包装、运输和贮存

（1）食品添加剂藻酸丙二醇酯包装袋上要有牢固清晰的标志。内容包括：生产厂名、厂址、产品名称、商标、净含量、批号或生产日期、生产许可证号、卫生许可证号及本标准编号、"食品添加剂"字样。

（2）每批出厂的食品添加剂藻酸丙二醇酯都应附有质量证明书。内容包括：生产厂名、厂址、产品名称、商标、净含量、批号或生产日期、产品符合本标准的证明和本标准编号。

（3）食品添加剂藻酸丙二醇酯内袋采用聚乙烯袋，外用纸箱或复合塑料编织袋（或铁桶）包装。每件净含量 10 kg、15 kg、20 kg 或执行协议要求。

（4）食品添加剂藻酸丙二醇酯在运输和贮存时，保持干燥、避免日晒和受潮，存放时应垫离地面足够距离。不得与有害物质混放，以防止污染。

（5）食品添加剂藻酸丙二醇酯在符合本标准包装、运输和贮存的条件下，自生产日期起保质期两年。逾期应重新检验是否符合本标准要求，合格者可继续使用。

四、GB 15044—2009 食品添加剂 卡拉胶

（一）前言

本标准的技术要求为强制性的，其余为推荐性的。

本标准与食品法典委员会（CAC）卡拉胶（英文版）[JECFA 第 68 届（2007 年）] 技术规格的一致性程度为非等效。

本标准代替 GB 15044—1994《食品添加剂 卡拉胶》。

本标准与 GB 15044—1994 相比主要变化如下：

——对黏度、干燥失重、总灰分、铅、砷等指标进行了修订；

——增加了镉、汞、沙门氏菌和大肠菌群等要求。

本标准由全国食品添加剂标准化技术委员会提出。

本标准由全国食品添加剂标准化技术委员会归口。

本标准主要起草单位：汕头市捷成食品添加剂有限公司、丹尼斯克（中国）股份有限公司、中国食品发酵工业研究院。

本标准主要起草人：李惠宜、黄林青、严苏民、柴秋儿、佘楚芬。

本标准所代替标准的历次版本发布情况为：

——GB 15044—1994。

（二）范围

本标准规定了卡拉胶的技术要求、试验方法、检验规则及标志、包装、运输、贮存、保质期。

本标准适用于以红藻（Rhodophyceae）类植物为原料，经水或碱液等提取并加工而成的 κ（Kappa）、ι（Iota）、λ（Lambda）三种基本型号卡拉胶的混合物。商品卡拉胶可含

有用于标准化目的的糖类,用于特殊胶化或稠化效果的盐类或干燥过程中带入的乳化剂。

（三）规范性引用文件

下列文件中的条款通过本标准的引用而成为本标准的条款。凡是注日期的引用文件,其随后所有的修改单(不包括勘误的内容)或修订版本均不适应子本标准,然而,鼓励根据本标准达成协议的各方研究是否可使用这些文件的最新版本。凡是不注明日期的引用文件,其最新版本适用于本标准。

GB/T 601　化学试剂　标准滴定溶液的制备

GB/T 601　化学试剂　杂质测定用标准溶液的制备（GB/T 602—2002,ISO 6353:1982,NEQ）

GB/T 601　化学试剂　试验方法中所用制剂及制品的制备（GB/T 603—2002,ISO 6353:1982,NEQ）

GB/T 4789.3　食品微生物学检验　大肠杆菌测定

GB/T 4789.4　食品微生物学检验　沙门氏菌检验

GB/T 5009.3　食品中水分的测定

GB/T 5009.4　食品中灰分的测定

GB/T 5009.11　食品中总砷及无机砷的测定

GB/T 5009.12　食品中铅的测定

GB/T 5009.15　食品中镉的测定

GB/T 5009.17　食品中总汞及无机汞的测定

GB/T 6682　分析实验室用水规格和试验方法（GB/T 6682—2008,ISO 3696:1987,MOD）

（四）技术要求

1. 感官要求

灰白色或淡黄色至棕黄色粉末,无异味。

2. 理化指标

理化指标应符合表10-11规定

表10-11　理化指标

项　目		指　标
硫酸酯(以 SO_4^{2-} 计)/%		15～40
黏度 /Pa·s	≥	0.005
干燥失重 /%	≤	12.0
总灰分 /%		15～40
酸不溶灰分 /%	≤	1
砷(As)/(mg/kg)	≤	3
铅(Pb)/(mg/kg)	≤	5
镉(Cd)/(mg/kg)	≤	2
汞(Hg)/(mg/kg)	≤	1

3. 微生物指标

应符合表 10-12 的规定

表 10-12　微生物指标

项　目		指　标
大肠杆菌 /（MPN/100 g）	≤	30
沙门氏菌		不应检出

（五）试验方法

除非另有说明,在分析中仅适用被确认为分析纯的试剂和 GB/T 6682 中规定的水。分析中所用标准滴定溶液、杂质测定用标准溶液、制剂及制品,在没有注明其他要求时,均按 GB/T 601、GB/T 602、GB/T 603 的规定制备。本标准所用溶液在未注明用何种溶剂配制时,均指水溶液。

1. 感官检验

取适量样品置于清洁、干燥的白瓷盘中,在自然光线下,观察其外观,并嗅其味。

2. 鉴别试验

（1）试剂与溶液。

乙醇溶液,体积分数为 85%。

氯化钾溶液:2.5 g/100 mL。

亚甲基蓝溶液 1 g/100 mL。

（2）分析步骤:

① 称取 4 g 样品,加 100 mL 水,加热至 80 ℃,不断搅拌至样品溶解,用水补充蒸发损失的水分,使溶液冷却至室温,变成半透明黏滞液体,并能产生凝胶状物。

② 取上述溶液 50 mL,加 200 mL 氯化钾溶液,重新加热并充分混匀,移出冷却,用玻璃棒试样品,当出现脆性胶体,说明是以 κ 型为主的卡拉胶;出现柔软（弹性）胶体,说明以 ι 型为主的卡拉胶;如果溶液不是胶体,则是以 λ 型为主的卡拉胶。

③ 取上述溶液 5 mL,加入 1 滴亚甲基蓝溶液,产生纤维状沉淀。

④ 测定按下述方法制得的样品的凝胶和非凝胶成分的红外吸收光谱。

称取 2 g 样品,加入 200 mL 氯化钾溶液,搅拌 1 h,静置过夜,再搅拌 1 h,移入离心管（如果样品扩散液太黏,不能移动,可用不超过 200 mL 氯化钾溶液稀释）,以 1 000 r/min 的速度,离心 15 min。

移去上层清液,残留物中在加入 200 mL 氯化钾溶液,搅拌,再次离心处理,将上两次上层清液和在一起,加入相当于清液体积两倍的乙醇溶液,使其凝结(注意保留沉淀物供以后使用),回收凝结胶并用 250 mL 乙醇溶液清洗。从凝结胶中压出过量的液体,在 60 ℃ 下干燥 2 h,得到样品是非凝胶成分（λ 型卡拉胶）。

把以上保留的沉淀物加到 250 mL 蒸馏水中扩散,在 90 ℃ 下加热 10 min,冷却到 60 ℃。按上述方法将混合物凝结回收,清洗并干燥,所得样品是凝胶成分（κ 型和 ι 型卡拉胶）。

将上述每种样品配置成 0.2% 的水溶液，在适宜的非黏性表面上［如聚四氟乙烯（polytetrafluoroethlene）］浇成 0.000 5 cm 厚（干燥层）的薄胶片，测定每张薄胶片的红外吸收光谱。

卡拉胶具有一切多糖具有的典型的强、宽谱段，范围是 1 000～1 100 cm⁻¹。

3. 理化检验

（1）硫酸酯。

① 试剂和溶液。

盐酸溶液：6 mol/L。

氯化钡溶液：0.1 mol/L。

② 分析步骤。

称取 0.5 g 经 105 ℃ 烘干至恒重的样品（精确至 0.000 2 g），装于具有活塞的玻璃试管中，加入 20 mL 6 mol/L 的盐酸溶液，密封后放进烘箱在 105 ℃ ±1 ℃ 水解 6 h。然后取出，用定性滤纸过滤，并用热水反复洗涤至洗出液无氯离子为止。将得到的滤液与洗出液合并煮沸，在玻璃棒不断搅拌下滴入约 10 mL 0.1 mol/L 氯化钡溶液，保持近沸状态约 2 h，沉淀，然后用定量滤纸过滤，并用热水洗涤脱氯，将沉淀连同滤纸放进已经煅烧恒重的有盖坩埚中，置于高温炉内，先在 200 ℃～300 ℃ 下炭化滤纸，然后升温至 750 ℃～800 ℃ 煅烧 40 min，待炉温降至 200 ℃ 后，取出坩埚置于干燥器内，冷却至室温，称重。

③ 结果计算：

样品中硫酸酯质量分数按下式计算：

$$X_1 = \frac{(m_1 - m_2) \times 0.411\,6}{m} \times 100\%$$

式中，X_1——样品中硫酸酯质量分数（以 SO_4^{2-} 计），%；

　　　m_1——瓷坩埚加残渣的质量，单位为克（g）；

　　　m_2——瓷坩埚的质量，单位为克（g）；

　　　0.411 6——硫酸钡折算成硫酸根（SO_4^{2-}）的系数；

　　　m——样品的质量，单位为克（g）。

④ 允许差。

实验结果以两次平行测定结果的算术平均值为准。在重复性条件下获得两次独立测定结果的绝对差值不得超过算术平均值的 5%。

（2）黏度。

① 仪器。

旋转式黏度计（Brook field 或其他同等性能黏度计）。

② 分析步骤。

称取 7.5 g 样品（精确至 0.000 2 g），置于已恒重的 600 mL 烧杯中，加入约 450 mL 去离子水，搅拌 10～20 min，使样品充分扩散。加入足量的水，使最终溶液质量达到 500 g，置水浴中加热并不断搅拌，20～30 min 后，温度升至 80 ℃，停止加热。加水调整蒸发损失,冷却至 76 ℃～77 ℃,置于 75 ℃的恒温槽中。预先将黏度计的摆锤和防护套在水中加热至 75 ℃干燥后,安装在带有真空 1 号转子(直径约为 19 mm,长度约为 65 mm)的黏度计上,以 30 r/min 的转速旋转,待标尺盘上指针保持稳定后,方可得出读数。

如果黏度值非常低,可使用 Brook field UL 超低黏度适配器或等同性能仪器来提高测量精度。

注:使用 1 号转子时,某些类型的卡拉胶样品可能会过于黏稠导致无法读数。显然此类样品符合规格要求,但如果由于其他原因需要读取数据,可使用 2 号转子,并在 0～100 或 0～500 的刻度范围内读取数据。

将刻度值与 Brook field 制造商规定的系数相乘计算出结果并记录,单位为厘泊。其他黏度计按相关说明书操作。

(3)干燥失重。

按 GB/T 5009.3 规定的方法测定(105 ℃,干燥 4 h)。

(4)总灰分。

称取 1 g 经 105 ℃烘干至恒重的样品(准确至 0.000 2 g),然后按 GB/T 5009.4 规定的方法测定。

(5)酸不溶灰分。

① 试剂与溶液。

盐酸溶液:体积分数为 10%。

② 分析步骤。

将上述得到的总灰分样品,置于 50 mL 烧杯中,缓缓加入 20 mL10%盐酸溶液,煮沸 5 min,用恒重的砂芯漏斗过滤,并用热水洗涤至无氯离子,然后置于 105 ℃±2 ℃干燥箱中烘干至恒重。

③ 结果计算。

样品的酸不溶灰分质量分数按下式计算:

$$X_2 = \frac{m_3 - m_4}{m} \times 100\%$$

式中,X_2——样品的酸不溶灰分质量分数,%;

m_3——漏斗加酸不溶灰分的质量,单位为克(g);

m_4——漏斗的质量,单位为克(g);

m——样品的质量,单位为克(g)。

④ 允许差。

试验结果以两次平行测定结果的算术平均值为准。在重复性条件下获得的两次独立测定结果的绝对差值不得超过算术平均值的 10%。

(6)砷。

按 GB/T 5009.11 规定的方法测定。

(7)铅。

按 GB/T 5009.12 规定的方法测定。

（8）镉。

按 GB/T 5009.15 规定的方法测定。

（9）汞。

按 GB/T 5009.17 规定的方法测定。

4. 微生物检验

（1）大肠菌群。

按 GB/T 4789.3 规定的方法测定。

（2）沙门氏菌。

按 GB/T 4789.4 规定的方法测定。

（六）检验规则

1. 批次的确定

由生产单位的质量检验部门按照其相应的规则确定产品的批号，经最后混合且有均一性质量的产品为一批。

2. 取样方法和取样量

在每批产品中随机抽取样品，每批按包装件数的 3% 抽取小样，每批不得少于 3 个包装，每个包装抽取样品不得少于 100 g，将抽取试样迅速混合均匀，分装入两个洁净、干燥的容器或包装袋中，注明生产厂、产品名称、批号、数量及取样日期，一份做检验，一份密封留存备查。

3. 出厂检验

（1）出厂检验项目包括硫酸酯、黏度、干燥失重、总灰分、酸不溶灰分和大肠菌群。

（2）每批产品应经生产厂检验部门按本标准规定的方法检验，并出具产品合格证后方可出厂。

4. 型式检验

本标准技术要求中规定的所有项目均为型式检验项目。型式检验每半年进行一次，或当出现下列情况之一时进行检验：

（1）原料、工艺发生较大变化时；

（2）停产后重新恢复生产时；

（3）出厂检验结果与正常生产有较大差别时；

（4）国家质量监督检验机构提出时。

5. 判定规则

对全部技术要求进行检验，检验结果中若有一项指标不符合本标准要求时，应重新双倍取样进行复检。复检结果即使有一项不符合本标准，则整批产品判为不合格。

如供需双方对产品质量发生异议时，可由双方协商选定仲裁机构，按本标准规定的检验方法进行仲裁。

（七）标志、包装、运输、贮存、保质期

1. 标志

食品添加剂应有包装标志和说明书，标志内容可包括：品名、产地、厂名、卫生许可证号、规格、生产日期、批号或代号、保质期等,并在标识上明确标示"食品添加剂"字样。

2. 包装

产品的包装应采用国家批准的、并符合相应食品包装用卫生标准的材料。

3. 运输

产品在运输的过程中不得与有毒、有害及污染物质混合载运,避免雨淋日晒等。

4. 贮存

产品应贮存在通风、清洁、干燥的地方,不得与有毒、有害及有腐蚀性等物质混存。

5. 保质期

产品自生产之日期,在符合上述储运条件、原包装完好的情况下,保质期应不少于12个月。

五、GB 29988—2013　食品添加剂　海藻酸钾(褐藻酸钾)

(一)范围

本标准适用于从海带(*Laminaria* sp.)、巨藻(*Macrocystis* sp.)、泡叶藻(*Ascophyllum* sp.)等褐藻类植物中经提取加工制成的食品添加剂海藻酸钾(褐藻酸钾)。

(二)分子式

$(C_6H_7O_6K)_n$。

(三)技术要求

1. 感官要求:应符合表10-13的规定。

表10-13　感官要求

项　目	要　求	检验方法
色泽	白色至黄色	取试样置于白瓷盘中,在自然光下,观察其色泽和状态
状态	纤维状或粒状粉末	

2. 理化指标:应符合表10-14的规定。

表10-14　理化指标

项　目		指　标	检验方法
黏度(20℃)/mPa·s		符合声称	附录A中3
干燥减量,w/%	≤	15.0	GB 5009.3直接干燥法
海藻酸钾含量(以 K_2O 计,以干基计),w/%		15.0～22.0	GB/T 17767.3[a]
pH(10 g/L溶液)		6.0～8.0	附录A中4
水不溶物,w/%	≤	0.6	附录A中5
灰分(以干基计),w/%		24～32	附录A中6
铅(Pb)/(mg/kg)	≤	4	GB 5009.12
总砷(以As计)/(mg/kg)	≤	2	GB/T 5009.11

[a] 试样取测定完干燥失重项的干燥试样;试样溶液制备采用硝酸-高氯酸消煮法

（四）附录 A——检验方法

1. 一般规定

本标准除另有规定外,所用试剂的纯度应在分析纯以上,所用标准滴定溶液、杂质测定用标准溶液、制剂及制品,应按 GB/T 601、GB/T 602、GB/T 603 的规定制备,实验用水应符合 GB/T 6682—2008 中三级水的规定。试验中所用溶液在未注明用何种溶剂配制时,均指水溶液。

2. 鉴别试验

（1）试剂和材料。

氯化钙溶液:25 g/L。

硫酸溶液:1 mol/L。

1, 3-二羟基萘乙醇溶液（10 g/L）:称取约 1 g 1, 3-二羟基萘溶于 100 mL 无水乙醇,溶解并混匀（现用现配）。

盐酸。

异丙醚。

（2）试样溶液的制备。

称取约 1 g 试样,溶于 100 mL 水中备用。

（3）鉴别。

① 可溶性试验:试样在水中缓慢溶解形成黏胶状液体,不溶于乙醇和 30% 以上的乙醇溶液,不溶于三氯甲烷和乙醚,以及 pH < 3 的酸溶液。

② 氯化钙沉淀试验:

量取 5 mL 试样溶液加入 1 mL 氯化钙溶液,应立即产生大体积凝胶状沉淀。

③ 硫酸沉淀试验:

量取 10 mL 试样加入 1 mL 硫酸溶液,应产生重质凝胶状沉淀。

④ 海藻酸盐鉴定:

量取 5 mL 试样,加入 1 mL 新制的 1, 3-二羟基萘乙醇溶液和 5 mL 盐酸摇匀。煮沸 5 min,放冷,转移至 60 mL 分液漏斗中,容器用 5 mL 水洗涤,洗液并入分液漏斗中。加入 15 mL 异丙醚,振摇提取,分取醚层,同时做空白对照,试样管的异丙醚层与对照管比较,应显深紫色。

3. 黏度的测定

（1）原理。

黏度计的转子在海藻酸钾溶液中转动时,受到黏滞阻力,使与指针连接的游丝产生扭矩,与黏滞阻力抗衡,最后达到平衡时,即可读数。

（2）仪器和设备。

旋转黏度计。

（3）测定步骤。

配制 1% 试样溶液 500～600 mL,称取 5.0～6.0 g 样品,加入预先量好的水中,需先按试样量计算出所需水的量,溶解试样时,应先打开电动搅拌机,在搅拌状态下慢慢加入试样,搅拌,直至呈均匀的溶液,放置至气泡脱尽备用。

调整溶液温度为 20 ℃ ± 0.5 ℃,再按黏度计操作规程进行测定,启动黏度计开关以后,旋转约 0.5 min,待读数稳定后,即可读数。

（4）结果计算。

① 黏度数字式黏度计,直接读数。

② 黏度指针式黏度计,按下式计算黏度：

$$A = S \cdot \kappa$$

式中,A——黏度,单位为毫帕秒（mPa·s）;

S——旋转黏度计指针指示读数,单位为毫帕秒（mPa·s）;

κ——测定时选用的相应的转子与转速的系数。

实验结果以平行测定结果的算术平均值为准。在重复性条件下获得的两次独立测定结果的绝对差值不得超过算术平均值的 3.0%。

4. pH 的测定

配制 10 g/L 的试样溶液,按 GB/T 9724 测定。

5. 水不溶物的测定

（1）原理:海藻酸钾水溶液通过砂芯坩埚减压抽滤,将残留物洗净后干燥至恒重,以质量分数表示。

（2）仪器和设备。

① 真空泵。

② 砂芯坩埚:滤板孔径 16～40 μm。

（3）测定步骤。

称取试样约 0.5 g,称准至 0.000 2 g,于 500 mL 烧杯中,加水至 200 mL,盖上表面皿,加热煮沸,保持微沸 1 h（加热时注意搅动）。趁热用已干燥恒重（前后两次质量之差不大于 0.000 2 g 为恒重,冷却操作时需严格保持冷却时间的统一）的砂芯坩埚减压过滤,并用热水充分洗涤烧杯和砂芯坩埚,然后将砂芯坩埚于 105 ℃ ± 2 ℃烘箱内烘至恒重（前后两次质量之差不大于 0.000 3 g 为恒重）。

（4）结果计算。

水不溶物 w_1 按下式计算：

$$w_1 = \frac{m_1 - m_2}{m_3} \times 100\%$$

式中,m_1——砂芯坩埚与水不溶物的质量,单位为克（g）;

m_2——砂芯坩埚的质量,单位为克（g）;

m_3——试样的质量,单位为克（g）。

实验结果以平行测定结果的算术平均值为准。在重复性条件下获得的两次独立测定结果的绝对差值不得超过算术平均值的 15%。

6. 灰分的测定

（1）原理。

海藻酸钾在 600 ℃ ± 25 ℃灼烧完全后残留的无机物质为灰分。

（2）仪器和设备。

① 高温炉。

② 电炉。

③ 干燥器（内有干燥剂）。

④ 天平：感量为 0.1 mg。

⑤ 瓷坩埚。

（3）测定。

① 坩埚的恒重。

取洁净的瓷坩埚放入高温炉，在 600 ℃ ± 25 ℃温度下灼烧 30 min，冷却至 200 ℃左右，取出，放入干燥器中冷却至室温，准确称量，并反复灼烧至恒重。

② 灼烧。

在已恒重的坩埚中称取干燥失重测定后的试样约 2 g，称准至 0.000 2 g，在电炉上小心炭化至无烟后置入高温炉，于 600 ℃ ± 25 ℃灼烧 4 h。冷却至 200 ℃以下后，取出，放入干燥器中冷却 30 min，在称量前如灼烧残渣有炭粒时，向试样中滴入几滴 30%过氧化氢（H₂O₂）溶液（以刚润湿为好，不宜多加），于电炉上小火蒸干后，再次灼烧至无炭粒即灰化完全，准确称量。重复灼烧至前后两次质量相差不超过 0.002 g 为恒重。

（4）结果计算。

试样中灰分 w_2 按下式计算：

$$w_2 = \frac{m_6 - m_4}{m_5 - m_4} \times 100\%$$

式中，m_4——空坩埚的质量，单位为克（g）；

m_5——灰化前坩埚与试样的质量，单位为克（g）；

m_6——灰化后坩埚与试样的质量，单位为克（g）。

实验结果以平行测定结果的算术平均值为准。在重复性条件下获得的两次独立测定结果的绝对差值不得超过算术平均值的 2.0%。

第三节 藻类制品产品标准及规范*

一、GB/T 16919—1997 食用螺旋藻粉

（一）前言

我国对螺旋藻工业化生产的研究始于 20 世纪 80 年代末，1993 年后开始将科技成果产业化。目前已有年产约 1 000 t 干藻粉的规模，占世界总产量的三分之一以上，其中食用螺旋藻粉约占 70%。1995 年前藻粉基本以原料形式出口日本、美国、欧洲等国家和地区。今年以来，已有企业将藻粉加工成藻片、胶囊或添加到面条、点心和饮料等食品中，在国内销售，很受消费者欢迎。为了保护广大消费者的利益，提高螺旋藻产品质量和出口创汇能

---

* 本节对原有标准中的内容，按照现行规定进行适当调整。

力,特制定本标准。

本标准由中华人民共和国科学技术委员会提出。

本标准由全国食品工业标准化技术委员会归口。

本标准由中国农村技术开发中心负责起草。

本标准参加起草单位:中国科学院水生生物研究所、广州南方螺旋藻有限公司、武汉蓝宝生物技术联营公司、中国农业科学院土壤肥料研究所。

本标准主要起草人:李定梅、於德姣、沈银武、杜代贤、艾咏平。

(二)范围

本标准规定了食用螺旋藻粉的技术要求、试验方法、检验规则和标志、包装、运输、贮存要求。

本标准适用于大规模人工培养的钝顶螺旋藻(*Spirulina platensis*)或极大螺旋藻(*Spirulina maxima*)经瞬时高温喷雾干燥制成的螺旋藻干粉。

(三)引用标准

下列标准所包含的条文,通过在本标准中引用而构成为本标准的条文,本标准出版时,所示版本均为有效。所有标准都会被修订,使用本标准的各方应探讨使用下列标准最新版本的可能性。

GB 1887—90　食品添加剂 碳酸氢钠

GB 4789.2—94　食品卫生微生物学检验　菌落总数测定

GB 4789.3—94　食品卫生微生物学检验　大肠菌群测定

GB 4789.4—94　食品卫生微生物学检验　沙门氏菌检验

GB 4789.5—94　食品卫生微生物学检验　志贺氏菌检验

GB 4789.10—94　食品卫生微生物学检验　金黄色葡萄球菌检验

GB 4789.15—94　食品卫生微生物学检验　霉菌和酵母菌计数

GB/T 5009.11—1996　食品中总砷的测定方法

GB/T 5009.12—1996　食品中铅的测定方法

GB/T 5009.15—1996　食品中镉的测定方法

GB/T 5009.17—1996　食品中总汞的测定方法

GB 7718—94　食品标签通用标准

GB 5749—85　生活饮用水卫生标准

GB/T 12291—90　水果、蔬菜汁　类胡萝卜素含量的测定

GB/T 14769—93　食品中水分的测定方法

GB/T 14770—93　食品中灰分的测定方法

GB/T 14771—93　食品中蛋白质的测定方法

(四)技术要求

1. 培养基主要原料要求

(1)水质:应符合 GB 5749 的规定。

(2)碳酸氢钠:应符合 GB 1887 的规定。

2. 感官要求

感官应符合表10-15的规定。

表10-15 感官要求

项 目	要 求
色泽	蓝绿色或深蓝绿色
滋味和气味	略带海藻鲜味,无异味
外观	均匀粉末
杂质	显微镜镜检无异物

3. 理化指标

理化指标应符合表10-16的规定。

表10-16 理化指标

项 目		指 标
细度/μm	<	180
水分/%	≤	7
蛋白质/%	≥	55
类胡萝卜素/(g/kg)	≥	2.0
灰分/%	≤	7

4. 重金属限量

重金属限量应符合表9-17的规定。

表10-17 重金属限量　　　　　　　　　　　　　　　　　　　　　　/(mg/kg)

项 目		指 标
铅	≤	2.0
砷	≤	0.5
镉	≤	0.2
汞	≤	0.05

5. 微生物学要求

微生物学指标应符合表9-18的规定。

表10-18 微生物学指标

项 目		指 标
菌落总数/(个/克)	≤	1×10^4
大肠菌群/(个/100 克)	≤	90
霉菌/(个/克)	≤	25
致病菌(沙门氏菌、金黄色葡萄球菌葡萄球菌、志贺氏菌)		不得检出

（五）试验方法

1. 感官检验

（1）滋味和气味：品尝与嗅觉检验。

（2）色泽、外观：自然光下目测。

（3）杂质：取少许试样，加 10 倍蒸馏水摇匀，取一滴于载玻片上，置于 200 倍显微镜下观察。

2. 理化检验

（1）细度。

仪器与设备：孔径 $180~\mu m \pm 10~\mu m$ 的标准筛。

操作步骤：取试样少许，置于标准筛内，反复振荡后，试样全部通过。

（2）水分按 GB/T 14769 规定的方法测定。

（3）蛋白质按 GB/T 14771 规定的方法测定。

（4）类胡萝卜素按 GB 12291 规定的方法测定。

（5）灰分按 GB 14770 规定的方法测定。

3. 重金属检验

（1）砷按 GB/T 5009.11 规定的方法测定。

（2）铅按 GB/T 5009.12 规定的方法测定。

（3）镉按 GB/T 5009.15 规定的方法测定。

（4）汞按 GB/T 5009.17 规定的方法测定。

4. 微生物学检验

（1）菌落总数按 GB 4789.2 规定的方法检验。

（2）大肠菌群按 GB 4789.3 规定的方法检验。

（3）沙门氏菌按 GB 4789.4 规定的方法检验。

（4）志贺氏菌按 GB 4789.5 规定的方法检验。

（5）金黄色葡萄球菌按 GB 4789.10 规定的方法检验。

（6）霉菌总数按 GB 4789.15 规定的方法检验。

（六）检验规则

1. 组批

在规定时间内，干燥条件相同、包装规格相同的产品为一个批次。

2. 出厂检验

（1）抽样方法及数量。

在同一批次产品中，随机从 3 个以上的包装单位中各抽取 200 g，混合均匀后，取其中的 400 g 作试样。

（2）出厂检验项目。

感官、蛋白质、水分、灰分、菌落总数和大肠菌群为每批必检项目，其他项目作不定期抽检。

（3）产品必须经企业质量检验部门按本标准的规定的方法检验合格，出具产品检验合格证后方可出厂。

3. 型式检验

（1）型式检验每一个生产周期进行一次。有下列情况之一时，亦须进行检验：

① 更换主要设备或更改主要工艺；

② 长期停产再恢复生产时；

③ 出厂检验结果与上次型式检验有较大差异时；

④ 国家质量监督机构进行抽查时。

（2）抽样方法和数量。

任一批产品中，随机从 3 个以上包装单位中各抽取 200 g，混合均匀后，取其中的 400 g 作试样。

（3）型式检验项目。

应包括（三）中 2～4 所有项目。

4. 判定规则

（1）出厂检验判定。

菌落总数、大肠菌群不符合本标准，则判为不合格品；感官要求、蛋白质、水分、灰分中有一项不符合本标准，可加倍抽样复检，仍不符合本标准时，则判为不合格品。

（2）型式检验判定。

经检验，微生物学指标中有一项不符合本标准，则判为不合格品；感官要求、理化指标和重金属限量，若有一项不符合本标准，可加倍抽样复检，仍不符合本标准时，则判为不合格品。

（七）标志、包装、运输、贮存

1. 标志

产品内外包装的标志应符合 GB 7718 的规定。

2. 包装

产品应用双层材料密封包装，内衬材料应符合食品卫生要求。

3. 贮存、运输

产品应存放于避光、干燥的专用仓库中，不得与有害、有毒物品同时贮存；运输时严格防雨、防潮、防晒。

4. 保质期

符合第 3 条的规定时，产品保质期不少于 12 个月。

二、GB/T 17243—1998 饲料用螺旋藻粉

（一）前言

我国对螺旋藻工业化生产的研究始于 20 世纪 80 年代，1993 年后开始将科技成果产业化。目前已有年产约 1 000 t 干藻粉，占世界总产量的三分之一以上，其中饲料用螺旋藻粉约占 30% 左右。1995 年以前，藻粉基本以原料形式出口日本、美国、欧洲等国家和地区。1996 年以来，已有企业将藻粉加工成对虾、河蟹、鲍鱼等珍贵水产的饲饵料在国内销售，受到水产养殖者的欢迎。

本标准由中华人民共和国科学技术委员会提出。

本标准由全国饲料工业标准化技术委员会归口。

本标准负责起草单位:中国农村技术开发中心,参加起草单位:中国科学院水生生物研究所、广州南方螺旋藻有限公司、国内贸易部武汉科研设计研究院。

本标准主要起草人:李定梅、沈银武、董文、於德姣、陈丽芬、韩德明。

（二）范围

本标准规定了饲料用螺旋藻粉的技术要求、试验方法、检验规则和标志、包装、运输、贮存要求。

本标准适用于大规模人工培养的钝顶螺旋藻（*Spirulina platensis*）或极大螺旋藻（*Spirulina maxima*）经瞬时高温喷雾干燥制成的螺旋藻粉。

（三）引用标准

下列标准所包含的条文,通过在本标准中引用而构成为本标准的条文。本标准出版时,所示版本均为有效。所有标准都会被修订,使用本标准的各方应探讨使用下列标准最新版本的可能性。

GB/T 6432—94　饲料中粗蛋白测定方法

GB/T 6435—86　饲料中水分的测定

GB/T 6438—92　饲料中粗灰分的测定

GB/T 10648—93　饲料标签

GB/T 13079—91　饲料中总砷的测定

GB/T 13080—91　饲料中铅的测定

GB/T 13081—91　饲料中汞的测定

GB/T 13082—91　饲料中镉的测定

GB/T 13091—91　饲料中沙门氏菌的测定

GB/T 13092—91　饲料中霉菌的测定

GB/T 13093—91　饲料中细菌总数的测定

GB/T 14698—93　饲料中显微镜的测定

（四）定义

本标准采用下列定义。

螺旋藻　spirulina。

属蓝藻门（Cyanophyta）,颤藻目,颤藻科,螺旋藻属。属原核生物（Prokanyota）,由于其植物体为螺旋形,因而称它为螺旋藻。它是由单细胞或多细胞组成的丝体,无鞘,圆柱形,呈疏松或紧密的有规则的螺旋状弯曲。细胞间的横隔壁常不明显,不收缢或收缢。顶端细胞圆形,外壁不增厚。目前世界上应用于生产的螺旋藻主要为钝顶螺旋藻（*Spirulina platensis*）和极大螺旋藻（*Spirulina maxima*）（图 10-1）。

（a）钝顶螺旋藻　　　　　　　　（b）极大螺旋藻

图 10-1　螺旋藻鲜藻显微镜下形态

（五）要求

1. 鉴别检查

（1）形态描述：

螺旋藻在显微镜下的形态见定义。其干粉在显微镜下为紧密相连的螺旋形或环形和单个细胞或几个细胞相连的短丝体，见图10-2。

图10-2　螺旋藻干粉显微镜下形态

（2）螺旋藻细胞不少于80%。

（3）不得检出有毒藻类（微囊藻）。

微囊藻在显微镜下的形态为细胞球形，有时略椭圆形，排列紧密，无胶被。细胞呈浅蓝色、亮蓝绿色、橄榄绿色，常有颗粒和伪空泡，见图10-3。

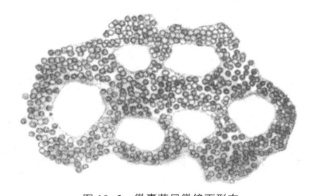

图10-3　微囊藻显微镜下形态

2. 感官要求

感官应符合表10-19的规定。

表10-19　感官要求

项　目	要　求
色泽	蓝绿色或深蓝绿色
气味	略带海藻鲜味，无异味
外观	均匀粉末
粒度，mm	0.25

3. 理化指标

理化指标应符合表 10-20 的规定。

表 10-20　理化指标　　　　　　　　　　　　　　　　　　/%（m/m）

项　　目		指　标
水分	≤	7
粗蛋白质	≥	50
粗灰分	≤	10

4. 重金属限量

重金属限量应符合表 10-21 的规定。

表 10-21　每千克产品重金属限量　　　　　　　　　　　　　/mg

项　　目		指　　标
铅	≤	6.0
砷	≤	1.0
镉	≤	0.5
汞	≤	0.1

5. 微生物学要求

微生物学指标应符合表 10-22 的规定。

表 10-22　微生物学指标

项　　目		指　　标
菌落总数/（个/克）	≤	5×10^4
大肠菌群/（个/100 克）	≤	90
霉菌/（个/克）	≤	40
致病菌(沙门氏菌)		不得检出

（六）试验方法

1. 感官检验

（1）气味：嗅觉检验。

（2）色泽、外观：自然光下目测。

（3）鉴别检查：按 GB/T 14698 规定的方法检验。

2. 理化检验

（1）水分按 GB/T 6435 规定的方法测定。

（2）粗蛋白质按 GB/T 6432 规定的方法测定。

（3）粗灰分按 GB/T 6438 规定的方法测定。

3. 重金属检验

（1）砷按 GB/T 13079 规定的方法测定，

（2）铅按 GB/T 13080 规定的方法测定。

（3）镉按 GB/T 13082 规定的方法测定。

（4）汞按 GB/T 13081 规定的方法测定。

4. 微生物学检验

（1）菌落总数按 GB/T 13093 规定的方法检验。

（2）大肠菌群按 GB/T 4789.3 规定的方法检验。

（3）沙门氏菌按 GB/T 13091 规定的方法检验。

（4）霉菌按 GB/T 13092 规定的方法检验。

（七）检验规则

1. 组批

在同一批接种、采收、干燥、包装规格相同的产品为一个批次。

2. 出厂检验

（1）抽样方法及数量。

在同一批次产品中，随机从 3 个以上的包装单位中各抽取 200 g，混合均匀后，取其中的 400 g 作试样。

（2）出厂检验项目。

感官、蛋白质、水分、灰分、菌落总数、霉菌和大肠菌群为每批必检项目，其他项目作不定期抽检。

3. 型式检验

（1）型式检验每一个生产周期进行一次。

在更换主要设备或主要工艺、长期停产再恢复生产、出厂检验结果与上次型式检验有较大差异、国家质量监督机构进行抽查时，其中任何一种情况，亦须进行型式检验。

（2）抽检方法和数量。

在同一批次产品中，随机从 3 个以上的包装单位中各抽取 200 g，混合均匀后，取其中的 400 g 作试样。

（3）型式检验项目。

应包括感官要求和理化指标中所有项目。

4. 判定规则

（1）出厂检验判定。

菌落总数、大肠菌群不符合本标准，则判为不合格品；感官要求、蛋白质、水分、灰分中有一项不符合本标准，可加倍抽样复验，仍不符合本标准时，则判为不合格品。

（2）型式检验判定。

经检验微生物学指标中有一项不符合本标准，则判为不合格品；感官要求、理化指标和重金属限量，若有一项不符合本标准，可加倍抽样复验，仍不符合本标准时，则判为不合格品。

（八）标签、包装、运输、贮存

1. 标签

产品内外包装的标签应符合 GB/T 10648 的规定。

2. 包装

产品内包装应用聚丙烯袋密封包装。外包装应用具有一定强度的包装进行包装,以免产品发生吸水和防止在有效期间内的变质现象。

3. 贮存、运输

产品应存放于避光、干燥的专用仓库中,不得与有毒、有害物品同时贮存。运输时严格防雨、防潮、防晒。

4. 保质期

符合第 3 条规定时,产品保质期不少于 18 个月。

三、GB/T 23596—2009 海苔

(一)前言

本标准由全国食品工业标准化技术委员会提出并归口。

本标准起草单位:中国食品发酵工业研究院、广东喜之郎集团有限公司、江苏省紫菜协会、福建亲亲股份有限公司、波力食品工业(昆山)有限公司、连云港雅玛珂紫菜有限公司、你口四洲(汕头)有限公司。

本标准主要起草人:陈岩、黄湛深、徐家达、蔡志平、吴宏亮、吕英霞、陈港兴、张渤、孙佳江。

(二)范围

本标准规定了海苔的产品分类、技术要求、生产过程控制、试验方法、检验规则、标签、包装、运输和贮存。

本标准使用于海苔产品的生产、流通和监督检验。

(三)规范性引用文件

下列文件中的条款通过本标准的引用而成为本标准的条款。凡是注日期的引用文件,其随后所有的修改单(不包括勘误的内容)或修订版均不适用于本标准,然而,鼓励根据本标准达成协议的各方研究是否可使用这些文件的最新版本。凡是不注日期的引用文件,其最新版本使用于本标准。

GB 2760 食品添加剂使用卫生标准

GB/T 4789.20 食品卫生微生物学检验 水产食品检验

GB/T 5009.3 食品中水分的测定

GB/T 5009.12 食品中铅的测定

GB/T 5009.17 食品中总汞和有机汞的测定

GB/T 5009.190 食品中指示性多氯联苯含量的测定

GB 7718 预包装食品标签通则

GB 14880 食品营养强化剂使用卫生标准

GB 14881 食品企业通用卫生规范

GB 19643 藻类制品卫生标准

GB/T 23597 干紫菜

（四）产品分类

1. 调味海苔（调味紫菜）

以干紫菜为主要原料,添加食用调味料等辅料,经烘烤、调味、干燥等工艺制成的可直接食用的食品。

2. 烤海苔（烤紫菜）

以干紫菜为原料,经烘烤而制成的可直接食用的食品。

（五）技术要求

1. 原料要求

（1）干紫菜。

干紫菜应符合 GB/T 23597 的规定。

（2）其他原辅材料。

其他原辅材料应符合相应的产品标准、卫生标准以及有关规定。

2. 感官要求

产品的感官要求符合表 10-23 的规定。

表 10-23 感官要求

项 目	要 求
色泽	具有品种应有的色泽;其中烤紫菜应呈绿色
滋味和口感	具有品种固有的香脆滋味
杂志	无正常视力可见的不可食用的外来异物

3. 理化要求

产品的理化要求应符合表 10-24 的规定。

表 10-24 理化指标

项 目	指 标
水分 /% ≤	5.0

4. 污染物要求

产品中污染物指标应符合表 10-25 的规定。

表 10-25 污染物指标

项 目	指 标
铅(Pb)/(mg/kg)	
无机砷 /(mg/kg)	
甲基汞(以鲜重计)/(mg/kg)	应符合 GB 19643 的规定
多氯联苯	

5. 微生物要求

产品中微生物指标应符合表 10-26 的规定。

表 10-26　微生物指标

项　目	指标
大肠菌群 /（MPN/100 g）	
霉菌 /（CFU/g）	应符合 GB 19643 的规定
致病菌（沙门氏菌、副溶血性弧菌、金黄色葡萄球菌、志贺氏菌）	

6. 食品添加剂和食品营养强化剂要求

食品添加剂的使用符合 GB 2760 的规定。

食品营养强化剂的使用应符合 GB 14880 的规定。

（六）生产过程控制

生产企业在加工过程中应符合 GB 14881 的规定，并推荐建立危害分析和关键点（HACCP）控制体系。

（七）试验方法

1. 感官要求

目测品尝。

2. 水分

按 GB/T 5009.3 规定的方法测定。

3. 铅

按 GB/T 5009.12 规定的方法测定。

4. 无机砷

按 GB 19643 规定的方法测定。

5. 甲基汞

按 GB/T 5009.17 规定的方法测定，折算为鲜重的倍数为 8。

6. 多氯联苯

按 GB/T 5009.190 规定的方法测定。

7. 微生物

按 GB/T 4789.20 规定的方法检验。

（八）检验规则

1. 检验分类

产品检验分出厂检验和型式检验。

（1）出厂检验。

① 产品应经生产企业质检部门检验合格，出具检验合格证后方可出厂。

② 出厂检验的项目包括：感官、水分、大肠杆菌。

（2）型式检验。

① 型式检验的项目包括本标准中规定的全部项目。

② 正常生产时，每年应对产品进行一次型式检验。

③ 有下列情况之一时，应对产品进行型式检验。

——更改主要原料时；

——更改工艺时；

——长期停产后恢复生产时；

——出厂检验结果与上次型式检验结果有较大差异时；

——国家质量监督机构提出进行型式检验的要求时。

2. 组批与抽样

同班次、同品种、同规格的产品为一批。从每批产品中按数量的万分之一的比例随机抽取样品，抽样量最低不应少于 50 g。

3. 判定规则

（1）检验结果全部项目符合本标准规定时，判该批产品为合格。

（2）间接结果中若有一项或一项以上项目不符合标准规定时，可以在原批次产品中抽取双倍样品复检一次，复检结果全部符合本标准规定时，判该批产品为合格品；若复检结果中仍有一项指标不合格，判该批产品为不合格。

（九）标签、包装、运输和贮存

1. 标签

销售包装的标签应符合 GB 7718 的固定，同时还应按（四）的规定标注分类名称。

2. 包装

包装材料应符合相应的食品包装标准及规定的要求。

3. 运输

产品运输过程中应防潮、防雨淋，不应与有毒有异味的物品混装。

4. 贮存

产品应放在通风、干燥的库房内。

四、GB/T 23597—2009 干紫菜

（一）前言

本标准由全国食品工业标准化技术委员会提出并归口。

本标准起草单位：宁波市产品质量监督检验所、上海水产大学、清华大学分析中心、福建省水产加工流通协会、江苏省紫菜协会、中国计量科学研究院化学计量与分析科学研究所、广东喜之郎集团有限公司、晋江阿一波食品工贸有限公司、宁波紫云堂水产食品有限公司、汕头市佳盛副食品有限公司、厦门新阳洲水产品工贸有限公司、温州星贝海藻食品有限公司、晋江市美味强食品有限公司、浙江孝心水产有限公司、北京吉天仪器有限公司、福建省晋江市安海三源食品实业有限公司。

本标准主要起草人：王全林、马家海、张新荣、黄健、戴卫平、韦超、黄湛深、李宁波、卢世良、杜绍亮、张福赐、潘峰、宋祖强、李孝新、刘霁欣、王裔增。

（二）范围

本标准规定了干紫菜产品的分类、技术要求、检验方法、检验规则、标签和标志、包装、运输及贮存。

本标准适用于非即食干紫菜和速食干紫菜的生产、检验和销售。

（三）规范性引用文件

下列文件中的条款通过本标准的引用而成为本标准的条款。凡是注日期的引用文件，其随后所有的修改单（不包括勘误的内容）或修订版均不适用于本标准，然而，鼓励根据本标准达成协议的各方研究是否可使用这些文件的最新版本。凡是不注日期的引用文件，其最新版本使用于本标准。

GB 3097　海水水质标准

GB/T 4789　食品卫生微生物学检验　水产食品检验

GB/T 5009.3　食品中水分的测定

GB/T 5009.12　食品中铅的测定

GB/T 5009.17　食品中总汞及有机汞的测定

GB/T 5009.190　食品中指示性多氯联苯含量的测定

GB 5749　生活饮用水卫生标准

GB 7718　预包装食品标签通则

GB 19643　藻类制品卫生标准

GB/T 20941　水产食品加工企业良好操作规范

SC/T 3016　水产品抽样方法

（四）术语和定义

下列术语和定义适用于本标准。

1. 干坛紫菜 dried porphyra haitanensis

以坛紫菜原藻为原料通过清洗、去杂、切碎、成型等预处理，采用了自然风干、晒干、热风干燥、红外线干燥、微波干燥、低温冷冻干燥等工艺除去所含大部分水分制成的坛紫菜产品。

2. 干条斑紫菜 dried porphyra yezoenensis

以条斑紫菜原藻为原料通过清洗、去杂、切碎、成型等预处理，采用了热风干燥、红外线干燥、微波干燥、低温冷冻干燥等工艺除去所含大部分水分制成的条斑紫菜产品。

3. 僵斑 stiff speckle

在加工过程中因干燥不均衡而导致干紫菜片张表面形成的僵硬斑块。

4. 菊花斑 shrysanthemum-like speckle

在加工过程中因干燥不完全而导致干紫菜片张表面形成类似菊花状的皱缩斑点。

5. 死斑 gray speckle

因紫菜原细胞死亡后在干紫菜片张表面形成的灰暗色斑点。

6. 皱纹 wrinkle

干紫菜片张表面波纹状皱褶。

7. 孔洞 hole

干紫菜片张中未被紫菜填充的通透区域。

8. 硅藻 diatom

一类细胞壁硅化并形成套合壳瓣结构的单细胞藻类。

9. 绿藻 green algae

藻类植物的一门,藻体呈绿色。

(五)产品分类

1. 非即食干紫菜

(1)非即食干坛紫菜:经深度烹调后才可食用或者用于精深加工原料的,以坛紫菜原藻为原料加工制成的干紫菜制品。

(2)非即食干条斑紫菜:经深度烹调后才可食用或者用于精深加工原料的,以条斑紫菜原藻为原料加工制成的干紫菜制品。

2. 速食干紫菜

(1)速食干坛紫菜:经简单加热或开水冲泡后可食用的,以坛紫菜原藻为原料加工制成的干紫菜制品。

(2)速食干条斑紫菜:经简单加热或开水冲泡后可食用的,以条斑紫菜原藻为原料加工制成的干紫菜制品。

(六)技术要求

1. 感官要求

(1)非即食干坛紫菜和速食干坛紫菜产品的感官应符合表10-27的要求。

表10-27 干坛紫菜感官要求

项 目	要 求
形态	呈方、圆形片状或其他不规则状,干燥均匀,无霉变
色泽	呈褐色或者黑褐色,具有坛紫菜特有光泽
气味及滋味	具有坛紫菜固有的气味与滋味,无异味,无霉变
杂质	无正常视力可见的外来机械杂质,但允许有少量的硅藻、绿藻等杂藻

(2)非即食干条斑紫菜和速食干条斑紫菜产品的感官应符合表10-28的要求。

表10-28 干条斑紫菜感官要求

项 目	要 求				
	特级	一级	二级	三级	四级
形态	方形片张平整、厚薄均匀、边缘整齐。无破损、僵斑、菊花斑、孔洞和死斑。	方形片张平整、厚薄较均匀、边缘整齐。无菊花斑和死斑。允许不多于5%的片张中有2 mm以下孔洞3~5个	方形片张基本平整、厚薄较均匀、边缘整齐。允许不多于5%的片张中有5 mm以下的缺角、缺边或裂缝、3 mm以下孔洞不多于4个	方形片张较平整、厚薄较均匀。允许不多于5%的片张中有10 mm以下的缺角、缺边或裂缝、3 mm以下孔洞不多于4个	方形片张薄厚较均匀、有明显的皱纹、菊花斑、死斑、孔洞及其他不影响食用的各种缺陷
色泽	深黑褐色,光泽极明亮	深黑褐色略浅于特级,光泽明亮	黑褐色,光泽亮	浅黑褐色,光泽较亮	浅黑较黄,光泽暗
气味及滋味	具有条斑紫菜固有的气味与滋味,无异味,无霉味				
杂质	无正常视力可见的外来机械杂质,除特级外允许有少量的硅藻、绿藻等杂质				

2. 水分指标

干紫菜产品的水分指标应符合表 10-29 的规定。

表 10-29　水分指标

项　目		非即食干紫菜		速食干紫菜	
		干坛紫菜	干条斑紫菜	干坛紫菜	干条斑紫菜
水分/%	≤	14	7	14	7

3. 微生物指标

干紫菜的微生物限量指标应符合 GB 19643 的规定。

4. 铅、无机砷、甲基汞、多氯联苯

应符合 GB 19643 的规定。

5. 生产加工过程的要求

（1）生产企业应符合 GB/T 20941 的规定。

（2）使用的淡水应符合 GB 5749 的规定。

（3）使用的海水应符合 GB 3097 规定的第一类海水。

（七）检验方法

1. 感官检验

在光线充足无异味的环境下，采用目测、鼻嗅、口尝等方法进行检验，孔洞大小采用毫米单位的尺子测量。

2. 水分检验

按 GB/T 5009.3 规定执行。

3. 铅的检测

按 GB/T 5009.12 的规定执行。

4. 甲基汞的检测

按 GB/T 5009.17 的规定执行。

5. 多氯联苯

按 GB/T 5009.190 的规定执行。

6. 无机砷的检测

按 GB 19643 的规定执行。

7. 微生物检测

每批样品同时取 5 个样品检测，按 GB/T 4789.20 的规定执行。

（八）检验规则

1. 出厂检验

（1）每批产品出厂前，按本标准规定进行检验，检验合格方可出厂。

（2）出厂检验的项目包括：包装、标签、感官指标、水分、菌落总数、大肠菌群。

2. 型式检验

（1）正常生产每 6 个月进行一次型式检验。有下列情况之一时，亦应进行型式检验：

① 更改主要原料时；

② 季节性生产或较长时间停产在恢复生产时；

③ 更换设备恢复生产；

④ 出厂检验结果与上次检验结果有较大差异时；

⑤ 国家质量监督机构或主管部门提出检验要求时。

（2）型式检验项目包括本标准要求中的全部项目。

3. 组批

同一班次、同一条生产线、同一批投料生产的同规格产品为一批。

4. 抽样方法

按 SC/T 3016 的规定执行。

5. 判定规则

（1）出厂检验判定规则。

① 出厂检验项目全部符合标准，判为合格产品。

② 出厂检验项目有 1 项不符合标准，可加倍抽样复检，复检后仍不合格，判为不合格品。

（2）型式检验判定规则。

① 型式检验项目全部符合标准，判为合格产品。

② 型式检验项目不超过 3 项不符合标准，可在抽样批次中加倍抽样复检，复检后有 1 项不符合标准，判为不合格品。若超过 3 项不符合标准，判为不合格品，不应复检。

（九）标签和标志

（1）预包装产品销售包装应符合 GB7718 的规定，并按标注产品类型（"非即食""速食"）及食用方法。

（2）标签应直接标注在最小销售单元或其预包装上。

（十）包装

1. 包装材料及容器

包装材料和容器应清洁、干燥、无毒、无异味，且符合相应的卫生标准要求和有关规定。

2. 包装形式

销售包装应完整、严密、封口牢固。

（十一）运输

运输工具应保持清洁、卫生。不得与有毒、有污染的物品混装、混运。运输时应防止暴晒、雨淋。装卸时应轻搬轻放。

（十二）贮存

贮存过程应防雨、防潮、避光，贮存场所应清洁卫生，禁止与有毒有害物质混存混放。

五、SC/T 3201—1981 小饼紫菜质量标准

1. 感官指标

见表 10-30。

表 10-30 感官指标

	一级品	二级品	三级品
外观	厚薄均匀,平整;无缺损;在250g重量内所规定张数的十分之一中,允许每张有1~2个小于7 mm的孔洞(3 mm小洞不限);无草竹屑、绳头、贝壳及绿藻等杂质	厚薄均匀,平整;允许有小缺角;在250g重量内所规定张数的三分之一中,允许每张有3~4个小于1 cm的孔洞(5 mm小洞不限);无草竹屑、绳头、贝壳及绿藻等杂质	厚薄较均匀;在250 g重量内所规定张数的二分之一中,允许每张有五分之一的缺损,或3~4个小于1.5 cm的孔洞(5 mm小洞不限);允许有少量绿藻,无草竹屑、绳头、贝壳及绿藻等杂质
色泽	条斑紫菜呈黑紫色,两面有光泽;坛紫菜呈紫色,两面有光泽	条斑紫菜呈黑紫色,两面有光泽;坛紫菜呈黑紫色,一面有光泽	条斑紫菜呈黑紫色或深紫色,有光泽;坛紫菜呈黑紫色带微绿色,略有光泽
张数	条斑紫菜250 g重,不少于65张;坛紫菜250 g重,不少于45张	条斑紫菜250 g重,不少于55张;坛紫菜250 g重,不少于35张	条斑紫菜250 g重,不少于45张;坛紫菜250 g重,不少于30张
口感	鲜香、细嫩、无咸味、无泥沙	较鲜香、细嫩、无咸味、无泥沙	较鲜嫩、无咸味、无泥沙

2. 理化指标

见表 10-31。

表 10-31 理化指标

项 目	指 标	
	一、二、三级小饼条斑紫菜	一、二、三级小饼坛紫菜
水分(%)不得超过	12	14

3. 卫生指标(为需用卫生指标时参考)

见表 10-32。

表 10-32 卫生指标

项 目		指 标
		一、二、三级小饼条斑紫菜和坛紫菜
汞/(mg/kg)以Hg计	不得超过	0.3（按GBn 53—1977规定）
六六六/(mg/kg)	不得超过	2（按GBn 53—1977规定）
滴滴涕/(mg/kg)	不得超过	1（按GBn 53—1977规定）

六、SC/T 3202—2012 干海带

(一)前言

本标准按照 GB/T 1.1 给出的规则起草。

本标准代替 SC/T 3202—1996《干海带》。

本标准与 SC/T 3202—1996 相比,主要修改内容如下:

——标准适用范围中,取消了盐干海带;

——定义中,只保留了"花斑";

——对感官要求的进行了修改,取消了叶体长及叶体最大宽度的规定;

——将卫生指标修改为安全指标;

——增加了净含量的规定;

——补充完善了"试验方法、检验规则及标识、包装、运输与贮存"方面的内容。

本标准由农业部渔业局提出。

本标准由全国水产标准化技术委员会水产品加工分技术委员会(SAC/TC 156/SC 3)归口。

本标准起草单位:中国水产科学研究院黄海水产研究所、国家水产品质量监督检验中心、福建省晋江市安海三源食品实业有限公司。

本标准主要起草人:王联珠、殷邦忠、朱文嘉、宋春丽、黄健、翟毓秀、冷凯良、王裔增、尚德荣。

本标准所代替标准的历次版本发布情况为:

——SC/T 3202—1981(原 SC 17—81)、SC/T 3202—1996。

(二)范围

本标准规定了干海带的要求、试验方法、检验规则、标识、包装、运输和贮存。

本标准适用于鲜海带直接晒干或烘干制成的干海带产品。

(三)规范性引用文件

下列文件对于本文件的应用是必不可少的。凡是注日期的引用文件,仅注日期的版本适用于本文件。凡是不注日期的引用文件,其最新版本(包括所有的修改单)适用于本文件。

GB 2762　食品中污染物限量

GB 5009.3—2010　食品安全国家标准　食品中水分的测定

GB 7718　食品安全国家标准　预包装食品标签通则

GB 19643　藻类制品卫生标准

JJF 1070　定量包装商品净含量计量检验规则

SC/T 3016—2004　水产品抽样方法

(四)定义

下列术语和定义适用于本文件。

花斑　mottle

海带叶体表面颜色较浅的斑。

(五)要求

1. 感官指标

应符合表 10-33 的规定。

表 10-33　感官要求

项　目	要　求		
	一级品	二级品	三级品
外观	呈海带固有的深绿色或褐色,叶体清洁平展,两棵间无粘贴、无霉变、无花斑、无海带根		
黄白边、黄白梢	无	允许叶体一侧或两侧长度之和不超过 10 cm,无黄白梢	允许叶体一侧或两侧黄白边长度之和不超过 15 cm,黄白梢不超过 10 cm

2. 理化指标

应符合表 10-34 的规定。

表 10-34　理化指标

项　目	指　标		
	一级品	二级品	三级品
水分,%	≤ 18	≤ 20	≤ 20
泥沙杂质,%	≤ 2	≤ 3	≤ 4

3. 安全指标

食用干海带的安全指标应符合 GB 2762、GB 19643 的规定。

4. 净含量

预包装产品的净含量应符合 JJF 1070 的规定。

(六)试验方法

1. 感官检验

在光线充足、无异味或其他干扰的环境下,将海带叶体展开观察看外观,以分度值为 0.5 cm 的直尺测叶体黄白边、花斑。海带各部分区分图参见图 10-4。

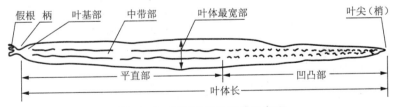

图 10-4　海带各部位区分示意图

2. 水分

(1)恒重法(仲裁法)。

① 随机抽取至少 3 整棵海带,将海带从叶基部至叶尖剪成 3 cm～5 cm 小段,从每段剪下约 1 cm 宽小条,再将小条剪成约 0.3 cm × 2 cm 的小块,混匀后称取 10 g(精确至 0.001 g)试样;

② 按 GB 5009.3—2010 中第一法的规定进行水分测定。

(2)快速法。

① 随机抽取至少 3 整棵海带,将海带从由叶基部至叶尖剪成 3 cm～5 cm 小段,从每

段剪下约 1.5 cm 宽小条,再将小条剪成约 1.5 cm × 5 cm 的小块,混匀后称取 25 g(精确至 0.1 g)试样,摊在洁净干燥的器皿中于(103 ± 2)℃烘箱中干燥 4 h 后,取出置于干燥器中冷却至室温,称重。

② 结果计算按 GB 5009.3—2010 中公式(1)进行。

③ 每个样品测两个平行样,两平行样所测结果,绝对差不得超过 1%,否则重做,结果以算术平均值计。

3. 泥沙杂质

(1)操作步骤。

① 随机抽取至少三整棵海带,称重(m_1),然后逐棵刷去叶体附着的泥沙、杂质,至无明显泥沙为止,剪去未除净的海带根,再将刷下的泥沙、海带根等杂质称重(m_2)。

② 使用称量器具量程为 10 kg(分度值不得大于 5 g)的衡器。

(2)结果计算。

$$X = \frac{m_2}{m_1} \times 100\%$$

式中,X——试样中泥沙杂质含量,单位为百分比(%);

$\quad m_1$——海带样品质量,单位为千克(kg);

$\quad m_2$——泥沙杂质质量,单位为千克(kg)。

4. 安全指标

(1)海带的复水:将样品放入容器中,加入样品质量约 50 倍的水浸泡 10 h,洗去表面泥沙,用滤纸吸去表面水分,打碎,备用。

(2)称取上述试样,按 GB 2762、GB 19643 的规定执行。

5. 净含量

净含量的测定按 JJF 1070 的规定执行。

(七)检验规则

1. 组批规则与抽样方法

(1)组批规则。

按同一海域收获的、同一天加工的海带为同一检验批。如不能确定加工状况时,可按同时交收的数量以 10 t 为一检验批,不足 10 t 亦按一检验批计。

(2)抽样方法。

每批海带在不同部位抽取 3 捆,至少有 2 捆不在表层。从每捆中随机抽取 5 棵按表 9-33 进行感官检验,同时,在每捆中心部位抽取 3 棵～5 棵海带迅速装在塑料袋内作为测定水分和安全指标试样。然后,在每捆中心抽取 3 棵～5 棵海带进行泥沙杂质量的测定。

2. 检验分类

产品分为出厂检验和型式检验。

(1)出厂检验。

每批产品应进行出厂检验。出厂检验由生产单位质量检验部门执行,检验项目为感官、理化指标。检验合格后签发检验合格证,产品凭检验合格证出厂。

（2）型式检验。

有下列情况之一时应进行型式检验。型式检验的项目为本标准中规定的全部项目。

① 国家质量监督机构提出进行型式检验要求时；

② 出厂检验与上次型式检验有较大差异时；

③ 生产环境改变时。

（3）判定规则。

① 感官检验结果应符合表 9-33 的规定，合格样本数符合 SC/T 3016—2004 中表 1 规定，则判为合格。

② 其他项目检验结果全部符合本标准要求时，判定为合格。

③ 其他项目检验结果中有两项及两项以上指标不合格，则判为不合格。

④ 其他项目检验结果中有一项指标不合格时，允许重新抽样复检，如仍不合格，则判为不合格。

⑤ 净含量偏差的判定按 JJF 1070 的规定执行。

（八）标识、包装、运输、贮存

1. 标识

食用干海带的预包装产品标识应符合 GB 7718 的规定。

2. 包装

（1）包装材料。

干海带所用包装材料应坚固、洁净、无毒、无异味，食用干海带所用包装材料符合食品卫生要求。

（2）包装要求。

干海带经整理后压紧扎捆，捆扎必须牢固，避免搬运后松捆。产品在包装物中应排列整齐，食用干海带包装环境应符合卫生要求。

（3）运输。

干海带运输中注意防雨防潮，运输工具应清洁、卫生；食用干海带运输工具应符合卫生要求。

（4）贮存。

干海带应贮藏在干燥、阴凉、通风的库房内。不同等级、不同批次的产品应分别堆垛，堆垛时宜用垫板垫起，注意垛底和中间的通风。

食用干海带贮存环境应符合卫生要求，清洁、无毒、无异味、无污染，防止虫害和有毒物质的污染及其他损害。

（九）规范性附录

海带各部位区分图见图 10-4。

七、SC/T 3211—2002 盐渍裙带菜

（一）前言

本标准是对水产行业标准 SC/T 3211—1987《盐渍熟裙带菜》的修订。本标准与 SC/

T 3211—1987《盐渍熟裙带菜》标准相比主要变化如下：

——标准名称改为《盐渍裙带菜》；

——定义和感官指标中增加了暗斑、毛刺；

——感官要求中将"外形"改为"菜体规格"、增加盐渍裙带菜叶的二级品和盐渍裙带菜茎的一级品和二级品的菜体规格的要求；增加了杂质指标、选修折断菜比例；

——理化指标中将盐渍裙带菜的水分指标进行了修改，将净含量偏差分档并给出具体的量值；

——将原标准中的微生物指标删去；

——试验方法中盐分的测定引用了 SC/T 3011—2001《水产品中盐分的测定》标准。

本标准由农业部渔业局提出。

本标准由全国水产标准化技术委员会水产品加工分技术委员会归口。

本标准起草单位：大连水产养殖集团有限公司。

本标准主要起草人：史平、刘长松、李建军、王素杰、乔丽晶、崔彧、刘培玲、曲于红、戚薇、杨玉民。

本标准所代替标准的历次版本发布情况为：SC/T 3211—1987。

（二）范围

本标准规定了盐渍裙带菜的要求、试验方法、检验规则、标签、包装、运输、贮存。

本标准适用于以新鲜裙带菜为原料，经漂烫、冷却、盐渍等工序加工而成的海藻产品。

（三）规范性引用文件

下列文件中的条款通过本标准的引用而成为本标准的条款。凡是注日期的引用文件，其随后修改单（不包括勘误的内容）或修订版均不适用于本标准，然而，鼓励根据本标准达成协议的各方是否可使用这些文件的最新版本。凡是不注日期的引用文件，其最新版本适用于本标准。

GB 7718　食品标签通用标准

GB/T 14769—1993　食品中水分的测定方法

SC/T 3011—2001　水产品中盐分的测定

（四）术语和定义

下列术语和定义适用于本标准。

1. 枯叶　withered leaf

裙带菜老化后，失去藻体固有色泽呈现黄褐色，灰褐色的叶片。

2. 红叶　red leaf

由于养殖或加工工艺存在问题，导致失去藻体固有色泽呈现深红色的叶片。

3. 边茎　stem to be remained in leaf

在叶片上的残留茎。

4. 茎叶　leaf bud

在茎下端生长的疏齿形小叶。

5. 半叶 half leaf

由残留而连接着的半边叶片。

6. 花斑 piebald

由于病害、虫蚀、日光直照等环境因素使藻体失去固有颜色而形成的白色或黄色或红色斑点。

7. 暗斑 dark spots

由于病害、附泥、光照不均等因素使藻体表面出现不明显的深褐色斑点。

8. 毛刺 white hair on the surface of leaf while aging

菜体老化到一定程度后,自菜体表面毛窠中生长出的白色丝状体。

（五）要求

1. 感官要求

感官要求见表10-35。

表10-35　感官要求

项　目	盐渍裙带菜叶		盐渍裙带菜茎	
	一级品	二级品	一级品	二级品
外观	叶面平整,无病虫蚀叶,无枯叶、暗斑、明显毛刺、红叶、花斑(允许带有剪除花斑孔洞的选修菜)	无枯叶、红叶	茎条整齐,无边叶、茎叶	茎条宽度不限,不允许带边叶
菜体规格	半叶基本完整(包括边茎长10 cm,裂叶长20 cm以上的选修折断菜),边茎宽≤ 0.2 cm	长度≥ 2.5 cm 边茎宽≤ 0.2 cm	长度≥ 40 cm	长度≥ 20 cm
色泽	均匀绿色	绿色或绿褐色或黄绿色或三种颜色同时存在	均匀绿色	绿色或绿褐色或黄绿色或三种颜色同时存在
杂质	无明显泥沙等外来杂质	无明显泥沙等外来杂质	无明显泥沙等外来杂质	无明显泥沙等外来杂质
气味	海藻固有气味,无异味	无异味	无异味	
叶质	有弹性	有弹性	脆嫩	较脆嫩,无硬纤维质
盐渍裙带菜中选修折断菜的比例	≤ 5%			

2. 理化指标

理化指标应符合表10-36的规定。

表10-36　理化指标

项　目	盐渍裙带菜叶		盐渍裙带菜茎	
	一级品	二级品	一级品	二级品
水分 / %	58～60		≤ 67	
盐分 / %	20～25			

续表

项目	盐渍裙带菜叶		盐渍裙带菜茎	
	一级品	二级品	一级品	二级品
附盐，%	0	≤ 2	0	≤ 4
净含量偏差/%	±5.0（≤ 200 g） ±3.0（>200 g，≤ 500 g） ±1.5（>500 g，≤ 10 kg） ±1.0（>10 kg）			

（六）检验方法

1. 感官检验

在光线充足、无异味的环境中，将样品摊于白色搪瓷盘中，查看菜体的规格、色泽、边茎宽度、有无花斑、枯叶、红叶、暗斑、明显毛刺、杂质等；用两手轻拉裂叶检查叶片的弹性；以正常嗅觉检查产品气味。

2. 理化检验

（1）水分的测定。

按 GB/T 14769—1993 规定进行。

（2）盐分的测定。

按 SC/T 3011—2001 规定进行。

（3）附盐的测定。

开箱后将菜上盐粒全部抖下，用分度值 5 g 以下的衡器称量，并按下式计算。

$$B = \frac{C}{D} \times 100\%$$

式中，B——附盐的含量，%；

C——附盐质量，单位为千克（kg）；

D——成品菜质量，单位为千克（kg）。

（4）净含量及偏差的测定。

大包装用分度值 50 g 以下的衡器称量，小包装用分度值 5 g 以下的衡器称量。净含量偏差按下式计算。

$$X = \frac{m_1 - m_0}{m_0} \times 100\%$$

式中，X——净含量偏差，%：

m_0——产品标示质量，单位为千克（kg）；

m_1——样品实际质量，单位为千克（kg）。

（七）检验规则

1. 组批
以同品种、同原料、同工艺每班生产的产品为一批。

2. 抽样
按批量的 1% 随机取样，一批不足 100 箱者，抽一件；超过部分不足 100 箱整数倍的，应按四舍五入法则进行。每批样品量不少于 500 g,将抽取样品量装入洁净干燥的适合包装食品的塑料袋内,严密封口待检。并注明名称,日期,供检验、复验和备查用,按贮藏规定条件保存一年。

3. 检验分类

产品分为出厂检验和型式检验。成品出厂前须经质量部门检验,并签发合格证,方可出厂。

(1)出厂检验。

每批产品必须进行出厂检验。出厂检验由质量部门执行,检验项目为感官和理化指标。检验合格签发合格证,产品凭合格证出入库或出厂。

(2)型式检验。

有下列情况之一时应进行型式检验。检验项目为本标准中规定的全部项目。

① 长期停产,恢复生产时;

② 原料产地变化或改变生产工艺,可能影响产品质量时;

③ 国家质量监督机构提出进行型式检验要求时;

④ 出厂检验与上次型式检验有大差异时;

⑤ 正常生产时,每年至少一次的周期性检验;

⑥ 对质量有争议时,需要仲裁时。

4. 判定规则

(1)检验项目全部符合本标准,判为合格品。

(2)在检验中有一项指标不合格时,应加倍取样对该指标进行复验,以复验结果为准,如仍不合格,则判该批产品不合格。

(3)如果在检验中有两项及两项以上指标不合格时,则判定该产品为不合格品。

(八)标签、包装、运输、贮存

1. 标签

(1)小包装的标签应符合 GB 7718 的规定,标签内容包括产品名称、商标、净含量、产品标准、生产者或者经销商名称、地址、生产日期、保质期、贮存要求等。

(2)小包装外的运输包装及大包装外应有牢固清晰的标志,注明商标,产品名称,厂名、厂址、生产日期、贮存要求等。

2. 包装

小包装采用食品用塑料袋包装,一定数量的小包装再装入瓦楞纸箱中;大包装的内包装用食品用聚乙烯塑料袋,外包装用钙塑箱或瓦楞纸箱。

所用包装材料应符合有关卫生标准和使用要求。

3. 运输

运输工具应清洁、卫生。本产品在运输过程中,当气温≤15 ℃时,可以采用常温运输设备运输,运输时间一般保证在 7 天内。当气温>15 ℃时,要用有冷藏装置的运输工具,使运输温度控制在 −5 ℃以下。在运输过程中应防雨、防晒、防高温、轻放、不得倒置和超高,不得与有腐蚀性和有毒有害物质混运。

4. 贮存

本产品不得与有异味的物品混放在一起。贮藏温度为 $-15\ ℃\sim-5\ ℃$,贮藏时间为一年,如超过一年,应重新抽样复验,复验合格后,方可出厂和销售。

八、SC/T 3212—2000 盐渍海带

(一)前言

本标准所规定的各项要求是在对各地的产品进行调研、分析测试及参考了大连、山东等地出口盐渍熟海带产品质量的基础上确定的,具有实施的基础。

本标准由农业部渔业局提出。

本标准由中国水产科学研究院黄海水产研究所归口。

本标准起草单位:大连水产养殖公司。

本标准主要起草人:华智琳、杨振、方跃。

(二)范围

本标准规定了盐渍海带的要求、试验方法、检验规则、标签、包装、贮存、运输。

本标准适用于以新鲜海带(*Laminaria japonica*)为原料,经烫煮、冷却、盐渍、脱水、切割(整理)等工序加工而成的海带制品。

(三)引用标准

下列标准包含的条文,通过在本标准中引用而构成为本标准的条文。本标准出版时,所示版本均为有效。所有标准都会被修订,使用本标准的各方应探讨使用下列标准最新版本的可能性。

GB/T 5009.19—1996 食品中六六六、滴滴涕残留量的测定方法

GB/T 5009.45—1996 水产品卫生标准的分析方法

GB 5461—1992 食用盐

GB 5749—1985 生活饮用水卫生标准

GB/T 12457—1990 食品中氯化钠的测定方法

GB/T 14769—1993 食品中水分的测定方法

GB 7718—1994 食品标签通用标准

(四)定义

本标准采用下列定义。

1. 孢子囊斑 sporophyte

突出在藻体表面的生殖细胞集合体所形成的。

2. 浮盐 salt on the surface

附在产品表面的食盐。

(五)要求

1. 原辅材料要求

海带:采用新鲜及嫩海带(无孢子囊斑)。

食盐:应符合 GB 5461 的规定,氯化钠含量 97% 以上。

加工用水:应符合 GB 5749 的规定。

2. 感官要求

感官要求应符合表 10-37。

表 10-37　感官要求

项　目	一级品	二级品
色泽	均匀,绿色	绿色,褐绿色
组织形态	藻体表面光洁,无黏液,无孢子囊斑	藻体表面光洁,无黏液,允许带少量孢囊斑
	形状整齐,基本一致,口感脆嫩	
气味	具有盐渍海带固有的气味,无异味	
杂质	无肉眼可见杂物,咀嚼时无牙碜感	

3. 理化指标

理化指标的规定见表 10-38。

表 10-38　理化指标/%

项　目	要　求
水分	≤ 68
盐分(以 NaCl 计)	20～24
净重允差	−3
浮盐	≤ 2

4. 卫生指标

卫生指标见表 10-39。

表 10-39　卫生指标/(mg/kg)

项　目	要　求
无机砷	≤ 2.0
六六六	≤ 2.0
滴滴涕	≤ 1.0

(六)试验方法

对样品先进行净含量、浮盐试验,然后从每箱中随机抽取 200 g 左右样品切割成 1 mm × 1 mm 的小粒,混匀后装入磨口瓶或双层食品用塑料袋中,封口,供其他项目检验用。

1. 感官

将试样平摊于白色瓷盘中,在光线充足,无任何气味的环境下,检查藻体的组织形态、气味、色泽、杂质。

2. 水分

按照 GB/T 14769 规定执行。

3. 盐分

按照 GB/T 12457 规定执行。

4. 净含量偏差

检验运输包装用衡器的最大称量值应低于被称样品重量的 5 倍,将试样逐件置于秤上称量,净含量偏差按下式计算。

$$X = \frac{m_1 - m_0}{m_0} \times 100\%$$

式中,X——净含量偏差,%;

m_1——样品质量,g,

m_0——净含量标示量,g;

检验小包装产品用感量为 0.1 g 的天平,逐称量。

5. 浮盐

称取约 200 g 试样(称准至 1 g),将其附着的盐粒全部抖下(抖不下来为止)称重,浮盐含量按下式计算。

$$Y = \frac{m_3}{m_2} \times 100\%$$

式中,Y——浮盐含量,%;

m_2——试样量,g;

m_3——浮盐量,g。

6. 无机砷

按 GB/T 5009.45 规定执行。

7. 六六六、滴滴涕

按 GB/T 5009.19 规定执行。

（七）检验规则

1. 组批规则

（1）批的组成。

以同一班生产的产量作为一个检验批,按批号抽样。

（2）抽样方法。

按批量的 1% 随机抽取样品，100 箱以内抽 3 箱,以后每增 100 箱(包括不足 100 箱)则加抽 1 箱。

按所取样本从每箱内各取样品不少于 3 袋,每批取样量不少于是 10 袋,净含量检验后,将样品以缩分法取得适量均匀试样,供感官、理化指标检验用。

2. 检验分类

产品检验分出厂检验和型式检验。

（1）出厂检验。

每批产品必须经过出厂检验。出厂检验由生产单位质量检验部门执行,检验项目由生产单位确定,应选择能快速、准确反应产品质量的主要技术指标,检验合格签发检验合格证,产品凭检验合格证入库或出厂。

（2）型式检验。

有下列情况之一时应进行型式检验,检验项目为本标准中规定的全部项目。

① 产品长期停产后恢复生产时;

② 正式生产后,原料海带的产区、加工工艺、生产条件有较大变化时;

③ 国家质量监督机构提出进行型式检验要求时;

④ 出厂检验与上次型式检验有在差异时。

3. 判定规则

（1）所检项目的检验结果均符合标准规定的判为合格批,其中平均每批净含量不得低于标示量。

（2）检验结果只有一项未达到要求时,允许加倍抽样将此项指标复验一次,按复验结果判定本批产品是否合格。

（3）检验结果中若有两项或两项以上指标不符合标准规定,则判本批产品不合格。

（4）卫生指标中有一项指标不符合标准规定,则判本批产品不合格。

（八）标签、包装、运输、贮存

1. 标签

销售包装袋外标示鲜明,标签内容必须符合 GB 7718 的规定,应标明产品名称、净含量、生产日期、保质期、产品标准、贮藏要求、生产企业名称、地址等项。

外销品可按合同要求规定。

2. 包装

（1）包装材料:

① 运输包装:内包装用食品用塑料袋,外包装用钙塑箱或瓦楞纸箱。

② 销售包装:聚酯复合袋,聚乙烯、聚丙烯等食品用包装袋。

（2）运输包装应用瓦楞纸箱等定量包装,箱内装数准确,纸箱容量适当,箱面平整;箱内放有一张"产品合格证",需注明的基本内容为:产品名称、规格、数量、批号、生产日期、检验合格记录、生产班组和质检者代号、企业名称等。

（3）所用包装材料均应清洁、卫生、坚实、无破损,包装材料应符合有关卫生标准和使用要求。

3. 运输

运输过程中用保温车（船）为宜,如无保温车（船）应做到快装、快运,使产品温度保持在 0 ℃左右;运输工具应清洁、防晒、防潮,不得与有毒有味的物品混装。

4. 贮存

产品贮存在 −10 ℃冷库中,包装件完好无污损,不得与有异味的物品混放;保质期为一年。

九、SC/T 3213—2002 干裙带菜叶

（一）前言

本标准是在大量实验的基础上,经过充分的调查研究编制而成的。

本标准由农业部渔业局提出。

本标准由全国水产标准化技术委员会水产品加工分技术委员会归口。

本标准起草单位:大连水产养殖集团有限公司。

本标准主要起草人:乔丽晶、李建军、王素杰、刘长松、史平、崔彧、刘培玲、蒋晖、杨振。

(二)范围

本标准规定了干裙带菜叶的要求、试验方法、检验规则和标签、包装、运输、贮存。

本标准适用于以盐渍裙带菜为原料,经脱盐、清洗、脱水、切割、烘干等工序加工而成的产品。

(三)规范性引用文件

下列文件中的条款通过本标准的引用而成为本标准的条款。凡是注日期的引用文件,其随后所有的修改单(不包括勘误的内容)或修订版均不适用于本标准,然而,鼓励根据本标准达成协议的各方研究是否可使用这些文件的最新版本。凡是不注日期的引用文件,其最新版本使用于本标准。

GB/T 4789.2 食品微生物学检验 菌落总数测定

GB/T 4789.3 食品微生物学检验 大肠菌群测定

GB/T 7718 食品标签通用标准

GB/T 12457 食品中氯化钠的测定方法

GB/T 4769 食品中水分的测定方法

SC/T 3211 盐渍裙带菜

(四)术语和定义

本标准中采用的枯叶、花斑、毛刺、暗斑定义见 SC/T 3211。

(五)技术要求

1. 感官要求

应符合表 10-40。

表 10-40 感官要求

项 目	等 级	
	一级品	二级品
外观	无枯叶、暗斑、花斑、盐屑、明显毛刺	无盐屑,有轻微毛刺、花斑、暗斑、枯叶。
色泽	墨绿色	绿色、绿褐色或绿黄色或3种颜色同时存在
杂质	无泥沙、铁屑、塑料丝、杂藻等外来杂质	
气味	具有干裙带菜叶固有的气味,无异味。	

2. 理化指标

应符合表 10-41。

表 10-41　理化指标

项　目	指　标
水分 / %	≤ 10
盐分 / %	≤ 23
净含量偏差 / %	±9.0（≤ 50 g） ±5.0（>50 g，≤ 200 g） ±3.0（>200 g，≤ 500 g） ±1.5（>500 g，≤ 10 kg） ±1.0（>10 kg）

3. 微生物要求

应符合表 10-42。

表 10-42　微生物要求

项　目	指　标
菌落总数 /（cfu/g）	≤ 1×10^4
大肠菌群 /（MPN/100 g）	≤ 50

（六）试验方法

1. 感官检验

在光线充足、无异味的环境中,将样品摊于白色搪瓷盘中,查看干裙带菜叶的色泽及有无杂质和盐屑;以正常嗅觉检查产品气味;用适量水浸泡菜体,待叶片展开后,查看枯叶、花斑、暗斑、毛刺情况。

2. 理化指标检验

（1）水分的测定。

按 GB/T 14769 规定进行。

（2）盐分的测定。

按 GB/T 12475 规定进行,

（3）净含量及偏差的测定。

大包装用分度值 50 g 以下的衡器称量,小包装用分度值 5 g 以下的衡器称量。净含量偏差按下式计算:

$$X = \frac{m_1 - m_0}{m_0} \times 100\%$$

式中,X——净含量偏差,%:

　　m_0——产品标示质量,单位为克（g）;

　　m_1——样品实际质量,单位为克（g）。

3. 微生物指标检验

（1）菌落总数。

菌落总数的检验按 GB/T 4789.2 中规定进行。

（2）大肠菌群。

大肠菌群的检验按 GB/T 4789.3 中规定进行。

（七）检验规则

1. 组批

以同品种、同原料、同工艺、每班生产的产品为一批。

2. 抽样

按批量的1％随机取样,一批不足100箱者,抽一件;超过100箱,超过部分不足100箱整数倍的,应按四舍五入法则进行,每批样品量不少于500 g,将抽取样品装入洁净干燥的适合包装食品的塑料袋内,严密封口保存待检。并注明样品名称、批次、日期,供检验、复验和备查用,按贮藏规定条件保存一年。

3. 检验分类

产品分为出厂检验和型式检验。

（1）出厂检验。

每批产品必须进行出厂检验。出厂检验由质量部门执行。检验项目为感官要求、理化指标和微生物指标。检验合格签发合格证,产品凭合格证出入库或出厂。

（2）型式检验。

有下列情况之一时应进行型式检验。检验项目为本标准中规定的全部项目。

① 长期停产,恢复生产时;

② 原料产地变化或改变生产工艺,可能影响产品质量时;

③ 国家质量监督机构提出进行型式检验要求时;

④ 出厂检验与上次型式检验有大差异时;

⑤ 正常生产时,每年至少一次的周期性检验;

⑥ 对质量有争议时,需要仲裁时。

4. 判定规则

（1）检验项目全部符合本标准,判为合格品。

（2）在检验中有一项指标不合格时,应加倍取样对该指标进行复验,以复验结果为准,如仍不合格,则判该批产品为不合格品。

（3）如果在检验中有两项及两项以上指标不合格时,则判定该产品为不合格品。

（4）微生物指标有一项检验结果不合格时,则判该批产品不合格。

（八）标签、包装、运输、贮存

1. 标签、标志

（1）小包装的标签应符合GB 7718的规定。标签内容包括:产品名称、商标、净含量、产品标准、生产者或经销商的名称、地址、生产日期、保质期等。

（2）大包装及小包装外的运输包装上的标志应符合GB 7718的规定,内容包括:产品名称、商标、净含量、生产者的名称、地址、生产日期等。

2. 包装

（1）小包装采用食品用塑料袋,再将一定数量的小包装装入瓦楞纸箱中。大包装的内包装用食品用聚乙烯塑料袋,外包装用钙塑箱或瓦楞纸箱。

（2）所用包装材料均应符合有关卫生标准和使用要求。

3. 运输

运输工具应清洁、卫生,在运输过程中,应防雨、防晒、防潮、不得靠近或接触有毒、有害物质。

4. 贮存

本产品应贮存在干燥、通风、阴凉场所,不得与有异味、潮湿的物品混放在一起。常温下保质期为 24 个月。

十、SC/T 3301—1989　速食海带

(一)前言

本标准规定了速食海带的技术要求、试验方法、检验规则以及包装、标志、运输、储存要求。

(二)范围

本标准适宜用于以鲜海带(*Laminaria japonua*)或淡干海带为原料经洗刷、切割、热烫或熟化、干燥制成的熟干品或调味熟干品。

(三)引用标准

GB 317　白砂糖

GB 2716　食用植物油

GB 2720　味精

GB 4789.1—4789.28　食品卫生微生物学检验

GB 5009.3　食品中水分的测定方法

GB 5009.44　肉与肉制品卫生标准的分析方法

GB 5461　食用盐

GB 5749.3　生活饮用水卫生标准

GB 7718　食品标签通用标准

SC 17　淡干、盐干海带

(四)技术要求

1. 感官指标

见表 10-43。

表 10-43　速食海带感官指标

项　目	熟干海带		调味熟干海带
	一等品	二等品	合格品
色泽	绿色、绿褐色、褐色		绿色、褐色
组织形态	由海带平直部制成,形状均一,经水发后,无僵硬感	形状较均一	形状均一
滋味	海带固有滋味		咸、甜适宜,味正常
杂质	无		

2. 理化指标

见表 10-44。

表 10-44 速食海带理化指标

项 目	熟干海带		调味熟干海带
	一等品	二等品	合格品
净重	每袋装量允许公差 ±2%,但每箱不得低于标示净重		每外袋装量允许公差 ±2%,但每箱不得低于标示净重
碎屑率,%	≤ 1	≤ 2	—
水分,%	≤ 15	≤ 18	≤ 29
盐分(以 NaCl 计),%	—		≤ 20

3. 细菌指标

见表 10-45。

表 10-45 速食海带细菌指标

项 目	熟干海带		调味熟干海带
	一等品	二等品	合格品
细菌总数,个 /g	—		≤ 3 000
大肠菌群,个 /g	—		≤ 30
致病菌	不得检出		

4. 原辅材料指标

(1)海带:鲜海带品质良好,不带黄白边,淡干海带应符合 SC 17 规定。

(2)食用盐:应符合 GB 5461 规定。

(3)白砂糖:应符合 GB 317 规定。

(4)味精:应符合 GB 2720 规定。

(5)食用植物油:应符合 GB 2716 规定。

(6)生活饮用水:应符合 GB 5749.3 规定。

(五)试验方法

1. 感官检验

将试样平摊于白搪瓷盘内,按表 9-43 逐项进行。

2. 净重检验

拆开样品袋,将内容物用感量为 0.5 g 的天平称量,求得净重。

3. 碎屑率检验

将熟干海带的试样混匀后,抖下长度不足 5 mm 的海带,样品和碎屑用感量为 0.2 g 的天平称量。碎屑率按下式计算:

$$X_1 = \frac{m_1}{m_0} \times 100\%$$

式中,X_1——碎屑率,%

m_0——样品重，g；

m_1——碎屑重，g。

4. 水分检验

按 GB 5009.3 规定进行

5. 盐分（以 NaCl 计）检验

按 GB 5009.44 中第 12.2 条规定进行。

6. 细菌检验

按 GB 4789.1—4789.28 有关部分进行

（六）检验规则

1. 检验分类

（1）出厂检验。

每批产品均应进行出厂检验，检验项目为感官指标、净重、碎屑率、水分、盐分、细菌。出厂检验由生产单位的质量检验部门进行，产品凭检验合格证入库或出厂。

（2）型式检验。

有下列情况之一时，应进行型式检验：

① 原辅材料的来源或品种有变化时；

② 正常生产后，每 10 天周期性检验一次；

③ 产品停产后，恢复生产时或更换花色品种时。

型式检验可由生产单位质量检验部门进行，试验项目为本标准中规定的全部技术要求。

2. 抽样与组批规则

（1）批的划分。

每日或每班生产量为一检查批，产品质量不稳定时，可划分为若干小批作为检查批。

（2）抽样方法。

按产品名称、批次、生产日期抽取样品，按批量的 4% 抽取抽检箱，零数整计，最低抽检箱为两箱，再从中抽取 5% 样品袋，零数整计，从每袋中抽取相同量混合，供检验与备查用。

3. 检验结果判定

对每批产品进行感官、理化和细菌检验，细菌检验结果如不符合本标准技术要求，则整批产品为不合格品；其他项目检验结果如不符合本标准技术要求，可加倍重新抽样复验不符合要求的项目，如仍不符合要求，则整批产品为不合格品，超保质期限的产品，应重新按检验结果再次判定。

（七）包装、标志、运输、储存

1. 包装

（1）内包装要求。

采用食用塑料袋内外二次包装或复合塑料袋一次包装，袋封口必须严密，装入纸箱要求放置平整。

（2）外包装要求。

采用纸板箱或瓦楞板箱。箱底、盖用黏合剂黏固,再用封箱纸带粘牢,纸带须平、直。长途运输,箱外应打包带二道。

2. 标志

（1）内包装要求。

袋外面应标志明显,其内容须符合 GB 7718 中第 3 章的有关规定。

（2）外包装要求。

箱外面应标明产品名称、规格、数量、批号、生产日期、厂名、厂址等项,箱外两头应标明储运中注意防潮等规定的图示、文字标志。

十一、SC/T 3306—2012　即食裙带菜

（一）前言

本标准按照 GB/T 1.1 给出的规则起草。

本标准由农业部渔业局提出。

本标准由全国水产标准化技术委员会水产品加工分技术委员会（SAC/TC 156/SC 3）归口。

本标准起草单位:大连海洋大学。

本标准主要起草人:汪秋宽、曲敏、金桥、谢智芬、何云海、汪涛、李海燕。

（二）范围

本标准规定了即食裙带菜的要求、试验方法、检验规则、标签、包装、运输和贮存。

本标准适用于以新鲜裙带菜（*Undaria pinnatifida*）、盐渍裙带菜经加工制成的调味裙带菜叶、调味裙带菜茎、调味裙带菜孢子叶及调味裙带菜汤料等产品。

（三）规范性引用文件

下列文件对于本文件的应用是必不可少的。凡是注日期的引用文件,仅注日期的版本适用于本文件。凡是不注日期的引用文件,其最新版本（包括所有的修改单）适用于本文件。

GB 317　白砂糖

GB 2716　食用植物油

GB 2720　味精

GB 2760　食品安全国家标准　食品中添加剂使用卫生标准

GB 2762　食品中污染物限量

GB 5009.3　食品安全国家标准　食品中水分的测定

GB 5461　食用盐

GB 5749　生活饮用水卫生标准

GB 7718　食品安全国家标准　预包装食品标签通则

GB 19643　藻类制品卫生标准

GB/T 27304　食品安全管理体系　水产品加工企业要求

JJF 1070　定量包装商品净含量计量检验规则

SC/T 3011　水产品中盐分的测定

SC/T 3016　水产品抽样方法

SC/T 3211　盐渍裙带菜

SC/T 3213　干裙带菜叶

（四）术语和定义

下列术语和定义适用于本文件

1. 花斑　mottle

裙带菜叶表面颜色较浅的斑。

2. 调味裙带菜茎　spiced wakame caudex

由裙带菜茎经清洗处理、调味、加工、包装杀菌制成的产品。

3. 调味裙带菜　spiced wakame leavies

由裙带菜叶经清洗处理、包装杀菌制成；或裙带菜叶经清洗处理、调味、加工、包装杀菌制成的产品。

4. 调味裙带菜孢子叶　spiced wakame sporophyll

由裙带菜孢子叶经清洗处理、调味、加工、包装制成或包装杀菌制成的产品。

5. 调味裙带菜汤料　wakame leavies for soup

由裙带菜叶加入包装好的调味料包进行包装制成的产品。

（五）要求

1. 原辅材料要求

（1）原料。

干裙带菜叶应符合 SC/T 3213 的规定，盐渍裙带菜应符合 SC/T 3211 的规定。

（2）辅料要求。

① 食用盐应符合 GB 5461 的规定。

② 白砂糖应符合 GB 317 的规定。

③ 味精应符合 GB 2720 的规定。

④ 食用植物油应符合 GB 2716 的规定。

⑤ 加工用水应符合 GB 5749 的规定。

⑥ 食品添加剂应符合 GB 2760 的规定。

2. 加工要求

生产人员、环境、车间和设施及卫生控制程序应符合 GB/T 27304 的规定。

3. 感官要求

感官要求应符合表 10-46 规定。

表 10-46　感官要求

项　　目	高水分产品	干产品
外观	墨绿色、绿色、黄绿色、褐绿色或同时存在，无明显褪色，无明显花斑存在	墨绿色、绿色、黄绿色、褐绿色或同时存在，无明显褪色，无明显花斑存在

续表

项　目	高水分产品	干产品
组织形态	软硬适度	干制调味裙带菜叶具有一定的酥脆性或酥性或脆性;干制调味裙带菜孢子叶和调味裙带菜汤料复水均匀、软硬适度
滋味与气味	具有裙带菜固有的香味或裙带菜调制风味,无异味。	
杂质	无杂藻及其他外来杂质	

4. 理化指标

理化指标应符合表10-47规定。

表10-47　理化指标

项　目	高水分产品	干产品		
		调味裙带菜叶	调味裙带菜孢子叶	调味裙带菜汤料（不含调味包）
盐分（以 NaCl 计）/%	≤ 5	≤ 15		—
水分 /%	≤ 90	≤ 15		

5. 安全指标

按 GB 2762、GB 19643 的规定执行。

6. 净含量

应按 JJF 1070 的规定执行。

（六）试验方法

1. 感官检验

（1）在光线充足、无异味、清洁卫生的环境中,拆开样品袋,将样品摊于洁净的白色搪瓷盘中,按表 10-46 内容进行逐项检查。

（2）调味裙带菜汤料复水:将样品放入容器中,加入样品质量 50 倍的温水（50 ℃～60 ℃）浸泡 3 min,按表 10-46 规定逐项检查。

2. 理化指标

盐分的测定按 SC/T 3011 的规定执行。

3. 安全指标

按 GB 2762、GB 19643 的规定执行。

4. 净含量

按 JJF 1070 的规定执行。

5. 水分

按 GB 5009.3 的规定执行。

（七）检验规则

1. 组批规则与抽样方法

（1）组批规则。

同一产地,同一条件下加工的同一品种、同一等级、同一规格的产品组成检验批;或以交货批组成检验批。

（2）抽样方法。

按 SC/T 3016 的规定执行。

2. 检验分类

产品分为出厂检验和型式检验。

（1）出厂检验。

每批产品必须进行出厂检验。出厂检验由生产单位质量检验部门执行,检验项目为感官、理化标准、净含量、菌落总数、大肠菌群,检验合格签发检验合格证,产品凭检验合格证入库或出厂。

（2）型式检验。

有下列情况之一时,应进行型式检验。检验项目为本标准中规定的全部项目。

① 长期停产,恢复生产时。

② 原料变化或改变主要生产工艺,可能影响产品质量时。

③ 加工原料来源或生长环境发生变化时。

④ 国家质量监督机构提出进行型式检验要求时。

⑤ 出厂检验与上次型式检验有大差异时。

⑥ 正常生产时,每年至少一次的周期性检验。

3. 判定规则

（1）感官检验所检项目全部符合表 10-46 的规定,合格样本数符合 SC/T 3016 规定时判为合格。

（2）其他项目检验结果全部符合本标准要求时,判定为合格。

（3）感官、净含量、盐分、水分不符合标准规定时,允许加倍抽样将此项指标复验一次,按复验结果判定本批产品是否合格。

（4）微生物指标有一项指标不符合,则判本批产品不合格,不得复检。

（5）其他项目检验结果中有一项指标不合格时,允许重新抽样复检,如仍不合格,则判为不合格。

（6）其他项目检验结果中有两项及两项以上指标不合格,判定为不合格。

（7）净含量偏差的判定按 JJF 1070 的规定执行。

（八）标签、包装、运输、贮存

1. 标签

标签必须符合 GB 7718 的规定,标签内容至少包括产品名称、商标、配料清单、净含量、产品标准号、生产者或经销者的名称、地址、生产日期、生产批号、贮藏条件和保质期。

2. 包装

（1）包装材料。

所用塑料袋、纸盒、瓦楞纸箱等包装材料应洁净、无毒、无异味、坚固,并符合国家食品包装材料标准的要求。

（2）包装要求。

一定数量的小袋装入大袋（或盒），再装入纸箱中。箱中产品要求排列整齐，大袋或箱中加产品合格证。包装应牢固，不易破损。

（3）运输。

运输工具应清洁卫生，无异味，运输中防止受潮、日晒、虫害、有害物质的污染，不得靠近或接触有腐蚀性物质，不得与气味浓郁物品混运。

（4）贮存。

本品应贮存于干燥阴凉处，防止受潮、日晒、虫害、有害物质的污染和其他损害。不同品种、不同规格、不同批次的产品应分别堆垛，并用木板垫起，堆放高度以纸箱受压不变形为宜。

十二、SC/T 3217—2012　干石花菜

（一）前言

本标准按照 GB/T 1.1 给出的规则起草。

本标准由农业部渔业局提出。

本标准由全国水产标准化技术委员会水产品加工分技术委员会（SAC/TC 156/SC 3）归口。

本标准起草单位：中国海洋大学、山东海之定海洋科技有限公司。

本标准主要起草人：林洪、付晓婷、江洁、符鹏飞、王静雪。

（二）范围

本标准规定了干石花菜的术语和定义、要求、试验方法、检验规则、标签、包装、运输及贮存。

本标准适用于以鲜石花菜（*Gelidium amansii*）为原料，经干制，用于提取琼胶的干石花菜；石花菜属的其他种参照执行。

（三）规范性引用文件

下列文件对于本文件的应用是必不可少的。凡是注日期的引用文件，仅注日期的版本适用于本文件。凡是不注日期的引用文件，其最新版本（包括所有的修改单）适用于本文件。

GB 5009.3　食品安全国家标准　食品中水分测定

SC/T 3016　水产品抽样方法

（四）术语和定义

下列术语和定义适用于本文件。

1. 毛石花菜　crude agar weed

鲜石花菜直接干燥制成的石花菜干品。

2. 净石花菜　refined agar weed

鲜石花菜脱除沙粒、贝壳等杂质，淡水清洗、干燥制成的石花菜干品。

（五）要求

1. 感官要求

感官要求应符合表 10-48 规定。

表 10-48　感官要求

项　目	指　标	
	毛石花菜	净石花菜
色泽	棕红色或紫红色	淡黄色或白色
外形	藻体基本完整	
气味	具有正常的气味,无异味	
杂质	允许有少量沙粒、贝壳等杂质	无明显沙粒、贝壳等杂质

2. 理化指标

理化指标应符合表 10-49 规定。

表 10-49　理化指标

项　目	指标(毛石花菜及净石花菜)	
	一级	合格
琼胶含量 /%	≥ 30	≥ 15
杂质含量 /%	≤ 8	≤ 25
水分 /%	≤ 15	≤ 20

（六）试验方法

1. 感官检验无异

在光线充足、无异味的环境中,将样品置于洁净的白色搪瓷盘中,按表 10-48 的要求逐项进行检验。

2. 理化指标检验

（1）琼胶含量测定。

① 操作步骤。

a. 称取 20 g 干石花菜样品(W_1,精确到 0.1 g),加水 500 mL,在 121 ℃压力锅中提取 1 h,Φ50 μm 筛绢趁热过滤,滤渣加入 100 mL 水,同样条件提取 0.5 h,将 15～20 g 硅藻土放在预先铺好 Φ63 μm 筛绢的布氏漏斗上,趁热抽滤。

b. 合并两滤液,倒入搪瓷盘中,冷至室温后放入低温冰箱中(-18 ℃左右)冷冻过夜（12～16 h）。

c. 将冻块取出后融化,切为 1～2 cm 厚片,用 Φ150 μm 筛绢沥水挤干,平铺于搪瓷盘中,置于 65 ℃烘箱中热风干燥至恒重后称重(W_2,精确到 0.1 g)。

② 结果计算。

琼胶含量按如下公式计算:

$$X = \frac{W_2}{W_1} \times 100\%$$

式中，X——试样中琼胶的含量，单位为克每百克（g/100 g）；

　　W_1——试样质量，单位为克（g）；

　　W_2——烘干后琼胶质量，单位为克（g）。

（2）杂质含量测定。

① 操作步骤。

称取 50 g 样品（m_1，精确到 0.1 g），用木棒敲打，抖落掉全部沙粒和贝壳等杂质，再用软毛刷刷藻体至无可见沙粒、贝壳等杂质后，称重（m_2，精确到 0.1 g）。

② 结果计算。

杂质含量按如下公式计算：

$$Y = \frac{m_1 - m_2}{m_2} \times 100\%$$

式中，Y——试样中杂质的含量，单位为克每百克（g/100g）；

　　m_1——试样质量，单位为克（g）；

　　m_2——除杂质后干石花菜质量，单位为克（g）。

（3）水分测定。

按 GB 5009.3 中的规定执行。

（七）检验规则

1. 检验批

同一海域、同一收获其收获、同一批加工的干石花菜归为同一检验批。

2. 抽样

按 SC/T 3016 的规定执行。试样量为 400 g，分为两份，其中一份用于检验，另一份作为留样。

3. 出厂检验

每批产品应进行出厂检验。出厂检验由生产单位的质检验部门执行，检验项目为本标准中规定的全部项目。

4. 判定规则

（1）感官检验结果应符合表 4.1 的规定，合格样本数符合 SC/T 3016 规定执行。

（2）理化指标应按照各个指标中的最低等级进行分级。

（八）标识、包装、运输及贮存

1. 标识

应在产品外包装上标明产品名称、生产单位名称与地址、产地、收割日期、净重。

2. 包装

整理后压紧，用密封良好的包装材料进行包装。所用材料包装应牢固、清洁、无毒、无异味，符合食品卫生要求。

3. 运输

运输中注意防雨防潮，运输工具应清洁卫生、无毒、无异味，不得与有害物品混装，防止运输污染。

4. 贮存

贮存环境应干燥、清洁、无毒、无异味、无污染、通风良好,应符合食品卫生要求。

十三、NY/T 1709—2011 绿色食品藻类及其制品

(一)前言

本标准按照 GB/T 1.1—2009 给出的规则起草。

本标准代替 NY/T 1709—2009《绿色食品 藻类及其制品》。

本标准与 NY/T 1709—2009《绿色食品 藻类及其制品》相比,主要修改如下:

——修订了即食紫菜水分、螺旋藻制品 β - 胡萝卜素指标;

——删除了镉限量指标。

本标准由中华人民共和国农业部农产品质量安全监管局提出。

本标准由中国绿色食品发展中心归口。

本标准起草单位:广东海洋大学、广东省湛江市质量计量监督检测所。

本标准主要起草人:黄和、蒋志红、李鹏、周浓、李秀娟、陈宏、曹湛慧、何江、黄国方。

本标准所代替标准的历次版本发布情况为:

——NY/T 1709—2009。

(二)范围

本标准规定了绿色食品藻类及其制品的要求、试验方法、检验规则、标签、标志、包装、运输和贮存。

本标准适用于绿色食品藻类及其制品,包括干海带、盐渍海带、即食海带、干紫菜、即食紫菜、干裙带菜、盐渍裙带菜、即食裙带菜、螺旋藻粉、螺旋藻片和螺旋藻胶囊等产品。

(三)规范性引用文件

下列文件对于本文件的应用是必不可少的。凡是注日期的引用文件,仅注日期的版本适用于本文件。凡是不注日期的引用文件,其最新版本(包括所有的修改单)适用于本文件。

GB 4789.2 食品安全国家标准 食品微生物学检验 菌落总数测定

GB 4789.3 食品安全国家标准 食品微生物学检验 大肠菌群计数

GB 4789.4 食品安全国家标准 食品微生物学检验 沙门氏菌检验

GB/T 4789.5 食品卫生微生物学检验 志贺氏菌检验

GB/T 4789.7 食品卫生微生物学检验 副溶血性弧菌检验

GB 4789.10 食品安全国家标准 食品微生物学检验 金黄色葡萄球菌检验

GB/T 4789.15 食品卫生微生物学检验 霉菌和酵母菌计数

GB 5009.3 食品安全国家标准 食品中水分的测定

GB 5009.4 食品安全国家标准 食品中灰分的测定

GB 5009.5 食品安全国家标准 食品中蛋白质的测定

GB/T 5009.11 食品中总砷及无机砷的测定

GB 5009.12 食品安全国家标准 食品中铅的测定

GB/T 5009.17 食品中总汞及有机汞的测定

GB/T 5009.29 食品中山梨酸、苯甲酸的测定

GB/T 5009.83 食品中胡萝卜素的测定

GB/T 5009.190 食品中指示性多氯联苯含量的测定

GB 5749 生活饮用水卫生标准

GB 7718 预包装食品标签通则

NY/T 391 绿色食品 产地环境技术条件

NY/T 392 绿色食品 食品添加剂使用准则

NY/T 658 绿色食品 包装通用准则

NY/T 751 绿色食品 食用植物油

NY/T 1040 绿色食品 食用盐

NY/T 1055 绿色食品 产品检验规则

NY/T 1056 绿色食品 贮藏运输准则

SC/T 3009 水产品加工质量管理规范

SC/T 3011 水产品中盐分的测定

JJF 1070 定量包装商品净含量计量检验规则

《定量包装商品计量监督管理方法》 国家质量监督检验检疫总局令2005年第75号

中国绿色食品商标标志设计使用规范手册

（四）要求

1. 主要原辅材料

（1）产地环境。

天然捕捞原料应来源于无污染的海域或水域,养殖原料产地环境应符合NY/T 391的规定。

（2）辅料。

食品添加剂应符合NY/T 392的规定;食用盐应符合NY/T 1040的规定;食用植物油应符合NY/T 751的规定。

（3）加工用水。

应符合GB 5749的规定。

2. 加工

加工过程的卫生要求及加工企业质量管理应符合SC/T 3009的规定。

3. 感官

（1）海带及制品。

应符合表10-50的规定。

表10-50 海带及制品感官要求

项 目	要 求		
	干海带	盐渍海带	即食海带[a]
外观	叶体平直,无粘贴,无霉变,无花斑,无海带根	藻体表面光洁,无黏液	形状、大小基本一致

项　目	要　求		
	干海带	盐渍海带	即食海带 [a]
色泽	呈深褐色至浅褐色	呈墨绿色、褐绿色	呈棕褐色、褐绿色
气味与滋味	具有本品应有气味,无异味		具有本品应有气味与滋味,无异味
杂质	无肉眼可见外来杂质		

[a] 无涨袋、无胖听。

（2）紫菜、裙带菜及制品。

应符合表 10-51 的规定。

表 10-51　紫菜、裙带及制品感官要求

项　目	要　求				
	干紫菜	即食紫菜 [a]	干裙带菜	盐渍裙带菜	即食裙带菜 [a]
外观	厚薄均匀,平整,无缺损或允许有小缺角	厚薄均匀,平整,无缺损	无枯叶、暗斑、花斑、盐屑和明显毛刺	无枯叶、暗斑、花斑、明显毛刺和红叶,无孢子	形状、大小基本一致
色泽	呈黑紫色,深紫色或褐绿色,两面有光泽	呈深绿色	呈墨绿色、绿色或绿褐色		
气味与滋味	具有本品应有气味,无异味	具有本品应有气味与滋味,无异味	具有本品应有气味,无异味		具有本品应有气味与滋味,无异味
杂质	无肉眼可见外来杂质				

[a] 无涨袋、无胖听。

（3）螺旋藻制品。

应符合表 10-52 的规定。

表 10-52　螺旋藻制品感官要求

项　目	要　求		
	螺旋藻粉	螺旋藻片	螺旋藻胶囊
外观	均匀粉末	形状规范,无破损,无碎片	形状规范,无粘连,无破损
色泽	呈蓝绿色或深蓝绿色		内容物为蓝绿色或深蓝绿色粉末
气味与滋味	具有本品应有气味与滋味,无异味		
杂质	无肉眼可见外来杂质		

4. 理化指标

应符合表 10-53 和表 10-54 的规定。

表 10-53　螺旋藻制品以外的理化指标 /（g/100 g）

项　目	指　标						
	干海带	盐渍海带	即食海带	干紫菜	即食紫菜	干裙带菜	盐渍裙带菜
水分	≤ 20	≤ 68	—	≤ 14	≤ 5.0	≤ 10	≤ 60
盐分	—	≤ 25	≤ 6	—	—	≤ 23	≤ 25

表 10-54　螺旋藻制品理化指标 /(g/100 g)

项　目	指　标		
	螺旋藻粉	螺旋藻胶囊	螺旋藻片
水分	≤ 7		≤ 10
蛋白质	≥ 55	≥ 50	≥ 45
灰分	≤ 7		≤ 10
(β-胡萝卜素)	≥ 50		

5. 净含量

应符合《定量包装商品计量监督管理办法》的规定。

6. 卫生指标

应符合表 10-55 的规定。

表 10-55　卫生指标

项　目	指　标
甲基汞, mg/kg	≤ 0.5
无机砷, mg/kg	≤ 1.5
铅(以 Pb 计), mg/kg	≤ 1.0
多氯联苯, mg/kg	≤ 2.0
(以 PCB28、PCB52、PCB101、PCB118、PCB138、PCB153 和 PCB180 总和计)	
PCB138, mg/kg	≤ 0.5
PCB153, mg/kg	≤ 0.5
苯甲酸及其钠盐(以苯甲酸计)[a], g/kg	不得检出(<0.001)
山梨酸及其钾盐(以山梨酸计)[a], g/kg	≤ 1.0

[a] 适用于即食藻类制品。

7. 微生物学指标

即食藻类制品微生物学指标应符合表 10-56 的规定。

表 10-56　即食藻类制品微生物学指标

项　目	指　标
菌落总数 /(cfu/g)	≤ 30 000
大肠菌群 /(MPN/100 g)	≤ 30
霉菌 /(cfu/g)	≤ 300
沙门氏菌	不得检出
志贺氏菌	不得检出
副溶血性弧菌	不得检出
金黄色葡萄球菌	不得检出

(五)试验方法

1. 感官检验

(1)外观、色泽和杂质。

取至少三个包装的样品,先检查包装有无破损、涨袋和胖听;然后,打开包装,在光线充足、无异味、清洁卫生的环境中检查袋内或瓶内产品外观和色泽;再检查杂质。

（2）气味和滋味。

打开包装后嗅其气味,即食产品则品尝其滋味;其他产品则检查有无异味。

2. 净含量测定

按 JJF 1070 的规定执行。

3. 理化指标检验

（1）水分。

按 GB 5009.3 的规定执行。

（2）盐分。

按 SC/T 3011 的规定执行。

（3）蛋白质。

按 GB 5009.5 的规定执行。

（4）$\beta-$ 胡萝卜素。

按 GB/T 5009.83 的规定执行。

（5）灰分。

按 GB 5009.4 的规定执行。

4. 卫生指标检验

（1）甲基汞。

按 GB/T 5009.17 的规定执行。

（2）无机砷。

按 GB/T 5009.11 的规定执行。

（3）铅。

按 GB 5009.12 的规定执行。

（4）多氯联苯。

按 GB/T 5009.190 的规定执行。

（5）苯甲酸及其钠盐、山梨酸及其钾盐

按 GB/T 5009.29 的规定执行。

5. 微生物学指标检验

（1）菌落总数检验。

按 GB 4789.2 的规定执行。

（2）大肠菌群计数。

按 GB 4789.3 的规定执行。

（3）霉菌检验。

按 GB/T 4789.15 的规定执行。

（4）沙门氏菌检验。

按 GB/T 4789.4 的规定执行。

（5）志贺氏菌检验。

按 GB/T 4789.5 的规定执行。

（6）副溶血性弧菌检验。

按 GB/T 4789.7 的规定执行。

（7）金黄色葡萄球菌检验。

按 GB 4789.10 的规定执行。

（六）检验规则

按 NY/T 1055 的规定执行。

（七）标签和标志

1. 标签

标签按 GB 7718 规定执行。

2. 标志

产品的包装上应有绿色食品标志。标志设计和使用应符合《中国绿色食品商标标志设计使用规范手册》的规定。

（八）包装、运输和贮存

1. 包装

包装及包装材料按 NY/T 658 的规定执行。

2. 运输和贮存

按 NY/T 1056 的规定执行。

十四、SC/T 3401—2006 印染用褐藻酸钠

（一）前言

本标准是对 SC/T 3401—1985《印染用褐藻酸钠》（原 SC137—85）和 SC/T 3402—1985《纺织浆纱用褐藻酸钠》（原 SC138—85）的修订。

本次修订在技术内容上与原标准相比，做了如下修改：产品规格以黏度划分，取消"粒度""游离氯"两项指标，将相关的检验方法列入附录 A 中。

本标准的附录 A 为规范性附录。

本标准自实施之日起，代替 SC/T 3401—1985、SC/T 3402—1985。

本标准由中华人民共和国农业部渔业局提出。

本标准由全国水产标准化技术委员会水产品加工分技术委员会归口。

本标准起草单位：国家水产品质量监督检验中心。

本标准主要起草人：王联珠、李晓川、冷凯良、翟毓秀、陈远惠。

本标准于 1985 年 6 月首次发布。本次修订为第一次修订。

（二）范围

本标准规定了印染用和纺织浆纱用褐藻酸钠的产品规格、技术要求、试验方法、检验规则和标志、包装、运输、贮存要求。

本标准适用于以海带（*Laminaria* sp.）、马尾藻（*Natans* sp.）、巨藻（*Macrocystis* sp.）、泡叶藻（*Ascophyllum* sp.）等褐藻类植物为原料，经提取加工制成的印染、纺织浆纱使用的褐藻酸钠。

（三）规范性引用文件

下列文件中的条款通过本标准的引用而成为本标准的条款。凡是注日期的引用文件，其随后所有的修改单（不包括勘误的内容）或修订版均不适用于本标准，然而，鼓励根据本标准达成协议的各方研究是否可使用这些文件的最新版本。凡是不注日期的引用文件，其最新版本适用于本标准。

GB 601—2002 化学试剂、滴定分析（含量分析）用标准溶液的制备

GB 6682 实验室用水规格

（四）要求

1. 产品规格

产品规格见表10-57。

表10-57 产品规格

规　格	低黏度	中黏度	高黏度
黏度/mPa·s	< 150	150～400	> 400

2. 理化指标

表10-58 技术要求

项　目	指　标
色泽	白色至浅黄色或浅黄褐色
水分，%	≤ 15.0
水不溶物，%	≤ 0.6
黏度下降率，%	≤ 20.0
pH	6.0～8.0
钙，%	≤ 0.4

（五）试验方法

1. 色泽

将样品平摊于白瓷盘内，于光线充足、无异味的环境中检验。

2. 水分

按本标准附录A中1的规定执行。

3. 水不溶物

按本标准附录A中2的规定执行。

4. 黏度

按本标准附录A中3的规定执行。

5. 黏度下降率

按本标准附录A中4的规定执行。

6. pH

按本标准附录A中5的规定执行。

7. 钙

按本标准附录 A 中 6 的规定执行。

（六）检验规则

1. 抽样

（1）批的组成。

以混合罐的一次混合量为一批。

（2）抽样方法。

① 每批按垛的上、中、下三层不同位置抽取，批量不超过 1t 时，至少抽取 6 袋；批量超过 1 t 时，至少抽取 10 袋。取样时，每袋抽取的量不少于 200 g。

② 应用取样器沿堆积立面以"X"形或"W"形对各袋抽取。产品未堆垛时，应在各部位随机抽取。

③ 由各袋取出的样品应充分混匀后，用四分法将样品缩分，样品量不少于 500 g，封装于磨口瓶或塑料袋中，贴标签。

④ 应认真、如实填写取样单，内容包括：样品名称、抽样时间、地点、产品批号、抽样数量、抽样人签字等。必要时，注明抽样地点的环境条件及仓储情况等内容。

2. 检验分类

产品检验分为出厂检验与型式检验。

（1）出厂检验。

每批产品必须进行出厂检验。出厂检验由生产单位质量检验部门执行，检验项目应至少包括黏度、色泽、pH、水不溶物等项；检验合格签发检验合格证，产品凭检验合格证入库或出厂。

（2）型式检验。

有下列情况之一时，应进行型式检验。型式检验的项目为本标准中规定的全部项目。

① 长期停产，恢复生产时；

② 原料变化或改变主要生产工艺，可能影响产品质量时；

③ 国家质量监督机构提出进行型式检验要求时；

④ 出厂检验与上次型次检验有大差异时；

⑤ 正常生产时，每年至少一次的周期性检验。

3. 判定规则

（1）所检项目的检验结果均符合标准要求时，则判本批产品合格。

（2）检验结果中若有一项指标不符合标准规定时，允许加倍抽样将此项目复验一次，按复验结果判定本批产品是否合格。

（七）标志、包装、运输、贮运

1. 标志

包装上应有牢固、清晰的标志，标明生产厂名、产品名称、批号、生产日期、净重、产品标准代号。出口产品按合同执行。

2. 包装

产品包装应完整、清洁、密封、牢固,适合长途运输。

3. 运输

运输工具要清洁、卫生、防雨,运输中要防止日晒、雨淋及受热、受潮。

4. 贮存

本品应存放干净、干燥、防晒的库房中,要避免雨淋及日晒,防止受热、受潮。

（八）规范性附录——附录A（褐藻酸钠含量检验方法）

1. 水分的测定

（1）原理。

试样在105 ℃ ± 2 ℃,常压条件下干燥,直至恒重,逸失的质量为水分。

（2）仪器。

扁形铝制或玻璃制衡量瓶:内径60～70 mm,高35 mm以下。

电热恒温干燥箱。

（3）测定步骤。

① 恒重法。

a. 称量瓶的恒重。

用洁净的玻璃或铝制扁形称量瓶,置于105 ℃ ± 2 ℃烘箱中,瓶盖斜支在瓶边,烘1～1.5 h,盖好瓶盖,取出,置于干燥器内冷却30 min后称重（称准至0.000 1 g）。再烘30 min,同样冷却称重,直至前后两次质量之差不大于0.000 5 g为恒重。

b. 测定。

用已恒重的称重瓶称取试样2～3 g（称准至0.000 1 g）。将瓶盖斜支于瓶边,在105 ℃ ± 2 ℃烘箱中烘4 h,盖好瓶盖取出,在干燥器中冷却30 min,称重。再同样烘1 h,冷却称重,直至前后两次质量之差不大于0.002 g为恒重。

② 快速法。

a. 称量瓶的恒重。

恒重方法同①中a。

b. 测定:

用已恒重的称量瓶称取试样2～3 g（称准至0.000 5 g）,将盖斜支于瓶边,在105 ℃ ± 2 ℃烘箱中烘5 h,盖好盖取出,在干燥器中冷却30 min,称重。

（4）结果计算。

水分按如下公式计算:

$$X_1 = \frac{m_1 - m_2}{m_1 - m_0} \times 100\%$$

式中,X_1——试样中水分含量,单位为百分率（%）;

m_0——恒重的称量瓶质量,单位为克（g）。

m_1——在105 ± 2 ℃烘干前试样及称量瓶质量,单位为克（g）;

m_2——在105 ± 2 ℃烘干后试样及称量瓶质量,单位为克（g）;

（5）重复性。

每个试样，应取两个平行样进行测定，以其算术平均值为结果。

两个平行样结果相差不得超过 0.4%，否则重新测定。

如对结果有争议时，以①恒重法为准。

2. 水不溶物的测定

（1）原理。

褐藻酸钠水溶液通过砂芯坩埚减压抽滤，将残留物洗净后干燥至恒重，以质量百分率表示。

（2）仪器设备。

真空泵；砂芯坩埚：型号 P40 或 G3，滤板孔径 30～50 μm。

（3）测定步骤。

称取试样约 0.5 g（称准至 0.000 2 g）于 500 mL 烧杯中，加蒸馏水至 200 mL，盖上表面皿，加热煮沸，保持微沸 1 h（加热时注意搅动）。趁热用已干燥恒重（前后两次质量之差不大于 0.000 2 g 为恒重，冷却操作时需严格保持冷却时间的统一）的砂芯坩埚减压过滤，并用热蒸馏水充分洗涤烧杯和砂芯坩埚，然后将砂芯坩埚于 105 ℃ ± 2 ℃烘箱内烘至恒重（前后两次质量之差不大于 0.000 3 g 为恒重）。

（4）结果计算。

水不溶物按下列公式计算：

$$X_3 = \frac{m_7 - m_8}{m_6} \times 100\%$$

式中，X_3——试样中水不溶物含量，单位为百分率（%）；

　　m_6——试样质量，单位为克（g）；

　　m_7——砂芯坩埚与水不溶物质量，单位为克（g）；

　　m_8——砂芯坩埚质量，单位为克（g）。

（5）重复性。

每个试样应取两个平行样进行测定，以其算术平均值为结果。

两个平行样结果相差（绝对值）不得超过 0.10，否则重新测定。

3. 黏度的测定

（1）原理。

黏度计的转子在褐藻酸钠溶液中转动时，受到黏滞阻力，使与指针连接的游丝产生扭矩，与黏滞阻力抗衡，最后达到了平衡时，通过刻度圆盘指示读数，该读数再乘上特定系数即得其黏度。

（2）仪器。

旋转黏度计。

（3）测定步骤。

① 配制 1% 褐藻酸钠水溶液 500～600 mL：称取 5.0～6.0 g 样品，加入预先量好的蒸馏水中，需先按样品量计算出所需蒸馏水的量。溶解试样时，应先打开电动搅拌机，在搅拌状态下慢慢加入试样，搅拌，直至呈均匀的溶液，放置至气泡脱尽备用。

② 先调整溶液温度为 20 ℃ ± 0.5 ℃,再按黏度计操作规程进行测定,启动黏度计开关以后,旋转约 0.5 min,待转盘上指针稳定后读数。

（4）结果计算。

数字式黏度计可直接读数,指针式黏度计按下列公式计算黏度:

$$A = S \cdot \kappa$$

式中,A——黏度,单位为毫帕秒（mPa·s）;

S——旋转黏度计指针指示读数;

κ——测定时选用的相应的转子与转速的系数。

（5）重复性。

取两个平行样的算术平均值为结果,允许相对偏差为 3%。

4. 黏度下降率的测定

（1）原理。

褐藻酸钠在 40 ℃ 水浴条件下保温 6 d 后,测其黏度并与保温前黏度相比,二者之差与保温前黏度的比值,以百分率表示。

（2）仪器设备。

旋转黏度计;超级恒温器:40 ℃ ± 0.5 ℃

（3）测定步骤。

称取试样约 6 g,置于 15 mm × 150 mm 具塞试管中,塞好塞子,管口再用一层塑料薄膜或者乳胶脂套密封,将试管的有试样部分完全浸入温度为 40 ℃ ± 0.5 ℃ 的恒温水浴内槽中,保温 6 昼夜后取出。

按 3 中（3）的规定配制上述试样的溶液并测其黏度。

（4）结果计算。

黏度下降率按下列公式计算。

$$X_4 = \frac{A_0 - A_1}{A_0} \times 100\%$$

式中,X_4——黏度下降率,单位为百分率（%）;

A_0——试样保温前黏度,单位为毫帕秒（mPa·s）;

A_1——试样保温后黏度,单位为毫帕秒（mPa·s）。

（5）重复性。

每个试样取两个平行样进行保温后测定,以其算术平均值为保温后黏度。两个平行样结果相对偏差不得超过 3%。

5. pH 的测定

（1）原理。

不同酸度的褐藻酸钠水溶液对酸度计的玻璃电极和甘汞电极产生不同的直流电动势,通过放大器指示其 pH。

（2）仪器。

酸度计:精度为 0.01 pH 单位。

（3）试剂。

实验用水应符合 GB 6682 中三级水的要求。

（4）测定步骤。

① 配制 1% 的褐藻酸钠水溶液。

称取试样 1 g（称准至 0.01 g），加蒸馏水 99 mL，搅拌溶解成均匀溶液，此溶液浓度为 1%。

② pH 的测定。

按酸度计使用规定，先将酸度计校正，再用容量 100 mL 的烧杯盛取 1% 褐藻酸钠溶液 50 mL，将电极浸入溶液中，然后启动酸度计，测定试液 pH。测时注意晃动溶液，待指针或显示值稳定后读数。

（5）结果计算。

每个试样取两个平行样进行测定，取其算术平均值为结果。

（6）重复性。

两个平行样结果相差（绝对差）不得超过 0.10，否则重新配制溶液、测定。

6. 钙的测定

（1）原理。

试样经溶解后，加入氢氧化钠使溶液 pH 大于 12，同时加入三乙醇胺做掩蔽剂，用钙红做指示剂，用标准 EDTA 液络合滴定钙，用消耗的 EDTA 标准液量计算钙的含量。

（2）试剂。

所用试剂均为分析纯，水为蒸馏水。

① 氢氧化钠溶液：2 mol/L。

称取氢氧化钠 8 g，加水稀释至 100 mL。

② 三乙醇胺溶液：10%。

量取 10 mL 三乙醇胺，加 90 mL 水混合均匀。

③ EDTA 标准液：0.01 mol/L。

参照 GB 601—2002 中 4.15 条配制和标定。

④ 钙红指示剂：2%

取 2 g 钙红指示剂，加 100 g 固体氯化钠，于研钵混合研细，盛于棕色广口瓶中。

（3）测定。

准确称取样品 0.5 g（称准至 0.002 g）于 250 mL 烧杯中或锥形瓶中，加 100 mL 水溶解（必要时加热），加入 2 mol/L NaOH 溶液 5 mL，搅拌均匀，再加入 10% 三乙醇胺溶液 1 mL，0.1 g 固体钙红指示剂，溶解后，在不断搅拌下，用 10 mL 滴定管，以 0.01 mol/L 的 EDTA 溶液滴定至由酒红色突变为亮蓝色，即为终点。

（4）结果计算。

含钙量按下列公式计算。

$$X_6 = \frac{c \times V \times 0.04008}{m_9} \times 100\%$$

式中，X_6——试样中含钙量，单位为百分率（%）；

$\quad c$——EDTA 标准液的摩尔浓度，单位为摩尔每升（mol/L）；

$\quad V$——滴定所用 EDTA 标准液体积，单位为毫升（mL）；

$\quad m_9$——样品质量，单位为克（g）；

$\quad 0.040\,08$——与 1.00 mL EDTA 标准溶液 $[c_{(EDTA)} = 0.01$ mol/L$]$ 相当的以毫克表示

$\qquad$ 的钙的质量。

（5）重复性。

每个试样取两个平行样进行测定，以其算术平均值为结果。

两个平行样结果允许相对偏差不超过 5%，否则重做。

十五、SC/T3402—2012　褐藻酸钠印染助剂

（一）前言

本标准按 GB/T 1.1 给出的规则起草。

本标准由农业部渔业局提出。

本标准由全国水产标准化技术委员会水产加工分技术委员会（SAT/TC 156/SC 3）归口。

本标准起草单位：中国水产科学研究院黄海水产研究所、中国海藻工业协会、青岛明月海藻集团有限公司、山东洁晶集团股份有限公司、青岛聚大洋海藻工业有限公司。

本标准主要起草人：冷凯良、关景象、王联珠、许洋、尚德荣、安丰欣、林成彬、程跃谟、苗钧魁、贾福强。

（二）范围

本标准规定了褐藻酸钠印染助剂的产品规格、技术要求、试验方法、检验规则以及标识、包装、运输和贮存要求。

本标准适用于以褐藻酸钠为主要成分，添加硫酸钠或六偏磷酸钠的纺织印染用助剂。

（三）规范性引用文件

下列文件对于本文件的应用是必不可少的。凡是注日期的引用文件，仅注日期的版本适用于本文件。凡是不注日期的引用文件，其新版本（包括所有的修改单）适用于本文件。

GB/T 601—2002　化学试剂　标准滴定溶液的制备

GB/T 6682　分析实验室用水规格和实验方法

SC/T 3401—2006　印染用褐藻酸钠

（四）技术要求

1. 产品规格

产品规格应符合表 10-59 的要求。

表 10-59　产品规格

规　格	低黏度	中黏度	高黏度
黏度 /mPa·s	< 150	150～400	> 400

2. 感官与理化指标

产品的感官与理化指标应符合表 10-60 的要求。

表 10-60　感官与理化指标

项　目	指　标
色泽及性状	白色至浅黄褐色粉状
褐藻酸钠 /%	≥ 50
硫酸钠 /%	< 40
六偏磷酸钠 /%	< 10
水分 /%	≤ 15.0
钙 /%	≤ 0.4
pH	6.0～8.0
黏度下降率 /%	≤ 20.0
透网性 /s	≤ 90

（五）试验方法

1. 黏度

按 SC/T 3401—2006 附录 A 中 A.3 的规定执行。

2. 色泽

将样品平摊于白瓷盘内,于光线充足、无异味的环境中检验。

3. 褐藻酸钠

按附录 A 的规定执行。

4. 硫酸钠

按附录 B 的规定执行。

5. 六偏磷酸钠

按附录 C 的规定执行。

6. 水分

按 SC/T 3401—2006 中附录 A 中 A.1 的规定执行。

7. 钙

按 SC/T 3401—2006 中附录 A 中 A.6 的规定执行。

8. pH

按 SC/T 3401—2006 中附录 A 中 A.5 的规定执行。

9. 黏度下降率

按 SC/T 3401—2006 中附录 A 中 A.4 的规定执行。

10. 透网性

按附录 D 的规定执行。

（六）检验规则

1. 抽样

（1）批的组成。

以混合罐的一次混合量为一批。

（2）抽样方法。

① 每批按垛的上、中、下三层不同位置抽取，批量不超过1 t时，至少抽取6袋，每袋25 kg；批量超过1 t时，至少抽取10袋，每袋25 kg。

② 产品堆垛时，沿堆积立面以"X"形或"W"形对各袋抽样；产品未堆垛时，应在各部位随机抽样。

③ 取样时每袋抽取的量不少于200 g，由各袋取出的样品应充分混匀后，按四分法将样品缩分至样品量至少500 g。

2. 检验分类

产品分为出厂检验和型式检验。

（1）出厂检验。

每批产品必须进行出厂检验。出厂检验由生产单位质量检验部门执行，检验项目应至少包括产品的色泽、褐藻酸钠、pH、黏度、透网性等项；检验合格签发检验合格证，产品凭检验合格证入库或出厂。

（2）型式检验。

型式检验的项目为本标准中规定的全部项目。有下列情况之一时，应进行型式检验。

① 新产品投产时；

② 长期停产后重新恢复生产时；

③ 原料变化或改变主要生产工艺，可能影响产品质量时；

④ 国家质量监督机构提出进行型式检验要求时；

⑤ 出厂检验和上次型式检验有很大差异时；

⑥ 正常生产时，每6个月至少一次型式检验。

3. 判定规则

（1）所检项目的检验结果均符合标准要求时，则判整批产品合格；

（2）检验结果中若有一项指标不符合标准规定时，允许双倍抽样进行复验。复检结果有一项指标不符合本标准，则判整批产品为不合格。

（七）标识、包装、运输和贮运

1. 标识

包装上应有牢固、清晰的标识，标明生产厂家、产品名称、规格、批号、生产日期、净重、产品标准代号。

2. 包装

产品应包装于足够强度的复合塑料编织袋或牛皮纸袋中，内衬聚乙烯塑料薄膜袋，外包装应完整、清洁、密封、牢固、适合长途运输，规格25 kg/袋。

3. 运输

应使用清洁、卫生、防雨的运输工具,运输过程应防止日晒、雨淋、受热和受潮,不得与有毒有害物质混放。产品在运输和贮存过程中,应做好防护工作以防破损。

4. 贮存

应存放于干净、干燥通风、防晒的库房中,存放时应与地面保持不低于 20 cm 间隔,与墙壁保持不低于 30 cm 间隔,垛位之间保持不低于 60 cm 间隔。库房控制相对湿度不得超过 65%。本品不得与有毒、有害物质和化学危险品、易燃易爆品混放,应保持干燥,避免日晒雨淋及受热受潮。

(八)规范性附录

1. 附录 A——褐藻酸钠

(1)原理。

褐藻酸钠印染助剂中的褐藻酸钠可在盐酸溶液中充分溶胀转化为褐藻酸,用蒸馏水洗涤至无氯离子后,使用乙酸钙溶液将褐藻酸完全转化为褐藻酸钙;然后,用标准氢氧化钠溶液滴定溶液中游离出的氢离子,从而计算产品中褐藻酸钠的含量。

(2)仪器。

电子天平:感量 0.000 1 g。

超声波清洗器:工作频率 40 KHz,功率 600W。

真空泵。

布氏漏斗:直径 50 mm,40 mL。

尼龙滤布:孔径为 38 μm,剪成圆片,可置于布氏漏斗底部,滤布边缘需低于漏斗边缘。

(3)试剂。

除有特殊说明外,所用试剂均为分析纯。试验用水应符合 GB/T 6682 中三级水的规定。

① 无二氧化碳水。

用下述方法之一制备。

a. 煮沸法:根据需要取适量水至烧杯中,煮沸至少 10 min,或使水量蒸发 10% 以上,加盖放冷。

b. 曝气法:将惰性气体或纯氮气通入水至饱和。

② 1 mol/L 盐酸溶液。

量取 90 mL 盐酸,注入 1 000 mL 水中,摇匀。

③ 0.1 mol/L 氢氧化钠标准溶液。

参照 GB/T 601—2012 中 4.1 的要求配制和标定。

④ 1 mol/L 乙酸钙溶液。

称取 176.18 g 乙酸钙,溶于水后,转移至 1 L 棕色容量瓶中,定容至刻度,摇匀后备用。

⑤ 0.1 mol/L 硝酸银溶液。

称取硝酸银 1.7 g,以适量水溶解并稀释至 100 mL。

⑥ 1%酚酞指示剂。

称取 1 g 酚酞，用 95%乙醇溶解，并稀释至 100 mL。

（4）测定步骤。

称取样品 0.5 g（精确至 0.000 1 g），移入 50 mL 烧杯中，加入 1 mol/L 盐酸溶液 20 mL，搅拌均匀后置超声波清洗器中超声 5 min，静置 2 min，将上清液通过垫有滤布（孔径为 38 μm）的布氏漏斗抽滤。烧杯中再次加入 1 mol/L 盐酸溶液 20 mL，搅拌均匀后超声 5 min，将上清液过滤。再加入 1 mol/L 盐酸溶液 20 mL，超声 5 min 并将烧杯中所有沉淀物转移至滤布中，用蒸馏水清洗烧杯并反复多次淋洗滤布以及滤布上的沉淀物。待洗涤至无氯离子后，将滤布连同其中的沉淀物一并转移至 250 mL 三角瓶中，加入无二氧化碳水 50 mL、1 mol/L 乙酸钙溶液 30 mL，加入搅拌磁子，以封口膜封口，置于磁力搅拌器上搅拌 1 h。加入 2 滴酚酞指示剂，以 0.1 mol/L 氢氧化钠标准溶液进行滴定，至溶液呈浅粉色，并 30 s 不褪色为滴定终点，同时做空白试验。

（5）计算结果。

样品中褐藻酸钠的含量按下式计算。

$$X_1 = \frac{(V_1 - V_0) \times c_1 \times \frac{222}{1\,000}}{M_1} \times 100\%$$

式中，X_1——样品中褐藻酸钠含量，单位为百分率（%）；

V_0——空白试验所消耗氢氧化钠标准溶液的体积，单位为毫升（mL）；

V_1——测试样品时所消耗氢氧化钠标准溶液的体积，单位为毫升（mL）；

c_1——氢氧化钠标准溶液的浓度，单位为摩尔每升（mol/L）；

222/1 000——褐藻酸钠的毫克当量；

M_1——样品的质量，单位为克（g）。

（6）重复性。

每个样品应取两个平行样进行测定，结果取其算术平均值。

在重复条件下获得的两次独立测定结果的相对偏差不大于 3%，否则重新测定。

2. 附录 B——硫酸钠

（1）范围。

本方法适用于褐藻酸钠印染助剂产品中无水硫酸钠含量的测定。

（2）原理。

在强酸性介质中，硫酸根（SO_4^{2-}）与钡离子（Ba^{2+}）形成硫酸钡（$BaSO_4$）沉淀，经过滤、洗涤、干燥、称重、计算，从而得到无水硫酸钠的含量。

（3）仪器。

天平：感量 0.01 g。

分析天平：感量 0.000 1 g。

恒温干燥箱。

循环水真空泵。

超声波清洗器。

电热炉或电热板。

4 号玻璃砂芯漏斗：直径 40 mm，容积 35 mL。

玻璃漏斗：60 mL。

尼龙滤布：孔径为 38 μm，剪成圆片，可置于布氏漏斗底部，滤布边缘需低于漏斗边缘。

三角瓶：250 mL。

（4）试剂。

除特殊说明外，所用试剂均为分析纯。试验用水应符合 GB/T 6682 中三级水的规定。

① 1 mol/L 盐酸溶液：量取 90 mL 盐酸，注入 1 000 mL 水中，摇匀。

② 浓盐酸。

③ 50 g/L 氯化钡溶液：称取氯化钡 50 g，以适量水溶解后，稀释至 1 000 mL，摇匀。

④ 0.1 mol/L 硝酸银溶液：称取硝酸银 1.7 g，以适量水溶解后，转移至 100 mL 棕色容量瓶中，定容，摇匀。

（5）测试步骤。

准确称取样品 1 g（精确至 0.000 1 g），置于 50 mL 烧杯中，加入 1 mol/L 盐酸溶液 20 mL，在超声波清洗器中搅拌均匀后超声 5 min，用滤布（孔径为 38 μm）将上清液过滤，滤液收集于锥形瓶中；烧杯中再次加入 1 mol/L 盐酸溶液 20 mL，在超声波清洗器中搅拌均匀后超声 5 min，将上清液过滤，滤液收集于锥形瓶中；第三次加入 1 mol/L 盐酸溶液 20 mL，超声并将烧杯中所有沉淀物转移至滤布中，用 1 mol/L 盐酸溶液清洗烧杯并淋洗滤布中的沉淀 2 次，每次 20 mL。所有清洗液收集于锥形瓶中。

向三角瓶中加入浓盐酸 15 mL，于通风橱中煮沸 1 min，趁热在 2 min 内逐滴加入氯化钡溶液 20 mL，再煮沸 3～5 min。然后置于 70 ℃～80 ℃恒温水浴中陈化 2 h。用预先已烘至恒重玻璃砂芯漏斗抽滤，用蒸馏水水洗涤沉淀至无氯离子。将玻璃砂芯漏斗置于 105 ℃恒温干燥箱中烘至恒重。

（6）结果计算。

硫酸钠的含量按下式计算：

$$X_2 = \frac{m_2}{M_2} \times \frac{142.04}{233.39} \times 100\%$$

式中，X_2——样品中无水硫酸钠的含量，单位为百分率（%）；

m_2——无水硫酸钡的质量，单位为克（g）；

M_2——样品的质量，单位为克（g）；

142.04/233.39——硫酸钡换算为无水硫酸钠的系数；

（7）方法线性范围。

本方法的线性适用范围为测定产品中 5%～50% 硫酸钠含量。若超出范围，则适当增加或减少取样量重新测定。

（8）重复性。

每个样品应取两个平行样进行测定，结果取其算术平均值。

两个平行样结果相对偏差不得超过 3%，否则重新测定。

3．附录 C——六偏磷酸钠

（1）范围。

本方法适用于褐藻酸钠印染助剂产品中六偏磷酸钠含量的测定。

（2）原理。

六偏磷酸钠中的偏磷酸根在酸性条件下水解为正磷酸根，在酸性介质中，正磷酸根与加入的沉淀剂喹钼柠酮反应，生成黄色磷钼酸喹啉 $[(C_9H_7N)_3H_3PO_4 \cdot 12\,MoO_3 \cdot H_2O]$ 沉淀。经过滤、洗涤后，将沉淀溶解于过量氢氧化钠溶液中，然后用盐酸标准溶液滴定过量的氢氧化钠，通过计算得出六偏磷酸钠的含量。

（3）仪器。

天平：感量 0.01 g。

分析天平：感量 0.000 1 g。

玻璃砂芯过滤装置。

循环水真空泵。

微孔过滤膜：水系，0.45 μm。

电炉或电热板。

玻璃漏斗：60 mL。

尼龙滤布：孔径为 38 μm，剪成圆片，可置于布氏漏斗底部，滤布边缘需低于漏斗边缘。

容量瓶：100 mL。

（4）试剂：

除特殊说明外，所用试剂均为分析纯。试验用水应符合 GB/T 6682 中三级水的规定。

① 无二氧化碳水：按附录 A（3）中①进行。

② 1 mol/L 盐酸溶液：量取 90 mL 盐酸，注入 1 000 mL 水中，摇匀。

③ 1+1 硝酸溶液：在不断搅拌下，将 100 mL 浓硝酸溶液缓缓倒入 100 mL 蒸馏水，搅拌均匀，冷却至室温。

④ 喹钼柠酮溶液：

a. 称取 70 g 钼酸钠（$Na_2MoO_4 \cdot 2H_2O$）溶解于 100 mL 水中（溶液 A）；

b. 称取 60 g 柠檬酸（$C_6H_8O_7 \cdot H_2O$）溶解于 150 mL 水和 85 mL 1+1 硝酸溶液中（溶液 B）；

c. 在不断搅拌下，缓缓将溶液 A 倒入溶液 B 中（溶液 C）；

d. 在 100 mL 水中加入 35 mL 硝酸溶液和 5 mL 喹啉（溶液 D）；

e. 将溶液 D 倒入溶液 C 中，暗处放置 12 h 后，抽滤，向滤液中加入 280 mL 丙酮，用水稀释至 1 000 mL，混匀，贮存于聚乙烯瓶中，避光保存。

⑤ 0.3 mol/L 氢氧化钠标准溶液：参照 GB/T 601—2002 中 4.1 的要求配制和标定。

⑥ 0.1 mol/L 盐酸标准溶液：量取 9 mL 盐酸，注入 1 000 mL 水中，摇匀参照 GB/T 601—2002 中 4.2 的要求标定。

⑦ 1% 酚酞指示剂：称取 1 g 酚酞，用 95% 乙醇溶解，并稀释至 100 mL。

（5）分析步骤。

准确称取样品 1 g（精确至 0.0001 g），置于 50 mL 烧杯中，加入 1 mol/L 盐酸溶液 20 mL，在超声波清洗器中搅拌均匀后超声 5 min，用滤布（孔径为 38 μm）将上清液过滤，滤液收集于容量瓶中；烧杯中再次加入 1 mol/L 盐酸溶液 20 mL，在超声波清洗器中搅拌均匀超声 5 min，将上清液过滤，滤液收集于容量瓶中；第三次加入 1 mol/L 盐酸溶液 20 mL，超声并将烧杯中所有沉淀物转移至滤布中，用 1 mol/L 盐酸溶液清洗烧杯并淋洗滤布中的沉淀 2 次，每次 20 mL。所有清洗液收集于 100 mL 容量瓶中，定容并摇匀。

精确移取 10 mL 待测溶液，置于 500 mL 烧杯中，加 1+1 硝酸溶液 15 mL，水 70 mL，微沸 15 min，趁热加入喹钼柠酮溶液 50 mL，保持沸腾约 1 min。冷却至室温。用装有微孔过滤膜的抽滤装置过滤，并用水洗涤沉淀至中性，将沉淀和微孔过滤膜移入 250 mL 三角瓶中，加入氢氧化钠标准溶液，边加边摇待沉淀全部溶解后再过量 2 mL～3 mL，记录所加氢氧化钠标准溶液的体积。加入水 50 mL，加入 2 滴 1%酚酞指示液，用 0.1 mol/L 盐酸标准溶液滴定至粉红色刚好消失为终点。

（6）结果计算。

六偏磷酸钠的含量按下式计算：

$$X_3 = \frac{(c_2 V_2 - c_3 V_3)}{M_3} \times 0.011\,91\,\frac{611.77}{185.82} \times 100\%$$

式中，X_3——样品中六偏磷酸钠的含量，单位为百分率（%）；

c_2——氢氧化钠标准溶液的浓度，单位为摩尔每升（mol/L）；

V_2——加入氢氧化钠标准溶液的体积，单位为毫升（mL）；

c_3——盐酸标准溶液的浓度，单位为摩尔每升（mol/L）；

V_3——消耗盐酸标准溶液的体积，单位为毫升（mL）；

M_3——样品的质量，单位为克（g）；

0.011 91——每毫摩尔氢氧根对应磷的质量，单位为克每毫摩尔（g/mmol）；

611.77/185.82——磷对应六偏磷酸钠的系数。

（7）方法线性范围。

本方法的线性适用范围为测定产品中 1%～10%六偏磷酸钠含量。若超出范围，则适当增加或减少取样量重新测定。

（8）重复性。

每个样品应取两个平行样进行测定，结果取其算术平均值。

两次平行测定结果的相对偏差不得超过 5%，否则重新测定。

4. 附录 D——透网性的测定

（1）原理。

配制 2%褐藻酸钠印染助剂水溶液，在 0.04～0.06 MPa 真空度的抽滤状态下，测量透过孔径为 38 μm 的金属滤网所用的时间。

（2）仪器。

天平：感量 0.01 g。

循环水真空泵:真空度 0～0.098 MPa,功率 180 W。

秒表。

抽滤瓶:5 L。

布氏漏斗:直径 120 mm。

金属滤网:孔径 38 μm。

(3)试剂。

试验用水应符合 GB/T 6682 中三级水的规定。

六偏磷酸钠:化学纯。

(4)测定。

称取试样 80 g,在搅拌条件下缓慢加入 4 L 水中,加六偏磷酸钠 8 g,不断搅拌溶解直到呈均匀的溶液,配制成 2%的褐藻酸钠印染助剂溶液,放置 2 h。将直径 120 mm 的布氏漏斗置于抽滤瓶上,漏斗上放置用水冲洗干净的孔径为 38 μm 金属滤网,布氏漏斗中倒满胶液,各连接处需要紧密连接。关闭连通开关,开启真空泵,待真空度升至 0.04～0.06 MPa 时,打开连通开关,将胶液通过孔径为 38 μm 金属滤网抽滤,同时用秒表记录胶液通过时间。

(5)测定结果。

用秒表记录以 80 g 褐藻酸钠印染助剂配制的 2%溶液的抽滤时间,结果以 s 计。

每个样品应取两个平行样进行测定,结果取其算数平均值。

十六、SC/T 3404—2012 岩藻多糖

(一)前言

本标准按 GB/T 1.1 给出的规则起草。

本标准由农业部渔业局提出。

本标准由全国水产标准化技术委员会水产品加工分技术委员会(SAT/TC 156/SC 3)归口。

本标准起草单位:中国水产科学研究院黄海水产研究所、山东洁晶集团股份有限公司、北京雷力联合海洋生物科技有限公司、青岛明月海藻集团有限公司。

本标准主要起草人:冷凯良、林成彬、汤洁、安丰欣、许洋、苗钧魁、申健、邢丽红、孙伟红、尚德荣、张淑平。

(二)范围

本标准规定了岩藻多糖的产品要求、检验方法、检验规则和标识、包装、运输和贮存。

本标准适用于以海带(Laminaria sp.)、裙带菜(Undaria Pinnatifida)等褐藻为原料,经提取精制得到的多糖类产品

(三)规范性引用文件

下列文件对于本文件的应用是必不可少的。凡是注日期的引用文件,仅所注日期的版本适用于本文件。凡是不注日期的引用文件,其最新版本(包括所有的修改单)适用于本文件。

GB/T601—2002 化学试剂、滴定分析(含量分析)用标准溶液的制备

GB5009.3 食品中水分的测定

GB5009.4 食品中灰分的测定

GB/T6682 分析实验室用水规格和实验方法

（四）术语和定义

下列术语和定义适用于本文件。

岩藻多糖,也称褐藻多糖硫酸酯,是以岩藻糖和硫酸基为主要特征的一类水溶性多糖。

（五）技术要求

1. 感官要求

应符合表10-61的要求。

表10-61 感官要求

项 目	要 求
色泽	近白色或淡黄色
外观	呈均匀分散、干燥的粉末状
气味	略带海藻腥味、无异味
杂质	无明显外来杂质

2. 理化指标

应符合表10-62的要求。

表10-62 理化指标

项 目	指 标
总糖/%	≥50
岩藻糖/%	≥15
硫酸基(以 SO_4^{2-} 计)/%	≥15
游离硫酸根	不得检出
水分/%	≤10
灰分/%	≤32
pH(1%的水溶液)	4.5～7.5

（六）试验方法

1. 感官检验

在光线充足、无异味、清洁卫生的环境中,将试样置于白色搪瓷盘或不锈钢工作台上,按表10-63的内容逐项检验。

2. 理化指标的检验

（1）总糖。

按附录A的规定执行。

（2）岩藻糖。

按附录 B 的规定执行。

（3）硫酸基。

按附录 C 的规定执行。

（4）游离硫酸根。

按附录 D 的规定执行。

（5）水分。

按 GB 5009.3 的规定执行。

（6）灰分。

按 GB 5009.4 的规定执行。

（7）pH。

按附录 E 的规定执行。

（七）检验规则

1. 组批规则与抽样方法

（1）组批规则。

在原料及生产条件基本相同的情况下同一天或同一班组生产的产品为一批,按批号抽取。

（2）抽样方法。

从每批受检样品中随机抽取 5 个包装,用取样器从 5 个包装内抽取样品 100 g,将样品混匀,用四分法缩分,分成两份,一份用于检测,一份用于备查。

2. 检验分类

产品检验分为出厂检验和型式检验。

（1）出厂检验。

每批产品必须进行出厂检验。出厂检验有生产单位质量检验部门执行,检验项目为色泽、水分、灰分、总糖、岩藻糖、硫酸基等指标;检验合格签发检验合格证,产品凭检验合格证入库或出厂。

（2）型式检验。

有下列情况之一时,应进行型式检验。型式检验的项目为本标准中规定的全部项目。

① 长期停产后重新恢复生产时;

② 原料变化或改变主要生产工艺,可能影响产品质量时;

③ 国家质量监督机构提出进行型式检验要求时;

④ 出厂检验与上次型式检验有很大差异时;

⑤ 正常生产时,每 6 个月至少一次型式检验。

3. 判定规则

（1）所检验项目的检验结果均符合标准要求时,则判本批产品合格。

（2）检验结果中若有一项指标不符合标准规定时,允许双倍抽样进行复检,若仍有一项指标不符合本标准,则该批产品判为不合格。

（八）标识、包装、运输、贮运

1. 标识

标识应清晰、易懂、醒目,标明产品名称、生产者或经销者的名称、地址、批号、生产日期、贮藏条件、保质期、净重、产品标准代号等。出口产品按合同执行。

2. 包装

产品包装应完整、清洁、无毒、无异味、密封、牢固,适合长途运输,并符合食品卫生要求。

3. 运输

运输工具要清洁、卫生、无异味、防雨,运输中要防止日晒、雨淋及受热、受潮。

4. 贮存

产品应贮藏于清洁、卫生、无异味、干燥、防晒的库房中,要避免雨淋及日晒,防止受热、受潮。

（九）规范性附录

1. 附录A——总糖含量的检测

（1）原理。

岩藻多糖在酸性条件下水解,水解物在硫酸的作用下,迅速脱水生成糖醛衍生物,并与苯酚反应生成黄色溶液,反应产物在490 nm处比色测定,标准曲线法定量。

（2）试剂。

所用试剂除另有说明外,均为分析纯试剂。

水为GB/T 6682中规定的三级水。

浓硫酸

苯酚

岩藻糖标准品纯度≥98%。

50 g/L苯酚溶液:称取5 g苯酚,用水溶解并定容至100 mL,棕色容量瓶中,摇匀,置4 ℃冰箱中避光贮存。

200 μg/mL岩藻糖标准储备溶液:称取岩藻糖标准品0.02 g(精确至0.000 1 g),用水溶解并定容至100 mL容量瓶中,摇匀,置4 ℃冰箱中避光贮存。

（3）仪器。

分光光度计。

分析天平,感量0.000 1 g。

涡旋混合器。

棕色比色管:25 mL。

移液管:1 mL、5 mL。

容量瓶:100 mL。

（4）分析步骤。

① 标准曲线的制定。

将岩藻多糖标准储备溶液逐级稀释,配制成浓度为0 μg/mL、10 μg/mL、20 μg/mL、

50 μg/mL、100 μg/mL、200 μg/mL 的岩藻糖标准溶液。分别移取上述溶液 1 mL 于 25 mL 比色管中,加入 50 g/L 苯酚溶液 1.0 mL,然后立即加入浓硫酸 5.0 mL(与液面垂直加入,勿接触试管壁,以便反应液充分混合),静置 10 min,涡旋混匀,室温下静置 20 min。在 490 波长处测定吸光度。以岩藻糖质量浓度为横坐标,吸光度为纵坐标,制定标准曲线。

② 测定。

移取岩藻多糖样品 0.01 g(精确至 0.0001 g),用水溶解并定容至 100 mL 容量瓶中,摇匀。吸取样品溶液 1.0 mL 按 A.4.1 步骤操作,测定吸光度。

(5)计算结果。

样品中总糖含量按下式计算,计算结果保留三位有效数字。

$$X = \frac{m_1 \times V \times 10^{-6}}{m} \times 100\%$$

式中,X——样品中总糖的含量,单位为百分率(%);

m_1——从标准曲线上查得样品溶液中的含糖量,单位为微克每毫升(μg/mL);

V——样品定容的体积,单位为毫升(mL);

m——样品的质量,单位为克(g)。

(6)重复性。

两个平行样品测定结果的相对偏差不得超过 10%,否则重新测定。

2. 附录 B——岩藻糖含量的检测

(1)原理。

岩藻多糖样品在酸性条件下水解,用 1-苯基-3-甲基-5-吡唑啉酮进行衍生化,高效液相色谱分析,外标法定量。

(2)试剂。

除特殊说明外,均为分析纯。

水为 GB/T 6682 中规定的一级水。

岩藻糖标准品:纯度 ≥ 98%。

1-苯基-3-甲基-5-吡唑啉酮(PMP)。

乙腈:色谱纯。

甲醇:色谱纯。

磷酸二氢钾:优级纯。

三氟乙酸。

氢氧化钠。

三氯甲烷。

冰乙酸。

氨水。

4 mol/L 三氟乙酸溶液:准确量取 29.7 mL 三氟乙酸,加水定容至 100 mL。

4 mol/L 氢氧化钠溶液:准确称取 16.0 g 氢氧化钠,加水溶解并定容至 100 mL。

0.3 mol/L 氢氧化钠溶液：准确称取 1.2 g 氢氧化钠，加水溶解并定容至 100 mL。

0.5 mol/LPMP 甲醇溶液：准确称取 8.71 g PMP，用甲醇溶解并定容至 100 mL。

0.3 mol/L 乙酸溶液：准确量取 1.7 mL 冰乙酸，加水溶解并定容至 100 mL。

0.1 mol/L 磷酸二氢钾缓冲溶液：准确称取 1.36 g 磷酸二氢钾，加 80 mL 水溶解，先用氨水调节 pH 为 6.0，再用水定容至 100 mL。

0.05 mol/L 磷酸二氢钾缓冲液：准确称取 6.8 g 磷酸二氢钾，加 900 mL 水溶解，用 NaOH 调节 pH 为 6.9，最后用水定容至 1 000 mL，过 0.45 μm 滤膜，备用。

1.0 mg/mL 岩藻多糖标准储备液：准确称取岩藻糖标准品 0.01 g（精确到 0.001），用水溶解并定容至 10 mL，配成浓度为 1.0 mg/mL 的标准储备液，于 4 ℃冰箱中冷藏保存，有效期 3 个月。

（3）仪器。

高效液相色谱仪：配紫外检测器。

分析天平：感量 0.01 g、0.0001 g。

涡旋混合器。

电热恒温干燥箱。

恒温水浴锅。

氮吹仪。

超声清洗器。

水解管：耐压螺盖玻璃管，体积 20～30 mL，用水冲洗干净并烘干。

具塞玻璃离心管：5 mL。

容量瓶：10 mL、25 mL、100 mL。

（4）测定步骤。

① 水解。

准确称取岩藻多糖样品 0.1 g（精确至 0.000 1 g)于水解管中，加入 4 mol/L 三氟乙酸溶液 10 mL，混匀后充入氮气封盖，在 110 ℃电热恒温干燥箱中水解 2 h，取出后冷却至室温，加入 4 mol/L 氢氧化钠溶液约 10 mL 中和，调节 pH 值至中性。将水解液转移到 25 mL 容量瓶中，用 0.1 mol/l 磷酸二氢钾缓冲液定容至刻度，备用。

② 样液的衍生化。

取上述水解后的样品溶液 1 mL 于 5 mL 具塞玻璃试管中，加入 0.3 mol/L 氢氧化钠溶液 1 mL，涡旋混合，后加入 0.5 mol/L PMP 甲醇溶液 1 mL，涡旋混合，置于 70 ℃恒温水浴锅中反应 70 min。取出后冷却至室温，加入 0.3 mol/L 乙酸溶液 1 mL 中和，转移至 10 mL 容量瓶中用 0.1 mol/L 磷酸二氢钾缓冲溶液定容至刻度。取上述溶液 1 mL 于 5 mL 具塞玻璃试管中，加入三氯甲烷 2 mL，充分涡旋后去除三氯甲烷相，重复萃取 2 次，将得到的水相过 0.45 μm 水系膜，进行色谱分析，外标法定量。

③ 标准溶液的衍生化。

准确称取适量标准储备溶液，用水稀释成浓度分别为 1 μg/mL、5 μg/mL、10 μg/mL、50 μg/mL、100 μg/mL、200 μg/mL 的标准工作液，然后分别取 1 mL 于 5 mL 具塞玻璃试管中,按照②的操作进行衍生化,然后进行色谱分析,绘制校正曲线。

④ 色谱条件。

色谱柱:C₁₈色谱柱, 250 mm×4.6 mm, 5 μm,或相当者;

柱温:40 ℃;

流速:1.0 mL/min;

流动相:溶剂 A:乙腈 −0.05 mol/L 磷酸二氢钾缓冲液(15 + 85),溶剂 B:乙腈 −0.05 mol/L 磷酸二氢钾缓冲液(40 + 60);梯度洗脱程序见表 10−63。

表 10−63　梯度洗脱程序

运行时间 /min	A/%	B/%
0	100	0
9	90	10
15	45	55
25	100	0

紫外检测器:波长 250 nm。

进样体积:20 μL。

(5)结果计算。

样品中岩藻糖含量按下式计算,计算结果保留三位有效数字。

$$X = \frac{C \times V \times 10^{-6}}{m} \times f \times 100\%$$

式中,X—— 样品中岩藻糖含量,单位为百分率(%);

C—— 样品制备液中岩藻糖的浓度,单位为微克每毫升(μg/mL);

V—— 样品制备液最终定容体积,单位为毫升(mL);

m—— 样品质量,单位为克(g);

f—— 样品稀释倍数。

(6)重复性。

在重复性条件下获得的两次独立测定结果的绝对差值不得超过其算术平均值的 10%。

(7)岩藻糖标样衍生化后色谱图,如图 10−5 所示。

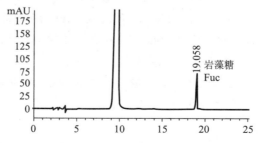

图 10−5　岩藻糖标样衍生化后色谱图(100 μg/mL)

3. 附录 C——硫酸基的测定

（1）原理。

在岩藻多糖中,硫酸基团是以硫酸酯的形式结合在岩藻多糖上的,采用盐酸水解,使硫酸酯水解成为游离硫酸根。在酸性介质下加入钡盐沉淀硫酸根,将沉淀洗涤,干燥称重,计算其含量。

（2）试剂。

除特殊说明外,所有试剂均为分析纯。

水为 GB/T 6682 中规定的三级水。

氯化钡。

硝酸银。

1 mol/L 盐酸溶液:按照 GB/T 601—2002 中 4.2 中规定的方法配制。

10%氯化钡:称取 50 g 氯化钡,用水溶解并定容至 500 mL。

0.1 mol/L 硝酸银溶液:称取硝酸银 1.7 g,以适量水溶解并定容至 100 mL。

（3）仪器。

恒温水浴锅。

电子分析天平:感量 0.000 1 g。

电热恒温干燥箱。

水解管:耐压螺盖玻璃管,体积 20～30 mL,用水冲洗干净并烘干。

锥形瓶:250 mL。

容量瓶:100 mL, 500 mL。

（4）测定步骤。

① 试样溶液制备。

准确称取岩藻多糖样品 0.5 g(精确至 0.000 1 g),放入水解管中,加入 1 mol/L 盐酸 15 mL,封口,在 105 ℃水解 4 h,冷却至室温,使用快速定量滤纸过滤,收集滤液于 250 mL 锥形瓶中,以少量水洗涤水解管和定量滤纸,收集滤液和洗涤液于锥形瓶中。

② 测定。

将锥形瓶中溶液煮沸 1 min 左右,趁热逐滴加入 20 mL 10％氯化钡溶液,再煮沸 3～5 min。然后置于 70 ℃～80 ℃恒温水浴中陈化 2 h。用已烘至恒重的玻璃砂芯漏斗抽滤,用水洗涤沉淀至无氯离子。将玻璃砂芯漏斗置于 105 ℃恒温干燥箱中烘至恒重。

③ 结果计算。

样品中硫酸基含量按下式计算,计算结果保留三位有效数字:

$$X = \frac{m_1}{m_0} \times \frac{96.06}{233.39} \times 100\%$$

式中,X——样品中硫酸基的含量,单位为百分率(％)。

m_0——试样的质量,单位为克(g)

m_1——无水硫酸钡的质量,单位为克(g);

96.06——硫酸根的摩尔质量,单位为克每摩尔(g/mol);

233.39——硫酸钡摩尔质量,单位为克每摩尔(g/mol)。

(5)重复性。

两个平行样品结果相对偏差不得超过3%,否则重新测定。

4. 附录D——游离硫酸根的测定

(1)原理。

在酸性条件下,样品中游离硫酸根与钡离子会生成难溶的硫酸钡沉淀。

(2)试剂。

除另有说明外,所用试剂均为分析纯。

水为GB/T 6682中规定的三级水。

盐酸。

氯化钡。

1 mol/L盐酸:按照GB/T 601—2002中4.2中的方法配制。

10%氯化钡溶液:称取50 g氯化钡,用水溶解并定容至500 mL。

(3)仪器。

①恒温水浴锅。

②分析天平:感量0.000 1 g。

(4)测定步骤。

称取岩藻多糖样品0.1 g(精确到0.000 1 g),加水10 mL,搅拌溶解,过滤,收集滤液于锥形瓶中,加水至50~60 mL左右,用1 mol/L的盐酸调节pH值在3左右,加入10%氯化钡溶液1 mL,在30 ℃恒温水浴中保温30 min,观察实验结果。

(5)结果判定。

无白色沉淀生成,则表示样品中未含有游离硫酸根;有白色沉淀生成,则表示样品中含有游离硫酸根。

5. 附录E——pH的测定

(1)原理。

配置1%的岩藻多糖溶液,根据不同酸度的岩藻多糖水溶液对酸度计的玻璃电极和甘汞电极产生不同的直流电动势,通过放大器指示其pH。

(2)试剂。

实验用水应符合GB/T 6682中三级水的要求。

(3)仪器。

酸度计:精度为0.01pH单位。

天平:感量0.1 g

(4)测定步骤。

称取试样1 g(称准至0.01 g),加蒸馏水99 mL,搅拌溶解成均匀溶液,此溶液浓度为1%。

按酸度计使用规定,先将酸度计校正,再用容量100 mL的烧杯盛取1%岩藻多糖溶液50 mL,将电极浸入溶液中,然后启动酸度计,测定试液pH。测时注意晃动溶液,待指针或显示值稳定后度数。

（5）结果。

每个试样取两个平行样进行测定,取其算术平均值为结果。

（6）重复性。

两个平行样结果相差不得超过0.10。

十七、SC/T 3010—2001　海带碘含量的测定

（一）前言

本标准中规定了海带中的碘含量的测定方法——灰化法及浸泡法。

本标准由农业部渔业局提出。

本标准由中国水产科学研究院黄海水产研究所归口。

本标准起草单位:国家水产品质量监督检验中心。

本标准主要起草人:翟毓秀、辛福言。

（二）范围

本标准规定了淡干海带中碘含量测定的组批规则、抽样方法、测定方法及结果处理。

本标准适用于海带生产企业和制碘工业淡干海带中碘含量的测定,其他淡干藻类可参照执行。

（三）引用标准

下列标准所包含的条文,通过在本标准中引用而构成为本标准的条文。本标准出版时,所示版本均为有效。所有标准都会被修订,使用本标准的各方应探讨使用下列标准最新版本的可能性。

GB/T 601—1988　化学试剂　滴定分析(容量分析)用标准溶液的制备

GB/T 6682—1992　分析实验室用水规格和试验方法

（四）组批规则

1. 批的组成

在一定时间内同一生产单位同一等级的淡干海带为一批。

2. 检验批的组成

（1）使用单位按实际交收的海带每车为一个检验批。

（2）生产单位按实际堆垛每垛为一个检验批。

（五）抽样方法

（1）使用单位根据每车的实际情况,在不同部位抽取3～5捆,再按每捆中海带大小,按比例抽取有代表性的3～5棵,合并为检验样品。

（2）生产单位根据堆垛的实际情况,在垛的不同部位按海带的实际情况抽取5～10捆,再按每捆中海带的大小,按比例每捆抽有代表性的3～5棵,合并作为检验样品。

（六）结果处理

根据每一检验批的实际数量和碘含量,整批海带的平均含碘量按下面公式计算:

$$X(\%) = \frac{X_1 m_1 + X_1 m_2 + \dots + X_n m_n}{m_1 + m_2 + \dots + m_n}$$

式中,X——整批海带的平均含碘量,%;

$X_1 \dots X_n$——为 1 至 n 个检验批每批的含碘量,%;

$m_1 \dots m_n$——为 1 至 n 个检验批每批的实际质量,kg 或 t。

(七)测定原理及试剂

1. 原理

溴能定量地氧化碘离子为碘酸根离子,生成的碘酸根离子在碘化钾的酸性溶液中被还原析出碘,用硫代硫酸钠溶液滴定反应中析出的碘。

反应离子方程式为:

$$I^- + 3Br_2 + 3H_2O = IO_3^- + 6H^+ + 6Br^-$$

$$IO_3^- + 5I^- + 6H^+ = 3I_2 + 3H_2O$$

$$I_2 + 2S_2O_3^{2-} = 2I^- + S_4O_6^{2-}$$

2. 试剂

本方法所用试剂除特别注明外均为分析纯;试验用水为蒸馏水,应符合 GB/T 6682 中三级水规定。

(1)饱和溴水:取 5 mL 液溴置于涂有凡士林的塞子的棕色玻璃瓶中,加水 100 mL,充分振荡,使其成为饱和溶液(溶液底部留有少量溴液,操作应在通风橱内进行)。

(2)3 mol/L 硫酸溶液:量取 180 mL 浓硫酸缓缓注入适量水中,并不断搅拌,冷却至室温后用水稀释至 1 000 mL,混匀。

(3)稀硫酸溶液:按(2)操作,但硫酸量改为 57 mL。

(4)15%碘化钾溶液:称取 15 g 碘化钾,溶解稀释至 100 mL。

(5)20%甲酸钠溶液:称取 20 g 甲酸钠,溶解稀释至 100 mL。

(6)0.01 mol/L 硫代硫酸钠标准溶液:按 GB/T 601 中的规定配制及标定。

(7)0.1%甲基橙:溶解甲基橙粉末 0.1 g 于 100 mL 水中。

(8)0.5%淀粉:称取 0.5 g 可溶性淀粉于 50 mL 烧杯中,加入 20 mL 水,搅匀,注入 80 mL 沸水中,煮沸放冷(现用现配)。

(八)测定方法

海带中碘含量的测定可采用灰化法或水浸泡法。如有争议时,以灰化法为仲裁法。

1. 灰化法

(1)样品的制备。

将抽取的海带按纵向从中心剖开,取其一半。将每半棵海带按 30 mm 横切为数段,每隔 2 段取一段,每棵按不同顺序抽取,合并后处理成 3 mm × 3 mm 的不规则小块。

(2)分析步骤。

准确称取 5 g(精确至 0.000 1 g)按(1)条处理的样品,置于 50 mL 瓷坩埚中,电炉炭化至无烟,然后放入 550 ℃～600 ℃马福炉中灼烧 40 min 取出(严格按要求操作,灼烧时间过长,可能会使碘损失,造成结果偏低),冷却后,在坩埚中加少许蒸馏水搅动,将溶液及残渣转入 250 mL 烧杯中,坩埚用蒸馏水冲洗数次并入烧杯中,烧杯中溶液总量约为

100 mL,煮沸 5 min,将上述溶液及残渣趁热用滤纸过滤至 250 mL 容量瓶中,烧杯及漏斗内残渣用热水反复冲洗,放冷后定容。

取 25 mL 滤液于 250 mL 碘量瓶中。加入几粒玻璃球及 0.1% 甲基橙 2～3 滴,用稀硫酸将溶液调至红色,在通风橱内加入 5 mL 饱和溴水,加热煮沸至黄色消失。稍冷后加入 20% 甲酸钠溶液 5 mL,加热煮沸 2 min,用冷水浴冷却。

在碘量瓶中加入 5 mL 3 mol/L 硫酸溶液及 5 mL 15% 碘化钾溶液,盖上瓶盖,放置 10 min,用 0.01 mol/L 的硫代硫酸钠($Na_2S_2O_3$)溶液滴定至浅黄色,加入 0.5% 淀粉指示剂 1 mL,继续滴定至蓝色消失。同时做空白试验。

2. 浸泡法

(1)浸泡法的样品制备。

将抽取的海带按纵向从中心剖开,取其一半。合并每半棵海带作为浸泡法测定样品。如样品量大将每半棵海带按 30 mm 横切为数段,分别按奇、偶数间隔取样,试样量约为 500 g。

(2)分析步骤。

将(1)中处理的样品按其质量(精确至 0.2 g)加 15 倍的自来水浸泡海带,并不断搅动,60 min 后取出,收集浸泡液;样品中再加入 10 倍自来水第二次浸泡 20 min,取出;再用 10 倍的自来水冲洗海带,将三次浸泡液合并混匀,并用量筒量浸泡液总量。

取 10 mL 上清液置于 250 mL 碘量瓶中,加入几粒玻璃球及 0.1% 甲基橙 2～3 滴,用稀硫酸将溶液调至红色,在通风橱内加入 5 mL 饱和溴水,加热煮沸至黄色消失。稍冷后加入 20% 甲酸钠溶液 5 mL,加热煮沸 2 min,用冷水浴冷却。

在碘量瓶中加入 5 mL 3 mol/L 硫酸溶液及 5 mL 15% 碘化钾溶液,盖上瓶盖,放置 10 min,用 0.01 mol/L 的硫代硫酸钠($Na_2S_2O_3$)溶液滴定至浅黄色,加入 0.5% 淀粉指示剂 1 mL,继续滴定至蓝色消失。同时做空白试验。

3. 结果计算及重复性:

(1)结果计算。

海带中碘含量按下式计算:

$$X(\%) = \frac{c(V - V_0) \times 0.021\,15 \times V_2}{m \times V_1} \times 100$$

式中,X——海带中含碘量,%;

c——硫代硫酸钠($Na_2S_2O_3$)的浓度,mol/L;

V——滴定样液消耗的硫代硫酸钠($Na_2S_2O_3$)溶液的体积,mL;

V_0——试剂空白消耗硫代硫酸钠($Na_2S_2O_3$)溶液的体积,mL;

V_1——移取液体积,mL;

V_2——溶液总体积,mL;

m——称取海带质量,g。

0.021 15 —— $\dfrac{126.8}{6 \times 1\,000}$,表示与 1 mL 硫代硫酸钠($Na_2S_2O_3$)标准液 $[c(Na_2S_2O_3) = 1\,mol/L]$ 相当的碘的质量,g。

（2）重复性。

每个试样取两个平行样进行测定，以其算术平均值为结果，两次平行测定结果允许相对偏差灰化法不得超过3%，水浸泡法不超过2%，否则重做。

十八、SC/T 3014—2002 干紫菜加工技术规程

（一）前言

本标准是在总结生产实践经验和借鉴日本有关研究数据的基础上，充分考虑到进口机、国产机及各类加工机型的生产技术管理要求以及紫菜产品在国内外市场对质量的新要求而制定的。本标准还引用了HACCP的质量管理原则，以规范干紫菜的加工生产，促进干紫菜产品质量的提高。

本标准由农业部渔业局提出。

本标准由中国水产科学研究院黄海水产研究所归口。

本标准起草单位：江苏省南通市海洋与渔业局。

本标准主要起草人：冯智银、徐加达、吉传礼。

（二）范围

本标准规定了干紫菜加工的环境条件、质量监控、加工质量保证体系及从鲜紫菜经洗菜、切菜、浇饼、脱水、干燥到分级再干而制成干紫菜的加工技术要求。

本标准适用于干紫菜的加工。

（三）规范性引用文件

下列文件中的条款通过本标准的引用而成为本标准的条款。凡是注日期的引用文件，其随后所有的修改单（不包括勘误的内容）或修订版均不适用于本标准，然而，鼓励根据本标准达成协议的各方研究是否可使用这些文件的最新版本。凡是不注日期的引用文件，其最新版本使用于本标准。

GB 3097　海水水质标准

GB 5749　生活饮用水卫生标准

SC/T 3009—1999　水产品加工质量管理规范

（四）环境条件

1. 厂区环境

（1）厂区环境应符合SC/T 3009—1999中5.1要求。

（2）加工厂应建在海水来源方便，排放对其他生态环境无影响的区域。

2. 厂房与生产设施

（1）厂房与生产设施应符合SC/T 3009—1999中5.2要求。

（2）加工机干燥室上方建提楼并设有自然排湿或强制排湿装置。

（3）加工机燃烧室一侧的提楼与干燥室之间设有调节热空气再次利用的可调节挡板。

（4）加工机燃烧室一侧的厂房墙体下部开有可调节室外空气进入的窗户。

（5）加工生产线应配有异物去除设备。

3. 水质要求

（1）所用海水应符合 GB 3097 中规定的第一类。

（2）所用淡水应符合 GB 5749 的要求。

4. 卫生条件

（1）卫生设施应符合 SC/T 3009—1999 中 5.3 要求。

（2）生产设备应符合 SC/T 3009—1999 中 5.4 要求。

（3）操作人员卫生要求符合 SC/T 3009—1999 中 8.6、8.7、8.8、8.9 要求。

（五）质量监控

（1）检验机构设置及要求、检验控制、记录控制。

应符合 SC/T 3009—1999 中第 7 章要求。

（2）人员。

质量监控人员要求符合 SC/T 3009—1999 中 8.1—8.5 要求。

（3）卫生控制程序与管理制度。

卫生控制程序与管理制度应分别符合 SC/T 3009—1999 中第 9 章、第 10 章要求。

（4）加工质量保证体系。

按照 SC/T 3009—1999 中第 11 章、第 12 章、第 13 章之要求建立干紫菜加工质量保证体系。

（六）加工技术要求

1. 鲜菜与洗菜

（1）鲜菜。

鲜菜应符合以下要求。

① 禁止掺有泥沙和淡水的鲜菜进入加工厂。

② 鲜菜运至加工厂后，需晾于表面平滑的晾菜架上。

③ 手工剔除杂藻及其他可见杂物。

④ 分拣后的鲜菜放入贮有海水的暂养池，机械搅拌待用。

⑤ 采收后的鲜菜应在 24 h 内加工完毕。

⑥ 禁止添加任何添加剂。

（2）洗菜。

洗菜应符合以下要求。

① 洗菜用海水水温低于 15 ℃（坛紫菜低于 20 ℃），海水盐度为 1.5% ～ 2.5%。

② 天然海水应经过 24 h 以上沉淀。

③ 以海水洗涤至排水口无泥沙排出为止。

2. 切菜

（1）切菜用淡水。

切菜用淡水应符合以下要求。

① 水温不得超过 12 ℃（坛紫菜低于 20 ℃）。

② 深井水应经过曝气与冷却。

（2）切菜。

切菜应符合以下要求。

① 前期菜选用 4 叶刀片、2 号—5 号孔盘。

② 中期菜选用 6 叶刀片、0 号—2 号孔盘。

③ 后期菜配用粗切装置,选用 6 叶刀片, 00 号—0 号孔盘。

④ 保持切菜刀片锋利。

（3）淡水洗涤时间与用水量。

淡水洗涤时间与用水量应符合以下要求。

① 根据鲜菜不同采收时期调整洗涤时间及用水量。

② 前期菜洗涤时间 5～8 min,用水量 40～80 L/min。

③ 中、后期菜洗涤时间 8～15 min,洗涤用水量大于 100 L/min。

3. 浇饼与脱水

（1）浇饼。

浇饼应符合以下要求。

① 浇饼阀应无漏水现象。

② 目板应水平无污染。

③ 橡胶保水袋应保持清洁。

④ 各浇饼框内的放菜量应均匀一致。

（2）脱水。

脱水应符合以下要求。

① 保持脱水海绵及脱水海绵罩洁净。

② 前脱水压力略大于后脱水压力。

③ 保持左右方向上脱水压力一致。

4. 干燥

（1）干燥前检查。

干燥前检查应符合以下要求。

① 进入干燥室之前,需在荧光灯 7 进行目视检查。

② 浇制的饼菜应无孔洞,出现孔洞,需清洗浇饼框和浇饼阀。

③ 浇制的饼菜应厚薄均匀,无毛边,否则应调节橡胶保水袋的出水量。

④ 同一帘架菜的透光量应一致,否则调整供给糟水平度和放菜量。

（2）干燥。

干燥应符合以下要求应。

① 干燥温度设定在 34 ℃～55 ℃之间。

② 在烘干机后部检查时,片张应干燥至 65%～75%。

③ 剥菜时紫菜的含水量应在 8%～11%。

④ 调节进气量和排气量,控制室内温湿度。加工机干燥室上方绝对湿度应保持在 15 g/m³～19 g/m³。

5. 剥菜

（1）破损。

剥菜时出现片张应停机检查。

（2）自剥菜。

出现自剥菜时应降低干燥温度,提高室内湿度。

（3）湿菜。

干燥不足,出现湿菜,应提高温度,降低室内湿度。

（4）白斑。

整体性正面出现白斑,应调整吸气口与排气口的温度和湿度使之平衡。

6. 干燥异常的处理

（1）光洁度不足应做如下处理。

① 烘干中途不得停机,应注意室内换气,保持一定干燥度。

② 换用大号切菜孔盘。

③ 换用锋利刀片。

④ 检查燃烧器工作是否正常。

⑤ 调整风扇皮带松紧。

（2）缩边应做如下处理。

① 降低脱水压力。

② 降低干燥温度。

③ 换用小号切菜孔盘。

④ 调整热空气的再次使用量,保持均衡干燥。

7. 分级

分级室要求干燥,室温应为 20 ℃～25 ℃,相对湿度应为 40％～65％。每百张以硬纸板分隔装入再干屉。

8. 再干燥

（1）装屉。

每屉装入 1 800～2 400 张。

（2）再干温度与时间。

再干温度于时间如下:

① 第一档 40 ℃～50 ℃,时间为 20～30 min。

② 第二档 50 ℃～65 ℃,时间为 30～40 min。

③ 第三档 65 ℃～75 ℃,时间为 60 min 左右。

④ 第四档 80 ℃～90 ℃,时间为 120～180 min.

9. 成品质量

经再干燥后的干紫菜的含水率应为 3％～5％。